Introduction to Real Analysis

실해석학 개론

거리공간, 바나흐 공간, 힐베르트 공간과 문제 풀이

양영오 지음

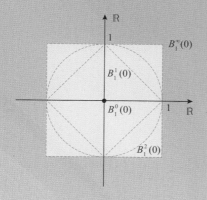
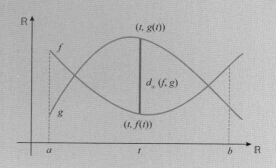

청문각

머리말

수학은 인간생활의 전 분야에 걸쳐 응용되고 인류의 문명과 더불어 발달해 왔다. 음악이 악보의 기호들을 사용해 아름다운 선율을 표현하는 것처럼 수학은 수식과 도형을 이용해 여러 가지 복잡한 현상을 가능한 가장 단순화시켜서 세상을 바라본다. 이러한 이유로 수학은 자연과 사회의 원리와 법칙을 발견하고 현대생활에 응용하여 세상을 발견할 뿐만 아니라 미지의 세계를 창조하기도 한다.

수학의 가장 핵심분야는 해석학으로, 실해석학은 연역적 사고로 수학적 상황을 분석하고 개념들을 새로운 상황으로 확장할 수 있는 능력을 길러주기 때문에 현대생활의 많은 영역과 다양한 학문에 응용되고 있다.

이 책은 실해석학의 입문서로서 거리공간, 바나흐 공간, 힐베르트 공간의 가장 기본적인 특성과 이들 공간에서 함수의 연속성과 관련한 중요 성질 등을 주로 다루고 있다. 특히, 거리공간의 성질과 수열, 코시수열과 완비공간, 함수의 연속, 콤팩트 집합, 연결집합, 근사와 부동점 정리의 응용, 바나흐 공간의 특성과 선형작용소, 한-바나흐 정리, 열린 사상 정리, 힐베르트 공간의 성질과 리즈 표현정리, 선형범함수, 쌍대공간 등을 중심으로 학생들이 기초 개념과 응용을 쉽게 이해하고 익힐 수 있도록 저술되었다. 또한 이 책은 대학 3학년 이상에서 실해석학이나 위상수학을 공부하는 데 좋은 지침서가 되고 많은 도움이 되리라 본다. 특히, 각 단원에서 개념과 응용을 정확히 이해할 수 있도록 다양하고 많은 문제를 제시하여 알기 쉽게 풀이하였고 정리는 가능한 상세하게 증명하였다.

이 책으로 공부하는 학생은 책 마지막에 제시한 연습문제의 풀이과정을 보지 않고 연습문제를 스스로 풀어보는 것이 중요하다. 이는 학생들의 수학적 능력과 창의적 문제해결능력이 성숙되고 도전정신과 기쁨을 나누는 기회가 되리라 본다.

필자는 이 책을 이용하시는 독자 여러분의 따뜻한 조언을 바라며, 부족한 점은 계속하여 보완하여 발전시키고자 한다. 학생들에게 이 책이 조금이나마 도움이 된다면 저자로서는 매우 큰 기쁨과 보람이 되겠다.

끝으로 이 책의 내용을 입력하는 데 아낌없이 도와준 수학과 김현아 조교와 진실한 내조와 사랑을 언제나 보내준 아내 이미복에게 이 책을 바치고 싶다. 아울러 이 책을 출판하는 데 수고를 해주신 청문각 사장님께 깊은 감사를 표한다.

2017년 1월
저자

차례

01
집합과 함수

1.1 집합

집합론은 19세기 말경 칸토어(G. Cantor, 1845~1918)에 의하여 본격적으로 연구되기 시작한 비교적 그 역사가 짧은 분야지만, 오늘날 수학의 거의 모든 분야는 집합론에 기초를 두고 이론을 전개한다.

정의 1.1.1

(1) 자연수 모임이나 유리수 모임과 같이 어떤 성질을 만족하는 대상의 모임을 집합(set)이라 한다.

(2) 집합을 구성하는 대상의 낱낱을 집합의 원소(element 또는 member)라 한다. x가 집합 A의 원소일 때 $x \in A$로 나타내며 x는 집합 A에 속한다고 말한다. x가 A의 원소가 아닐 때는 $x \notin A$로 표기한다.

(3) 두 집합 A와 B에 대하여 A의 모든 원소가 B에 속하면 A를 B의 부분집합(subset)이라 하고 $A \subseteq B$로 나타낸다. $A \nsubseteq B$는 A가 B의 부분집합이 아님을 나타낸다.

정의 1.1.2

(1) 두 집합 A와 B에 대하여 $A \subseteq B$이고 $B \subseteq A$일 때 A와 B는 같다(상등, equal)고 하고, $A = B$로 나타낸다.

(2) 집합 A가 집합 B의 부분집합이고 $A \neq B$이면 A를 B의 진부분집합(proper subset)이라 한다.

(3) 원소를 한 개도 갖고 있지 않은 집합을 공집합(empty set)이라 하고, $\varnothing$ 또는 $\{\ \}$로 표시한다.

(4) 단 하나의 원소만으로 구성된 집합을 단집합(singleton set)이라 한다.

(5) 집합 X의 부분집합 전체를 원소로 하는 집합을 X의 멱집합(power set)이라 하고 $\wp(X)$ 또는 2^X로 표현한다.

주의 1 (1) 공집합에 속하는 원소는 한 개도 없으므로 공집합은 임의의 집합의 부분집합이다. 집합 $\{\varnothing\}$는 공집합을 원소로 하는 단집합이므로 $\varnothing \in \{\varnothing\}$이다.

(2) $\wp(X)$의 원소는 그 자신이 이미 집합이다. 이와 같이 집합을 원소로 하는 집합을 집합족(family of sets)이라 한다.

지금 X의 부분집합들 사이에 몇 가지 집합 연산(set-theoretic operation)을 정의한다. 이 집합 연산은 집합족 $P(X)$에서 정의되는 연산이다.

정의 1.1.3

(1) 집합 X의 부분집합 A와 B에 대하여

$$A \cup B = \{x : x \in A \text{ 또는 } x \in B\}, \quad A \cap B = \{x : x \in A \text{이고 } x \in B\}$$
$$A - B = \{x : x \in A \text{이고 } x \notin B\}, \quad A \times B = \{(x, y) : x \in A, \ y \in B\}$$

를 각각 A와 B의 합집합(union), A와 B의 교집합(intersection), A와 B의 차집합(difference), A와 B의 곱집합(카테시안 곱 또는 데카르트곱, product set)이라 한다.

(2) 어떤 집합 X를 고정하고 그의 부분집합만을 대상으로 이론을 전개할 때 X를 전체집합 (universe)이라 한다.

(3) 차집합 $A - B$에서 $A = X$이면 $X - B$를 B의 여집합(complement)이라 하고, B^c 또는 $\sim B$로 나타낸다.

(4) $A \cap B = \varnothing$일 때 집합 A와 B는 서로소(disjoint)라고 한다.

정리 1.1.4 집합 X의 부분집합 A, B, C에 대하여 다음이 성립한다.

(1) 항등법칙: $A \cup \varnothing = A$, $A \cap X = A$

(2) 멱등법칙(idempotent law): $A \cup A = A$, $A \cap A = A$

(3) 교환법칙(commutative law): $A \cup B = B \cup A$, $A \cap B = B \cap A$

(4) 결합법칙(associative law): $A \cup (B \cup C) = (A \cup B) \cup C$, $A \cap (B \cap C) = (A \cap B) \cap C$

(5) 배분법칙(distributive law): $A \cap (B \cup C) = (A \cap B) \cup (A \cap C)$,

$$A \cup (B \cap C) = (A \cup B) \cap (A \cup C)$$

(6) 드모르간 법칙(De Morgan law): $(A \cup B)^c = A^c \cap B^c$, $(A \cap B)^c = A^c \cup B^c$

(7) 카테시안곱에 관한 법칙: $A \times (B \cap C) = (A \times B) \cap (A \times C)$,

$$A \times (B \cup C) = (A \times B) \cup (A \times C),$$

$$(A \times B) \cap (C \times D) = (A \cap C) \times (B \cap D)$$

증명 (1), (2), (3), (4), (7)의 증명은 간단하므로 연습문제로 남기고 (5), (6)만을 증명한다.

(5) 만약 $x \in A \cap (B \cup C)$이면 $x \in A$이고 $x \in B \cup C$이다. $x \in B \cup C$이므로 $x \in B$ 또는 $x \in C$이다. 만약 $x \in B$이면 $x \in A \cap B$이므로 $x \in (A \cap B) \cup (A \cap C)$이다. 마찬가지로, 만약 $x \in C$이면 $x \in A \cap C$이므로 $x \in (A \cap B) \cup (A \cap C)$이다. 따라서

$$A \cap (B \cup C) \subseteq (A \cap B) \cup (A \cap C).$$

만약 $x \in (A \cap B) \cup (A \cap C)$이면 $x \in A \cap B$ 또는 $x \in A \cap C$이다. 만약 $x \in A \cap B$이면 $x \in A$이고 $x \in B$이다. $x \in B$이므로 $x \in B \cup C$이다. 따라서 $x \in A \cap (B \cup C)$이다. 마찬가지로, 만약 $x \in A \cap C$이면 $x \in A \cap (B \cup C)$이다. 따라서

$$(A \cap B) \cup (A \cap C) \subseteq A \cap (B \cup C).$$

(6) x를 $(A \cup B)^c$의 원소라고 하면 $x \notin A \cup B$이므로 $x \notin A$이고 $x \notin B$이다. 그러므로 $x \in A^c$이고 $x \in B^c$이므로 $x \in A^c \cap B^c$가 된다. 따라서 $(A \cup B)^c \subset A^c \cap B^c$.

한편, $x \in A^c \cap B^c$이면 $x \in A^c$이고 $x \in B^c$이므로 $x \notin A$이고 $x \notin B$이다. 그러므로 $x \notin A \cup B$, 즉 x는 $A \cup B$의 여집합의 원소이다. 따라서 $A^c \cap B^c \subseteq (A \cup B)^c$. 위에서 증명된 두 포함관계에 의하여 $(A \cup B)^c = A^c \cap B^c$.

둘째 등식도 위와 같은 방법으로 증명할 수 있다. ■

어떤 집합 I의 각각의 원소 α에 대하여 X의 부분집합 A_α가 하나씩 대응될 때 이들 A_α로 이루어진 집합족을 $\{A_\alpha\}_{\alpha \in I}$ 또는 $\{A_\alpha : \alpha \in I\}$로 나타낸다. 이때 α를 첨자(index), I를 첨자집합이라 한다.

정의 1.1.5 집합족 $\mathscr{I} = \{A_\alpha\}_{\alpha \in I}$의 합집합과 교집합을 다음과 같이 정의한다.

$$\cup\{A : A \in \mathscr{I}\} = \{x : x \in A_\alpha \text{인 } \mathscr{I} \text{의 적당한 원소 } A_\alpha \text{가 존재한다.}\}$$

$$\cap\{A : A \in \mathscr{I}\} = \{x : \mathscr{I} \text{의 모든 원소 } A_\alpha \text{에 대하여 } x \in A_\alpha \text{이다.}\}$$

특히, 집합족 $\mathscr{I} = \{A_1, A_2, A_3, \cdots\}$인 경우에 다음이 성립한다.

$$\cup\{A : A \in \mathscr{I}\} = \cup_{n=1}^\infty A_n, \quad \cap\{A : A \in \mathscr{I}\} = \cap_{n=1}^\infty A_n$$

보기 1 $A_n = [-1 + 1/n, \, 1 - 1/n]$, $\mathscr{I} = \{A_n : n = 1, 2, \cdots\}$이면

$$\cup\{A_n : A_n \in \mathscr{I}\} = \cup_{n=1}^\infty A_n = (-1, 1).$$

또한 $B_n = (-1 - 1/n, \, 1 + 1/n)$, $\mathscr{I} = \{B_n : n = 1, 2, 3, \cdots\}$이면

$$\cap\{B_n : B_n \in \mathscr{I}\} = \cap_{n=1}^\infty B_n = [-1, 1].$$

정리 1.1.6 드모르간 법칙도 임의의 집합족 $\mathscr{I} = \{A_\alpha : \alpha \in I\}$에 확장된다. 즉 $\mathscr{I}$가 집합족이면 다음이 성립한다.

(1) $[\cup\{A_\alpha : \alpha \in I\}]^c = \cap\{A_\alpha^c : \alpha \in I\}$

(2) $[\cap\{A_\alpha : \alpha \in I\}]^c = \cup\{A_\alpha^c : \alpha \in I\}$

증명 (2)
$$x \in [\cap\{A_\alpha : \alpha \in I\}]^c \Leftrightarrow x \notin \cap\{A_\alpha : \alpha \in I\} \Leftrightarrow \exists A_\alpha \in \mathscr{I}, \, x \notin A_\alpha$$
$$\Leftrightarrow \exists A_\alpha \in \mathscr{I}, \, x \in A_\alpha^c \Leftrightarrow x \in \cup\{A_\alpha^c : \alpha \in I\}$$

따라서 $[\cap\{A_\alpha : \alpha \in I\}]^c = \cup\{A_\alpha^c : \alpha \in I\}$이다. ∎

연습문제 1.1

01 A가 X의 부분집합일 때 다음을 보여라.

(1) $A \cap \varnothing = \varnothing$ (2) $A \cup \varnothing = A$

(3) $A \cap A = A$ (4) $A \cup A = A$

02 $A \subseteq B$일 때 다음을 보여라.

(1) $A \cap B = A$ (2) $A \cup B = B$

(3) $B^c \subseteq A^c$

03 A, B가 X의 부분집합일 때 다음을 보여라.

(1) $(A^c)^c = A$ (2) $A \cup A^c = X$

(3) $A \cap A^c = \phi$ (4) $(A - B)^c = B \cup A^c$

04 $A \subseteq B$이고 $C \subseteq D$이면 $A \cup C \subseteq B \cup D$임을 보여라.

05 두 집합 A, B에 대하여 $A \triangle B = (A - B) \cup (B - A)$로 정의하고, 이것을 A와 B의 대칭차집합(symmetric difference)이라 한다. 다음을 보여라.

(1) $A \triangle B = B \triangle A$ (2) $A \triangle B = \phi \Leftrightarrow A = B$

(3) $A \triangle B = X \Leftrightarrow A = B^c$ (4) $(A \triangle B) \cap E = (A \cap E) \triangle (B \cap E)$

06 집합 A, B, C, D에 대하여 다음을 보여라.

(1) $(A \times A) \cap (B \times C) = (A \cap B) \times (A \cap C)$

(2) $A \times (B - D) = (A \times B) - (A \times D)$

(3) $(A \times B) - (C \times C) = [(A - C) \times B] \cup [A \times (B - C)]$

07 다음 집합들의 수열 $\{A_n\}$에 대하여 $\cup_{n=1}^{\infty} A_n$과 $\cap_{n=1}^{\infty} A_n$을 구하여라.

(1) $A_n = \{x \in \mathbb{R} : -n < x < n\}$ $(n \in \mathbb{N})$

(2) $A_n = \{x \in \mathbb{R} : -1/n < x < 1\}$ $(n \in \mathbb{N})$

(3) $A_n = \{x \in \mathbb{R} : -1/n < x < 1 + 1/n\}$ $(n \in \mathbb{N})$

08 X와 Y가 집합이면 $\wp(X) \cap \wp(Y) = \wp(X \cap Y)$이고 $\wp(X) \cup \wp(Y) \subset \wp(X \cup Y)$임을 보여라. $\wp(X) \cup \wp(Y) \neq \wp(X \cup Y)$가 되는 예를 들어라.

1.2 함수

정의 1.2.1

(1) 두 집합 X와 Y에 대하여, X의 각 원소 x에 Y의 원소 하나씩을 대응시키는 규칙을 X에서 Y로의 함수라 하고 $f: X \to Y$로 나타낸다. 이때 X를 f의 정의구역(domain of definition), Y를 f의 공변역(codomain)이라 한다. 또한 X의 원소 x에 대응하는 Y의 원소 y를 x에서 f의 상(image) 또는 x에서 f의 함숫값이라 하고 $f(x)$로 나타낸다.

(2) 함수 $f: X \to Y$와 X의 임의의 부분집합 A에 대하여

$$f(A) = \{f(x) \in Y : x \in A\}$$

로 정의하고, 이 집합을 f에 의한 A의 상(image)이라 한다. 특히, $A = X$이면

$$f(X) = \{f(x) \in Y : x \in X\}$$

를 함수 f의 치역(range)이라 하고, $\mathrm{ran}(f)$ 또는 $\mathrm{Im}(f)$로 나타낸다.

(3) $\{(x, f(x)) : x \in X\}$인 순서쌍들의 집합을 f의 그래프(graph)라 한다.

(4) 집합 X에 대하여 함수 $i: X \to X$, $i(x) = x$를 X 위의 항등함수(identity function)라고 한다.

주의 1 $\mathbb{N}$은 자연수 전체의 집합이고 X는 임의의 공집합이 아닌 집합이면 함수 $f: \mathbb{N} \to X$를 X의 원소의 수열(sequence)이라 한다. 이때 흔히 $f(n)$을 x_n으로, f를 $\{x_n\}$으로 표시한다. 따라서 $f(\mathbb{N}) = \{x_n : n \in \mathbb{N}\}$은 f의 치역으로 집합이고, $\{x_n\}$은 수열이므로 치역 $f(\mathbb{N})$과 $\{x_n\}$은 다르다.

정리 1.2.2 $f: X \to Y$가 함수이고 A와 B가 X의 부분집합이면 다음 관계가 성립한다.

(1) $A \subseteq B$이면 $f(A) \subseteq f(B)$

(2) $f(A \cup B) = f(A) \cup f(B)$

(3) $f(A \cap B) \subseteq f(A) \cap f(B)$

증명 (1) 만약 $y \in f(A)$이면 $f(x) = y$를 만족하는 $x \in A$가 존재한다. $A \subseteq B$이므로 $x \in B$이다. 따라서 $y = f(x) \in f(B)$이므로 $f(A) \subseteq f(B)$이다.

(2) 만약 $y \in f(A \cup B)$이면 $f(x) = y$를 만족하는 $x \in A \cup B$가 존재한다. $x \in A$ 또는 $x \in B$이고 $f(x) = y$이므로 $y \in f(A)$ 또는 $y \in f(B)$, 즉 $y \in f(A) \cup f(B)$이다. 그러므로

$$f(A \cup B) \subseteq f(A) \cup f(B) \tag{1.1}$$

한편, $A \subseteq A \cup B$, $B \subseteq A \cup B$이므로 $f(A)$의 정의에 의하여 $f(A) \subseteq f(A \cup B)$, $f(B) \subseteq f(A \cup B)$가 된다. 이 두 포함관계에서

$$f(A) \cup f(B) \subseteq f(A \cup B) \tag{1.2}$$

식 (1.1)과 (1.2)로부터 $f(A \cup B) = f(A) \cup f(B)$이다.

(3) 만약 $y \in f(A \cap B)$이면 $f(x) = y$를 만족하는 $x \in A \cap B$가 존재한다. 그러므로 $x \in A$, $x \in B$이고 $f(x) = y$이므로 $y \in f(A) \cap f(B)$이다. 따라서 $f(A \cap B) \subseteq f(A) \cap f(B)$이다. ■

주의 2 정리 1.2.2(3)의 양변의 집합은 일반으로 같지 않다. 예를 들어, 함수 $f : \mathbb{Z} \to \mathbb{Z}$, $f(x) = x^2$이고 $A = \{-1, -2, -3\}$, $B = \{1, 2, 3\}$일 때, $f(A) = f(B) = \{1, 4, 9\}$이지만 $A \cap B = \varnothing$이다. 따라서 $f(A \cap B) = f(\varnothing) = \varnothing \neq f(A) \cap f(B) = \{1, 4, 9\}$, 즉 $f(A \cap B) \neq f(A) \cap f(B)$.

정의 1.2.3

(1) 함수 $f : X \to Y$에서 $f(X) = Y$, 즉 함수 f의 치역과 공변역이 일치하면 f를 Y 위로의 함수 또는 전사함수(onto function 또는 surjection)라 한다. 즉 임의의 $y \in Y$에 대하여 $y = f(x)$를 만족하는 X의 원소 x가 적어도 하나 존재하면 f는 Y 위로의 함수이다.

(2) 함수 $f : X \to Y$에서 $x_1 \neq x_2$일 때 $f(x_1) \neq f(x_2)$, 즉 f에 의한 서로 다른 두 원소의 상이 서로 다를 때, 함수 f를 일대일 함수 또는 단사함수(one-to-one function 또는 injection)라 한다.

(3) 전사이고 단사인 함수를 전단사함수(bijection) 또는 일대일 대응(one to one correspondence)
이라 한다.

(4) $f : X \to Y$가 함수이고 B가 Y의 부분집합이면 $f^{-1}(B) = \{x \in X : f(x) \in B\}$로 정의하고
이 집합을 함수 f에 의한 집합 B의 역상(inverse image)이라 한다.

정리 1.2.4 $f : X \to Y$가 함수이고 A와 B가 Y의 부분집합이면 다음이 성립한다.

(1) $A \subseteq B$이면 $f^{-1}(A) \subseteq f^{-1}(B)$

(2) $f^{-1}(A \cup B) = f^{-1}(A) \cup f^{-1}(B)$

(3) $f^{-1}(A \cap B) = f^{-1}(A) \cap f^{-1}(B)$

(4) $f^{-1}(A - B) = f^{-1}(A) - f^{-1}(B)$

증명 (1) $x \in f^{-1}(A)$이면 $f(x) \in A$이다. 그런데 $A \subseteq B$이므로 $f(x) \in B$, 즉 $x \in f^{-1}(B)$
이다. 따라서 $f^{-1}(A) \subseteq f^{-1}(B)$이다.

(2) 만약 $x \in f^{-1}(A \cup B)$이면 $f(x) \in A \cup B$이므로 $f(x) \in A$ 또는 $f(x) \in B$, 즉
$x \in f^{-1}(A)$ 또는 $x \in f^{-1}(B)$이다. 따라서

$$f^{-1}(A \cup B) \subseteq f^{-1}(A) \cup f^{-1}(B). \tag{1.3}$$

한편, $A \subseteq A \cup B$이고 $B \subseteq A \cup B$이므로

$$f^{-1}(A) \subseteq f^{-1}(A \cup B), \; f^{-1}(B) \subseteq f^{-1}(A \cup B)$$

이다. 따라서

$$f^{-1}(A) \cup f^{-1}(B) \subseteq f^{-1}(A \cup B). \tag{1.4}$$

식 (1.3)과 (1.4)에서 $f^{-1}(A) \cup f^{-1}(B) = f^{-1}(A \cup B)$이다.

(3) $A \cap B \subseteq A$, $A \cap B \subseteq B$이므로 $f^{-1}(A \cap B) \subseteq f^{-1}(A)$, $f^{-1}(A \cap B) \subseteq f^{-1}(B)$
이다. 따라서

$$f^{-1}(A \cap B) \subseteq f^{-1}(A) \cap f^{-1}(B). \tag{1.5}$$

한편, 만약 $x \in f^{-1}(A) \cap f^{-1}(B)$이면 $x \in f^{-1}(A)$이고 $x \in f^{-1}(B)$, 즉 $f(x) \in A$

이고 $f(x) \in B$이므로 $f(x) \in A \cap B$, 즉 $x \in f^{-1}(A \cap B)$이다. 따라서

$$f^{-1}(A) \cap f^{-1}(B) \subseteq f^{-1}(A \cap B). \tag{1.6}$$

식 (1.5)와 (1.6)에서 $f^{-1}(A \cap B) = f^{-1}(A) \cap f^{-1}(B)$이다.

(4) $x \in f^{-1}(A - B) \Leftrightarrow f(x) \in A - B \Leftrightarrow f(x) \in A,\ f(x) \notin B \Leftrightarrow x \in f^{-1}(A),\ x \notin f^{-1}(B) \Leftrightarrow x \in f^{-1}(A) - f^{-1}(B)$. 따라서

$$f^{-1}(A - B) = f^{-1}(A) - f^{-1}(B). \qquad \blacksquare$$

보기 1 함수 $f : \mathbb{Z} \to \mathbb{Z}$, $f(x) = x^2$이고 $E = \{-1, -2, -3, \cdots\}$일 때

$$f(E) = \{(-n)^2 : n \in \mathrm{N}\} = \{1, 4, 9, \cdots\}$$

이고 $f^{-1}(f(E)) = \mathbb{Z} - \{0\}$이다. 따라서 $E \subseteq f^{-1}(f(E))$임을 알 수 있다.

정의 1.2.5 두 함수 $f : X \to Y$와 $g : Y \to Z$의 합성함수(composite function)는

$$h = g \circ f : X \to Z,\ h(x) = g(f(x)), \quad x \in X$$

로 정의되는 함수이다. f와 g의 합성함수를 $g \circ f$로 나타낸다.

주의 2 일반적으로 $f \circ g \neq g \circ f$임을 알 수 있다. 예를 들어, 두 함수 $f : \mathbb{R} \to \mathbb{R}$, $f(x) = x^2 + 1$과 $g : \mathbb{R} \to \mathbb{R}$, $g(t) = \sin t$에 대하여

$$g \circ f : \mathbb{R} \to \mathbb{R}, \quad (g \circ f)(x) = \sin(x^2 + 1),$$
$$f \circ g : \mathbb{R} \to \mathbb{R}, \quad (f \circ g)(t) = \sin^2 t + 1.$$

이 예로부터 $f \circ g \neq g \circ f$임을 알 수 있다.

정리 1.2.6 함수 $f : X \to Y$와 $g : Y \to Z$에 대하여 다음이 성립한다.

(1) f와 g가 단사함수이면 합성함수 $g \circ f$도 단사함수이다.

(2) f와 g가 전사함수이면 $g \circ f$도 전사함수이다.

증명 (1) 만약 $(g \circ f)(x) = (g \circ f)(y)$, 즉 $g(f(x)) = g(f(y))$이면 g가 단사함수이므로 $f(x) = f(y)$이다. 또한 f가 단사함수이므로 $x = y$이다. 따라서 $g \circ f$는 단사함수이다.

(2) c를 Z의 임의의 원소라 하자. g가 전사함수이므로 $g(b) = c$가 되는 $b \in Y$가 존재한다. 또한 f가 전사함수이므로 $f(a) = b$인 하나의 원소 $a \in X$가 존재한다. 따라서 $(g \circ f)(a) = g(f(a)) = g(b) = c$이므로 $g \circ f$는 전사함수이다. ■

정의 1.2.7 함수 $f : X \to Y$가 전단사이면 Y의 임의의 원소 y에 대하여 $f(x) = y$로 되는 X의 원소 x는 단 하나뿐이므로 역상 $f^{-1}(y)$는 단집합 $\{x\}$이다. 그러므로 이때 Y의 임의의 원소 y에 $f(x) = y$인 X의 원소 x를 대응시키면 Y에서 X로의 함수를 얻는다. 이 함수를 $f^{-1} : Y \to X$로 나타내고 f의 역함수(inverse function)라고 한다.

전단사함수의 역함수 f^{-1}를 g로 나타내면

$$(g \circ f)(x) = g(f(x)) = g(y) = x, \quad \forall x \in X$$
$$(f \circ g)(y) = f(g(y)) = f(x) = y, \quad \forall y \in Y$$

이므로 $g \circ f = i_X$, $f \circ g = i_Y$이다. 여기서 i_X는 X 위의 항등함수, i_Y는 Y 위의 항등함수를 나타낸다.

보기 2 양수 전체의 집합을 $\mathbb{R}^+$로 나타내자. 함수 $f : \mathbb{R} \to \mathbb{R}^+$, $f(x) = e^x$는 전단사함수이고, 이 함수의 역함수는 $g : \mathbb{R}^+ \to \mathbb{R}$, $g(x) = \ln x$이다.

연습문제 1.2

01 함수 $f, g : \mathbb{Z} \to \mathbb{Z}$, $f(x) = x + 3$, $g(x) = 2x$에 대하여 $(f \circ g)(\mathbb{N})$과 $(g \circ g)(\mathbb{N})$를 구하여라.

02 함수 $f : X \to Y$와 $A \subseteq X$에 대하여 $f(X) - f(A) \subseteq f(X - A)$임을 증명하고
$$f(X) - f(A) \neq f(X - A)$$
가 되는 예를 구하여라.

03 함수 $f : [0, 2\pi) \to \mathbb{R}^2$, $f(t) = (\cos t, \sin t)$에 대하여 f의 치역과 $f^{-1}((1, 0))$, $f^{-1}((0, -1))$을 구하여라.

04 두 함수 $f : \mathbb{R} \to \mathbb{R}$, $g : \mathbb{R} \to \mathbb{R}$가 $f(x) = x^2 + 3$, $g(x) = \cos x$일 때 $f \circ g$와 $g \circ f$를 구하여라.

05 함수 $f : X \to Y$와 $A \subseteq X$, $B \subseteq Y$에 대하여 다음 관계가 성립함을 보여라.

(1) $f^{-1}(f(A)) \supset A$ (2) $f(f^{-1}(B)) \subseteq B$

(3) $f^{-1}(Y - B) = X - f^{-1}(B)$ (4) $f(A \cap f^{-1}(B)) = f(A) \cap B$

06 함수 $f : X \to Y$와 $g : Y \to Z$의 합성함수를 $h = g \circ f : X \to Z$라 할 때, 다음이 성립함을 보여라.

(1) h가 전사함수이면 g도 전사함수이다.

(2) h가 단사함수이면 f도 단사함수이다.

07 임의의 함수 $f : X \to Y$, $g : Y \to Z$, $h : Z \to W$에 대하여
$$h \circ (g \circ f) = (h \circ g) \circ f$$
가 성립함을 보여라.

08 함수 $f : X \to Y$에 대하여 다음을 보여라.

(1) f는 단사함수이다. $\Leftrightarrow$ 임의의 $A(\subset X)$에 대하여 $A = f^{-1}(f(A))$이다.

(2) f는 전사함수이다. $\Leftrightarrow$ 임의의 $B(\subset Y)$에 대하여 $f(f^{-1}(B)) = B$이다.

09 함수 $f : X \to Y$와 $g : Y \to Z$가 전단사함수이면 합성함수 $g \circ f$도 전단사함수이고

$$(g \circ f)^{-1} = f^{-1} \circ g^{-1}$$

임을 보여라(귀띔: 정리 1.2.6을 이용하여라).

10 함수 $f : X \to Y$가 전단사이기 위한 필요충분조건은 함수 $g : Y \to X$가 존재하여

$$g \circ f = i_X, \ f \circ g = i_Y$$

인 것임을 보여라. 이때 $g = f^{-1}$이다.

11 함수 $f : X \to Y$에 대하여 다음 성질들이 모두 동치임을 보여라.

(1) f는 단사함수이다.

(2) $f(A \cap B) = f(A) \cap f(B) \quad (A, B \in \wp(X))$

(3) $A \cap B = \varnothing$ 인 모든 $A, B \subseteq X$에 대하여 $f(A) \cap f(B) = \varnothing$ 이다.

12 $\wp(A)$는 집합 A의 모든 부분집합들의 집합일 때, 집합 A에서 $\wp(A)$로의 모든 함수는 전사함수가 아님을 보여라.

1.3 가산집합

칸토어는 집합 사이의 일대일 대응의 중요성을 확립하고, 가산집합과 비가산집합을 구분하였고 '부분이 전체와 일대일 대응'이 되는 성질이 칸토어를 포함해서 많은 수학자들을 놀라게 했다.

정의 1.3.1 두 집합 A, B에 대하여 전단사함수 $f : A \to B$가 존재하면 A와 B는 대등 (equipotent 또는 equivalent)이라 하고 $A \sim B$로 나타낸다.

보기 1 (1) 정수 전체의 집합 $\mathbb{Z}$는 자연수의 집합 $\mathbb{N}$과 대등하다. 왜냐하면 다음 함수 $f : \mathbb{N} \to \mathbb{Z}$는 일대일 대응이기 때문이다.

$$f(n) = \begin{cases} -(n-1)/2 & (n = 1,\ 3,\ 5,\ \cdots) \\ n/2 & (n = 2,\ 4,\ 6,\ \cdots) \end{cases}$$

실제로 $f(1) = 0$, $f(2) = 1$, $f(3) = -1$, $f(4) = 2$, $\cdots$ 이다.

(2) 홀수들의 집합 O는 자연수의 집합 $\mathbb{N}$과 대등하다. 왜냐하면 함수 $f : \mathbb{N} \to O$, $f(n) = 2n - 1$은 전단사함수이기 때문이다.

(3) 함수 $f : \mathbb{R} \to (-1,\ 1)$, $f(x) = x/(1 + |x|)$는 전단사함수이므로 $\mathbb{R}$과 $(-1,\ 1)$은 대등하다.

위의 보기로부터 한 집합이 자신의 진부분집합과 대등할 수 있음을 알 수 있다.

정의 1.3.2

(1) 집합 A가 공집합이거나 또는 적당한 자연수 n에 대하여 $\{1,\ 2,\ 3,\ \cdots,\ n\} \sim A$일 때 A를 유한집합(finite set)이라 한다.

(2) 유한집합이 아닌 집합을 무한집합(infinite set)이라 한다.

(3) 집합 A가 유한집합이거나 또는 자연수 전체의 집합 $\mathbb{N}$과 대등하면 A를 가산집합(countable set 또는 denumerable set)이라 한다.

(4) 가산집합이 아닌 무한집합을 비가산집합(uncountable set)이라 한다.

정리 1.3.3 자연수의 집합 $\mathbb{N}$의 모든 부분집합은 가산집합이다.

> **증명** X는 $\mathbb{N}$의 임의의 부분집합이라고 하자. 만약 X가 유한집합이면 분명히 정의에 의하여 정리가 성립한다. 따라서 X는 무한집합이라고 가정한다. $\mathbb{N}$에서 X로의 함수 $f : \mathbb{N} \rightarrow X$를 다음과 같이 정의한다. $f(1)$을 집합 X의 최소원소라 하고, $f(2)$를 $X - \{f(1)\}$의 최소원소라 하자. 이러한 과정을 계속하여 $f(1), f(2), \cdots, f(n)$을 정의하고 $f(n+1)$을 $X - \{f(1), f(2), \cdots, f(n)\}$의 최소원소라고 하자. 그러면 $f : \mathbb{N} \rightarrow X$는 전단사함수이다. 따라서 X는 가산집합이다. ∎

따름정리 1.3.4 가산집합 A의 모든 부분집합 B는 가산집합이다.

보기 2 집합 $\mathbb{N} \times \mathbb{N}$은 가산집합임을 보여라.

> **증명** 함수 $f : \mathbb{N} \times \mathbb{N} \rightarrow \mathbb{N}$, $f(m, n) = 2^{m-1}(2n-1)$은 전단사이므로 $\mathbb{N} \times \mathbb{N}$은 가산집합이다. ∎

정리 1.3.5 $A_1, A_2, \cdots$가 모두 가산집합이면 집합 $A = \bigcup_{n=1}^{\infty} A_n$도 가산집합이다.

> **증명** $A_1, A_2, \cdots, A_n, \cdots$이 모두 가산집합이므로
> $$A_1 = \{a_1^1, a_2^1, a_3^1, \cdots\}, \ A_2 = \{a_1^2, a_2^2, a_3^2, \cdots\}, \ \cdots, \ A_n = \{a_1^n, a_2^n, a_n^n, \cdots\}, \ \cdots$$
> 으로 나타낼 수 있다. 이것을 다음과 같이 나열하고, 화살표 방향의 순서로 원소의 중복을 피하면서 번호를 붙여 나가면 A는 가산집합임을 알 수 있다.

$$
\begin{array}{llll}
a_1^1 \rightarrow & a_2^1 & a_3^1 \rightarrow & a_4^1 \cdots \\
 & \downarrow & \uparrow & \downarrow \\
a_1^2 \leftarrow & a_2^2 & a_3^2 & a_4^2 \cdots \\
\downarrow & & \uparrow & \downarrow \\
a_1^3 \rightarrow & a_2^3 \rightarrow & a_3^3 & a_4^3 \cdots \\
 & & & \downarrow \\
a_1^4 \leftarrow & a_2^4 \leftarrow & a_3^4 \leftarrow & a_4^4 \cdots \\
\cdots & \cdots \cdots & \cdots \cdots & \cdots \cdots
\end{array}
$$

∎

보기 3 유리수 전체의 집합 $\mathbb{Q}$ 는 가산집합임을 보여라.

증명 분모가 n 인 유리수 전체의 집합을 E_n 이라고 하자. 즉

$$E_n = \left\{ \frac{0}{n}, -\frac{1}{n}, \frac{1}{n}, -\frac{2}{n}, \frac{2}{n}, \cdots \right\} = \left\{ \frac{m}{n} : m \in \mathbb{Z} \right\}$$

그러면 분명히 E_n 은 가산집합이다. 유리수 전체의 집합 $\mathbb{Q}$ 는 $\mathbb{Q} = \cup_{n=1}^{\infty} E_n$ 으로 나타낼 수 있으므로 정리 1.3.5에 의하여 $\mathbb{Q}$ 는 가산집합이다. ∎

정리 1.3.6 집합 $[0, 1] = \{x \in \mathbb{R} : 0 \leq x \leq 1\}$ 은 비가산집합이다.

증명 만약 $[0, 1]$ 이 가산집합이라 가정하면 $[0, 1] = \{x_1, x_2, \cdots\}$ 로 나타낼 수 있다. 각 x_i 를 무한소수로 나타내어 다음과 같이 나열할 수 있다.

$$x_1 = 0.a_1^1 a_2^1 a_3^1 a_4^1 \cdots$$
$$x_2 = 0.a_1^2 a_2^2 a_3^2 a_4^2 \cdots$$
$$\vdots$$
$$x_n = 0.a_1^n a_2^n a_3^n a_4^n \cdots a_n^n \cdots$$
$$\vdots$$

지금 b_1 을 $b_1 \neq a_1^1$ 인 0부터 8까지의 임의의 자연수라 하고, b_2 를 $b_2 \neq a_2^2$ 인 0부터 8까지의 임의의 자연수라 하자. 일반적으로 b_n 을 $b_n \neq a_n^n$ 인 0부터 8까지의 자연수라고 하고 $y = 0.b_1 b_2 \cdots b_n \cdots$ 이라 하면 $y \neq x_i$ $(i = 1, 2, \cdots)$. 하지만 y 는 분명히 $0 \leq y \leq 1$ 인 실수이므로 $[0, 1] = \{x_1, x_2, \cdots\}$ 에 모순이다. 따라서 $[0, 1]$ 은 비가산집합이다. ∎

정리 1.3.7 실수 전체의 집합 $\mathbb{R}$ 은 비가산집합이다.

증명 $\mathbb{R}$ 이 가산집합이면 따름정리 1.3.4에 의하여 $[0, 1]$ 은 가산집합이므로 정리 1.3.6에 모순이다. ∎

연습문제 1.3

01 짝수인 자연수 전체의 집합을 E라 하면 $E \sim \mathbb{N}$임을 보여라.

02 집합의 대등관계 $\sim$는 동치관계임을 보여라.

03 $a,\ b \in \mathbb{R}$이고 $a < b$일 때 다음을 보여라.

(1) $(a,\ b) \sim (0,\ 1)$ (2) $(0,\ 1) \sim (0,\ \infty)$

(3) 구간 $(0,\ 1),\ [0,\ 1),\ (0,\ 1]$은 각각 구간 $[0,\ 1]$과 대등하다.

(4) 구간 $[a,\ b],\ (a,\ b),\ [a,\ b),\ (a,\ b]$는 서로 대등하다.

04 만약 $A \sim X$이고 $B \sim Y$이면 $(A \times B) \sim (X \times Y)$임을 보여라.

05 $[0,\ 1] \times [0,\ 1] \sim [0,\ 1]$임을 보여라.

06 유리수 계수의 다항식 전체의 집합은 가산집합임을 보여라.

07 집합 $\mathbb{Q}(\sqrt{2}) = \{x + y\sqrt{2} : x,\ y \in \mathbb{Q}\}$는 가산집합임을 보여라.

08 무리수 전체의 집합은 비가산집합임을 보여라.

09 A와 B가 가산집합이면 카테시안곱 $A \times B$도 가산집합임을 보여라.

10 X를 임의의 집합, $C(X)$를 X 위의 특성함수족, 즉 $f : X \to \{0,\ 1\}$인 함수족이라 하면 X의 멱집합 $\wp(X)$는 $C(X)$와 대등, 즉 $\wp(X) \sim C(X)$임을 보여라.

11 X, Y가 임의의 집합이고 $X \sim Y$이면 X의 멱집합 $\wp(X)$와 Y의 멱집합 $\wp(Y)$는 대등함을 보여라.

Introduction to Real Analysis

02
거리공간

2.1 거리공간

두 실수 x, y에 대하여 $|x-y|$는 기하학적으로 두 점 x와 y 사이의 거리라고 생각할 수 있다. 이것을 $d(x, y) = |x-y|$로 나타내면 d는 $\mathbb{R} \times \mathbb{R}$에서 $[0, \infty)$로의 함수이며 다음 성질을 갖는다.

(1) $d(x, y) = 0 \Leftrightarrow x = y$

(2) $d(x, y) = d(y, x)$ $(x, y \in \mathbb{R})$

(3) $d(x, z) \leq d(x, y) + d(y, z)$ $(x, y, z \in \mathbb{R})$

실제로 임의의 집합 위에 위의 조건을 만족하는 거리의 개념을 도입할 수 있다.

정의 2.1.1 M은 임의의 집합이라 하자. 함수 $d : M \times M \to [0, \infty)$가 다음 조건을 만족할 때 d를 M 위의 거리(metric) 또는 거리함수(distance function)라고 한다.

(M1) 임의의 $x, y \in M$에 대하여 $d(x, y) \geq 0$.

(M2) $d(x, y) = 0 \Leftrightarrow x = y$

(M3) $d(x, y) = d(y, x)$ $(x, y \in M)$

(M4) $d(x, z) \leq d(x, y) + d(y, z)$ $(x, y, z \in M)$ (삼각부등식)

정의 2.1.2 거리 d를 갖는 집합 M을 거리공간(metric space)이라 하고 (M, d)로 나타낸다. 거리공간 (M, d)를 간단히 M으로 나타낸다.

주의 1 (1) 삼각부등식은 삼각형의 한 변의 길이는 다른 두 변의 길이의 합을 초과할 수 없다는 것을 의미한다.

(2) $x, y, z_1, z_2, \cdots, z_n$이 거리공간 (M, d)의 임의의 원소일 때 삼각부등식에 의하여

$$
\begin{aligned}
d(x, y) &\leq d(x, z_1) + d(z_1, y) \leq d(x, z_1) + d(z_1, z_2) + d(z_2, y) \\
&\leq d(x, z_1) + d(z_1, z_2) + d(z_2, z_3) + d(z_3, y) \\
&\leq \cdots\cdots\cdots \\
&\leq d(x, z_1) + d(z_1, z_2) + \cdots + d(z_n, y)
\end{aligned}
$$

(3) 모든 $x,\ y,\ z \in M$에 대하여

$$|d(x,\ z) - d(y,\ z)| \leq d(x,\ y).$$

보기 1 $d : \mathbb{R} \times \mathbb{R} \to [0,\ \infty),\ d(x,\ y) = |x - y|$로 정의하면 d는 $\mathbb{R}$ 위의 거리가 된다. 이러한 거리를 보통거리(usual metric) 또는 유클리드 거리(Euclidean metric)라 한다. 특별히 언급하지 않으면 $\mathbb{R}$은 보통거리를 갖는 것으로 한다.

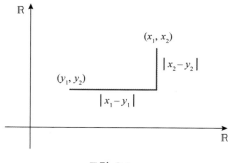

그림 2.1

보기 2 평면 $\mathbb{R}^2$의 두 점 $x = (x_1,\ x_2),\ y = (y_1,\ y_2)$에 대하여

$$d_2(x,\ y) = \sqrt{(x_1 - y_1)^2 + (x_2 - y_2)^2}$$

로 정의하면 d_2가 $\mathbb{R}^2$ 위의 거리임을 보여라.

증명 임의의 $x = (x_1,\ x_2),\ y = (y_1,\ y_2),\ z = (z_1,\ z_2) \in \mathbb{R}^2$에 대하여 $d_2(x,\ y) \geq 0$은 분명하다.

$$\begin{aligned}
d_2(x,\ y) = 0 &\Leftrightarrow \sqrt{(x_1 - y_1)^2 + (x_2 - y_2)^2} = 0 \\
&\Leftrightarrow (x_1 - y_1)^2 = 0,\ (x_2 - y_2)^2 = 0 \\
&\Leftrightarrow x_1 = y_1,\ x_2 = y_2 \Leftrightarrow x = y
\end{aligned}$$

이므로 (M2)가 만족된다. 또한

$$d_2(x,\ y) = \sqrt{(x_1 - y_1)^2 + (x_2 - y_2)^2} = \sqrt{(y_1 - x_1)^2 + (y_2 - x_2)^2} = d_2(y,\ x)$$

이므로 (M3)가 만족된다.

끝으로 삼각부등식 $d_2(x,\, z) \le d_2(x,\, y) + d_2(y,\, z)$, 즉

$$\sqrt{(x_1 - z_1)^2 + (x_2 - z_2)^2} \le \sqrt{(x_1 - y_1)^2 + (x_2 - y_2)^2} \tag{2.1}$$
$$+ \sqrt{(y_1 - z_1)^2 + (y_2 - z_2)^2}$$

임을 보이면 된다. $a_i = x_i - y_i$, $b_i = y_i - z_i$라고 두면 $x_i - z_i = (x_i - y_i) + (y_i - z_i)$, $i = 1,\, 2$이고, 부등식 (2.1)을 다음과 같이 쓸 수 있다.

$$\sqrt{(a_1 + b_1)^2 + (a_2 + b_2)^2} \le \sqrt{a_1^2 + a_2^2} + \sqrt{b_1^2 + b_2^2}$$

양변을 제곱한 후 정리하면

$$a_1 b_1 + a_2 b_2 \le \sqrt{(a_1^2 + a_2^2)(b_1^2 + b_2^2)} \tag{2.2}$$

가 된다. 임의의 실수 a_1, a_2, b_1, b_2에 대하여

$$|a_1 b_1 + a_2 b_2| \le \sqrt{(a_1^2 + a_2^2) \cdot (b_1^2 + b_2^2)} \tag{2.3}$$

가 성립함을 보이면 증명이 끝난다. 부등식 (2.3)의 양변을 제곱한 후 간단히 정리하면

$$0 \le a_1^2 b_2^2 - 2a_1 b_1 a_2 b_2 + a_2^2 b_1^2, \ \ \text{즉} \ \ 0 \le (a_1 b_2 - a_2 b_1)^2$$

이 된다. 이것은 항상 성립하므로 d_2는 $\mathbb{R}^2$ 위의 거리이다. ∎

보기 2에서 거리 d_2를 $\mathbb{R}^2$ 위의 보통거리라 한다.

보기 3 l^1은 급수 $\displaystyle\sum_{k=1}^{\infty} a_k$가 절대수렴하는 실수열 $\{a_k\}$ 전체의 집합이라 하자. 즉,

$$l^1 = \left\{ \{a_k\} : \sum_{k=1}^{\infty} |a_k| \text{가 수렴한다} \right\}$$

임의의 $\{a_k\}$, $\{b_k\} \in l^1$에 대하여 다음과 같이 정의하면 d_1는 l^1 위의 거리임을 보여라.

$$d_1(\{a_k\},\, \{b_k\}) = \sum_{k=1}^{\infty} |a_k - b_k|$$

증명 거리 정의의 (M1), (M2), (M3)가 성립함을 쉽게 보일 수 있으므로 삼각부등식을 증명한다. $\{a_k\}$, $\{b_k\}$, $\{c_k\}$는 l^1의 임의의 수열이면 모든 자연수 k에 대하여

$$|a_k - c_k| \leq |a_k - b_k| + |b_k - c_k|$$

이므로

$$\sum_{k=1}^{n} |a_k - c_k| \leq \sum_{k=1}^{n} |a_k - b_k| + \sum_{k=1}^{n} |b_k - c_k|$$

가 되고, 양변에 극한을 취하면

$$d_1(\{a_k\}, \{c_k\}) = \sum_{k=1}^{\infty} |a_k - c_k| \leq \sum_{k=1}^{\infty} |a_k - b_k| + \sum_{k=1}^{\infty} |b_k - c_k|$$
$$= d_1(\{a_k\}, \{b_k\}) + d_1(\{b_k\}, \{c_k\}). \qquad \blacksquare$$

정리 2.1.3 ($\mathbb{R}^n$에 대한 코시-슈바르츠 부등식) $a_1, \cdots, a_n$과 $b_1, \cdots, b_n$이 임의의 실수이면

$$\left| \sum_{k=1}^{n} a_k b_k \right| \leq \sqrt{\left(\sum_{k=1}^{n} a_k^2\right)\left(\sum_{k=1}^{n} b_k^2\right)}. \qquad (2.4)$$

증명 $b_k = 0 \ (1 \leq k \leq n)$이면 식 (2.4)의 양변의 값이 0이므로 (2.4)는 당연히 성립된다. 그러므로 어떤 $k \, (1 \leq k \leq n)$에 대하여 $b_k \neq 0$이라 가정하면 $\sum_{k=1}^{n} b_k^2 > 0$이다. 임의의 실수 x에 대하여 $0 \leq \sum_{k=1}^{n} (a_k - x b_k)^2$이므로

$$0 \leq \sum_{k=1}^{n} a_k^2 - 2x \sum_{k=1}^{n} a_k b_k + x^2 \sum_{k=1}^{n} b_k^2$$

이다. $A = \sum_{k=1}^{n} a_k^2$, $B = \sum_{k=1}^{n} a_k b_k$, $C = \sum_{k=1}^{n} b_k^2$로 두고 $x = B/C$로 취하면

$$0 \leq A - 2\left(\frac{B}{C}\right)B + \left(\frac{B}{C}\right)^2 C$$

가 된다. 이것을 간단히 하면 $0 \leq AC - B^2$을 얻는다. 따라서 결과가 성립한다. $\blacksquare$

보기 2를 실유클리드 n차원 공간 $\mathbb{R}^n$의 경우로 확장할 수 있다. 공간

$$\mathbb{R}^n = \{(x_1,\ x_2,\ \cdots,\ x_n) : x_i \in \mathbb{R},\ i = 1,\ 2,\ \cdots,\ n\}$$

을 실유클리드 n차원 공간(real Euclidean n-space)이라 한다.

정리 2.1.4 두 점 $x = (x_1,\ x_2,\ \cdots,\ x_n),\ y = (y_1,\ y_2,\ \cdots,\ y_n) \in \mathbb{R}^n$에 대하여

$$d_2(x,\ y) = \sqrt{\sum_{k=1}^{n}(x_k - y_k)^2}$$

로 정의하면 d_2는 $\mathbb{R}^n$ 위의 거리이다. 이런 거리를 $\mathbb{R}^n$ 위의 보통거리(usual metric)라 한다.

증명 거리 정의의 (M1), (M2), (M3)가 성립함을 쉽게 보일 수 있다. 임의의 $(x_1,\ x_2,\ \cdots,\ x_n),\ (y_1,\ y_2,\ \cdots,\ y_n),\ (z_1,\ z_2,\ \cdots,\ z_n) \in \mathbb{R}^n$에 대하여

$$\sqrt{\sum_{k=1}^{n}(x_k - z_k)^2} \leq \sqrt{\sum_{k=1}^{n}(x_k - y_k)^2} + \sqrt{\sum_{k=1}^{n}(y_k - z_k)^2}$$

임을 보이면 된다. $a_k = x_k - y_k,\ b_k = y_k - z_k$라 두고 보기 2에서와 같이 추론하면 다음 코시-슈바르츠 부등식을 보일 수 있다.

$$\left| \sum_{k=1}^{n} a_k b_k \right| \leq \sqrt{\left(\sum_{k=1}^{n} a_k^2\right)\left(\sum_{k=1}^{n} b_k^2\right)}$$

따라서 (M4)가 성립하므로 d_2는 $\mathbb{R}^n$ 위의 거리이다. ■

$\mathbb{R}^n$에 관한 거리를 '무한개의 좌표를 갖는' 경우로 확장한다. 즉 정리 2.1.4를 수열로 이루어진 공간에 확장한다. 두 수열 $\{a_n\},\ \{b_n\}$에 대하여

$$d(\{a_n\},\ \{b_n\}) = \sqrt{\sum_{k=1}^{\infty}(a_k - b_k)^2}$$

로 정의한다. 위의 정의가 의미를 가지려면 무한급수 $\sum_{k=1}^{\infty}(a_k - b_k)^2$이 수렴해야 하므로 급수 $\{a_k\}$

를 $\sum_{k=1}^{\infty} a_k^2$이 수렴하는 경우로 제한하여야 한다. $\sum_{k=1}^{\infty} a_k^2$이 수렴하는 수열 $\{a_k\}$ 전체의 집합을 l^2로 나타낸다.

정리 2.1.5 임의의 $\{a_k\}, \{b_k\} \in l^2$에 대하여 $\sum_{k=1}^{\infty} a_k b_k$는 절대수렴한다.

증명 코시-슈바르츠 부등식에 의하여

$$\left| \sum_{k=1}^{n} a_k b_k \right| \leq \sqrt{\left(\sum_{k=1}^{n} |a_k|^2 \right)\left(\sum_{k=1}^{n} |b_k|^2 \right)}$$

는 모든 자연수 n에 대하여 성립한다. 따라서 모든 자연수 n에 대하여

$$\sum_{k=1}^{n} |a_k b_k| \leq \sqrt{\left(\sum_{k=1}^{n} a_k^2 \right)\left(\sum_{k=1}^{n} b_k^2 \right)} \leq \sqrt{\left(\sum_{k=1}^{\infty} a_k^2 \right)\left(\sum_{k=1}^{\infty} b_k^2 \right)}$$

이다. 가정에 의하여 우변은 상수이므로 좌변을 $n \to \infty$이 되도록 하면 $\sum_{k=1}^{\infty} |a_k b_k|$는 수렴한다. ∎

정리 2.1.6 임의의 $\{a_k\}, \{b_k\} \in l^2$에 대하여 $\sum_{k=1}^{\infty} (a_k - b_k)^2$은 수렴한다.

증명 정리 2.1.5에 의하여 $\sum_{k=1}^{\infty} a_k b_k$는 절대수렴한다. $(a_k - b_k)^2 = a_k^2 - 2a_k b_k + b_k^2$이므로 $\sum_{k=1}^{\infty} (a_k - b_k)^2$은 수렴하는 세 급수

$$\sum_{k=1}^{\infty} a_k^2, \quad -2\sum_{k=1}^{\infty} a_k b_k, \quad \sum_{k=1}^{\infty} b_k^2$$

의 합이므로 수렴한다. ∎

정리 2.1.7 l^2의 두 수열 $\{a_n\}$, $\{b_n\}$에 대해 다음과 같이 정의하면 d_2는 l^2 위의 거리다.

$$d_2(\{a_n\}, \{b_n\}) = \sqrt{\sum_{k=1}^{\infty}(a_k - b_k)^2}$$

증명 정리 2.1.6에 의하여 $\sum_{k=1}^{\infty}(a_k - b_k)^2$은 수렴하므로 거리함수 d_2는 잘 정의된다. 또한 거리 정의의 (M1), (M2), (M3)가 성립함을 쉽게 알 수 있으므로 삼각부등식 (M4)만을 보인다. $\{a_k\}$, $\{b_k\}$, $\{c_k\} \in l^2$이면 $\mathbb{R}^n$에 관한 삼각부등식에 의하여 모든 자연수 n에 대하여

$$\sqrt{\sum_{k=1}^{n}(a_k - c_k)^2} \leq \sqrt{\sum_{k=1}^{n}(a_k - b_k)^2} + \sqrt{\sum_{k=1}^{n}(b_k - c_k)^2}$$

이다. 양변에 극한을 취함으로써

$$d_2(\{a_n\}, \{c_n\}) = \sqrt{\sum_{k=1}^{\infty}(a_k - c_k)^2} \leq \sqrt{\sum_{k=1}^{\infty}(a_k - b_k)^2} + \sqrt{\sum_{k=1}^{\infty}(b_k - c_k)^2}$$

$$= d_2(\{a_n\}, \{b_n\}) + d_2(\{b_n\}, \{c_n\})$$

이 성립한다. ■

정리 2.1.8 (l^2에 대한 코시-슈바르츠 부등식) 두 수열 $\{a_k\}$, $\{b_k\} \in l^2$에 대하여 $\sum_{k=1}^{\infty} a_k b_k$는 절대수렴하고,

$$\left| \sum_{k=1}^{\infty} a_k b_k \right| \leq \sqrt{\left(\sum_{k=1}^{\infty} a_k^2\right)\left(\sum_{k=1}^{\infty} b_k^2\right)}.$$

증명 정리 2.1.5에 의하여 $\sum_{k=1}^{\infty} a_k b_k$는 절대수렴하고 정리 2.1.3의 부등식 (2.4)의 양변에 극한을 취하면 원하는 부등식을 얻을 수 있다. ■

도움정리 2.1.9 p, q는 $p > 1$, $q > 1$이고 $\dfrac{1}{p} + \dfrac{1}{q} = 1$인 두 수일 때

$$a^{1/p}\,b^{1/q} \le \frac{a}{p} + \frac{b}{q}.$$

증명 $0 < t < 1$인 t에 대하여 함수 $f(x) = x^t - tx - (1-t)$의 증감을 조사하면 $x \ge 1$에서 $f(x) \le 0$임을 알 수 있다.

$a = 0$ 또는 $b = 0$일 때 결론이 성립하므로 $a, b > 0$이라 가정하자.

(1) $a \ge b$일 때 $x = \dfrac{a}{b}$, $t = \dfrac{1}{p}$로 두면 $x \ge 1$이므로

$$\left(\frac{a}{b}\right)^{1/p} \le \frac{1}{p} \cdot \frac{a}{b} + \left(1 - \frac{1}{p}\right)$$

이다. $1 - 1/p = 1/q$이므로 이 양변에 b를 곱하면 $a^{1/p}\,b^{1/q} \le \dfrac{a}{p} + \dfrac{b}{q}$이다.

(2) $b > a$일 때 $x = \dfrac{b}{a}$, $t = \dfrac{1}{q}$로 두면 $x \ge 1$이므로 (1)의 경우와 같은 결론을 얻을 수 있다. ∎

정리 2.1.10 (홀더 부등식, Holder's inequality) p, q는 $p > 1$, $q > 1$이고 $\dfrac{1}{p} + \dfrac{1}{q} = 1$인 두 수이고 $a_i, b_i \ge 0 \, (i = 1, 2, \cdots, n)$일 때 다음 부등식이 성립한다.

$$\sum_{i=1}^{n} a_i b_i \le \left(\sum_{i=1}^{n} a_i{}^p\right)^{1/p} \left(\sum_{i=1}^{n} b_i{}^q\right)^{1/q}$$

증명 $\displaystyle\sum_{i=1}^{n} a_i{}^p = 0$ 또는 $\displaystyle\sum_{i=1}^{n} b_i{}^q = 0$일 때 모든 $i = 1, 2, \cdots, n$에 대하여 $a_i = b_i = 0$이므로 주어진 부등식이 성립한다. 따라서 $\displaystyle\sum_{i=1}^{n} a_i{}^p \ne 0$, $\displaystyle\sum_{i=1}^{n} b_i{}^q \ne 0$이라 가정하자. $A = (\displaystyle\sum_{i=1}^{n} a_i{}^p)^{1/p}$, $B = (\displaystyle\sum_{i=1}^{n} b_i{}^q)^{1/q}$, $x_i = (a_i/A)^p$, $y_i = (b_i/B)^q$로 두고 도움정리 2.1.9를 이용하면

$$\frac{a_i b_i}{AB} \le \frac{x_i}{p} + \frac{y_i}{q}$$

이다. $i = 1,\ 2,\ \cdots,\ n$에 대하여 위 부등식들을 더하면 다음 결론을 얻는다.

$$\sum_{i=1}^{n} a_i b_i \le AB \left(\frac{1}{p} + \frac{1}{q} \right) = AB \qquad \blacksquare$$

정리 2.1.11 (민코프스키 부등식, Minkowski's inequality) $p,\ q$는 $p > 1,\ q > 1$이고 $\dfrac{1}{p} + \dfrac{1}{q} = 1$인 두 수이고 $a_i,\ b_i \ge 0\ (i = 1,\ 2,\ \cdots,\ n)$일 때 다음 식이 성립한다.

$$\left(\sum_{i=1}^{n} (a_i + b_i)^p \right)^{1/p} \le \left(\sum_{i=1}^{n} a_i^{\,p} \right)^{1/p} + \left(\sum_{i=1}^{n} b_i^{\,p} \right)^{1/p}$$

증명 홀더 부등식에 의하여

$$\sum_{i=1}^{n} (a_i + b_i)^p = \sum_{i=1}^{n} a_i (a_i + b_i)^{p-1} + \sum_{i=1}^{n} b_i (a_i + b_i)^{p-1}$$

$$\le \left(\sum_{i=1}^{n} a_i^{\,p} \right)^{1/p} \left(\sum_{i=1}^{n} (a_i + b_i)^{pq-q} \right)^{1/q} + \left(\sum_{i=1}^{n} b_i^{\,p} \right)^{1/p} \left(\sum_{i=1}^{n} (a_i + b_i)^{pq-q} \right)^{1/q}$$

을 얻는다. $pq - q = p$이므로

$$\sum_{i=1}^{n} (a_i + b_i)^p \le \left(\sum_{i=1}^{n} (a_i + b_i)^p \right)^{1/q} \left\{ \left(\sum_{i=1}^{n} a_i^{\,p} \right)^{1/p} + \left(\sum_{i=1}^{n} b_i^{\,p} \right)^{1/p} \right\}$$

이다. 양변을 $\left(\sum_{i=1}^{n} (a_i + b_i)^p \right)^{1/q}$ 으로 나누면 결론을 얻는다. $\qquad \blacksquare$

유계수열 전체의 집합을 l^∞로 나타내고 두 수열 $\{a_k\},\ \{b_k\} \in l^\infty$에 대하여

$$d_\infty (\{a_k\},\ \{b_k\}) = \sup_{1 \le k < \infty} |a_k - b_k| \tag{2.5}$$

로 정의하면 d_∞는 l^∞ 위의 거리임을 보일 수 있다.

보기 4 $x = \{1 + 1/k\}_{k=1}^{\infty}$, $y = \{2 - 1/k\}_{k=1}^{\infty}$는 유계수열이므로 l^{∞}에 속하고

$$d_{\infty}(x,\ y) = \sup_{1 \le k < \infty} \left| \left(1 + \frac{1}{k}\right) - \left(2 - \frac{1}{k}\right) \right| = \sup_{1 \le k < \infty} \left| -1 + \frac{2}{k} \right| = 1$$

이다.

보기 5 M은 임의의 집합이고 $d : M \times M \to [0,\ \infty)$를 다음과 같이 정의하면 d_0는 M 위의 거리가 되고, 이 거리를 M 위의 이산거리(discrete metric)라 한다.

$$d_0(x,\ y) = \begin{cases} 0 & (x = y) \\ 1 & (x \ne y) \end{cases}$$

01 보기 3에서 l^1 위의 거리함수 d_1이 거리 정의의 (M1), (M2), (M3)를 만족함을 보여라.

02 보기 5의 이산거리 d_0가 거리임을 보여라.

03 임의의 $x = (x_1, \ x_2), \ y = (y_1, \ y_2) \in \mathbb{R}^2$에 대하여
$$d_1(x, \ y) = |x_1 - y_1| + |x_2 - y_2|, \ d_\infty(x, \ y) = \max(|x_1 - y_1|, \ |x_2 - y_2|)$$
로 정의하면 다음을 보여라.

(1) d_1과 d_∞는 $\mathbb{R}^2$ 위의 거리이다.

(2) $\dfrac{1}{2} d_1(x, \ y) \leq \dfrac{1}{\sqrt{2}} d_2(x, \ y) \leq d_\infty(x, \ y)$

04 두 점 $x, \ y \in \mathbb{R}^n$에 대하여 함수 d_∞를
$$d_\infty(x, \ y) = \max\{|x_1 - y_1|, \ |x_2 - y_2|, \ \cdots, \ |x_n - y_n|\}$$
으로 정의하면 $(\mathbb{R}^n, \ d_\infty)$는 거리공간임을 보여라.

05 두 점 $x, \ y \in \mathbb{R}^2$에 대하여 실숫값 함수 $d_{1/2}(x, \ y) = (\sqrt{|x_1 - y_1|} + \sqrt{|x_2 - y_2|})^2$을 정의하면 $d_{1/2}$은 거리가 되지 않음을 보여라.

06 d가 M에서 거리이면 kd도 M에서 거리임을 보여라$(k > 0)$.

07 임의의 유계수열 $\{a_k\}, \ \{b_k\} \in l^\infty$에 대하여
$$d_\infty(\{a_k\}, \ \{b_k\}) = \sup_{1 \leq k < \infty} |a_k - b_k|$$
로 정의하면 d_∞는 l^∞에서 거리임을 보여라.

08 d가 M 위의 거리이면 모든 $x,\ y,\ z \in M$에 대하여

$$|d(x,\ z) - d(y,\ z)| \leq d(x,\ y)$$

임을 보여라.

09 $(M,\ d)$가 거리공간이고 X가 M의 부분집합이면 $d|_{X \times X}$는 X에서 거리임을 보여라.

10 $0 \leq \alpha \leq \beta$일 때 $\dfrac{\alpha}{1 + \alpha} \leq \dfrac{\beta}{1 + \beta}$이 성립함을 보여라.

11 $(M,\ d)$가 거리공간이고 다음과 같이 정의되는 d_1, d_2가 M에서 거리임을 보여라.

$$d_1(x,\ y) = \frac{d(x,\ y)}{1 + d(x,\ y)}, \qquad d_2(x,\ y) = \min(d(x,\ y),\ 1)$$

12 $(M_1,\ d_1)$, $(M_2,\ d_2)$가 거리공간이고 d를 $M_1 \times M_2$에서 다음과 같이 정의하면 $(M_1 \times M_2,\ d)$가 거리공간임을 보여라.

$$d\,[(x_1,\ x_2),\ (y_1,\ y_2)] = d_1(x_1,\ y_1) + d_2(x_2,\ y_2)$$

13 두 점 $x,\ y \in \mathbb{R}^n$에 대하여 실숫값 함수 d_p를

$$d_p(x,\ y) = \left(\sum_{i=1}^{n} (x_i - y_i)^p \right)^{1/p} \quad (1 \leq p < \infty)$$

으로 정의하면 $(\mathbb{R}^n,\ d_p)$는 거리공간임을 보여라.

14 임의의 $x = (x_1,\ x_2,\ \cdots,\ x_n)$, $y = (y_1,\ y_2,\ \cdots,\ y_n) \in \mathbb{R}^n$에 대하여 다음과 같이 정의하면 d_1, d_2, d_∞는 $\mathbb{R}^n$ 위의 거리임을 보여라.

(1) $d_1(x,\ y) = \displaystyle\sum_{k=1}^{n} |x_k - y_k|$ (택시캡 거리)

(2) $d_2(x,\ y)=\left(\displaystyle\sum_{k=1}^{n}(x_k-y_k)^2\right)^{1/2}$ (보통거리)

(3) $d_\infty(x,\ y)=\max_{1\le k\le n}\{|x_k-y_k|\}$ (max 거리)

15 $M=\mathbb{C}^n$에서 $d_1,\ d_2,\ d_p,\ d_\infty$를 문제 13, 14에서와 같이 정의하면 이들은 거리임을 보여라.

16   등식

$$\left|\sum_{k=1}^{n}a_k b_k\right|=\sqrt{\left(\sum_{k=1}^{n}a_k^2\right)\left(\sum_{k=1}^{n}b_k^2\right)}$$

가 성립할 필요충분조건은 $a_k=sb_k\,(1\le k\le n)$인 적당한 실수 s가 존재함을 보여라. 또 $n=2$인 경우 기하학적으로 설명하여라.

17 $[0,\ 1]$에서 연속함수 집합을 $C[0,\ 1]$로 나타내고 $x,\ y\in C[0,\ 1]$에 대하여

$$d_1(x,\ y)=\max\{|x(t)-y(t)|:t\in[0,\ 1]\},\ \ d_2(x,\ y)=\int_0^1|x(t)-y(t)|dt$$

로 정의하면 $d_1,\ d_2$는 각각 $C[0,\ 1]$ 위에서 거리임을 보여라.

18   닫힌구간 $[a,\ b]$에서 유계인 실함수 집합을 $B[a,\ b]$로 나타내고 $f,\ g\in B[a,\ b]$에 대하여

$$d_\infty(f,\ g)=\sup\{f(t)-g(t):t\in[a,\ b]\}$$

로 정의하면 d_∞는 $B[a,\ b]$에서 거리임을 보여라.

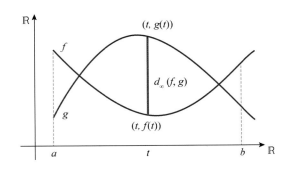

그림 2.2

19 닫힌구간 $[a, b]$에서 리만적분가능한 실함수 집합을 $\Re[a, b]$로 나타내고 임의의 $f, g \in \Re[a, b]$에 대하여

$$d(f, g) = \int_a^b |f(t) - g(t)| \, dt$$

로 정의하면 d는 $\Re[a, b]$에서 거리가 아님을 보여라.

20 $\{a_n\} \in l^1$, $\{b_n\} \in l^\infty$이면 $\{a_n b_n\} \in l^1$임을 보여라.

21 모든 유계수열의 집합을 l^∞로 나타내고 0에 수렴하는 모든 수열의 집합을 c_0로 나타낼 때 다음을 보여라.

(1) $l^1 \subseteq c_0 \subseteq l^\infty$

(2) (1)에서 포함관계는 진부분집합 관계이다.

(3) $d'(\{a_n\}, \{b_n\}) = \mathrm{lub}\{|a_n - b_n| : n \in \mathbb{N}\}$는 l^∞ 위의 거리이다. 따라서 (1)에 의해서 d'은 또한 c_0와 l^1 위의 거리이다.

(4) d가 보기 3에서 정의되는 거리일 때 임의의 $x, y \in l^1$에 대하여
$$d'(x, y) \leq d(x, y).$$

22 모든 자연수 n에 대하여 $|a_n| \leq 1$을 만족하는 모든 실수열 $\{a_n\}$ 전체의 집합을 H^∞

로 나타낸다. H^∞는 힐베르트 입방체(Hilbert cube)라 한다. 다음을 보여라.

(1) $\{a_n\}$, $\{b_n\} \in H^\infty$일 때 급수

$$\sum_{n=1}^{\infty} \frac{|a_n - b_n|}{2^n}$$

은 수렴한다.

(2) $d(\{a_n\}, \{b_n\}) = \sum_{n=1}^{\infty} \frac{|a_n - b_n|}{2^n}$ 은 H^∞ 위의 거리이다.

23 $\{a_n\} \in c_0$이고 $\{b_n\} \in l^\infty$이면 $\{a_n b_n\} \in c_0$임을 보여라. $\{a_n\} \in c_0$이고 $\{b_n\} \in l^\infty$이지만 $\{a_n b_n\} \not\in l^2$인 수열 $\{a_n\}$과 $\{b_n\}$의 예를 들어라.

24 $\{a_n\}$, $\{b_n\} \in l^\infty$일 때 $\{a_n b_n\} \in l^\infty$임을 보여라. $\{a_n\}$, $\{b_n\} \in l^\infty$이지만 $\{a_n b_n\} \not\in c_0$인 수열 $\{a_n\}$과 $\{b_n\}$의 예를 들어라.

25 임의의 자연수 $i = 1, 2, \cdots$에 대하여 (X_i, d_i)는 거리공간이라 하자. 두 점 $x = (x_1, x_2, \cdots)$, $y = (y_1, y_2, \cdots) \in \Pi_{i=1}^{\infty} X_i$에 대하여 실숫값 함수 d를

$$d(x, y) = \sum_{i=1}^{\infty} \frac{1}{i!} \frac{d_i(x_i, y_i)}{1 + d_i(x_i, y_i)}$$

로 정의하면 직적집합 $\Pi_{i=1}^{\infty} X_i$는 거리공간임을 보여라.

26 s는 모든 실수열 또는 복소수열들의 집합이라 하고 임의의 $x = \{x_n\}$, $y = \{y_n\} \in s$에 대하여 다음과 같이 정의하면 (s, d)는 거리공간임을 보여라.

$$d(x, y) = \sum_{n=1}^{\infty} \frac{1}{2^n} \frac{|x_n - y_n|}{1 + |x_n - y_n|}$$

27 두 집합 l^1, l^2에 대하여 $l^1 \subseteq l^2$임을 보여라.

28 M은 공집합이 아닌 집합이고 함수 $d : M \times M \to \mathbb{R}$ 가 다음 조건을 만족하는 실함수라 하자.

(1) $d(x, y) = 0 \Leftrightarrow x = y$

(2) $d(x, y) = d(y, x) \quad (x, y \in M)$

(3) $d(x, y) \le d(x, z) + d(z, y) \quad (x, y, z \in M)$ (삼각부등식)

그러면 d는 M에서 거리임을 보여라.

29 M은 공집합이 아닌 집합이고 함수 $d : M \times M \to \mathbb{R}$ 가 다음 조건을 만족하는 실함수이면 d는 M에서 거리임을 보여라.

(1) $d(x, y) = 0 \Leftrightarrow x = y$

(2) $d(x, y) \le d(z, x) + d(z, y) \quad (x, y, z \in M)$ (삼각부등식)

30 c는 수렴하는 모든 실수열 또는 복소수열들의 집합이라 하자. 임의의 유계수열 $\{a_k\}, \{b_k\} \in c$에 대하여

$$d_\infty(\{a_k\}, \{b_k\}) = \sup_{1 \le k < \infty} |a_k - b_k|$$

로 정의하면 d_∞는 c 위의 거리임을 보여라.

31 임의의 $x = (x_1, x_2), y = (y_1, y_2) \in \mathbb{R}^2$에 대하여

$$d_1(x, y) = \min\{|x_1 - y_1|, |x_2 - y_2|\}, \ d_2(x, y) = |x_2 - y_2|$$

로 정의하면 d_1과 d_2는 $\mathbb{R}^2$에서 거리가 아님을 보여라.

32 $K = \mathbb{R}$ 또는 $\mathbb{C}$ 이고 임의의 $x, y \in K$에 대하여

$$d(x, y) = \begin{cases} 0 & (x = y) \\ |x| + |y| & (x \ne y) \end{cases}$$

로 두면 d는 K에서 거리임을 보여라.

33 임의의 $x,\ y \in M$에 대하여 $d(x,\ y) = \left| \dfrac{1}{x} - \dfrac{1}{y} \right|$일 때 다음을 보여라.

(1) d는 $M = (0,\ \infty)$에서 거리이다.

(2) d는 $M = \mathbb{R} - \mathbb{Q}$에서 거리이다.

34 $\mathbb{R} \times \mathbb{R}$에서 다음과 같이 정의되는 실함수가 $\mathbb{R}$에서 거리인지 여부를 결정하여라. $x,\ y$는 임의의 실수라 하자.

(1) $d_1(x,\ y) = [|x-y|]$, $|x-y|$와 작거나 같은 최대정수

(2) $d_2(x,\ y) = \ln |x-y|$

(3) $d_3(x,\ y) = |\sin(x-y)|$

(4) $d_4(x,\ y) = e^{|x-y|}$

(5) $d_5(x,\ y) = |\cos(x-y)|$

(6) $d_6(x,\ y) = |x^2 - y^2|$

(7) $d_7(x,\ y) = 2|x-y|$

(8) $d_8(x,\ y) = (x-y)^3$

(9) $d_9(x,\ y) = |x-y|^3$

2.2 집합 사이의 거리

정의 2.2.1 A, B는 거리공간 (M, d)의 부분집합이라 하자. A와 B의 거리 d를

$$d(A, B) = \inf\{d(x, y) : x \in A, y \in B\}$$

로 정의한다. 특히, $A = \{x\}$이면

$$d(\{x\}, B) = \inf\{d(x, y) : y \in B\}$$

는 한 점 x와 집합 B와의 거리라 하고 $d(x, B)$로 나타낸다. 또한 M의 부분집합 A에 대하여 A의 지름(diameter) $\delta(A)$를

$$\delta(A) = \sup\{d(x, y) : x, y \in A\}$$

로 정의한다. $\delta(A) \leq k < \infty$일 때 A는 유계집합(bounded set)이라 한다.

주의 1 (1) $d(x, y) = d(y, x)$이므로 $d(A, B) = d(B, A)$.

(2) 방정식 $d(x, B) = 0$은 $x \in B$를 의미하지 않는다.

(3) $d(A, B) = 0$이면 $A \cap B \neq \varnothing$ 임을 의미하지 않는다.

(4) $A \cap B \neq \varnothing$ 이면 $d(A, B) = 0$이지만 $A \cap B = \varnothing$ 일 때도 $d(A, B) = 0$일 수 있다. 예를 들어,

$$A = \{(x, 0) : x \in \mathbb{R}\} \subseteq \mathbb{R}, \, B = (x, e^x) : x \in \mathbb{R}$$

로 두면 A, B는 모두 닫힌집합이고 $A \cap B = \varnothing$ 이다. 그러나 $d(A, B) = 0$이다.

보기 1 보통거리공간 $(\mathbb{R}, d)$의 부분집합 $A = \{x \in \mathbb{R} : x > 0\}$, $B = \{x \in \mathbb{R} : x < 0\}$에 대하여 $d(A, B) = 0$이고 $A \cap B = \varnothing$ 이다. 만약 $x = 0$이면 $d(x, B) = 0$이지만 $x \not\in B$ 이다.

보기 2 (1) 보통거리공간 $(\mathbb{R}, d)$에서 $[a, b]$, (a, b), $[a, b)$, $(a, b]$는 유계집합이지만 $[a, \infty)$, $(-\infty, a]$, $\mathbb{R}$ 은 유계집합이 아니다.

(2) 이산거리공간 (M, d_0)의 모든 집합은 유계집합이고 그 지름은 1이다.

(3) 거리공간 (M, d) 위에서 거리를 다음과 같이 정의하면 d_1, d_2는 M 위의 거리이고 이들 거리공간 (M, d_1), (M, d_2)는 유계인 거리공간이다.

$$d_1(x, y) = \frac{d(x, y)}{1 + d(x, y)}, \quad d_2(x, y) = \min(d(x, y), 1)$$

연습문제 2.2

01 집합 A, B는 거리공간 (M, d)의 공집합이 아닌 부분집합일 때 다음을 보여라.

(1) $\delta(A) = 0 \Leftrightarrow A$는 단집합(singleton set)이다.

(2) 임의의 $x \in A$, $y \in B$에 대하여 $d(A, B) \le d(x, y)$.

(3) $A \subseteq B$이면 $\delta(A) \le \delta(B)$.

(4) 임의의 $x \in A$, $y \in B$에 대하여 $d(x, y) \le \delta(A \cup B)$.

(5) $\delta(A \cup B) \le \delta(A) + d(A, B) + \delta(B)$

(6) $A \cap B \ne \varnothing$이면 $\delta(A \cup B) \le \delta(A) + \delta(B)$.

(7) 임의의 x, $y \in M$에 대하여 $d(x, A) \le d(x, y) + d(x, A)$.

2.3 열린집합

정의 2.3.1 $(M,\,d)$는 거리공간이고 $a \in M$이라 하자. 양수 r에 대하여

$$B_r(a) = \{x \in M : d(x,\,a) < r\}$$

는 중심 a이고 반지름 r인 **열린 공**(open ball)이라 한다.

보기 1 (1) $a \in B_r(a)$이므로 열린 공 $B_r(a)$는 공집합이 아니다.

(2) 보통거리공간 $(\mathbb{R},\,d)$에서 모든 열린 공 $B_r(a)$는 열린구간 $B_r(a) = (a-r,\,a+r)$ 이다. 그러나 역은 성립하지 않는다. 예를 들어, $(-\infty,\,\infty)$는 열린구간이지만 열린 공은 아니다.

(3) $\mathbb{R}^2$에서 $B_r(a)$는 **열린 원판**(open disk)

$$B_r(a) = \left\{(x,\,y) \in \mathbb{R}^2 : (x-a_1)^2 + (y-a_2)^2 < r^2\right\}$$

이고, $\mathbb{R}^3$에서 $B_r(a)$는 열린 공 $(x-a_1)^2 + (y-a_2)^2 + (z-a_3)^2 < r^2$이다.

보기 2 이산거리공간 $(X,\,d)$에서 $a \in X$에 대하여

$$B_1^0(a) = \{x : d_0(x,\,a) < 1\} = \{x : d_0(x,\,a) = 0\} = \{a\}$$

는 실제로 한 점 a만을 포함한다.

보기 3 임의의 $x = (x_1,\,x_2),\ y = (y_1,\,y_2) \in \mathbb{R}^2$에 대하여

$$d_1(x,\,y) = |x_1 - y_1| + |x_2 - y_2|,\quad d_\infty(x,\,y) = \max(|x_1 - y_1|,\,|x_2 - y_2|)$$

이고 $0 = (0,\,0)$은 $\mathbb{R}^2$의 원점이라 할 때

$$A = B_1^1(0) = \left\{(x,\,y) \in \mathbb{R}^2 : d_1((x,\,y),\,(0,\,0)) < 1\right\}$$
$$= \left\{(x,\,y) \in \mathbb{R}^2 : |x| + |y| < 1\right\}$$

이므로 A는 마름모꼴이고,

$$B = B_1^\infty(0) = \left\{(x,\, y) \in \mathbb{R}^2 : d_\infty((x,\, y),\, (0,\, 0)) < 1\right\}$$

$$= \left\{(x,\, y) \in \mathbb{R}^2 : \max(|x|,\, |y|) < 1\right\}$$

이므로 B는 한 변의 길이가 2인 정사각형이다.

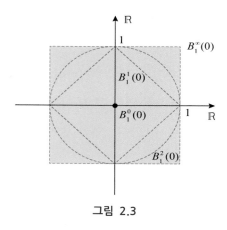

그림 2.3

보기 4 $[a,\, b]$에서 연속함수 집합 $C[a,\, b]$에 거리 $d_\infty(f,\, g) = \sup\{f(t) - g(t) : t \in [a,\, b]\}$

가 주어질 때 중심 f_0이고 반지름 r인 열린 공 $B_r(f_0)$는 집합

$$\left\{g \in C[a,\, b] : \sup_{t \in [a,\, b]} |g(t) - f_0(t)| < r\right\}$$

이다(그림 2.4).

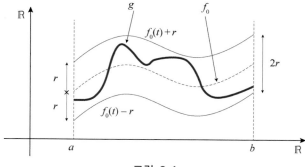

그림 2.4

정의 2.3.2 A는 거리공간 (M, d)의 부분집합이라 하자.

(1) 적당한 $r > 0$에 대하여 $B_r(x) \subseteq A$일 때 $x \in A$를 A의 내점 또는 안점(interior point)이라 한다.

(2) A의 내점 전체의 집합을 A의 내부(interior)라 하고 A^o로 나타낸다. 즉,

$$A^o = \{x \in A : \text{적당한 양수 } r > 0 \text{에 대하여 } B_r(x) \subseteq A\}$$

(3) 모든 $x \in A$에 대하여 $B_r(x) \subseteq A$인 열린 공 $B_r(x)$가 존재할 때 A를 열린집합(open set) 또는 개집합이라 한다.

(4) $x \in M$이고 적당한 $r > 0$에 대하여 $B_r(x) \subseteq A$일 때 A는 x의 근방(neighborhood)이라 하고, A가 열린집합인 경우에 A는 x의 열린 근방이라 한다.

(5) 적당한 $r > 0$에 대하여 $B_r(x) \subseteq A^c$일 때 $x \in A^c$를 X의 외점 또는 바깥점(exterior point)이라 한다.

주의 1 (1) 점 $x \in M$가 집합 A의 내점이면 반드시 $x \in A$이다.

(2) 정의에 의하여 $A^o \subseteq A$이다.

(3) 정의에 의하여 A가 열린집합일 필요충분조건은 $A = A^o$이다.

(4) 중심이 a이고 반지름이 r인 모든 열린 공은 a의 근방이다.

(5) A의 내부는 A의 각 점의 근방이다.

(6) 모든 열린집합은 각 점의 근방이다.

보기 5 A는 보통거리공간 $(\mathbb{R}, d)$의 부분집합일 때 다음이 성립한다.

(1) $A = (a, b), [a, b), [a, b]$ 또는 (a, b)이면 $A^o = (a, b)$.

(2) $A = \mathbb{N}, \mathbb{Z}, \mathbb{Q}$ 또는 무리수들의 집합이면 $A^o = \varnothing$이다.

(3) A가 유한집합이면 $A^o = \varnothing$이다.

(4) $A = (0, 1) \cap \mathbb{Q}$이면 $A^o = \varnothing$이다.

(5) $A = \mathbb{R}$이면 $A^o = \mathbb{R}$이다.

보기 6 보통거리공간 $(\mathbb{R}, d)$에서

    (1) 열린구간 (a, b)는 열린집합이다. 왜냐하면 $x \in (a, b)$이고 $r = \min(b-x, x-a)$라 하면

$$B_r(x) = (x-r, x+r) \subseteq (a, b)$$

    가 되기 때문이다.

    (2) $\mathbb{R}$ 은 열린집합이다. 왜냐하면 임의의 $x \in \mathbb{R}$ 에 대하여 $\epsilon = 1$로 선택하면 $(x-1, x+1) \subseteq \mathbb{R}$ 이기 때문이다. 마찬가지로 $(-\infty, b)$와 (a, ∞)는 열린집합들이다.

    (3) $[a, b), (a, b], [a, b]$는 열린집합이 아니다.

    (4) $\{1, 1/2, 1/3, \cdots\}$은 열린집합이 아니다.

    (5) $\mathbb{Q}$ 는 열린집합이 아니다.

보기 7 이산거리공간 X의 모든 부분집합은 열린집합이다. 왜냐하면 $Y \subseteq X$이고 $x \in Y$이면 $B_{1/2}(x) \subseteq Y$이므로 $x \in Y$는 Y의 내점이 되기 때문이다.

정리 2.3.3 (M, d)가 거리공간이면 M과 $\varnothing$ 는 열린집합이다.

증명 만약 $x \in M$이면 모든 $r > 0$에 대하여 $B_r(x) \subseteq M$이 된다. 따라서 M은 열린집합이다. 만약 $\varnothing$ 이 열린집합이 아니면 $x \in \varnothing$ 이고 모든 양수 $r > 0$에 대하여 $B_r(x) \not\subseteq \varnothing$ 인 x가 존재하여야 한다. 그러나 $x \notin \varnothing$ 이므로 이것은 모순이다. 따라서 $\varnothing$ 는 열린집합이다. ■

이제 모든 열린 공은 열린집합임을 증명하고자 한다.

정리 2.3.4 (M, d)는 거리공간일 때 다음이 성립한다.

(1) 모든 열린 공은 M의 열린집합이다.

(2) M의 부분집합 A가 열린집합일 필요충분조건은 A가 열린 공들의 합집합이다.

증명 (1) $B_r(x_0) = \{y \in M : d(y, x_0) < r\}$은 M의 임의의 열린 공이고 $y_0 \in B_r(x_0)$이면 $d(x_0, y_0) < r$이므로 $r_1 = r - d(x_0, y_0)$로 두면 $\epsilon > 0$이다. 이제 $B_{r_1}(y_0) \subseteq B_r(x_0)$ 임을 보이면 된다. 만약 $z \in B_{r_1}(y_0)$이면 $d(y_0, z) < r_1$이므로 삼각부등식에 의하여

$$d(x_0, z) \leq d(x_0, y_0) + d(y_0, z) < d(x_0, y_0) + r_1 = r$$

이다. 따라서 $z \in B_r(x_0)$이다.

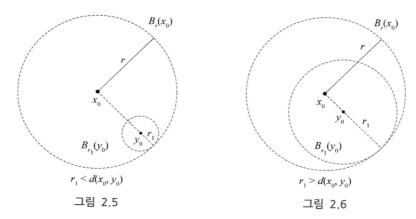

그림 2.5   그림 2.6

(2) 만약 A는 열린집합이고 x가 A의 임의의 점이면 적당한 양수 $r > 0$이 존재해서 $B_r(x) \subseteq A$이므로 x는 열린 공 $B_r(x)$의 중심이다. 따라서 A는 이런 열린 공들 $B_r(x)$의 합집합이다.

역으로 집합 A가 열린 공들의 집합족 $\mathcal{F}$의 합집합이라 가정하자. x가 A의 임의의 점이면 $x \in B_r(x_0) \in \mathcal{F}$인 적당한 양수 $r > 0$과 $x_0 \in M$이 존재한다. 모든 열린 공은 열린집합이므로 x는 $B_{r_1}(x) \subseteq B_r(x_0)$인 열린 공 $B_{r_1}(x)$의 중심이다. $B_r(x_0) \subseteq A$이므로 $B_{r_1}(x) \subseteq A$이다. 따라서 A는 열린집합이다. ■

정리 2.3.5 (M, d)는 거리공간이라 하자.

(1) $G_1, G_2, \cdots, G_n$이 M의 열린부분집합이면 $G_1 \cap G_2 \cap \cdots \cap G_n$도 M의 열린집합이다.

(2) $\{G_\alpha\}_{\alpha \in I}$가 M의 열린부분집합의 집합족이면 $\cup_{\alpha \in I} G_\alpha$는 M의 열린집합이다.

증명 (1) G_1, G_2는 열린집합이고 $G = G_1 \cap G_2$로 두자. 만약 $x \in G$이면 $x \in G_1$이고 $x \in G_2$이다. G_1은 열린집합이므로 $B_{r_1}(x) \subseteq G_1$인 $r_1 > 0$이 존재한다. 마찬가지로 G_2가 열린집합이므로 $B_{r_2}(x) \subseteq G_2$인 $r_2 > 0$이 존재한다. $\epsilon = \min\{r_1, r_2\}$로 두면 x의 열린 공 $B_\epsilon(x)$는 $B_\epsilon(x) \subseteq G_1$과 $B_\epsilon(x) \subseteq G_2$를 모두 만족한다. 따라서 $x \in B_\epsilon(x) \subseteq G$이다. x는 G의 임의의 원소이므로 G는 열린집합이다.

귀납법에 의하여 열린집합의 유한족의 교집합이 열린집합이 된다는 사실을 추론할 수 있다.

(2) $G = \cup_{\lambda \in I} G_\lambda$이고 $x \in G$이면 합집합의 정의에 의하여 $x \in G_\alpha$인 적당한 $\alpha \in I$가 존재한다. G_α가 열린집합이므로 $B_\epsilon(x) \subseteq G_\alpha$인 x의 한 근방 $B_\epsilon(x)$가 존재한다. 따라서 $B_\epsilon(x) \subseteq G_\alpha \subseteq G$이다. x는 G의 임의의 원소이므로 G는 열린집합이다. ∎

주의 2 무한개 열린집합들의 교집합은 열린집합이 아닐 수도 있다. 예를 들어,

$$\{0\} = \cap_{n=1}^{\infty} (-1/n, \, 1/n)$$

은 $\mathbb{R}$에서 열린집합이 아니다.

정리 2.3.6 A, B는 거리공간 (M, d)의 부분집합일 때 다음이 성립한다.

(1) $A \subseteq B$이면 $A^o \subseteq B^o$

(2) $(A \cap B)^o = A^o \cap B^o$

(3) $(A \cup B)^o \supseteq A^o \cup B^o$

증명 (1) 만약 $x \in A^o$이면 적당한 양수 $r > 0$이 존재해서 $B_r(x) \subseteq A$이다. $A \subseteq B$이므로 $B_r(x) \subseteq B$이다. 따라서 $x \in B^o$이므로 $A^o \subset B^o$이다.

(2) 만약 $x \in (A \cap B)^o$이면 적당한 양수 $r > 0$이 존재해서 $B_r(x) \subseteq A \cap B$이므로 $B_r(x) \subseteq A$이고 $B_r(x) \subseteq B$, 즉 $x \in A^o$이고 $x \in B^o$이다. 따라서 $x \in A^o \cap B^o$이므로 $(A \cap B)^o \subseteq A^o \cap B^o$이다.

역으로 $y \in A^o \cap B^o$이면 $y \in A^o$이고 $y \in B^o$이므로 적당한 양수 r_1, r_2가 존재해서 $B_{r_1}(y) \subseteq A$이고 $B_{r_2}(y) \subseteq B$이다. $r = \min\{r_1, r_2\}$로 두면 $B_r(y) \subseteq A \cap B$, 즉 $y \in (A \cap B)^o$이므로 $A^o \cap B^o \subseteq (A \cap B)^o$이다.

(3) $x \in A^o \cup B^o$이면 $x \in A^o$ 또는 $x \in B^o$이므로 적당한 양수 $r > 0$이 존재해서 $B_r(x) \subseteq A$ 또는 $B_r(x) \subseteq B$이다. 따라서 $B_r(x) \subseteq A \cup B$이므로 $x \in (A \cup B)^o$이다. ∎

주의 3 거리공간에서 열린집합이 아닌 집합이 반드시 닫힌집합이 되는 것은 아니다. 예를 들어, 구간 $[1, 2)$는 열린집합도 아니고 닫힌집합도 아니다.

일반적으로 X가 집합이고 $\mathfrak{I}$가 X의 부분집합들의 집합족으로 다음 조건을 만족하면 $\mathfrak{I}$를 X 위의 위상(topology)이라 한다.

(1) X, $\varnothing \in \mathfrak{I}$

(2) $\mathfrak{I}$에 속하는 임의개의 집합들의 합집합은 $\mathfrak{I}$에 속한다.

(3) $\mathfrak{I}$에 속하는 유한개의 집합들의 교집합은 $\mathfrak{I}$에 속한다.

정리 2.3.4와 정리 2.3.5에 의하여 거리공간 M의 열린집합 전체의 집합족은 M 위의 위상이다.

연습문제 2.3

01 A는 보통거리공간 $(\mathbb{R}, d)$의 부분집합일 때 다음을 보여라.

(1) $A = (a, b)$, $[a, b)$, $[a, b]$ 또는 $(a, b]$이면 $A^o = (a, b)$.

(2) $A = \mathbb{N}$, $\mathbb{Z}$, $\mathbb{Q}$ 또는 무리수들의 집합이면 $A^o = \varnothing$.

(3) A가 유한집합이면 $A^o = \varnothing$.

(4) $A = (0, 1) \cap \mathbb{Q}$이면 $A^o = \varnothing$.

(5) $A = \mathbb{R}$이면 $A^o = \mathbb{R}$.

02 유클리드 공간 $\mathbb{R}^2$에서 $A = \{(x, y) \in \mathbb{R}^2 : x < y\}$는 열린집합임을 보여라.

03 $M = [0, 1)$이고 임의의 $x, y \in M$에 대하여 $d(x, y) = |x - y|$로 정의하면 $[0, a)$ $(0 < a \le 1)$는 열린집합임을 보여라.

04 X는 거리공간 (M, d)의 부분집합일 때 다음을 보여라.

(1) $X^o \subseteq X$

(2) X가 열린집합일 필요충분조건은 $X = X^o$이다.

(3) X^o는 열린집합이다.

(4) $(X^o)^o = X^o$

(5) $X^o = \cup \{Y : Y \subseteq X$이고 Y는 열린집합$\}$, 즉 X^o는 X의 가장 큰 열린부분집합이다.

05 (M, d)는 거리공간이고 $a \in M$, $0 < r < r'$일 때 $\{x \in M : r < d(x, a) < r'\}$은 열린집합임을 보여라.

06 자연수 전체의 집합 $\mathbb{N}$의 원소 x, y에 대하여 거리 d를 $d(x, y) = |x - y|$로 정의하면 $\mathbb{N}$의 임의의 부분집합은 열린집합임을 보여라.

07 $\sum_{n=1}^{\infty} a_n^2 < 1$인 l^2의 원소 $\{a_n\}_{n=1}^{\infty}$ 전체의 집합 A는 열린집합임을 보여라.

08 C, D는 n차원 유클리드 공간 $\mathbb{R}^n$의 두 부분집합이고 D가 열린집합이면 집합 $C + D = \{x + y : x \in C, y \in D\}$도 열린집합임을 보여라.

09 (M, d)는 거리공간이고 $A \subseteq M$이라 하자. 이때 A가 열린집합이기 위한 필요충분조건은 임의의 열린집합 B에 대하여 $A \cap B$가 항상 열린집합임을 보여라.

10 이산거리공간 $M = \{1, 2, 3, 4, 5\}$에서 M의 부분집합 $A = \{1, 2, 3\}$의 A^o, 외부 $\mathrm{Ext}\,A = (A^c)^o$를 구하여라.

11 (M, d)는 거리공간이고 $A \subseteq M$이라 할 때 다음을 보여라.

(1) $(A^o)^o = A^o$, 즉 A^o는 열린집합이다.

(2) $(\mathrm{Ext}\,A)^o = \mathrm{Ext}\,A$

12 $(A \cup B)^o \not\subseteq A^o \cup B^o$인 거리공간 (M, d)의 부분집합 A, B의 예를 들어라.

2.4 닫힌집합

이 절에서는 거리공간 위의 연속함수의 성질을 설명하는 데 필요한 닫힌집합의 개념을 도입하기로 한다.

정의 2.4.1 A는 거리공간 (M, d)의 부분집합이라 하자.

(1) 점 $x \in M$의 모든 ϵ 근방 $B_\epsilon(x)$가 x와 다른 A의 점을 적어도 하나 포함할 때 $x \in M$은 A의 쌓인 점 또는 집적점(cluster point, accumulation point)이라 한다. 다시 말하면, $x \in M$은 A의 쌓인 점이다. $\Leftrightarrow$ 임의의 양수 ϵ에 대하여 $(B_\epsilon(x) - \{x\}) \cap A \neq \varnothing$ 이다.

(2) A의 모든 집적점들의 집합을 A의 유도집합(derived set)이라 하고 A'으로 나타낸다.

보기 1 보통거리공간 $\mathbb{R}$에서 다음을 보여라.

    (1) $A = \{1/n : n \in \mathbb{N}\}$이면 $A' = \{0\}$이다.

    (2) $A = (0, 1)$이면 $A' = [0, 1]$이다.

    (3) $A = \mathbb{N}$ 또는 $\mathbb{Z}$이면 $A' = \varnothing$ 이다.

    (4) $A = \mathbb{Q}$ 또는 $A = \mathbb{R} - \mathbb{Q}$이면 $A' = \mathbb{R}$ 이다.

    (5) A가 유한집합이면 $A' = \varnothing$ 이다.

    (6) $\mathbb{R}' = \mathbb{R}$

증명 (1) 아르키메데스의 정리에 의하여 임의의 $\delta > 0$에 대하여 $1/N < \delta$인 자연수 N이 존재한다. $n \geq N$이면 $\dfrac{1}{n} \leq \dfrac{1}{N}$이므로 $N_\delta(0) \cap A$는 무한히 많은 점을 포함한다. 따라서 0은 A의 집적점이다. 만약 $x_0 \neq 0$이고 $\delta < |x_0|$이면 $B_\delta(x_0) \cap A$는 많아야 유한개의 점을 포함한다. 따라서 x_0는 A의 집적점이 아니다.

(2) $A = (0, 1)$이면 $[0, 1]$의 모든 점은 A의 집적점이다. A는 A의 원소가 아닌 집적점 0과 1을 갖고 있다.

(4) 유리수의 조밀성과 무리수의 조밀성에 의하여 (4)가 성립한다.

(6) 임의의 실수는 모두 $\mathbb{R}$ 의 집적점이므로 $\mathbb{R}' = \mathbb{R}$ 이다. ■

보기 2 A는 이산거리공간 (M, d_0)의 부분집합이면 반지름 1인 근방이 오직 중심점만을 포함하므로 A는 집적점을 갖지 않는다. 따라서 $A' = \varnothing$ 이다.

주의 1 (1) 집적점의 정의에 의하여 A의 집적점을 중심으로 하는 모든 열린 공은 A의 무한히 많은 점을 포함한다. 즉, 임의의 $r > 0$에 대하여 $B_r(x) \cap A$가 무한집합이면 $x \in M$은 A의 집적점이다.

(1) x가 A의 집적점이면 반드시 $x \in A$일 필요는 없다. 예를 들어, $\mathbb{R}$ 에서 0은 $A = \{1, 1/2, 1/3, \cdots\}$의 집적점이지만 $0 \notin A$이다. 0과 1은 $B = [0, 1)$의 집적점이고 $0 \in B$나 $1 \notin B$이다. $\mathbb{Z} = \{0, \pm 1, \pm 2, \cdots\}$은 집적점을 갖지 않으나 집합 $D = \{q/p : p, q \in \mathbb{Z}, p \neq 0\}$은 모든 실수를 집적점으로 갖는다.

정의 2.4.2 어떤 $r > 0$에 대하여 $B_r(x) \cap M = \{x\}$이면 $x \in M$는 M의 **고립점**(isolated point)이라 한다.

주의 2 $x \in M$이 A의 집적점이 아니면 x는 A의 고립점이다. 따라서 거리공간 M의 모든 점은 집적점이거나 고립점 중 하나이다.

보기 3 보통거리를 갖는 $\mathbb{R}$ 에서 0은 $A = \{0, 1/1, 1/2, 1/3, \cdots\}$의 유일한 집적점인 반면, 다른 점들은 A의 고립점이다.

정의 2.4.3 A는 거리공간 (M, d)의 부분집합이라 하자.

(1) A의 **닫힘** 또는 **폐포**(closure)는 합집합 $A \cup A'$으로 정의하고 $\overline{A} = A \cup A'$으로 나타낸다. 다시 말하면, $x \in \overline{A}$ ⟺ 중심이 x이고 반지름이 $r > 0$인 모든 열린 공 $B_r(x)$는 A의 점을 포함한다. ⟺ 임의의 양수 $r > 0$에 대하여 $B_r(x) \cap A \neq \varnothing$ 이다.

(2) A가 A의 모든 집적점들을 포함할 때, 즉 $A' \subseteq A$일 때 A를 닫힌집합 또는 폐집합 (closed set)이라 한다.

(3) $\overline{A} = \mathbb{R}$이면 A는 $\mathbb{R}$에서 조밀하다(dense) 또는 **촘촘**하다고 한다.

주의 3 (1) 정의에 의하여 $A \subseteq \overline{A}$이다.

(2) 분명히 A가 닫힌집합일 필요충분조건은 $A = \overline{A}$이다.

보기 4 보통거리공간 $\mathbb{R}$에서 다음이 성립한다.

(1) 유리수의 집합과 무리수의 집합은 닫힌집합이 아니다.

(2) $A = \{1/1,\ 1/2,\ 1/3,\ \cdots\}$는 닫힌집합이 아니다. 왜냐하면 $A' = \{0\} \not\subseteq A$이기 때 문이다.

(3) $A = \cap_{n=1}^{\infty}[-3,\ 1/n)$이면 $\overline{A} = [-3,\ 0]$이다.

(4) $A = (0,\ 1) \cap \mathbb{Q}$이면 $\overline{A} = [0,\ 1]$이다.

정리 2.4.4 x는 거리공간 (M, d)의 임의의 점이면 $M,\ \varnothing,\ \{x\}$는 모두 M의 닫힌집합이다.

증명 (1) x가 M의 집적점이면 정의에 의하여 $x \in M$이다. 따라서 M은 닫힌집합이다.

(2) 임의의 $x \in M$과 열린 공 $B_r(x)$에 대하여 $(B_r(x) - \{x\}) \cap \varnothing \subseteq \varnothing$이므로 x는 $\varnothing$의 집적점이 아니다. 따라서 $\varnothing' = \varnothing \subseteq \varnothing$, 즉 $\varnothing$는 닫힌집합이다.

(3) 임의의 양수 r에 대하여 $(B_1(x) - \{x\}) \cap \{x\} = \varnothing$이므로 x는 $\{x\}$의 집적점이 아니다. 또한 $y \in M$은 $x \neq y$인 임의의 점이고 $d(x, y) = r > 0$이면

$$(B_r(y) - \{y\}) \cap \{x\} = \varnothing$$

이므로 y도 $\{x\}$의 집적점이 아니다. 따라서 $\{x\}' = \varnothing \subseteq \{x\}$이므로 $\{x\}$는 닫힌 집합이다. ■

다음 정리는 닫힌집합과 열린집합의 중요한 관계를 말해준다.

정리 2.4.5 A는 거리공간 (M, d)의 부분집합이라 하자. A가 닫힌집합일 필요충분조건은 A^c가 열린집합이다.

증명 A가 M의 닫힌집합이고 $x \in A^c$는 임의의 점이면 $x \notin A$이므로 x는 A의 집적점이 될 수 없다. 따라서 $B_r(x) \cap A = \varnothing$인 열린 공 $B_r(x)$가 존재한다. 이것은 $B_r(x) \subseteq A^c$를 의미한다. $x \in A^c$는 임의의 점이므로 A^c가 열린집합이다.

역으로 A^c가 열린집합이라 가정하자. A가 닫힌집합, 즉 $A' \subseteq A$임을 보이기 위해서 $A^c \subseteq (A')^c$임을 보이면 된다. 만약 $x \in A^c$이면 A^c가 열린집합이므로 $B_r(x) \subseteq A^c$인 열린 공 $B_r(x)$가 존재한다. 이것은 $B_r(x) \cap A = \varnothing$을 의미하므로 x는 A의 집적점이 아니다. 즉, $x \notin A'$이다. 따라서 A의 집적점이 존재하면 그 점은 A에 속하므로 A는 닫힌집합이다. ■

정리 2.4.6 (닫힌집합의 성질)

(1) $\{F_\alpha\}_{\alpha \in I}$가 거리공간의 닫힌부분집합들의 집합족이면 $\cap_{\alpha \in I} F_\alpha$는 닫힌집합이다.

(2) $F_1, F_2, \cdots, F_n$이 거리공간의 닫힌부분집합이면 합집합 $\cup_{i=1}^{n} F_i$도 닫힌집합이다.

증명 (1) $F = \cap_{\alpha \in I} F_\alpha$이면 드모르간의 법칙에 의하여 $F^c = \cup_{\alpha \in I} F_\alpha^c$이고 정리 2.4.5에 의하여 F^c는 열린집합의 합집합이다. 따라서 정리 2.3.5(2)에 의하여 F^c는 열린집합이므로 F는 닫힌집합이다.

(2) $F = F_1 \cup F_2 \cup \cdots \cup F_n$으로 두면 드모르간의 법칙에 의하여 F의 여집합은 $F^c = F_1^c \cap F_2^c \cap \cdots \cap F_n^c$이다. 각 F_i^c가 열린집합이므로 정리 2.3.5(1)에 의하여 F^c는 열린집합이다. 따라서 정리 2.4.5에 의하여 F는 닫힌집합이다. ■

주의 4 (1) 닫힌집합들의 임의의 합집합은 반드시 닫힌집합이 된다고 말할 수 없다. 예를 들어, 보통거리공간 $\mathbb{R}$에서

$$F_n = \left[\frac{1}{n}, \ \frac{n}{n+1} \right] \quad n = 2, \ 3, \ \cdots$$

으로 두면 F_n은 닫힌집합이지만 $(0, 1) = \cup_{n=2}^{\infty} F_n$은 닫힌집합이 아니다. 그러나 임의의 닫힌집합족의 교집합은 닫힌집합이 된다.

(2) 정리 2.3.5와 정리 2.4.5에 의하여 거리공간의 유한집합은 닫힌집합이다.

거리공간에서 부분집합의 경계에 관한 개념을 다음과 같이 정의한다.

정의 2.4.7 A는 거리공간 (M, d)의 부분집합이라 하자.

(1) $x \in M$이 A의 내점도 아니고 $M - A$의 내점도 아니면, 즉 $x \notin A^o$이고 $x \notin (M-A)^o$이면 x는 A의 경계점(boundary point)이라 한다. 다시 말하면, $x \in M$을 중심으로 하는 모든 열린 공 $B_r(x)$가 $B_r(x) \cap A \neq \varnothing$ 이고 $B_r(x) \cap (M-A) \neq \varnothing$ 이면 x는 A의 경계점이다.

(2) A의 경계점 전체들의 집합을 A의 경계(boundary)라고 하고 $b(A)$ 또는 ∂A로 나타낸다.

주의 5 정의 2.4.7에 의하여 $b(A) = \overline{A} \cap \overline{A^c}$ 이다.

보기 5 $\mathbb{R}$ 은 보통거리공간이고 $A \subseteq \mathbb{R}$ 일 때 다음이 성립한다.

(1) $A = [a, b], [a, b), (a, b]$ 또는 (a, b)이면 $b(A) = \{a, b\}$이다.

(2) $A = \mathbb{N}$ 이면 $b(\mathbb{N}) = \mathbb{N}$ 이다.

(3) $A = \mathbb{Z}$ 이면 $b(\mathbb{N}) = \mathbb{Z}$ 이다.

(4) $A = \{1, 1/2, 1/3, \cdots\}$이면 $b(A) = \{0, 1, 1/2, 1/3, \cdots\}$이다.

(5) $A = \mathbb{Q}$ 이면 $b(A) = \mathbb{R}$ 이다.

(6) A가 모든 무리수들의 집합이면 $b(A) = \mathbb{R}$ 이다.

보기 6 A가 이산거리공간 (M, d_0)의 부분집합이면 $b(A) = \varnothing$ 이다.

정리 2.4.8 A는 거리공간 (M, d)의 부분집합이라 하자. 그러면 $x \in \overline{A}$일 필요충분조건은 $d(x, A) = 0$인 것이다.

증명 $x \in \overline{A}$라 하자. 만약 $x \in A$이면 분명히 $d(x, A) = 0$이다. $x \not\in A$이면 x는 A의 집적점이므로 임의의 양수 $\epsilon > 0$에 대하여 $y \in B_\epsilon(x) \cap A$인 y가 존재한다. 즉, $d(x, y) < \epsilon$, $y \in A$이다. 따라서 임의의 양수 $\epsilon > 0$에 대하여 $d(x, A) < \epsilon$이므로 $d(x, A) = 0$이다.

역으로 $d(x, A) = 0$이라 가정하자. 만약 $x \in A$이면 분명히 $x \in \overline{A}$이다. $x \not\in A$라고 가정하면 최대하계의 성질에 의하여 임의의 양수 $\epsilon > 0$에 대하여 $d(x, y) < \epsilon$인 $y \in A$가 존재한다. 즉, $y \in B_\epsilon(x) \cap A$이다. $x \not\in A$이므로 $y \neq x$이다. 따라서 x는 A의 집적점이므로 $x \in \overline{A}$이다. ■

연습문제 2.4

01 $\mathbb{R}$에서 다음 집합이 열린집합인가, 닫힌집합인가를 판정하여라.

(1) $(1,\ 3)$ (2) $[0,\ \infty)$

(3) $(-\infty,\ 5)$ (4) $\{1,\ 2,\ 3,\ 4,\ \cdots\}$

(5) 유리수 전체의 집합 $\mathbb{Q}$

02 $\mathbb{R}^2$에서 다음 집합이 닫힌집합인가, 열린집합인가를 판정하여라.

(1) $\{(x,\ y) : x+y=1\}$ (2) $\{(x,\ y) : x+y>1\}$

(3) $\{(x,\ y) : x$와 x는 유리수$\}$ (4) $\mathbb{R}^2 - \{(0,\ 0)\}$

(5) $\{(x,\ y) : y=x^2\}$

03 A가 칸토어 집합 C이면 $A' = C$이고 C는 닫힌집합임을 보여라.

04 거리공간 $(M,\ d)$가 유한집합이면 M의 모든 부분집합은 닫힌집합이고 또한 열린집합임을 보여라.

05 $A,\ B$는 거리공간 $(M,\ d)$의 부분집합일 때 다음을 증명하여라.

(1) $A \subseteq B$이면 A의 모든 집적점은 B의 집적점이다.

(2) $(A \cup B)' = A' \cup B'$

06 $(M,\ d)$는 거리공간이고 $\epsilon > 0$, $y \in M$일 때 $\{x : d(x,\ y) \le \epsilon\}$은 M의 닫힌집합임을 보여라.

07 $A,\ B$는 거리공간 $(M,\ d)$의 부분집합일 때 다음을 증명하여라.

(1) $\overline{\varnothing} = \varnothing$

(2) $\overline{X} = X$

(3) $\overline{\overline{A}} = \overline{A}$

(4) $A \subseteq B$이면 $\overline{A} \subseteq \overline{B}$이다.

(5) 모든 부분집합 $A \subset M$에 대하여 $\overline{A}$는 닫힌집합이다.

(6) $\overline{A \cup B} = \overline{A} \cup \overline{B}$

(7) $\overline{A} = (\overline{A})'$

(8) $\overline{A \cap B} \subseteq \overline{A} \cap \overline{B}$

(9) $\overline{A} = \cap \{B \subseteq M : B$는 A를 포함하는 M의 닫힌집합$\}$

08 A는 이산거리공간 (M, d)의 부분집합일 때 다음을 보여라.

(1) M의 어떤 점도 A의 집적점이 아니다.

(2) M의 임의의 부분집합 A는 닫힌집합이다.

09 A는 거리공간 (M, d)의 부분집합일 때 다음을 보여라.

(1) $(\overline{A})^c = (A^c)^o$

(2) $(A^o)^c = \overline{A^c}$

10 A는 거리공간 (M, d)의 부분집합일 때 $(A^o)^c = \overline{(A)^c}$가 성립하는가?

11 A가 거리공간 (M, d)의 부분집합일 때 다음을 보여라.

(1) A의 경계 $b(A) = \partial A$는 닫힌집합이다.

(2) $b(A) = b(M - A) = \overline{A} \cap \overline{(M - A)}$

(3) $x \in b(A)$이면 x는 A의 집적점이 되어야 하는가?

(4) $x \in b(A)$일 필요충분조건은 임의의 $\epsilon > 0$에 대하여 $B_\epsilon(x)$는 A와 $M - A$의 점들을 포함한다는 것이다.

12 A가 거리공간 (M, d)의 부분집합일 때 다음이 성립함을 보여라.

(1) $\delta(A) = \delta(\overline{A})$

(2) $b(A) = \overline{A} - A^o = \overline{(M-A)} - (M-A)^o$

(3) $M - b(A) = A^o \cup (M-A)^o$

(4) $A = A^o \cup b(A)$

(5) $\overline{A} = A \cup b(A)$

(6) $A^o = A - b(A)$

(7) $A^o \cap b(A) = \varnothing$

(8) A가 닫힌집합일 필요충분조건은 $b(A) \subseteq A$이다.

(9) A가 열린집합일 필요충분조건은 $A \cap b(A) = \varnothing$ 이다.

13 A가 이산거리공간 (M, d)의 부분집합일 때 다음을 보여라.

(1) $b(A) = \varnothing$

(2) A는 닫힌집합이다.

14   거리공간 (M, d)의 모든 닫힌부분집합 A는 열린집합들의 가산개 교집합이 됨을 보여라.

15 A가 거리공간 (M, d)의 닫힌부분집합이면 다음을 보여라.

$$x \in A \text{이기 위한 필요충분조건은 } d(x, A) = 0 \text{이다.}$$

따라서 $x \in A^c$이기 위한 필요충분조건은 $d(x, A) > 0$이다.

16 E는 거리공간 (M, d)의 부분집합이고 $\overline{E}$를 E의 닫힘일 때 $\delta(E) = \delta(\overline{E})$임을 보여라.

17 A는 거리공간 (M, d)의 부분집합이라 하자. $\overline{A} = M$이기 위한 필요충분조건은 $(A^c)^o = \varnothing$ 임을 보여라.

18 $\{[a_n, b_n]\}_{n=1}^{\infty}$는 닫힌구간들의 수열로서 모든 n에 대하여 $|a_n| \leq 1$, $|b_n| \leq 1$이라 할 때 $\left\{\{x_n\}_{n=1}^{\infty} : x_n \in [a_n, b_n]\right\}$은 H^{∞}의 닫힌부분집합임을 보여라.

19 A와 B가 $\mathbb{R}$의 닫힌집합이면 $A \times B$는 $\mathbb{R}^2$의 닫힌집합임을 보여라.

2.5 상대거리와 부분공간

실수의 집합 $\mathbb{R}$ 위에 보통거리 $d(x,\ y) = |x-y|$가 주어진다고 하자. 구간 $[0,\ 1]$은 $\mathbb{R}$ 의 부분집합이므로 $[0,\ 1]$을 거리공간으로 생각할 수 있다. d_1은 $[0,\ 1]$에 d의 축소함수이면

$$d_1(x,\ y) = d(x,\ y) = |x-y|,\quad x,\ y \in [0,\ 1]$$

이고 d_1은 $[0,\ 1]$ 위의 거리가 된다. 거리공간 $([0,\ 1],\ d_1)$에서 x를 중심으로 반지름 r인 열린 공을 $B_r^{[0,1]}(x)$로 나타낸다. 예를 들어,

$$B_{1/4}^{[0,1]}\left(\frac{1}{2}\right) = \left(\frac{1}{4},\ \frac{3}{4}\right),\quad B_{1/2}^{[0,1]}(0) = \left[0,\ \frac{1}{2}\right)$$

이다. 정리 2.3.4에 의하여 모든 열린 공은 열린집합이므로 $(1/4, 3/4)$과 $[0, 1/2)$은 $([0,\ 1],$ $d_1)$의 열린집합이다. 그러나 $[0,\ 1/2)$은 $\mathbb{R}$ 에서는 열린집합이 아니다. "어느 공간에서 생각하느냐"가 중요하다. $B_{1/2}^{[0,1]}(0) = [0,\ 1/2)$은 $\mathbb{R}$ 에서 열린 공

$$B_{1/2}^{\mathbb{R}}(0) = \left(-\frac{1}{2},\ \frac{1}{2}\right)$$

을 $[0,\ 1]$ 안으로 제한한 것, 즉

$$B_{1/2}^{[0,1]}(0) = B_{1/2}^{\mathbb{R}}(0) \cap [0,\ 1]$$

이다. 열린 공 $B_r^{[0,1]}(x)$는 $B_r^{\mathbb{R}}(x) \cap [0,\ 1]$이다. $\mathbb{R}$ 의 열린 공은 열린구간이므로 $[0,\ 1]$의 열린 공은 $\mathbb{R}$ 의 열린구간과 $[0,\ 1]$의 교집합이다.

위의 사실을 일반적인 거리공간의 경우로 일반화한다.

정의 2.5.1 X는 거리공간 $(M,\ d)$의 부분집합일 때

$$d_X(x,\ y) = d(x,\ y)\quad (x,\ y \in X)$$

인 d_X를 X의 M에 대한 상대거리함수 또는 상대거리(relative metric)라 하고, $(X,\ d_X)$를 $(M,\ d)$의 부분공간이라 한다. $a \in X$에 대하여

$$B_r^X(a) = \{x \in X : d_X(x,\ a) < r\}$$

라고 정의한다.

보기 1 (1) 실수의 집합 $\mathbb{R}$ 은 보통거리공간이라 하자. $X = [0, 1], (0, 1], [0, 1), (0, 1)$이
고 $d_X(x, y) = d(x, y)$ $(x, y \in X)$이면 (X, d_X)는 $(\mathbb{R}, d)$의 부분공간이다.

(2) 실수의 집합 $\mathbb{R}$ 은 보통거리공간이고 $\mathbb{Q}$ 는 유리수의 집합일 때 임의의 $x, y \in \mathbb{Q}$
에 대하여 $d_\mathbb{Q}(x, y) = |x - y| = d(x, y)$로 정의하면 $(\mathbb{Q}, d_\mathbb{Q})$는 $(\mathbb{R}, d)$의 부분
공간이다.

(3) $I^n = [0, 1] \times \cdots \times [0, 1]$ (단위 n입방체)이고 임의의 $x = (x_1, x_2, \cdots, x_n), y = (y_1, y_2, \cdots, y_n) \in I^n$에 대하여

$$d_c(x, y) = \max_{1 \le i \le n} |x_i - y_i|$$

로 정의하면 (I^n, d_c)는 $(\mathbb{R}^n, d_\infty)$의 부분공간이다. 단, d_∞는 $\mathbb{R}^n$에서 $\max$ 거
리이다.

(4) $P[a, b]$는 $[a, b]$에서 다항식들의 집합이고 $d_P : P[a, b] \times P[a, b] \to \mathbb{R}$ 을

$$d_P(f, g) = \max_{t \in [a, b]} |f(t) - g(t)| = d_\infty(f, g)$$

로 정의하면 $(P[a, b], d_P)$는 $(C[a, b], d_\infty)$의 부분공간이다. 단, d_∞는 $C[a, b]$
에서 $\max$ 거리이다. 하지만 $d(f, g) = \int_a^b |f(t) - g(t)| dt$이면 $(P[a, b], d_P)$는
$(C[a, b], d)$의 부분공간이 아니다.

도움정리 2.5.2 (X, d_X)는 (M, d)의 부분공간이고 $a \in X$이고 $r > 0$이면

$$B_r^X(a) = B_r(a) \cap X. \tag{2.6}$$

단, $B_r(a)$와 $B_r^X(a)$는 각각 $(M, d), (X, d_X)$의 열린 공이다.

증명 $B_r(a) = \{x \in M : d(x, a) < r\}$이므로

$B_r(a) \cap X = \{x \in M : d(x, a) < r\} \cap X = \{x \in X : d(x, a) < r\} = B_r^X(a).$ ■

열린집합과 닫힌집합에 대해서도 위의 식 (2.6)과 같은 관계가 성립한다.

정리 2.5.3 (X, d_X)는 거리공간 (M, d)의 부분공간이고 A는 X의 부분집합일 때 다음이 성립한다.

(1) A가 X에서 열린집합일 필요충분조건은 M의 한 열린집합 G에 대하여 $A = X \cap G$가 된다.

(2) A가 X의 닫힌집합일 필요충분조건은 M의 한 닫힌집합 F에 대하여 $A = X \cap F$가 된다.

증명 (1) A가 X에서 열린집합이고 x는 A의 임의의 점이라 하자. 그러면 x는 A의 내점이 므로 $B_{r_x}^X(x) \subseteq A$인 적당한 양수 $r_x > 0$이 존재한다. $G = \cup_{x \in A} B_{r_x}(x)$로 두면 각 열린 공 $B_{r_x}(x)$는 M에서 열린집합이므로 G는 M에서 열린집합이다. 따라서

$$X \cap G = X \cap (\cup_{x \in A} B_{r_x}(x)) = \cup_{x \in A} (X \cap B_{r_x}(x)) = \cup_{x \in A} B_{r_x}^X(x) = A$$

이다.

역으로 A가 X의 부분집합이고 M의 어떤 열린집합 G에 대하여 $A = X \cap G$라고 가정하자. x가 A의 임의의 점이면 $x \in G$이다. G는 M의 열린집합이므로 $B_r(x) \subseteq G$인 적당한 양수 $r > 0$이 존재한다. 따라서

$$B_r^X(x) = B_r(x) \cap X \subseteq G \cap X = A$$

이므로 x는 거리공간 (X, d_X)의 부분집합인 A의 내점이다. 즉 A는 X에서 열린 집합이다.

(2) (1)에 의하여

A는 X에서 닫힌집합이다. $\Leftrightarrow$ $X - A$는 X에서 열린집합이다.

$$\Leftrightarrow X - A = G \cap X \Leftrightarrow A = X - (G \cap X)$$
$$\Leftrightarrow A = (M \cap X) - (G \cap X)$$
$$\Leftrightarrow A = (M - G) \cap X \Leftrightarrow A = F \cap X$$

여기서 G는 M의 열린집합이고 $F = M - G$는 M의 닫힌집합이다. ■

따름정리 2.5.4

(1) (X, d_X)가 거리공간 (M, d)의 열린 부분공간이고 $A \subseteq X$이라 하자. 그러면 A가 X에서 열린집합 필요충분조건은 A가 M에서 열린집합이다.

(2) (X, d_X)가 거리공간 (M, d)의 닫힌 부분공간이고 $A \subseteq X$이라 하자. 그러면 A가 X에서 닫힌집합일 필요충분조건은 A가 M에서 닫힌집합이다.

증명 (1) X가 M의 열린집합이고 $A \subseteq X$이라고 하자. A가 M의 열린집합이면 $A = X \cap A$는 정리 2.5.3에 의하여 X에서 열린집합이다.

역으로 A가 X에서 열린집합이라 가정하자. 위의 정리 2.5.3에 의하여 M의 열린집합 G가 존재하여 $A = X \cap G$가 된다. X와 G가 M의 열린집합이므로 $A = X \cap G$는 M에서 열린집합이다.

(2)의 경우도 같은 방법으로 증명된다. ■

01 $A = [0, 1]$일 때 A의 열린부분집합은 어느 것인가? 또 A의 닫힌집합은 어느 것인가?

    (1) $(1/2, 1]$ (2) $(1/2, 1)$

    (3) $[1/2, 1)$ (4) $(1/4, 3/4)$

위의 (1), (2), (3), (4) 중 어느 것이 $\mathbb{R}^1$의 열린집합인가? 또 어느 것이 $\mathbb{R}^2$의 열린집합인가?($\mathbb{R}$을 $\mathbb{R}^2$의 부분집합으로 간주하여라.)

02 $\mathbb{R}^2$에서 열린집합이 되는 $\mathbb{R}$의 부분집합이 존재하는가?

03 (X, d_X)가 거리공간 (M, d)의 부분공간이고 $A \subseteq X$일 때 다음이 성립함을 보여라.

    (1) $x \in X$는 X에서 A의 집적점이다. $\Leftrightarrow$ x는 M에서 A의 집적점이다.

    (2) X에서 A의 닫힘 $\overline{A_X}$는 $\overline{A_M} \cap X$, 즉 $\overline{A_X} = \overline{A_M} \cap X$이다.

03

완비
거리공간

3.1 거리공간의 수열

M이 거리공간이라 할 때 M에서 거리함수 d가 있다는 점을 기억해야 한다. 거리공간 M의 수열(sequence)은 $\mathbb{N}$ 에서 M으로의 함수이다. 이런 수열을 $\{a_n\}_{n=1}^{\infty}$ 또는 간단히 $\{a_n\}$으로 나타낸다. 때로는 $\{a^{(n)}\}_{n=1}^{\infty}$ 또는 $\{a^{(n)}\}$로 나타내기도 한다. 거리공간의 수열의 극한은 실수열의 극한을 일반화한 것이다.

정의 3.1.1 거리공간 $(M,\ d)$의 수열 $\{a_n\}$이 $\displaystyle\lim_{n\to\infty} d(x_n,\ x) = 0$을 만족할 때 $\{a_n\}$은 $a \in M$에 수렴한다(또는 극한 a를 갖는다)고 하고

$$\lim_{n\to\infty} a_n = a \ \ \text{또는} \ \ a_n \to a$$

로 나타낸다. 수열 $\{a_n\}$이 수렴하지 않을 때 $\{a_n\}$은 발산한다고 한다. 다시 말하면, $\displaystyle\lim_{n\to\infty} d(x_n, x) = 0$은 다음과 같다.

'임의의 양수 $\epsilon > 0$에 대하여 자연수 N이 존재하여 $n \geq N$인 모든 자연수 n에 대하여 $d(a_n,\ a) < \epsilon$, 즉 $a_n \in B_\epsilon(a)$가 된다.'

주의 1 (1) $n \to \infty$일 때 실수열 $\{d(a_n,\ a)\}$가 0에 수렴하면 거리공간 $(M,\ d)$에서 수열 $\{a_n\}$은 $a \in M$에 수렴한다.

(2) 거리공간 $(\mathbb{R},\ d)$, $d(x,\ y) = |x - y|$에서 위 정의는 수열의 수렴에 관한 정의와 일치한다.

(3) 거리공간 $(M,\ d)$에서 수열의 수렴은 거리 d와 공간 M에 따라 변한다.

보기 1 (1) 보통거리공간 $(\mathbb{R},\ d)$에서 $a_n = \dfrac{1}{n}$일 때 $\displaystyle\lim_{n\to\infty} a_n = 0$이다. 하지만 보통거리를 갖는 집합 $M = (0,\ 1)$을 생각하면 수열 $\{a_n = 1/n: n \in \mathbb{N}\}$은 $0 \notin M$에 수렴하므로 이 경우에 수열 $\{a_n\}$은 M에서 수렴하지 않는다.

(2) $\{f_n(t) = e^{-nt} : n \in \mathbb{N}\}$ 가 $C[0, 1]$의 함수열이면 $n \to \infty$일 때

$$d_1(f_n, 0) = \int_0^1 e^{-nt} dt = \frac{1}{n}(1 - e^{-n}) \to 0$$

이므로 $C[0, 1]$에서 거리 d_1에 대하여 $f_n \to 0$이다. 한편, 모든 자연수 $n \in \mathbb{N}$에 대하여

$$d_\infty(f_n, 0) = \max_{t \in [0, 1]} |e^{-nt}| = 1$$

이므로 $\{f_n\}$은 $C[0, 1]$에서 거리 d_∞에 대하여 수렴하지 않는다. 따라서 $n \to \infty$일 때 $f_n \nrightarrow 0$이다.

실수열의 경우와 같은 방법으로 다음 정리들을 쉽게 증명할 수 있다.

정리 3.1.2 거리공간 (M, d)의 수열의 극한은 유일하다.

증명 $\lim_{n \to \infty} a_n = a$, $\lim_{n \to \infty} a_n = b$이면 삼각부등식에 의하여

$$0 \leq d(a, b) \leq d(a, a_n) + d(a_n, b) \to 0 + 0$$

이므로 $a = b$이다. ∎

정리 3.1.3 거리공간 (M, d)의 수열 $\{a_n\}$이 a에 수렴하면 $\{a_n\}$의 모든 부분수열은 a에 수렴한다.

증명 만약 $\{a_{n_k}\}_{k=1}^\infty$가 $\{a_n\}$의 임의의 부분수열이면 모든 자연수 k에 대하여 $n_k < n_{k+1}$이다. 가정에 의하여 임의의 양수 $\epsilon > 0$에 대하여 $k \geq N$일 때 $d(a_k, a) < \epsilon$인 자연수 N이 존재한다. $k \geq N$이면 $n_k \geq n_N \geq N$임을 알 수 있다. 따라서 $k \geq N$일 때 $d(a_{n_k}, a) < \epsilon$이다. ∎

정리 3.1.4 거리공간 (M, d)에서 수렴하는 모든 수열 $\{a_n\}$은 유계수열이다.

증명 만약 $\{a_n\}$이 a에 수렴한다면 적당한 자연수 N이 존재하여

$$n > N \text{이면 } d(a_n, a) < \frac{1}{2}$$

이다.

$$r = \max\{1/2, d(a_1, a), \cdots, d(a_N, a)\}$$

로 두면 모든 자연수 $n \in \mathbb{N}$에 대하여 $d(a_n, a) < r$이다. 삼각부등식에 의하여 모든 자연수 $m, n \in \mathbb{N}$에 대하여

$$d(a_m, a_n) \le d(a_m, a) + d(a, a_n) \le 2r$$

이다. 즉, 수열 $\{a_n\}$의 치역의 지름은 $2r$보다 작거나 같다. 따라서 $\{a_n\}$은 유계수열이다. ∎

주의 2 정리 3.1.4의 역은 성립하지 않는다. 예를 들어, 실수열 $\{(-1)^n\}$은 유계지만 수렴하지 않는다.

정리 3.1.5 A를 거리공간 (M, d)의 부분집합이라 하자.

(1) 점 x가 A의 집적점이기 위한 필요충분조건은 $x_n \to x$이고 모든 자연수 n에 대하여 $x_n \ne x$를 만족하는 A의 수열 $\{x_n\}$이 존재하는 것이다.

(2) A가 닫힌집합일 필요충분조건은 A의 모든 수렴하는 수열은 A에서 극한을 갖는다는 것이다.

증명 (1) 만약 $x \in A'$이 A의 집적점이면 정의에 의하여 $(B_1(x) - \{x\}) \cap A \ne \varnothing$이므로 $x_1 \in (B_1(x) - \{x\}) \cap A$를 선택할 수 있다. 마찬가지로 다음을 만족하는 점 x_1, x_2, $\cdots$, x_n을 선택할 수 있다.

$$(B_{1/j}(x) - \{x\}) \cap A \neq \varnothing \quad (j = 1, 2, \cdots, n)$$

집적점의 정의에 의하여 여전히 $(B_{1/(n+1)}(x) - \{x\}) \cap A \neq \varnothing$ 이므로

$$x_{n+1} \in (B_{1/(n+1)}(x) - \{x\}) \cap A, \ \ \text{즉} \ \ x_{n+1} \in A, \ 0 < d(x_{n+1}, x) < \frac{1}{n+1}$$

인 점 $x_{n+1} \in A$를 선택할 수 있다. 이런 과정을 계속하면 모든 자연수 n에 대하여 $x_n \neq x$, $d(x_n, x) < 1/n$ 이고 $x_n \in A$인 수열 $\{x_n\}$을 구성할 수 있다.

ϵ은 임의의 양수이고 N은 $N > 1/\epsilon$ (즉 $1/N < \epsilon$)인 자연수이면 모든 자연수 $n > N$에 대하여 $x_n \in B_{1/n}(x) \subseteq B_\epsilon(x)$이므로 수열 $\{x_n\}$은 x에 수렴한다.

역으로 $x_n \to x$이고 모든 자연수 n에 대하여 $x_n \neq x$인 A의 수열 $\{x_n\}$이 존재한다고 가정하면 임의의 양수 ϵ에 대하여 적당한 자연수 N이 존재하여 모든 자연수 $n > N$에 대하여 $x_n \in B_\epsilon(x)$이다. 따라서 $(B_\epsilon(x) - \{x\}) \cap A \neq \varnothing$이므로 점 x가 A의 집적점이다.

(2) A는 닫힌집합이고 $\{x_n\}$은 $x \in M$에 수렴하는 A의 수열이라 가정하자. 그러면 $x \in A$임을 보여야 한다. 만약 $\{x_n\}$의 치역이 무한집합이면 (1)에 의하여 점 x는 A의 집적점이다. A는 닫힌집합이므로 $x \in A$이다. 한편 $\{x_n\}$의 치역이 유한집합이면 $\{x_n\}$은 수렴하므로 모든 자연수 $n > N$에 대하여 $x_n = x$이다. $x_n \in A$이므로 $x \in A$이다.

역으로 A의 모든 수렴하는 수열은 A에서 극한을 갖는다고 가정하자. x가 A의 임의의 집적점이면 (1)에 의하여 $x_n \to x$이고 모든 자연수 n에 대하여 $x_n \neq x$인 A의 수열 $\{x_n\}$이 존재한다. 가정에 의하여 $x \in A$이다. 따라서 A는 닫힌집합이다.

∎

주의 3 $A \subseteq \overline{A}$이다. 사실 $x \in M$일 때 모든 자연수 n에 대하여 $x_n = x$로 두면 $\{x_n\}$은 x에 수렴한다. 따라서 x는 A의 집적점, 즉 $x \in \overline{A}$이다.

$\boxed{\text{정리 3.1.6}}$ $\{a^{(k)}\}_{k=1}^\infty$가 $\mathbb{R}^n$의 점들의 수열이라 하자. $a = (a_1, a_2, \cdots, a_n) \in \mathbb{R}^n$이고

$a^{(k)} = (a_1^{(k)}, a_2^{(k)}, \cdots, a_n^{(k)})$로 표시하자. 그러면 $\{a^{(k)}\}_{k=1}^{\infty}$가 a에 수렴할 필요충분조건은

$$\lim_{k \to \infty} a_j^{(k)} = a_j \quad (j = 1, 2, \cdots, n). \tag{3.1}$$

증명 $\{a^{(k)}\}_{k=1}^{\infty}$가 a에 수렴한다고 가정하고 ϵ은 임의의 양수이면 자연수 N이 존재해서 $d(a^{(k)}, a) < \epsilon \ (k \geq N)$가 된다. $1 \leq j \leq n$인 자연수 j에 대하여

$$|a_j^{(k)} - a_j| \leq \sqrt{\sum_{i=1}^{n} (a_i^{(k)} - a_i)^2} = d(a^{(k)}, a) < \epsilon \quad (k \geq N)$$

이다. 따라서 $\lim_{k \to \infty} a_j^{(k)} = a_j \ (j = 1, 2, \cdots, n)$이다.

역으로 (3.1)이 성립한다고 가정하고, $\epsilon > 0$은 임의의 양수이면 $1 \leq j \leq n$인 각 자연수 j에 대하여 자연수 N_j가 존재하여 $k \geq N_j$일 때

$$|a_j^{(k)} - a_j| < \frac{\epsilon}{\sqrt{n}}$$

이 된다. $N = \max\{N_1, N_2, \cdots, N_n\}$으로 두면 $k \geq N$인 모든 자연수 k에 대하여

$$d(a^{(k)}, a) = \sqrt{\sum_{j=1}^{n} (a_j^{(k)} - a_j)^2} < \sqrt{\frac{\epsilon^2}{n} + \frac{\epsilon^2}{n} + \cdots + \frac{\epsilon^2}{n}} = \epsilon$$

이 된다. 따라서 $\{a^{(k)}\}$는 a에 수렴한다. ■

따름정리 3.1.7 $\{a^{(k)}\}_{k=1}^{\infty}$, $\{b^{(k)}\}_{k=1}^{\infty}$는 $\mathbb{R}^n$의 점들의 수열, $\{c_k\}$는 실수열이고 $a^{(k)} \to a$, $b^{(k)} \to b$, $c_k \to c$일 때

$$\lim_{k \to \infty} (a^{(k)} + b^{(k)}) = a + b, \ \lim_{k \to \infty} (a^{(k)} \cdot b^{(k)}) = a \cdot b, \ \lim_{k \to \infty} c_k a^{(k)} = ca.$$

보기 2 $\mathbb{R}^2$에서 수열 $\left\{ \left(\dfrac{k}{k+1}, \left(1 + \dfrac{1}{k}\right)^k \right) \right\}_{k=1}^{\infty}$ 는

$$\lim_{k \to \infty} \frac{k}{k+1} = 1, \quad \lim_{k \to \infty} \left(1 + \frac{1}{k}\right)^k = e$$

이므로 정리 3.1.6에 의하여 주어진 수열은 $(1, e)$에 수렴한다.

주의 4 정리 3.1.6은 l^1, l^2, l^∞로 일반화될 수 없다. 예를 들어, l^1에서

$$\delta^{(1)} = (1, 0, 0, 0, \cdots)$$

$$\delta^{(2)} = (0, 1, 0, 0, \cdots)$$

$$\delta^{(3)} = (0, 0, 1, 0, \cdots)$$

$$\cdots\cdots\cdots\cdots$$

이고 $a = (a_1, a_2, \cdots) = (0, 0, \cdots)$로 두면 모든 자연수 n에 대하여 $\lim\limits_{k \to \infty} \delta_n^{(k)} = a_n$이지만 $\{\delta^{(k)}\}$는 l^1에서 a에 수렴하지 않는다. 왜냐하면 모두 자연수 k에 대하여 $d(\delta^{(k)}, a) = 1$이기 때문이다.

그러나 정리 3.1.6의 필요조건을 l^1, l^2, l^∞로 확장할 수 있다.

정리 3.1.8 $\{a^{(k)}\}$가 l^1의 점들의 수열이고 $\{a^{(k)}\}$가 l^1의 점 $a = \{a_n\}$에 수렴하면

$$\lim_{k \to \infty} a_n^{(k)} = a_n \quad (n = 1, 2, \cdots). \tag{3.2}$$

증명 ϵ은 임의의 양수이면 정의에 의하여 $k \geq N$일 때 $d(a^{(k)}, a) < \epsilon$인 자연수 N이 존재한다. 따라서 모든 자연수 n에 대하여 $k \geq N$일 때

$$|a_n^{(k)} - a_n| \leq \sum_{i=1}^{\infty} |a_i^{(k)} - a_i| = d(a^{(k)}, a) < \epsilon$$

이므로 (3.2)가 성립한다. ∎

닫힌집합을 다음과 같이 정의할 수도 있다.

정의 3.1.9 거리공간 M의 부분집합 A가 $A = \overline{A}$를 만족할 때 A를 닫힌집합이라 한다.

정리 3.1.10 A가 거리공간 (M, d)의 부분집합이면 다음 두 명제는 서로 동치이다.

(1) $x \in \overline{A}$

(2) x에 수렴하는 A의 수열 $\{x_n\}$이 존재한다.

증명 (1) $\Rightarrow$ (2): 만약 $x \in \overline{A}$이면 $\overline{A} = A \cup A'$이므로 $x \in A$일 때 A의 수열 $\{x, x, \cdots\}$을 택하면 이 수열은 x에 수렴한다. 또한 $x \in A'$이면 정리 3.1.5에 의하여 $\{x_n\} \subseteq A - \{x\}$이고 $x_n \to x$인 수열 $\{x_n\}$이 존재한다.

(2) $\Rightarrow$ (1): $\{x_n\} \subseteq A$이고 $x_n \to x$이라 하자. 만약 $\{x_n\} \subseteq A - \{x\}$이면 정리 3.1.5에 의하여 $x \in A'$은 A의 집적점이다. 또한 $\{x_n\} \not\subseteq A - \{x\}$이면 $x_{n_0} = x$인 자연수 n_0가 존재한다. $\{x_n\} \subseteq A$이므로 $x \in A$이다. 따라서 $\overline{A} = A \cup A'$이므로 $x \in \overline{A}$이다. ■

연습문제 3.1

01 $\{x_n\}$, $\{y_n\}$은 거리공간 (M, d)의 수열이고 $x_n \to x$, $y_n \to y$일 때 $d(x_n, y_n) \to d(x, y)$임을 보여라.

02 (M, d)가 이산거리공간일 때 수열 $\{a_n\}$이 a에 수렴할 필요충분조건은 자연수 N이 존재하여

$$\{a_n\} = \{a_1, a_2, \cdots, a_N, a, a, \cdots\}$$

형태임을 보여라.

03 M_1과 M_2가 거리공간이고 $\{(x_n, y_n)\}$은 거리공간 $M_1 \times M_2$의 점들의 수열이라 하자. $(x, y) \in M_1 \times M_2$에 대하여 $\lim_{n \to \infty}(x_n, y_n) = (x, y)$일 필요충분조건은

$$\lim_{n \to \infty} x_n = x, \quad \lim_{n \to \infty} y_n = y$$

임을 보여라.

04 거리공간에서 적당한 자연수 N에 대하여 $a_n = a \, (n \geq N)$인 수열 $\{a_n\}$은 a에 수렴함을 보여라.

05 이산거리공간 (M, d)의 임의의 부분집합 A는 닫힌집합임을 보여라.

06 거리공간 (M, d)에서 서로 다른 점으로 이루어진 수열 $\{x_n\}$의 극한은 수열의 치역의 집적점임을 보여라.

07 $\{(x_n, y_n)\}$이 $\mathbb{R}^2$의 수열이고 $\{x_n\}$, $\{y_n\}$이 유계수열이면 $\{(x_n, y_n)\}$은 수렴하는 부분수열을 가짐을 보여라.

08 닫힌 직사각형 $X = [a, b] \times [c, d]$는 $\mathbb{R}^2$의 닫힌부분집합임을 보여라.

09 $\{x_n\}$은 거리공간 (M, d)의 수열일 때 $\{x_n\}$의 적당한 부분수열 $\{x_{n_i}\}$가 수렴하는 부분수열을 가짐을 보여라. 더욱이 그 극한이 모두 같은 점 x일 때 $\{x_n\}$은 x에 수렴한다.

10 수열 $\{((1 + 1/k)^k, 2 + 1/k, 1/k)\}_{k=1}^{\infty}$는 $\mathbb{R}^3$에서 어떤 점에 수렴하는가?

11 정리 3.1.6을 c_0, l^2, l^{∞}로 확장할 수 없음을 보여라.

12 $\{a^{(k)}\}$가 수렴하는 l^1의 수열일 때 $\{a^{(k)}\}$가 l^{∞}에서 수렴함을 보여라.

13 $x = (x_1, \cdots, x_n),\ y = (y_1, \cdots, y_n) \in \mathbb{R}^n$에 대하여

$$d_1(x, y) = \sum_{i=1}^{n} |x_i - y_i|$$

로 정의할 때 다음을 보여라.

(1) d_1은 $\mathbb{R}^n$ 위의 거리이다.

(2) $\{a^{(k)}\}$가 $\mathbb{R}^n$의 수열이고 $a \in \mathbb{R}^n$이라 하자. $\{a^{(k)}\}$가 $(\mathbb{R}^n, d)$에서 a에 수렴할 필요충분조건은 $\{a^{(k)}\}$가 $(\mathbb{R}^n, d_1)$에서 a에 수렴하는 것임을 보여라. 여기서 d는 $\mathbb{R}^n$의 보통거리이다.

14 (M, d)는 거리공간이고 d_1, d_2는 1.1절 연습문제 11에서 정의된 거리라고 하자. $\{a_n\}$은 M의 수열이고 $a \in M$이라 할 때 다음이 서로 동치임을 보여라.

(1) $\{a_n\}$은 (M, d)에서 a에 수렴한다.

(2) $\{a_n\}$은 (M, d_1)에서 a에 수렴한다.

(3) $\{a_n\}$은 (M, d_2)에서 a에 수렴한다.

15 $\{a^{(k)}\}_{k=1}^{\infty}$가 H^{∞}의 수열이고, $a = \{a_n\}_{n=1}^{\infty} \in H^{\infty}$이면 다음을 보여라.

$\{a^{(k)}\}_{k=1}^{\infty}$가 H^{∞}에서 a에 수렴할 필요충분조건은 모든 n에 대하여 $\lim\limits_{k \to \infty} a_n^{(k)}$ $= a_n$이다.

16 $\{a_n\}$이 거리공간 (M, d)의 수열이라 하면 그의 부분수열의 모든 극한의 집합은 M에서 닫힌집합임을 보여라.

17 거리공간 (M, d)의 수열 $\{x_n\}$이 x에 수렴하면 $A = \{x_n : n \in \mathbb{N}\} \cup \{x\}$는 M의 닫힌집합임을 보여라.

3.2 코시수열

실수열의 경우와 비슷하게 거리공간 위의 코시수열을 정의한다.

정의 3.2.1 $\{x_n\}$은 거리공간 (M, d)의 수열이라 하자. 모든 $\epsilon > 0$에 대하여 자연수 N이 존재하여 $m, n \geq N$일 때 $d(x_m, x_n) < \epsilon$이면 수열 $\{x_n\}$을 M의 **코시수열**(Cauchy sequence)이라 한다.

보기 1 (1) 보통거리공간 $(\mathbb{Q}, d)$에서 다음 수열 $\{x_n\}$을 생각하자.

$$x_1 = 1.4, \ x_2 = 1.41, \ x_3 = 1.414, \ x_4 = 1.4142, \ x_5 = 1.41421, \ \cdots$$

그러면 $\{x_n\}$은 $\sqrt{2}$에 수렴하므로 $\{x_n\}$은 코시수열이지만 $\{x_n\}$은 $\mathbb{Q}$의 어떤 점에 수렴하지 않는다.

(2) $(M, d) = ((0, 1], d)$는 보통거리공간이고 $x_n = 1/n \in M$일 때 임의의 양수 ϵ에 대하여

$$m, n > \frac{1}{\epsilon} \text{ 이면 } d(x_m, x_n) = \left| \frac{1}{m} - \frac{1}{n} \right| < \epsilon$$

이므로 $\{x_n\}$은 코시수열이다. 하지만 $x_n \to 0 \notin M$이다.

'실수열 또는 복소수열 $\{a_n\}$이 수렴하기 위한 필요충분조건은 $\{a_n\}$이 코시수열인 것'임을 잘 알고 있다. 실수열의 경우와 마찬가지로 거리공간의 모든 수렴하는 수열은 반드시 코시수열이지만, 그 역은 성립하지 않는다.

정리 3.2.2 거리공간 (M, d)의 수렴하는 모든 수열 $\{x_n\}$은 코시수열이다.

증명 $\{x_n\}$이 x에 수렴한다고 가정하면 임의의 $\epsilon > 0$에 대하여 자연수 N이 존재하여 $n \geq N$일 때 $d(x_n, x) < \epsilon/2$이 된다. 그러면 $m, n \geq N$일 때

$$d(x_m,\, x_n) \le d(x_n,\, x) + d(x_m,\, x) < \frac{\epsilon}{2} + \frac{\epsilon}{2} = \epsilon$$

이 된다. 따라서 $\{x_n\}$은 코시수열이다. ∎

주의 1 정리 3.2.2의 역은 $\mathbb{R}$의 경우에는 성립하지만 일반적인 거리공간의 경우에는 성립하지 않는다. 예를 들어, $\{1/n\}$은 거리공간 $(0,\, 2)$에서 코시수열이지만 $(0,\, 2)$에서 수렴하지 않는다.

정리 3.2.3 $\{x_n\}$은 거리공간 $(M,\, d)$의 코시수열이라 하자. 그러면 $\{x_n\}$이 수렴하기 위한 필요충분조건은 $\{x_n\}$은 수렴하는 부분수열을 갖는 것이다.

증명 증명 $\{x_{n_k}\}$는 $\{x_n\}$의 수렴하는 부분수열이고 $\lim_{k \to \infty} x_{n_k} = x$이면 임의의 양수 $\epsilon > 0$에 대하여 자연수 N이 존재하여

$$n_k \ge N \text{일 때 } d(x_{n_k},\, x) < \epsilon/2$$

이다. $\{x_n\}$은 코시수열이므로 $n,\, n_k \ge N$일 때 $d(x_{n_k},\, x_n) < \epsilon/2$이다. 삼각부등식에 의하여 $n \ge N$일 때

$$d(x_n,\, x) \le d(x_n,\, x_{n_k}) + d(x_{n_k},\, x) < \frac{\epsilon}{2} + \frac{\epsilon}{2} = \epsilon$$

이다. 따라서 $\{x_n\}$은 수렴한다.

역의 증명은 정리 3.1.3으로부터 나온다. ∎

보기 2 보통거리공간 $\mathbb{Q}$에서

$$x_1 = 0.1,\ x_2 = 0.101,\ x_3 = 0.101001,\ x_4 = 0.1010010001,\ \cdots$$

일 때 수열 $\{x_n\}$은 코시수열이지만 $\mathbb{Q}$의 어떤 점에 수렴하지 않는다.

정리 3.2.4 모든 코시수열 $\{x_n\}$은 유계수열이다.

증명 $\epsilon = 1$에 대하여 $m, n \geq N$일 때 $d(x_m, x_n) \leq 1$인 자연수 N이 존재한다. 특히 $m \geq N$일 때 $d(x_m, x_N) \leq 1$이다. 따라서

$$C = \max\{d(x_1, x_N), d(x_2, x_N), \cdots, d(x_{N-1}, x_N), 1\}$$

로 두면 모든 자연수 n에 대하여 $d(x_n, x_N) \leq M$이므로 $\{x_n\}$은 유계이다. ∎

정리 3.2.2, 정리 3.2.3과 볼차노-바이어슈트라스 정리에 의하여 다음 정리가 성립한다.

정리 3.2.5 (코시의 수렴판정법) 실수열 또는 복소수열 $\{a_n\}$이 수렴하기 위한 필요충분조건은 $\{a_n\}$이 코시수열이다.

보기 3 이산거리공간 (M, d_0)의 모든 코시수열은 수렴함을 보여라.

증명 $\{x_n\}$은 M의 코시수열이라 하자. $\epsilon = 1/2$로 택하면 $\{x_n\}$은 코시수열이므로 $m, n \geq N$인 모든 자연수 m, n에 대하여 $d_0(x_m, x_n) < 1/2$인 자연수 N이 존재한다. 이산거리의 정의에 의하여 $m, n \geq N$일 때 $x_m = x_n = x$이다. 따라서 $\{x_n\}$은 $\{x_1, x_2, \cdots, x_N, x, x, \cdots\}$ 형태이므로 $x_n \to x$이다. ∎

연습문제 3.2

01 $\{1/n\}$은 코시수열임을 보여라.

02 $M = C[0, 1]$은 다음 거리를 갖는 거리공간이라 하자.
$$d_\infty(f, g) = \sup_{t \in [0, 1]} |f(t) - g(t)| \ (f, g \in C[0, 1])$$
$f_n(t) = \dfrac{nt}{n+t} \ (t \in [0, 1])$로 두면 함수열 $\{f_n\}$은 코시수열임을 보여라.

03 $\{x_n\}, \{y_n\}$이 거리공간 M의 코시수열이면 수열 $\{d(x_n, y_n)\}$은 수렴함을 보여라.

04 $\{x_n\}$은 거리공간 (M, d)의 코시수열이고 $\{x_{n_k}\}$는 $\{x_n\}$의 부분수열이면
$$\lim_{n \to \infty} d(x_n, x_{n_k}) = 0$$
임을 보여라.

05 $\{x_n\}, \{y_n\}$은 거리공간 (M, d)에서 수열이고 $\{y_n\}$은 코시수열이고 $\lim_{n \to \infty} d(x_n, y_n)$ $= 0$이라 하자. 다음을 보여라.
(1) $\{x_n\}$은 거리공간 (M, d)의 코시수열이다.
(2) $\{x_n\}$이 $x \in M$에 수렴하기 위한 필요충분조건은 $\{y_n\}$이 x에 수렴한다는 것이다.

06 $\{x_n\}, \{y_n\}$은 거리공간 (M, d)의 코시수열이면 $\{d(x_n, y_n)\}$은 $\mathbb{R}$의 코시수열임을 보여라.

07 (M, d)는 거리공간이고 d^*는 $d^*(x, y) = \min\{1, d(x, y)\}$로 정의되는 새로운 거리라고 하자. $\{x_n\}$이 (M, d)의 코시수열이 되기 위한 필요충분조건은 $\{x_n\}$이 (M, d^*)

의 코시수열임을 보여라.

08 $M = C[0, 1]$에서 거리 d_2를

$$d_2(f, g) = [\int_0^1 |f(t) - g(t)|^2]^{1/2} dt \quad (f, g \in M)$$

로 정의하고

$$f_n(t) = \begin{cases} 1 - nt & (0 \le t \le 1/n) \\ 0 & (1/n \le t \le t) \end{cases}$$

이라 하자. 그러면 함수열 $\{f_n\}$은 거리 d_2에 관하여 코시수열이지만 거리 d_∞에 관하여 코시수열이 아님을 보여라.

09 d, d^*는 집합 M 위에서 거리이고 임의의 x, $y \in M$에 대하여

$$K_1 d(x, y) \le d^*(x, y) \le K_2 d(x, y)$$

를 만족하는 양수 K_1, K_2가 존재한다고 하자. 그러면 $\{x_n\}$은 (M, d)에서 코시수열(수렴한다)일 필요충분조건은 $\{x_n\}$은 (M, d^*)에서 코시수열(수렴한다)임을 보여라.

3.3 완비 거리공간

정의 3.3.1 거리공간 (M, d)의 모든 코시수열이 M에서 수렴하면 M을 완비공간(complete space) 또는 완비 거리공간(complete metric space)이라 한다.

보기 1 (1) 정리 3.2.5에 의하여 보통거리공간 $\mathbb{R}$, $\mathbb{C}$ 는 완비공간이다.

(2) $M = (0, 1]$이고 d는 M에서 보통거리일 때 (M, d)는 완비 거리공간이 아니다. 왜냐하면 $(0, 1]$의 수열 $\{x_n = 1/n : n \in \mathbb{N}\}$은 코시수열이지만 $x_n \to 0 \notin (0, 1]$이기 때문이다.

(3) $\mathbb{Q}$ 는 2.2절의 보기 2에 의하여 완비공간이 아니다.

보기 2 보통거리를 갖는 정수의 집합 $\mathbb{Z}$ 는 완비 거리공간임을 보여라.

증명 $\{x_n\}$은 $\mathbb{Z}$ 의 임의의 코시수열이고 $\epsilon = 1/2$이라 하자. 그러면 정의에 의하여 m, $n \geq N$일 때 x_n, $x_m \in \mathbb{Z}$ 이고 $d(x_m, x_n) < 1/2$이 성립하는 자연수 N이 존재한다. 따라서 m, $n \geq N$일 때 $x_n = x_m = x$가 되므로 $\{x_n\}$은 $\{x_1, x_2, \cdots, x_N, x, x, \cdots\}$의 형태이고 $x_n \to x$이다.

정리 3.3.2 거리공간 $\mathbb{R}^n$은 완비공간이다.

증명 $\{a^{(k)}\}$는 $\mathbb{R}^n$의 코시수열이고 ϵ은 임의의 양수라 하자. 그러면 k, $m \geq N$일 때

$$d(a^{(k)}, a^{(m)}) = \sqrt{\sum_{i=1}^{n} (a_i^{(k)} - a_i^{(m)})^2} < \epsilon$$

인 자연수 N이 존재한다. $1 \leq j \leq n$인 각 자연수 j에 대하여 k, $m \geq N$이면

$$|a_j^{(k)} - a_j^{(m)}| \leq \sqrt{\sum_{i=1}^{n} (a_i^{(k)} - a_i^{(m)})^2} < \epsilon$$

이므로 모든 자연수 j에 대하여 $\left\{a_j^{(k)}\right\}_{k=1}^{\infty}$는 코시수열이다. $\mathbb{R}$은 완비공간이므로 모든 j에 대하여 $\left\{a_j^{(k)}\right\}_{k=1}^{\infty}$는 수렴한다. 정리 3.1.5에 의하여 $\{a^{(k)}\}$는 수렴한다. 따라서 $\mathbb{R}^n$은 완비공간이다. ∎

정리 3.3.2의 증명과 마찬가지로 보통거리를 갖는 거리공간 $\mathbb{C}^n$은 완비 거리공간임을 보일 수 있다.

> **정리 3.3.3** l^p은 급수 $\sum_{k=1}^{\infty} |a_k|^p$가 수렴하는 실수열 또는 복소수열 $\{a_k\}$ 전체의 집합이라 하자. 임의의 $x = \{x_k\}$, $y = \{y_k\} \in l^p$에 대하여 d_p를
>
> $$d_p(x,\, y) = \left(\sum_{k=1}^{\infty} |x_k - y_k|^p \right)^{1/p} \quad (1 \le p < \infty)$$
>
> 로 정의하면 $(l^p,\, d_p)$는 완비 거리공간이다.

증명 $\{x_m\}$은 l^p에서 코시수열이고 $x_m = (x_1^{(m)},\, x_2^{(m)},\, \cdots) \in l^p$이면 임의의 $m = 1, 2, \cdots$에 대하여 $\sum_{k=1}^{\infty} |x_k^{(m)}|^p < \infty$ 이다. $\{x_m\}$은 코시수열이므로 임의의 $\epsilon > 0$에 대하여

$$m,\, n > N \text{일 때} \quad d_p(x_m,\, x_n) = \left(\sum_{k=1}^{\infty} |x_k^{(m)} - x_k^{(n)}|^p \right)^{1/p} < \epsilon \tag{3.3}$$

인 적당한 자연수 N이 존재한다. 따라서 임의의 자연수 $k = 1, 2, \cdots$에 대하여 $m,\, n > N$일 때 $|x_k^{(m)} - y_k^{(n)}| < \epsilon$이므로 임의의 고정된 자연수 $k\,(1 \le k < \infty)$에 대하여 $\left\{x_k^{(m)}\right\}_{m \in \mathbb{N}}$은 K $(= \mathbb{R}$ 또는 $\mathbb{C})$에서 코시수열이다. K는 완비 거리공간이므로 $\left\{x_k^{(m)}\right\}_{m \in \mathbb{N}}$은 K에서 수렴한다. 임의의 k에 대하여 $\lim_{m \to \infty} x_k^{(m)} = x_k$라 하자. 이들 극한을 이용하여 $x = (x_1,\, x_2,\, \cdots)$로 정의하고 $x \in l^p$이고 $x^{(m)} \to x\,(m \to \infty)$임을 보이고자 한다.

식 (3.3)으로부터 임의의 자연수 $m,\, n > N$과 임의의 자연수 $l = 1, 2, \cdots$에 대하여

$$\sum_{k=1}^{l} \left| x_k^{(m)} - x_k^{(n)} \right|^p \leq \epsilon^p$$

이 성립한다. $n \to \infty$로 두면 임의의 자연수 $m > N$과 임의의 자연수 $l = 1, 2, \cdots$에 대하여

$$\sum_{k=1}^{l} \left| x_k^{(m)} - x_k \right|^p \leq \epsilon^p$$

이 성립한다. 이 부등식에서 $\left\{ \sum_{k=1}^{l} \left| x_k^{(m)} - x_k \right|^p \right\}$은 위로 유계인 단조증가수열이므로 유한 극한값 $\sum_{k=1}^{\infty} \left| x_k^{(m)} - x_k \right|^p$을 갖는다. 이 값은 ϵ^p보다 작거나 같다. 따라서 임의의 자연수 $m > N$에 대하여

$$\sum_{k=1}^{\infty} \left| x_k^{(m)} - x_k \right|^p \leq \epsilon^p \tag{3.4}$$

이 성립하므로 $x_m - x = (x_k^{(m)} - x_k) \in l^p$이다. $x_m \in l^p$이므로 민코프스키 부등식에 의하여 $x = x_m + (x - x_m) \in l^p$이다. 부등식 (3.4)에 의하여 임의의 자연수 $m > N$에 대하여 $d_p(x_m, x) < \epsilon$이다. 따라서 l^p에서 $x_m \to x$이므로 (l^p, d_p) $(1 \leq p < \infty)$는 완비 거리공간이다. ■

위의 방법을 조금 변형하면 l^1, l^2, l^∞ 등이 완비공간임을 증명할 수 있다.

보기 3 $B(X)$는 공집합이 아닌 집합 X에서 유계인 실숫값 함수의 집합이라 하자. 임의의 $f, g \in B(X)$에 대하여 거리 d를

$$d(f, g) = \sup_{t \in X} |f(t) - g(t)|$$

로 정의하면 $B(X)$는 완비 거리공간임을 보여라.

증명 $B(X)$는 분명히 거리공간이므로 $B(X)$가 완비공간임을 보이면 된다. $\{f_n\}$이 $B(X)$의 코시수열이면 임의의 양수 ϵ에 대하여

$$m, n \geq N\text{일 때 } d(f_m, f_n) < \epsilon$$

인 자연수 N이 존재한다. 그런데

$$d(f_m, f_n) = \sup_{t \in X} |f_m(t) - f_n(t)|$$

이므로 임의의 $t \in X$에 대하여 $m, n \geq N$일 때

$$|f_m(t) - f_n(t)| < \epsilon \qquad (3.5)$$

이다. 이 식으로부터 $\{f_n(t)\}$는 $\mathbb{R}$ 에서 코시수열이다. $\mathbb{R}$ 은 완비공간이므로 $\{f_n(t)\}$의 극한 $f(t)$가 존재한다. 여기서 t는 X의 임의의 점이므로 $f(t)$는 X에서 $\mathbb{R}$ 로의 함수가 되고 $\lim_{n \to \infty} f_n(t) = f(t)$이다.

다음은 $f \in B(X)$이고 $d(f_n, f) \to 0$임을 보인다. 식 (3.5)에서 $m \to \infty$ 로 하면

$$\lim_{m \to \infty} |f_m(t) - f_n(t)| = |f(t) - f_n(t)| \leq \epsilon$$

이다. $t \in X$는 임의의 점이므로 $n \geq N$인 모든 자연수 n에 대하여

$$d(f, f_n) = \sup_{t \in X} |f(t) - f_n(t)| \leq \epsilon$$

이다. 이것은 $d(f, f_n) \to 0$을 의미한다. 한편,

$$\sup_{t \in X} |f(t)| \leq \sup_{t \in X} |f(t) - f_N(t)| + \sup_{t \in X} |f_N(t)|$$

이므로 f는 유계함수이다. 따라서 $f \in B(X)$이고 $B(X)$는 완비 거리공간이다. ■

정리 3.3.4 E가 완비 거리공간 (M, d)의 완비 거리공간일 필요충분조건은 E는 M에서 닫힌집합이다.

증명 E가 완비 거리공간이라 하자. x가 $\overline{E}$의 임의의 점이면 $x_n \in E$이고 $x_n \to x$인 수열 $\{x_n\}$이 존재한다. $\{x_n\}$은 E에서 코시수열이고 E가 완비공간이므로 이 수열은 어떤 점 $y \in E$에 수렴한다. 수열의 극한은 유일하므로 $y = x$이다. 따라서 $x \in E$이므로 E는 닫힌집합이다.

역으로 E가 완비 거리공간 (M, d)에서 임의의 닫힌집합이고 $\{x_n\}$은 E에서 임의의

코시수열이라 하자. 그러면 M이 완비공간이므로 $\{x_n\}$은 $x \in M$에 수렴한다. 따라서 x는 E의 집적점이다. E는 닫힌집합이므로 $x \in E$이다. 따라서 $\{x_n\}$은 $x \in E$에 수렴하므로 E는 완비 거리공간이다. ∎

정리 3.3.5 (칸토어 공통집합 정리) (M, d)는 완비 거리공간이고, $\{F_n\}$은 다음 두 조건을 만족하는 M의 닫힌집합열이면 $\cap_{n=1}^{\infty} F_n$은 꼭 한 점만을 포함한다.

(1) 모든 자연수 n에 대하여 $F_n \neq \varnothing$ 이고 $F_{n+1} \subseteq F_n$이다.

(2) $\displaystyle\lim_{n \to \infty} \mathrm{diam}\, F_n = \lim_{n \to \infty} \delta(F_n) = 0$

증명 임의의 자연수 n에 대하여 $F_n \neq \varnothing$ 이므로 점 $x_n \in F_n$을 선택하여 M의 수열 $\{x_n\}$을 구성한다. 모든 자연수 n에 대하여 $F_{n+1} \subseteq F_n$이므로 모든 자연수 $n > m$에 대하여 $x_n \in F_n \subseteq F_m$이다.

우선 수열 $\{x_n\}$이 코시수열임을 보인다. ϵ은 임의의 양수라 하자. $\delta(F_n) \to 0$이므로 $n \geq N$인 모든 자연수 n에 대하여 $\delta(F_n) < \epsilon$인 자연수 N이 존재한다. $\{F_n\}$은 감소집합열이므로 $n, m \geq N$이면 $F_m, F_n \subseteq F_N$이다. 따라서 모든 자연수 $n, m \geq N$에 대하여 $x_n, x_m \in F_N$이므로

$$d(x_n, x_m) \leq \delta(F_N) < \epsilon$$

즉, $\{x_n\}$은 코시수열이다. (M, d)는 완비 거리공간이므로 $x_n \to x$인 점 $x \in M$이 존재한다.

먼저 $x \in \cap_{n=1}^{\infty} F_n$임을 보이고자 한다. 자연수 n을 고정하면 $\{x_n\}$의 부분수열 $\{x_n, x_{n+1}, \cdots\}$은 F_n에 포함되고 수렴하는 수열의 모든 부분수열은 수렴하므로 부분수열 $\{x_n, x_{n+1}, \cdots\}$도 x에 수렴한다. F_n은 완비 거리공간 M의 닫힌 부분공간이므로 정리 3.3.4에 의하여 F_n도 완비 거리공간이다. 따라서 $x \in F_n$이다. 이것은 임의의 자연수 n에 대하여 성립하므로 $x \in \cap_{n=1}^{\infty} F_n$, 즉 $\cap_{n=1}^{\infty} F_n \neq \varnothing$ 이다.

끝으로 x는 $\cap_{n=1}^{\infty} F_n$의 유일한 점임을 보이고자 한다. $y \in \cap_{n=1}^{\infty} F_n$이면 임의의 자

연수 n에 대하여 $x, y \in F_n$이므로 $n \to \infty$일 때

$$0 \le d(x, y) \le \delta(F_n) \to 0$$

이다. 따라서 $d(x, y) = 0$이므로 $x = y$이다. ■

주의 1 다음 두 조건 가운데 하나라도 만족하지 않으면 정리 3.3.5는 성립하지 않는다.

(1) 모든 F_n은 닫힌집합이다.

(2) $n \to \infty$일 때 $\delta(F_n) \to 0$이다.

보기 4 (1) 보통거리공간 $\mathbb{R}$에서 $F_n = [n, \infty)$로 두면 $F_n \ne \varnothing$이고 F_n은 $\mathbb{R}$의 닫힌부분집합이다(완비 부분공간이다). 하지만 $n \to \infty$일 때 $\delta(F_n) \not\to 0$이고 $\cap_{n=1}^{\infty} F_n = \varnothing$이다.

(2) 보통거리공간 $\mathbb{R}$에서 $F_n = (0, 1/n)$로 두면 $F_n \ne \varnothing$이고 F_n은 $\mathbb{R}$의 열린부분집합이지만 닫힌집합이 아니다. $F_{n+1} \subseteq F_n$이고 $n \to \infty$일 때 $\delta(F_n) \to 0$이고 $\cap_{n=1}^{\infty} F_n = \varnothing$이다.

정리 3.3.6 $\{F_n\}$은 다음 세 조건을 만족하는 거리공간 (M, d)의 닫힌집합열이면 (M, d)는 완비 거리공간이다.

(1) 모든 자연수 n에 대하여 $F_n \ne \varnothing$이고 $F_{n+1} \subseteq F_n$이다.

(2) $\lim\limits_{n \to \infty} \operatorname{diam}(F_n) = \lim\limits_{n \to \infty} \delta(F_n) = 0$

(3) $\cap_{n=1}^{\infty} F_n$은 꼭 한 점만을 포함한다.

증명 $\{x_n\}$은 임의의 코시수열이라 하자.

$$G_1 = \{x_1, x_2, \cdots\}, \ G_2 = \{x_2, x_3, \cdots\}, \ \cdots, \ G_n = \{x_n, x_{n+1}, \cdots\}, \ \cdots$$

로 두면 모든 자연수 n에 대하여 $G_{n+1} \subseteq G_n$이므로 $\overline{G_{n+1}} \subseteq \overline{G_n}$이다. 따라서 $\{\overline{G_n}\}$은 공집합이 아닌 닫힌집합들의 감소집합열이다. $\{x_n\}$은 코시수열이므로 임의의 양

수 ϵ에 대하여

$$m, \ n > N \text{일 때 } d(x_m, \ x_n) < \epsilon$$

인 적당한 자연수 N이 존재한다. $m, \ n > N$일 때 $x_m, \ x_n \in G_N$이고 $d(x_m, \ x_n) < \epsilon$ 이므로 $\delta(G_N) < \epsilon$이다. $n > N$인 모든 자연수 n에 대하여 $G_n \subseteq G_N$이므로 $\delta(G_n) \leq \delta(G_N) < \epsilon$이다. 따라서 $n \to \infty$일 때 $\delta(G_n) \to 0$이다.

또한 $\delta(G_n) = \delta(\overline{G_n})$이므로 $n \to \infty$일 때 $\delta(\overline{G_n}) \to 0$이다. $F_n = \overline{G_n}$로 두면 $\{F_n\}$은 공집합이 아닌 닫힌집합들의 감소집합열이고 $\lim_{n \to \infty} \delta(F_n) = 0$이다. 가정에 의하여 $x \in \cap_{n=1}^{\infty} F_n$을 만족하는 x가 존재한다. 따라서 모든 자연수 n에 대하여 $d(x, \ x_n) \leq \delta(F_n)$이므로 $n \to \infty$일 때 $d(x, \ x_n) \leq \delta(F_n) \to 0$이다. 그러므로 $x_n \to x \in M$이 므로 $(M, \ d)$는 완비 거리공간이다. $\blacksquare$

01 보통거리를 갖는 거리공간 $\mathbb{C}^n$은 완비 거리공간임을 보여라.

02 이산거리공간 (M, d)는 완비공간임을 보여라.

03 거리공간 l^1은 완비공간임을 보여라.

04 유계수열 전체의 집합을 l^∞로 나타내고 두 수열 $\{a_k\}$, $\{b_k\} \in l^\infty$에 대하여
$$d(\{a_k\}, \{b_k\}) = \sup_{1 \le k < \infty} |a_k - b_k|$$
로 정의하면 (l^∞, d)는 완비 거리공간임을 보여라.

05 c는 완비 거리공간임을 보여라.

06 거리공간의 유한 부분집합은 완비공간임을 보여라.

07 $C[a, b]$는 $[a, b]$에서 연속인 실숫값 함수들의 집합이라 하자. 임의의 f, $g \in C[a, b]$에 대하여 거리 d_∞를
$$d_\infty(f, g) = \max_{t \in [a, b]} |f(t) - g(t)|$$
로 정의하면 $C[a, b]$는 완비 거리공간임을 보여라.

08 임의의 f, $g \in C[0, 1]$에 대하여 거리 d_∞를
$$d_1(f, g) = \int_0^1 |f(t) - g(t)| \, dt$$
로 정의하면 $C[0, 1]$은 완비 거리공간이 아님을 보여라.

09 $\mathbb{R}^n$은 다음 거리에 대하여 완비 거리공간임을 보여라.

임의의 $x = (x_1,\ x_2,\ \cdots,\ x_n),\ y = (y_1,\ y_2,\ \cdots,\ y_n) \in \mathbb{R}^n$에 대하여

(1) $d_1(x,\ y) = \displaystyle\sum_{k=1}^{n} |x_k - y_k|$ (택시캡 거리)

(2) $d_p(x,\ y) = \left(\displaystyle\sum_{k=1}^{n} (x_k - y_k)^p \right)^{1/p},\ p \geq 1$

(3) $d_\infty(x,\ y) = \max_{1 \leq k \leq n}\{|x_k - y_k|\}$ (max 거리)

10 $\mathbb{N}$은 자연수의 집합이고 임의의 $x,\ y \in \mathbb{N}$에 대하여 $d(x,\ y) = \left| \dfrac{1}{x} - \dfrac{1}{y} \right|$일 때 $(\mathbb{N},\ d)$는 완비 거리공간이 아님을 보여라.

11 $\mathbb{R}$에서 거리 d를 다음과 같이 정의하면 $(\mathbb{R},\ d)$는 거리공간이지만 완비공간이 아님을 보여라.

$$\text{임의의 } x,\ y \in \mathbb{R} \text{ 에 대하여 } d(x,\ y) = \frac{|x - y|}{\sqrt{1 + x^2}\ \sqrt{1 + y^2}}.$$

12 $P[a,\ b]$는 $[a,\ b]$에서 정의되는 다항식들의 집합이고 임의의 $f,\ g \in P[a,\ b]$에 대하여
$$d_\infty(f,\ g) = \max_{t \in [a,\ b]} |f(t) - g(t)|$$
로 정의하면 d는 $P[a,\ b]$ 위의 거리이지만 $P[a,\ b]$는 완비 거리공간이 아님을 보여라.

13 $\{a_n\}$은 M의 수열이고 $E_n = \{a_n,\ a_{n+1},\ a_{n+2},\ \cdots\}$이면 다음이 성립함을 보여라.

$$\{a_n\}\text{이 코시수열이 되기 위한 필요충분조건은 } \lim_{n \to \infty} \delta(E_n) = 0 \text{이다.}$$

14 $(M_1,\ d_1),\ (M_2,\ d_2)$가 완비 거리공간이면 $M_1 \times M_2$도 완비 거리공간임을 보여라.

04

콤팩트
거리공간

$\mathbb{R}$ 의 유계이고 닫힌부분집합 A 에서 모든 수열은 이 부분집합에서 수렴하는 부분수열을 가진다는 사실(볼차노-바이어슈트라스 정리)은 잘 알려져 있다. 이 결과는 거리공간에서는 일반적으로 성립하지 않는다.

4.1 콤팩트 거리공간

정의 4.1.1 거리공간 M의 열린 덮개(또는 개피복, open cover)는 $M = \cup\, \mathcal{E}$ 인 M의 열린 집합들의 집합족 $\mathcal{E}$ 를 말한다. $\mathcal{E}^{*}$ 가 $\mathcal{E}$ 의 부분집합족(subcollection)이고 $M = \cup\, \mathcal{E}^{*}$ 이면 $\mathcal{E}^{*}$ 를 $\mathcal{E}$ 의 부분덮개(subcover)라 한다. 특히 $\mathcal{E}^{*}$ 가 유한 부분집합족이면 $\mathcal{E}^{*}$ 를 유한 부분덮개(finite subcover)라 한다.

보기 1 (1) $\mathcal{E} = \{(-n,\, n) : n \in \mathbb{N}\}$ 이고 $\mathcal{F} = \{(-2n,\, 2n) : n \in \mathbb{N}\}$ 은 $\mathbb{R}$ 의 열린 덮개이고 $\mathcal{F}$ 는 $\mathcal{E}$ 의 부분덮개이다.

(2) $\mathcal{E} = \left\{\left(0,\, 1 - \dfrac{1}{n+1}\right) : n \in \mathbb{N}\right\}$ 과 $\mathcal{F} = \left\{\left(0,\, 1 - \dfrac{1}{4(n+1)}\right) : n \in \mathbb{N}\right\}$ 은 $(0,\, 1)$의 열린 덮개이고 $\mathcal{F}$ 는 $\mathcal{E}$ 의 부분덮개이다.

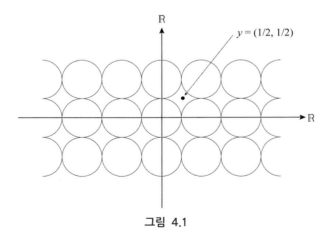

그림 4.1

(3) 보통거리를 갖는 평면 $\mathbb{R}^2$에서 $\mathscr{I} = \{B_1(x) : x \in \mathbb{Z} \times \mathbb{Z}\}$는 $\mathbb{R}^2$의 열린 덮개이다.

(4) 보통거리를 갖는 평면 $\mathbb{R}^2$에서 $\mathscr{I} = \{B_{1/2}(x) : x \in \mathbb{Z} \times \mathbb{Z}\}$는 $\mathbb{R}^2$의 열린 덮개가 아니다. 왜냐하면 $\left(\dfrac{1}{2}, \dfrac{1}{2}\right)$은 $\mathscr{I}$의 임의의 구성원에 속하지 않기 때문이다.

정의 4.1.2 거리공간 M의 모든 열린 덮개가 반드시 유한 부분덮개를 가질 때 M은 **콤팩트 거리공간**(compact metric space)이라 한다. 다시 말하면, $\mathcal{E}$가 $M = \cup \mathcal{E}$인 열린집합들의 임의의 집합족이면

$$M = U_1 \cup U_2 \cup \cdots \cup U_n$$

인 $\mathcal{E}$의 유한 부분집합족 $\{U_1, U_2, \cdots, U_n\}$이 반드시 존재할 때 M을 콤팩트 공간이라 한다.

보기 2 (1) 거리공간 M의 임의의 유한집합 X는 콤팩트이다. 이 경우에 X의 모든 열린 덮개 $\mathcal{E}$는 유한 덮개이기 때문이다.

(2) 정수의 집합 $\mathbb{Z}$가 보통거리 $d(x, y) = |x - y|$ $(x, y \in \mathbb{Z})$를 가지면 $\mathbb{Z}$는 콤팩트 거리공간이 아니다. 사실 $\{n\} = \mathbb{Z} \cap \left(n - \dfrac{1}{2}, n + \dfrac{1}{2}\right)$은 열린집합이므로 $\{\{n\} : n \in \mathbb{N}\}$은 $\mathbb{Z}$의 열린 덮개이다. 하지만 이 열린 덮개는 유한 부분덮개를 갖지 않으므로 $\mathbb{Z}$는 콤팩트가 아니다.

(3) $\mathbb{R}$의 부분공간 $X = \{0\} \cup \{1/n : n \in \mathbb{N}\}$은 콤팩트이다. 사실 $\mathcal{E}$가 X의 열린 덮개면 0을 포함하는 열린집합 $G \in \mathcal{E}$가 존재한다. 집합 G는 유한개의 $\dfrac{1}{n}$을 제외한 모든 항을 포함한다. 임의의 원소 $x \in X - G$에 대하여 x를 포함하는 $\mathcal{E}$의 원소 U_x를 선택한다. $\mathscr{I} = \{U_x : x \in X - G\} \cup \{G\}$는 X를 덮을 수 있는 $\mathcal{E}$의 유한 부분덮개이다. 따라서 X는 콤팩트이다.

(4) M은 이산거리공간이고 무한집합이면 M은 콤팩트 공간이 아니다. 왜냐하면 모든 단집합 $\{x\}$는 열린집합이므로 $\mathcal{E} = \{\{x\} : x \in M\}$은 M의 열린 덮개지만 유한

부분피복을 갖지 않기 때문이다.

(5) $\mathbb{R}$에서 열린구간 $(0, 1)$은 콤팩트 집합이 아니다. 왜냐하면

$$\mathcal{E} = \{(1/n, 1) : n \in \mathbb{N}, n \geq 2\}$$

는 $(0, 1)$의 열린 덮개지만 어떠한 유한 부분피복을 갖지 않기 때문이다.

(6) $\mathbb{R}$은 콤팩트가 아니다. 왜냐하면 열린구간으로 구성되는 집합족 $\mathcal{E} = \{(-n, n) : n \in \mathbb{N}\}$은 $\mathbb{R}$의 열린 덮개이고, $\{(-n_i, n_i) : 1 \leq i \leq k\}$는 $\mathcal{E}$의 임의의 유한인 집합족이라 하자. $n^* = \max(n_1, n_2, \cdots, n_k)$로 두면 $n^* \not\in \cup_{i=1}^{k}(-n_i, n_i)$이므로 $\mathcal{E}$의 어떠한 유한 부분족도 $\mathbb{R}$을 덮을 수 없기 때문이다.

(7) $\mathbb{R}$은 보통거리공간이고 $X = (0, 1]$은 $\mathbb{R}$의 부분공간이라 하면 X는 콤팩트가 아니다. 왜냐하면 X의 열린 덮개 $\mathcal{E} = \{(1/n, 1] : n \in \mathbb{N}\}$은 $(0, 1]$의 어떠한 유한 부분덮개를 가질 수 없기 때문이다.

정리 4.1.3 M은 거리공간이고, $K \subseteq X \subseteq M$이라 하자. 이때 K가 M에 관하여 콤팩트 집합이 되기 위한 필요충분조건은 K가 X에 관하여 콤팩트여야 한다.

증명 K는 M에 관하여 콤팩트 집합이고 $\{V_\alpha\}$는 X의 열린집합의 집합족으로서 $K \subseteq \cup_\alpha V_\alpha$라 하자. 정리 1.5.3에 의하여 $V_\alpha = X \cap G_\alpha$를 만족하는 M의 열린집합 G_α가 존재한다. K는 M에 관하여 콤팩트 집합이므로 유한개의 $\alpha_1, \cdots, \alpha_n$이 존재하여

$$K \subseteq G_{\alpha_1} \cup \cdots \cup G_{\alpha_n} \tag{4.1}$$

이 되도록 할 수 있다. $K \subseteq X$이므로 위 관계로부터

$$K = K \cap X \subseteq (G_{\alpha_1} \cup \cdots \cup G_{\alpha_n}) \cap X \subseteq V_{\alpha_1} \cup \cdots \cup V_{\alpha_n}. \tag{4.2}$$

따라서 K는 X에 관하여 콤팩트 집합이다.

역으로 K는 X에 관하여 콤팩트 집합이고 $\{G_\alpha\}$는 M의 열린부분집합의 집합족으로 K의 열린 덮개라 하자. 그리고 $V_\alpha = X \cap G_\alpha$로 놓으면 $\alpha_1, \cdots, \alpha_n$을 적당히 취할 때 식 (4.2)가 성립한다. 그런데 $V_\alpha \subseteq G_\alpha$이므로 식 (4.2)로부터 식 (4.1)이 성립한다. ∎

정리 4.1.4 콤팩트 거리공간 M의 닫힌부분집합 F는 콤팩트 집합이다.

증명 $\mathcal{E} = \{ G_\alpha : \alpha \in I,\ G_\alpha$는 M에서 열린집합$\}$이 F의 임의의 열린 덮개이면 $F \subseteq \cup_{\alpha \in I} G_\alpha$ 이고 임의의 G_α는 M에서 열린집합이다. F^c는 열린집합이고 $M \subseteq (\cup_{\alpha \in I} G_\alpha) \cup F^c$ 이므로 $\mathcal{E}^* = \mathcal{E} \cup \{ F^c \}$는 M의 열린 덮개이다. M은 콤팩트 공간이므로

$$M \subseteq G_{\alpha_1} \cup \cdots \cup G_{\alpha_n} \cup F^c$$

를 만족하는 유한개의 $\alpha_1, \cdots, \alpha_n$이 존재한다. 따라서

$$F = M \cap F = \left(G_{\alpha_1} \cup \cdots \cup G_{\alpha_n} \cup F^c \right) \cap F \subseteq G_{\alpha_1} \cup \cdots \cup G_{\alpha_n}$$

이므로 F는 콤팩트 집합이다. ■

주의 1 (1) 위의 증명과정에서 다음 사실을 쉽게 알 수 있다. 거리공간 M의 부분집합 A의 콤팩트성을 정의하는 데 있어 M의 열린집합족으로 A를 덮을 수 있거나, 또는 A의 열린집합족으로 A를 덮을 수 있거나에 관계없다. 한 가지 예로 정리 4.1.4 는 열린구간으로 $[a, b]$를 덮을 수 있다면 반드시 유한 부분덮개가 존재한다는 하이네-보렐 정리와 같다.

(2) 콤팩트 집합들의 임의의 교집합은 콤팩트 집합이다.

(3) 콤팩트 집합들의 유한개 합집합은 콤팩트 집합이다.

정리 4.1.5 $\{ K_\alpha \}_{\alpha \in I}$는 거리공간 M의 콤팩트 부분집합의 집합족이고 $\{ K_\alpha \}$의 임의의 유한개 부분집합족의 교집합이 공집합이 아니면 $\cap_{\alpha \in I} K_\alpha \neq \varnothing$이다.

증명 $\{ K_\alpha \}$의 한 원소 K_1을 고정하고 $G_\alpha = K_\alpha^c$라 놓자. 만약 $\cap K_\alpha = \varnothing$이면 K_1의 어느 점도 모든 $K_\alpha (\alpha \neq 1)$에 속하지 않으므로 집합 $\{ G_\alpha \}$는 K_1의 열린 덮개를 이룬다. K_1은 콤팩트 집합이므로, 유한개의 $\alpha_1, \cdots, \alpha_n$이 존재하여 $K_1 \subseteq G_{\alpha_1} \cup \cdots \cup G_{\alpha_n}$ 이 되도록 할 수 있다. 이때

$$K_1 \cap K_{\alpha_1} \cap \cdots \cap K_{\alpha_n} = \varnothing$$

이므로 이것은 가정에 모순이다. ■

따름정리 4.1.6 $\{K_n\}$이 공집합이 아닌 콤팩트 집합열로서 $K_{n+1} \subseteq K_n$ $(n = 1, 2, \cdots)$이면 $\cap_{n=1}^{\infty} K_n \neq \varnothing$은 공집합이 아니다.

정리 4.1.7 거리공간 (M, d)의 모든 콤팩트 부분집합 A는 유계이고 닫힌집합이다.

증명 A^c가 열린집합임을 보이기 위해 y는 A^c의 임의의 점이라 하자. 각 $x \in A$에 대하여 $U_x \cap V_x = \varnothing$이고 $x \in U_x$, $y \in V_x$인 열린집합 U_x와 V_x가 존재한다(U_x와 V_x를 각각 x와 y의 근방으로서 반지름이 $d(x, y)/2$보다도 작게 한다). 그러면 $\{U_x \cap A : x \in A\}$는 A의 열린 덮개이다. A는 콤팩트 집합이므로 유한 부분피복 $\{U_{x_1} \cap A, \cdots, U_{x_n} \cap A\}$를 갖는다. 그러면

$$y \in V = V_{x_1} \cap \cdots \cap V_{x_n} \subseteq A^c$$

가 되므로 y는 A^c의 내점이다. 따라서 y는 A^c의 임의의 내점이므로 A^c는 열린집합이다.

끝으로, A는 유계집합이 아니라고 가정하자. 그러면 임의의 양수 $K > 0$에 대하여 $d(x, y) > K$인 점 $x, y \in A$가 존재한다. 중심이 A의 점이고 반지름 1인 열린 공들의 집합족 $\mathscr{F} = \{B_1(x) : x \in A\}$를 생각하면

$$A \subseteq \cup_{x \in A} B_1(x)$$

이므로 $\mathscr{F}$는 A의 열린 덮개이다. A는 콤팩트 집합이므로

$$A \subseteq B_1(x_1) \cup B_1(x_2) \cup \cdots \cup B_1(x_n)$$

을 만족하는 유한개의 점 $x_1, x_2, \cdots, x_n \in A$가 존재한다.
$k = \max\{d(x_i, x_j) : i, j = 1, 2, \cdots, n, i \neq j\}$이고

$$K = k + 2 \qquad\qquad (4.3)$$

로 두면 $d(x, y) > K = k + 2$이다. $x, y \in A$이므로 $x \in B_1(x_i)$이고 $y \in B_1(x_j)$인 x_i, x_j가 존재한다. 따라서

$$d(x, y) \leq d(x, x_i) + d(x_i, x_j) + d(x_j, y) < k + 2$$

이므로 이것은 (4.3)에 모순이다. 따라서 A는 유계집합이다. ∎

주의 2 정리 4.1.7의 역은 참이 아니다. 예를 들어, 이산거리공간 (M, d_0)의 한 무한 부분집합을 A라 하자. 그러면 임의의 $x, y \in A$에 대하여 $d_0(x, y) \leq 1$이고 열린 공 $B_1(x)$는 집합 $\{x\}$이므로 A는 유계이고 닫힌집합이다. 하지만 A의 열린 덮개 $\{\{x\} : x \in A\}$는 유한개의 부분덮개를 가질 수 없으므로 A는 콤팩트 집합이 아니다.

a_i, $b_i \, (a_i < b_i)$, $i = 1, 2, \cdots, k$가 실수일 때 집합

$$I = [a_1, b_1] \times [a_2, b_2] \times \cdots \times [a_k, b_k]$$

를 k-포체(k-cell)라고 한다. 따라서 1-포체는 닫힌구간이고 2-포체는 닫힌 직사각형이다.

정리 4.1.8 k는 자연수이고, $\{I_n\}$이 k-포체의 수열로서 $I_{n+1} \subseteq I_n \ (n = 1, 2, \cdots)$이면 $\cap_{n=1}^{\infty} I_n \neq \varnothing$ 이다.

증명 I_n은 다음을 만족하는 점 $x = (x_1, \cdots, x_k)$ 전체로서 이루어진다고 하자.

$$a_{n,j} \leq x_j \leq b_{n,j} \quad (1 \leq j \leq k, \, n = 1, 2, \cdots)$$

$I_{n,j} = [a_{n,j}, b_{n,j}]$로 놓으면 각 j에 대하여 $I_{n,j}$는 $\mathbb{R}$의 닫힌구간열이고 $I_{n+1,j} \subseteq I_{n,j}$ $(n = 1, 2, \cdots)$이다. $E_j = \{a_{1,j}, a_{2,j}, a_{3,j}, \cdots\}$로 두면 E_j는 $\mathbb{R}$의 위로 유계인 부분집합이므로 E_j의 최소상계 $x_j^* \, (1 \leq j \leq k)$가 존재하여

$$a_{n,j} \leq x_j^* \leq b_{n,j} \quad (1 \leq j \leq k, \, n = 1, 2, \cdots)$$

이다. $x^* = (x_1^*, \cdots, x_k^*)$로 두면 $x^* \in \cap\, I_n$이므로 $\cap_{n=1}^{\infty} I_n \neq \varnothing$이다. ∎

정리 4.1.9 모든 k-포체는 콤팩트 집합이다.

증명 $I = [a_1,\ b_1] \times [a_2,\ b_2] \times \cdots \times [a_k,\ b_k]$는 k-포체라고 가정하자.

$$\delta = \left\{ \sum_{j=1}^{k} (b_j - a_j)^2 \right\}^{1/2}$$

로 두면 임의의 $x \in I$, $y \in I$에 대하여 $|x - y| \leq \delta$이다. I가 콤팩트 집합이 아니라고 가정하자. 즉, I의 열린 덮개 $\{G_\alpha\}$가 존재하여 그 중에서 어떠한 유한 부분집합족을 취할지라도 I를 덮을 수 없다고 가정하자. $c_j = (a_j + b_j)/2$로 두면 구간 $[a_j,\ c_j]$와 $[c_j,\ b_j]$에 의해서 2^k개의 k-포체 $\mathbb{Q}_i\ (i = 1,\ 2,\ \cdots,\ 2^k)$가 얻어지고 이들의 합집합은 I이다. 이들 $\mathbb{Q}_i$ 가운데 적어도 하나는 $\{G_\alpha\}$의 유한 부분집합족으로는 덮을 수 없다 (그렇지 않으면 자신이 유한 부분집합족으로 덮을 수 있게 된다). 이것을 I_1이라 하면 I_1을 2^k개의 k-포체로 다시 세분하여 이와 같은 과정을 계속한다. 그러면 다음 조건을 만족하는 k-포체의 수열 $\{I_n\}$을 얻을 수 있다.

(a) $I \supseteq I_1 \supseteq I_2 \supseteq I_3 \supseteq \cdots$

(b) I_n은 $\{G_\alpha\}$의 어떠한 유한 부분집합족으로 덮을 수 없다.

(c) $x \in I_n,\ y \in I_n$이면 $|x - y| \leq 2^{-n}\delta$이다.

(a)와 정리 4.1.8에 의해서 모든 I_n에 포함되는 점 x^*가 존재한다. 어떠한 α에 대하여도 $x^* \in G_\alpha$이다. G_α는 열린집합이므로 $B_r(x^*) \subseteq G_\alpha$인 양수 r이 존재한다. 따라서 $|y - x^*| < r$이면 $y \in G_\alpha$이다. n을 충분히 크게 취하여 $2^{-n}\delta < r$이 성립하도록 하면 $I_n \subseteq G_\alpha$가 된다. 이것은 (b)에 모순이 된다. ∎

위 정리에 의하여 $\mathbb{R}$의 유계이고 닫힌 모든 구간 $[a,\ b]$는 콤팩트 집합이다.

정리 4.1.10 (하이네-보렐 정리) $\mathbb{R}^n$의 부분집합 E에 대하여 다음은 서로 동치이다.

(1) E는 닫힌집합이고 유계집합이다.

(2) E는 콤팩트 집합이다.

증명 (1) $\Rightarrow$ (2): (1)이 성립하면 E는 유계집합이므로 어떤 n-포체 I에 대하여 $E \subseteq I$가 성립한다. 그러므로 정리 4.1.9에서 I는 콤팩트 집합이고 E는 닫힌집합이므로 E는 콤팩트 집합이다.

(2) $\Rightarrow$ (1): 정리 4.1.7에 의하여 모든 콤팩트 집합은 유계이고 닫힌집합이다. ∎

01 중심이 0이고 반지름 1인 열린 공 $B_1(0)$은 콤팩트 집합이 아님을 보여라.

02 다음 어느 집합이 콤팩트인가에 대한 답을 분명히 하여라.

    (1) $A = [0,\ 1] \cup [2,\ 3] \subseteq \mathbb{R}$

    (2) $A = \{x \in \mathbb{R} : x \geq 0\} \subseteq \mathbb{R}$

    (3) $A = \mathbb{Q}^c \cap [0,\ 1] = \{x \in [0,\ 1] : x$는 무리수이다.$\}$

03 $A_1,\ A_2,\ \cdots,\ A_n$이 거리공간 M의 콤팩트 집합이면 $A_1 \cup A_2 \cup \cdots \cup A_n$도 콤팩트 집합임을 보여라. 무한개의 콤팩트 집합들의 합집합은 반드시 콤팩트인가?

04 $A,\ B$는 거리공간 M의 부분집합이고 A는 닫힌집합이고 B는 콤팩트이면 $A \cap B$는 콤팩트 집합임을 보여라.

05 $\{A_\alpha\}_{\alpha \in I}$는 거리공간 M의 콤팩트 부분집합들의 집합족이면 $\bigcap_{\alpha \in I} A_\alpha$는 콤팩트이지만 $\bigcup_{\alpha \in I} A_\alpha$는 항상 콤팩트 집합이 아님을 보여라.

06 X는 $\mathbb{R}$의 콤팩트 부분집합이고 $y \in \mathbb{R}$일 때 집합 $\{x + y : x \in X\}$는 콤팩트 집합임을 보여라.

07 M은 거리공간이고 $\{x_n\}$은 x에 수렴하는 M의 수열이라 하면 M의 부분집합 $X = \{x\} \cup \{x_n : n \in \mathbb{N}\}$은 콤팩트임을 보여라.

08 K_n은 M의 콤팩트 부분집합 $K_n \supseteq K_{n+1}$ $(n = 1,\ 2,\ \cdots)$이고 $\lim_{n \to \infty} \delta(K_n) = 0$이라

하자. $K_n \neq \varnothing \; (n = 1, 2, \cdots)$이면 $\cap_{n=1}^{\infty} K_n$은 한 점으로 이루어짐을 보여라.

09 $\{I_n\}$은 $\mathbb{R}$의 닫힌구간열로 $I_{n+1} \subseteq I_n \; (n = 1, 2, \cdots)$일 때 $\cap_{n=1}^{\infty} I_n \neq \varnothing$ 임을 보여라.

10 E는 콤팩트 집합 K의 무한 부분집합이면 E는 K에 속하는 집적점을 가짐을 보여라.

11 $\mathbb{R}^n$의 부분집합 A에 대하여 다음이 서로 동치임을 보여라.
(1) A는 콤팩트 집합이다.
(2) A의 임의의 무한 부분집합은 A에 속하는 집적점을 갖는다.

12 (바이어슈트라스) $\mathbb{R}^k$의 유계이고 무한인 부분집합은 $\mathbb{R}^k$에서 집적점을 가짐을 보여라.

13 $\mathbb{R}^n$, l^1, l^2, l^{∞}는 콤팩트 공간이 아님을 보여라.

14 H^{∞}는 콤팩트 거리공간임을 보여라.

15 M_1과 M_2가 콤팩트 거리공간이면 $M_1 \times M_2$도 콤팩트 거리공간임을 보여라.

4.2 볼차노-바이어슈트라스 정리

실직선 $\mathbb{R}$에서 다음은 잘 알려진 결과이다.

정리 4.2.1 (볼차노-바이어슈트라스 정리, Bolzano-Weierstrass theorem) A는 $\mathbb{R}$의 유계이고 닫힌집합이면 A의 무한 부분집합은 A에서 집적점을 갖는다.

주의 1 이 결과는 거리공간에서 일반적으로 성립하지 않는다. 예를 들어, $M = (0, 1]$은 보통 거리를 갖는다고 하면 M 자신은 유계이고 닫힌집합이지만, $A = \{1, 1/2, 1/3, \cdots\}$은 M의 무한 부분집합이고 A는 정확히 단 하나의 집적점 $0 \notin M$을 가진다.

위 정리에 의하면 임의의 유계인 수열은 반드시 수렴하는 부분수열을 갖는다.

정의 4.2.2 거리공간 M의 무한 부분집합이 집적점을 가지면 M은 볼차노-바이어슈트라스 성질(Bolzano-Weierstrass property)을 가진다고 한다.

보기 1 (1) 정리 4.2.1에 의하여 유계이고 닫힌 모든 구간 $A = [a, b]$는 볼차노-바이어슈트라스 성질을 가진다.

(2) 열린구간 $A = (0, 1)$은 볼차노-바이어슈트라스 성질을 가지지 않는다. 왜냐하면 $A = (0, 1)$의 무한 부분집합 $B = \{1/2, 1/3, 1/4, \cdots\}$는 유일한 극한점 0을 갖지만 0은 A에 속하지 않기 때문이다.

정리 4.2.3 모든 콤팩트 거리공간은 볼차노-바이어슈트라스 성질을 가진다.

증명 A는 콤팩트 거리공간 (M, d)의 임의의 무한 부분집합이라 하자. A는 집적점을 갖지 않는다고 가정하자. 그러면 M의 모든 점 x는 A의 집적점이 아니므로 $B_{r_x}(x)$는

x와 다른 A의 어떠한 점을 갖지 않는 양수 $r_x > 0$이 존재한다. 즉,

$$(B_{r_x}(x) - \{x\}) \cap A = \varnothing .$$

다시 말하면,

$$B_{r_x}(x) \cap A = \begin{cases} \varnothing & (x \notin A) \\ \{x\} & (x \in A) \end{cases} \tag{4.4}$$

임의의 $x \in M$에 대하여 $B_{r_x}(x)$는 x와 다른 A의 점을 갖지 않는 열린 공이므로 $\mathscr{I} = \{B_{r_x}(x) : x \in A\}$는 M의 열린 덮개이다. M은 콤팩트 집합이므로 $M = \bigcup_{i=1}^{n} B_{r_{x_i}}(x_i)$를 만족하는 점 $x_1, x_2, \cdots, x_n \in M$이 존재한다. 따라서 (4.4)에 의하여

$$A = A \cap M = A \cap \left(\bigcup_{i=1}^{n} B_{r_{x_i}}(x_i) \right) = \bigcup_{i=1}^{n} (A \cap B_{r_{x_i}}(x_i))$$

$$\subseteq \bigcup_{i=1}^{n} \{x_i\} = \{x_1, x_2, \cdots, x_n\}$$

이므로 A는 유한집합이다. 이것은 A가 무한집합이라는 가정에 모순이다. 따라서 A는 집적점을 가진다. ∎

정의 4.2.4

(1) 거리공간 (M, d)의 모든 수열이 수렴하는 부분수열을 가지면 M은 **점열콤팩트**(sequentially compact)라 한다.

(2) A가 거리공간 M의 부분집합일 때 A의 모든 수열이 A의 점에 수렴하는 부분수열을 가지면 A는 **점열콤팩트**라 한다.

보기 2 다음이 성립함을 보여라.

(1) A가 거리공간 M의 유한 부분집합이면 A는 반드시 점열콤팩트이다.

(2) 보통거리를 갖는 실수직선 $\mathbb{R}$의 열린구간 $A = (0, 1)$은 점열콤팩트가 아니다.

증명 (1) $\{x_1, x_2, \cdots\}$가 유한집합 A의 수열이면 적어도 A의 하나의 원소 x_{n_0}는 수열에

서 무한횟수로 나타난다. 따라서 $\{x_{n_0},\ x_{n_0},\ x_{n_0},\ \cdots\}$는 $\{x_n\}$의 부분수열이고 수렴한다. 또한 이것은 A에 속하는 점 x_{n_0}로 수렴한다.

(2) A의 수열 $A = \{1/2,\ 1/3,\ 1/4,\ \cdots\}$을 생각하면 $\{x_n\}$은 0으로 수렴하므로 모든 부분수열도 또한 0으로 수렴함을 알 수 있다. 그러나 0은 A에 속하지 않는다. 다시 말해서, A의 수열 $\{x_n\}$은 A의 점으로 수렴하는 부분열을 포함하지 않는다. 따라서 A는 점열콤팩트가 아니다. ■

콤팩트, 볼차노-바이어슈트라스 성질, 점열콤팩트 사이의 다음 동치관계를 보이고자 한다.

콤팩트 $\Leftrightarrow$ 볼차노-바이어슈트라스 성질 $\Leftrightarrow$ 점열콤팩트

정리 4.2.5 거리공간 M이 점열콤팩트가 되기 위한 필요충분조건은 M이 볼차노-바이어슈트라스 성질을 갖는다는 것이다.

증명 거리공간 M이 점열콤팩트 거리공간이라 하자. 그러면 M의 모든 무한 부분집합 A는 집적점을 가짐을 보이면 된다. A는 M의 임의의 무한 부분집합이면 A에서 서로 다른 무한개의 점을 뽑아 수열 $\{x_n\}$을 얻을 수 있다. M이 점열콤팩트이므로 수열 $\{x_n\}$은 수렴하는 부분수열 $\{x_{n_k}\}$를 가진다. $\{x_{n_k}\}$가 $x \in M$에 수렴한다면 x가 A의 집적점임을 보인다.

ϵ은 임의의 양수라 하자. $n \to \infty$일 때 $x_{n_k} \to x$이므로 임의의 자연수 $k > N$일 때 $x_{n_k} \in B_\epsilon(x)$인 자연수 N이 존재한다. 수열 $\{x_n\}$은 서로 다른 무한개의 점으로 구성되므로 임의의 자연수 $k > N$에 대하여 $x_{n_k} \neq x$이다. 따라서 임의의 자연수 $k > N$에 대하여 $B_\epsilon(x)$는 x와 다른 A의 원소 x_{n_k}를 포함하므로 x가 A의 집적점이다. 그러므로 M의 모든 무한 부분집합 A가 집적점을 가지므로 M이 볼차노-바이어슈트라스 성질을 갖는다.

역으로 M이 볼차노-바이어슈트라스 성질을 갖는다고 가정하자. 그러면 M의 모든 무

한 부분집합은 집적점을 갖는다. $\{x_n\}$은 M의 임의의 수열이라 하자. $\{x_n\}$은 수렴하는 부분수열을 가짐을 보인다. A는 수열 $\{x_n\}$의 치역이라 하자. 이때 $A = \{x_1, x_2, x_3, \cdots\}$는 유한집합이거나 무한집합이다.

경우 1. 만약 A가 유한집합이면 수열 $\{x_n\}$은 수열 $\{x_n\}$에서 무한회 출현하는 점 x를 가진다. 즉, $\{x_n\} = \{x_1, x_2, x_3, \cdots, x_n, x, x, \cdots\}$이다. 따라서 x에 수렴하는 $\{x_n\}$의 부분수열 $\{x, x, x, \cdots, x, \cdots\}$가 존재한다.

경우 2. 만약 A가 무한집합이면 수열 $\{x_n\}$은 무한히 많은 서로 다른 점을 가진다. 가정에 의하여 A는 집적점 $x \in M$을 가지므로 $B_1(x)$는 x와 다른 A의 무한개 원소를 가진다. 이러한 원소 가운데 $x_{n_1} \neq x$인 원소 x_{n_1}을 선택한다. 다시 $B_{1/2}(x)$는 x와 다른 A의 무한개 원소를 가지므로 이러한 원소 가운데 $n_2 > n_1$, $x_{n_2} \neq x$인 원소 x_{n_2}를 선택한다. 마찬가지로 $B_{1/3}(x)$는 x와 다른 A의 무한개 원소를 가지므로 이러한 원소 가운데 $n_3 > n_2$, $x_{n_3} \neq x$인 원소 x_{n_3}를 선택한다. 이러한 과정을 계속 수행하면 모든 자연수 k에 대하여

$$x_{n_k} \in S_{1/k}(x), \text{ 즉 } d(x_{n_k}, x) < \frac{1}{k}$$

인 $\{x_n\}$의 부분수열 $\{x_{n_k}\}$를 얻을 수 있다. 따라서 $k \to \infty$일 때 $x_{n_k} \to x$이므로 $\{x_n\}$은 수렴하는 부분수열 $\{x_{n_k}\}$를 가진다. 그러므로 M은 점열콤팩트이다. ∎

따름정리 4.2.6 콤팩트 거리공간 M은 점열콤팩트이다.

증명 정리 4.2.3에 의하여 M은 볼차노-바이어슈트라스 성질을 갖는다. 정리 4.2.5에 의하여 M은 점열콤팩트이다. ∎

연습문제 4.2

01 M이 콤팩트 거리공간이면 M은 점열콤팩트임을 직접 보여라.

02 거리공간 $(M,\ d)$가 점열콤팩트이면 임의로 주어진 $r > 0$에 대하여
$$M = B_r(x_1) \cup B_r(x_2) \cup \cdots \cup B_r(x_n)$$
을 만족하는 $x_1,\ x_2,\ \cdots,\ x_n \in M$이 존재함을 보여라.

03 거리공간 $(M,\ d)$는 점열콤팩트이고 $\mathscr{I}$가 M의 열린 덮개라 하자. 그러면 다음 조건을 만족하는 양수 r이 존재함을 보여라.

    "임의의 점 $x \in M$에 대하여 $B_r(x) \subseteq U$인 적당한 $U \in \mathscr{I}$가 존재한다."

04 점열콤팩트인 거리공간 M은 콤팩트 집합임을 보여라.

05 (볼차노-바이어슈트라스 정리의 일반화) 거리공간 M이 콤팩트일 필요충분조건은 M은 점열콤팩트임을 보여라.

06 문제 5를 이용하여 '$\mathbb{R}$의 임의의 유계수열은 수렴하는 부분수열을 가진다'는 볼차노-바이어슈트라스 정리를 보여라.

4.3 완전유계 집합

정의 4.3.1 (M, d)는 거리공간이고 $\epsilon > 0$은 임의의 양수라 하자. A는 M의 유한 부분집합이고 $M = \cup_{x \in A} B_\epsilon(x)$이면 A는 ϵ-그물(net)이라 한다. 다시 말하면, 임의의 원소 $y \in M$에 대하여 $d(y, x_{i_0}) < \epsilon$인 점 $x_{i_0} \in A$가 존재하면 $A = \{x_1, x_2, \cdots, x_n\}$은 M에 대한 ϵ-그물이다.

보기 1 $M = \{(x, y) \in \mathbb{R} \times \mathbb{R} : x^2 + y^2 < 4\}$이고 $\epsilon = 3/2$이면 $A = \{(1, -1), (1, 0), (1, 1), (0, -1), (0, 0), (0, 1), (-1, -1), (-1, 0), (-1, 1)\}$은 M에 대한 ϵ-그물이다. 한편 $\epsilon = 1/2$이면 A는 M에 대한 ϵ-그물이 아니다. 예를 들어, 점 $y = (1/2, 1/2) \in M$이지만 임의의 $a \in A$에 대하여 $d(y, a) > 1/2$이다.

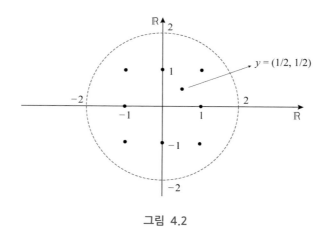

그림 4.2

정의 4.3.2 임의의 $\epsilon > 0$에 대하여 거리공간 (M, d)가 ϵ-그물을 가지면 M은 완전유계(totally bounded)라고 한다.

정리 4.3.3 모든 완전유계인 거리공간 M은 유계집합이다.

증명 M은 완전유계인 거리공간이면 정의에 의하여 M은 임의의 $\epsilon > 0$에 대하여 ϵ-그물 A를 가진다. 즉, 임의의 $\epsilon > 0$에 대하여 A는 유한집합이고 $M = \cup_{x \in A} B_\epsilon(x)$이다. 따라서 유계집합들의 유한 합집합은 유계이므로 M은 유계집합이다. ∎

주의 1 정리 4.3.3의 역은 일반적으로 성립하지 않는다. 예를 들어, 보통거리를 갖는 $\mathbb{R}$은 유계집합도 아니고 완전유계 집합도 아니다. $\mathbb{R}$에서 거리 $d(x, y) = \min\{|x - y|, 1\}$이 주어질 때 $\mathbb{R}$은 유계이지만 완전유계가 아니다.

정리 4.3.4 모든 점열콤팩트 거리공간 M은 완전유계이고 완비공간이다.

증명 (M, d)는 점열콤팩트 거리공간이고 M은 완전유계 집합이 아니라고 가정하자. 그러면 임의의 ϵ-그물이 존재하지 않는 적당한 양수 $\epsilon > 0$이 존재한다. $x_1 \in M$을 선택하면 $B_\epsilon(x_1) \neq M$이다. 그렇지 않으면 $B_\epsilon(x_1) = M$이므로 $\{x_1\}$은 M에 대한 ϵ-그물이 되기 때문이다. $x_2 \not\in B_\epsilon(x_1)$, 즉 $d(x_1, x_2) \geq \epsilon$을 만족하는 $x_2 \in M$을 선택할 수 있다. 왜냐하면 그렇지 않은 경우에는 $\{x_1\}$은 M에 대한 ϵ-그물이 될 것이기 때문이다. 따라서 $B_\epsilon(x_1) \cup B_\epsilon(x_2) \neq M$이다. 그렇지 않으면 $B_\epsilon(x_1) \cup B_\epsilon(x_2) = M$이므로 $\{x_1, x_2\}$는 M에 대한 ϵ-그물이 되기 때문이다. 같은 방법으로

$$d(x_1, x_3) \geq \epsilon, \ d(x_2, x_3) \geq \epsilon, \ \text{즉} \ x_3 \not\in B_\epsilon(x_1) \cup B_\epsilon(x_2)$$

인 점 $x_3 \in M$을 선택할 수 있다. 그러면 $B_\epsilon(x_1) \cup B_\epsilon(x_2) \cup B_\epsilon(x_3) \neq M$이다. 그렇지 않으면 $B_\epsilon(x_1) \cup B_\epsilon(x_2) \cup B_\epsilon(x_3) = M$이므로 $\{x_1, x_2, x_3\}$는 M에 대한 ϵ-그물이 되기 때문이다. 이런 과정을 계속해 나가면

$$x_n \not\in \cup_{i=1}^{n-1} B_\epsilon(x_i) \ (n = 1, 2, 3, \cdots)$$

즉, $d(x_i, x_n) \geq \epsilon \ (i = 1, 2, \cdots, n-1, \ n = 2, 3, \cdots, \ n \neq i)$이다. 따라서 $m \neq n$인 모든 자연수 n, m에 대하여 $d(x_m, x_n) \geq \epsilon$이므로 $\{x_n\}$은 코시부분수열을 갖지 않는 수열이다. 즉, $\{x_n\}$은 수렴하는 어떤 부분수열을 가질 수 없다. 이것은 점열콤팩

트라는 사실에 모순이다. 따라서 M은 완전유계 집합이다.

끝으로 M은 완비, 즉 M의 모든 코시수열은 M의 어떤 점에 수렴함을 보인다. $\{x_n\}$은 M의 임의의 코시수열이면 임의의 양수 $\epsilon > 0$에 대하여

$$m > n > N일\ 때\ \ d(x_m,\ x_n) < \epsilon$$

인 자연수 N이 존재한다. M은 점열콤팩트이고 $\{x_n\}$은 수열이므로 $\{x_n\}$은 $x \in M$에 수렴하는 부분수열 $\{x_{k_n}\}$을 가진다. 즉, $\lim\limits_{n \to \infty} d(x_{k_n},\ x) = 0$이다. $\{k_n\}$은 자연수의 증가수열이므로 $k_m \geq m$이다. $m > n > N$일 때

$$0 \leq d(x_n,\ x) \leq d(x_n,\ x_{k_m}) + d(x_{k_m},\ x) < \epsilon + d(x_{k_m},\ x).$$

$m \to \infty$로 하면 $n > N$일 때 $0 \leq d(x_n,\ x) \leq \epsilon$이므로 코시수열 $\{x_n\}$은 $x \in M$에 수렴한다. ■

주의 2 완전유계 거리공간은 반드시 점열콤팩트가 되는 것은 아니다. 예를 들어, 보통거리 $d(x,\ y) = |x - y|$를 갖는 $\mathbb{R}$의 부분공간 $A = (-1,\ 1)$은 완전유계지만 점열콤팩트는 아니다.

정리 4.3.5 모든 완전유계인 완비 거리공간은 점열콤팩트이다.

증명 $(M,\ d)$는 완전유계이고 완비 거리공간이라 하자. $\{x_n\}$은 M의 임의의 수열이라 하자. M은 완전유계 집합이므로 유한개의 반지름 1인 열린 공으로 M을 덮을 수 있고, 이들 열린 공들 중 적어도 하나는 $\{x_n\}$의 무한히 많은 항들을 포함한다. 그런 열린 공을 N_1이라 하고 $\{x_{n_1}\}$은 N_1에서 $\{x_n\}$의 부분수열이라 하자. M은 유한개의 반지름 1인 열린 공으로 덮을 수 있고 $N_1 \subseteq M$이므로 N_1도 유한개의 반지름 $1/2$인 열린 공으로 덮을 수 있다. 같은 방법에 의하여 $\{x_{n_1}\}$의 부분수열 $\{x_{n_2}\}$를 포함하는 하나의 열린 공 N_2를 얻을 수 있다. $N_2 \subseteq N_1$이므로 $x_{n_2} \in N_1$이다. 이런 과정을 계속 해나가면 임의의 자연수 k에 대하여 N_{k-1}에 포함되고 $\{x_{n_{k-1}}\}$의 부분수열 $\{x_{n_k}\}$

를 포함하는 반지름 $1/k$인 열린 공 N_k를 얻을 수 있다. 이때 N_k의 지름 $\delta(N_k)$는 $\delta(N_k) < 2/k$이고 $n_k > n_{k-1}$일 때 $x_{n_k}, x_{n_{k+1}}, \cdots \in N_k$이므로 $d(x_{n_k}, x_{n_{k+m}}) < 2/k$이다. 임의의 양수 ϵ에 대하여 $k > 1/\epsilon$인 자연수 k를 선택하면 $d(x_{n_k}, x_{n_{k+m}}) < \epsilon$이므로 $\{x_{n_k}\}$는 $\{x_n\}$의 코시부분수열이다. M은 완비공간이므로 이 부분수열은 M의 한 점에 수렴한다. 따라서 M은 점열콤팩트이다. ■

따름정리 4.3.6 완비 거리공간 (M, d)의 닫힌 부분공간 X가 점열콤팩트일 필요충분조건은 X가 완전유계인 것이다.

증명 만약 완비 거리공간 (M, d)의 닫힌 부분공간 X가 점열콤팩트이면 정리 4.3.4에 의하여 X는 완전유계이다.

역으로 X가 완전유계이면 X가 M의 닫힌 부분공간이므로 X는 완비공간이다. 정리 4.3.5에 의하여 X는 점열콤팩트이다. ■

정의 4.3.7 $\mathcal{I} = \{G_\alpha\}_{\alpha \in I}$를 거리공간 M의 열린 피복이라 하자. 만일 양수 δ보다 작은 지름을 갖는 M의 모든 부분집합 A에 대하여 $A \subseteq G_\alpha$인 적어도 한 원소 $\alpha \in I$가 존재하면 δ를 열린 덮개 $\mathcal{I}$에 대한 르베그 수(Lebesgue number)라 한다.

정리 4.3.8 (르베그의 덮개 도움정리) 점열콤팩트 거리공간에서 모든 열린 덮개는 르베그 수를 가진다.

증명 (M, d)는 점열콤팩트 거리공간이고 $\mathcal{I} = \{G_\alpha\}_{\alpha \in I}$는 M의 임의의 열린 피복이라 하자. $\mathcal{I}$가 르베그 수를 갖지 않는다고 가정하면 각 자연수 $n \in \mathbb{N}$에 대하여

$$0 < \delta(B_n) < \frac{1}{n} \text{이고 모든 } \alpha \in I\text{에 대하여 } B_n \not\subseteq G_\alpha \tag{4.5}$$

를 만족하는 M의 부분집합 B_n이 존재한다. 각 $n \in \mathbb{N}$에 대하여 점 $x_n \in B_n$을 선택

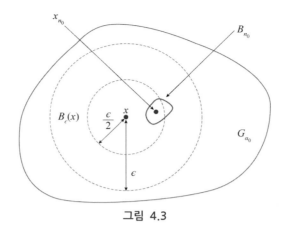

그림 4.3

하면 $\{x_n\}$은 M의 수열이다. M은 점열콤팩트이므로 수열 $\{x_n\}$은 점 $x \in M$에 수렴하는 부분수열 $\{x_{n_k}\}$를 포함한다. $x \in M$이고 $\mathcal{G}$는 M의 열린 덮개이므로 x는 덮개 $\mathcal{G}$에 속하는 적당한 열린집합 G_{α_0}에 속한다. G_{α_0}는 x를 포함하는 열린집합이므로 $x \in B_\epsilon(x) \subseteq G_{\alpha_0}$인 열린 공 $B_\epsilon(x)$가 존재한다.

$\{x_{n_k}\}$는 x로 수렴하므로 자연수 N이 존재해서 $k \geq N$일 때 $d(x_{n_k}, x) < \epsilon/2$이다. $1/n_0 < \epsilon/2$인 자연수 $n_0 \geq N$을 선택하면 $n_k \geq n_0 \geq N$인 모든 자연수 n_k에 대하여

$$d(x_{n_k}, x) < \frac{\epsilon}{2}, \ \text{즉} \ x_{n_k} \in B_{\epsilon/2}(x)$$

이다. 특히 $x_{n_0} \in B_{\epsilon/2}(x)$이다. 식 (4.5)에 의하여

$$x_{n_0} \in B_{n_0}, \ 0 < \delta(B_{n_0}) < \frac{1}{n_0} < \frac{\epsilon}{2}$$

이다. $x_{n_0} \in B_{n_0}$이고 $x_{n_0} \in B_{\epsilon/2}(x)$이므로 $B_{n_0} \cap B_{\epsilon/2}(x) \neq \varnothing$이다. 따라서 $B_{n_0} \cap B_\epsilon(x) \neq \varnothing$이다. $\delta(B_{n_0}) < \epsilon/2$이고 $B_{n_0} \cap B_\epsilon(x) \neq \varnothing$이므로

$$B_{n_0} \subseteq B_\epsilon(x) \subseteq G_{\alpha_0}$$

이다. 이것은 덮개 $\mathcal{G}$에 속하는 모든 G_α에 대하여 $B_{n_0} \not\subseteq G_i$인 사실에 모순된다. 따라서 $\mathcal{G}$는 르베그 수를 갖는다. ■

정리 4.3.9 점열콤팩트 거리공간은 콤팩트이다.

증명 (M, d)는 점열콤팩트 거리공간이라 하자. 정리 4.3.4에 의하여 M은 완전유계이므로 임의의 양수 ϵ에 대하여 M은 ϵ-그물을 가진다. 따라서 $A = \{x_1,\ x_2,\ \cdots,\ x_n\}$은 유한집합이고 $M = \cup_{k=1}^{n} B_\epsilon(x_k)$이다. $\mathcal{F} = \{G_\alpha\}_{\alpha \in I}$는 M의 임의의 열린 덮개라 하자. M은 점열콤팩트이므로 르베그의 덮개 도움정리(정리 4.3.8)에 의하여 이 열린 덮개 $\mathcal{F}$는 르베그 수 $\delta > 0$을 갖는다. $\epsilon = \delta/3$로 두면 임의의 $k = 1,\ 2,\ \cdots,\ n$에 대하여

$$\delta(B_\epsilon(x_k)) < 2\epsilon = 2\frac{\delta}{3} < \delta$$

이다. 르베그 수의 정의에 의하면 임의의 $k = 1,\ 2,\ \cdots,\ n$에 대하여 $B_\epsilon(x_k) \subseteq G_{\alpha_k}$인 열린집합 $G_{\alpha_k} \in \mathcal{F}$를 얻을 수 있다. 따라서

$$M = \cup_{k=1}^{n} B_\epsilon(x_k) \subseteq \cup_{k=1}^{n} G_{\alpha_k} \subseteq M$$

이므로 $\{G_{\alpha_1},\ G_{\alpha_2},\ \cdots,\ G_{\alpha_n}\}$은 M의 유한 부분덮개이다. 그러므로 M은 콤팩트 집합이다. ■

따름정리 4.3.10 완비 거리공간 (M, d)의 닫힌 부분공간 X가 콤팩트이기 위한 필요충분조건은 X가 완전유계인 것이다.

증명 만약 완비 거리공간 (M, d)의 닫힌 부분공간 X가 콤팩트이면 따름정리 4.2.6에 의하여 X는 점열콤팩트이다. 정리 4.3.4에 의하여 완전유계이다.

역으로 X가 완전유계라 하자. X가 M의 닫힌 부분공간이므로 X는 완비공간이다. 정리 4.3.5에 의하여 X는 점열콤팩트이다. 정리 4.3.9에 의하여 X가 콤팩트이다. ■

정리 4.3.11 거리공간 M에 대하여 다음은 동치이다.

(1) M은 콤팩트이다.

(2) M은 볼차노-바이어슈트라스 성질을 갖는다.

(3) M은 점열콤팩트이다.

증명 (1) $\Rightarrow$ (2): 정리 4.2.3에 의하여 나온다.

(2) $\Rightarrow$ (3): 정리 4.2.5에 의하여 나온다.

(3) $\Rightarrow$ (1): 정리 4.3.9에 의하여 나온다. ∎

01 A는 거리공간 (M, d)의 콤팩트 부분집합일 때 임의의 $B \subseteq M$에 대하여 $d(p, B)$ $= d(A, B)$인 점 $p \in A$가 존재함을 보여라.

02 A는 거리공간 (M, d)의 콤팩트 부분집합이고, B는 $A \cap B = \varnothing$인 M의 닫힌부분집합이면 $d(A, B) > 0$임을 보여라.

03 임의의 $x, y \in \mathbb{R}$에 대하여 거리 $d(x, y) = \min\{|x-y|, 1\}$을 정의할 때 거리공간 $(\mathbb{R}, d)$는 유계이지만 완전유계가 아님을 보여라.

Introduction to Real Analysis

05
연속함수

5.1 거리공간 위의 연속함수

정의 5.1.1 $(M_1,\ d_1)$과 $(M_2,\ d_2)$는 거리공간이라 하자. 함수 $f:M_1 \to M_2$는 다음 명제를 만족할 때 $a \in M_1$에서 연속(continuous)이라 한다.

"임의의 $\epsilon > 0$에 대하여 $\delta > 0$가 존재하여 $d_1(x,\ a) < \delta$이면 $d_2(f(x),\ f(a)) < \epsilon$이 된다."

f가 M_1의 모든 점에서 연속일 때 f는 M_1에서 연속이라 한다.

$M_1 = M_2 = \mathbb{R}$이고 $d_1 = d_2$가 보통거리이면 위 정의는 $\mathbb{R}$에서 정의된 실숫값 함수의 연속성의 정의와 같다.

보기 1 (1) $(M,\ d)$가 거리공간일 때 항등함수 $I:M \to M$은 M에서 연속이다.

(2) 보통거리를 갖는 $\mathbb{R}$에서 모든 상수함수는 연속이다.

(3) $(M_1,\ d_1)$은 이산거리공간이고 $(M_2,\ d_2)$는 거리공간이면 모든 함수 $f:M_1 \to M_2$는 M_1에서 연속이다.

(4) $M_1 = M_2 = C[0,\ 1]$은 거리 $d_\infty(f,\ g) = \sup_{t \in [0,1]}|f(t) - g(t)|$를 갖는다고 하면 다음 함수 $\phi:M_1 \to M_2$는 M_1에서 연속이다.

$$(\phi(f))(t) = \int_0^1 f(s)\,ds \quad (f \in C[0,\ 1])$$

사실

$$|(\phi(f))(t) - (\phi(g))(t)| = \left|\int_0^1 f(s)\,ds - \int_0^1 g(s)\,ds\right|$$
$$\leq \int_0^1 |f(s) - g(s)|\,ds \leq d_\infty(f,\ g)$$

이므로 임의의 $f,\ g \in C[0,\ 1]$에 대하여 $d_\infty(\phi(f),\ \phi(g)) \leq d_\infty(f,\ g)$이다. 임의의 양수 ϵ에 대하여 $\delta = \epsilon$으로 택하면 $d_\infty(f,\ g) < \delta$일 때 $d_\infty(\phi(f),\ \phi(g)) < \epsilon$

이 되므로 함수 $\phi : M_1 \to M_2$는 M_1에서 연속이다.

보기 2 (1) $f : l^1 \to \mathbb{R}$, $f(\{a_n\}_{n=1}^\infty) = a_1$은 l^1의 모든 점에서 연속이다.

(2) 항등사상 $g : l^1 \to l^2$, $g(x) = x$는 l^1의 모든 점에서 연속이다.

증명 (1) $\{a_n\}$은 l^1의 임의의 점이고 $\epsilon > 0$은 임의의 양수라 하자. 지금 $\delta = \epsilon$으로 두면

$$d(\{x_n\}, \{a_n\}) = \sum_{n=1}^\infty |x_n - a_n| < \delta 일 \ 때$$

$$|f(\{x_n\}) - f(\{a_n\})| = |x_1 - a_1| \le \sum_{n=1}^\infty |x_n - a_n| < \delta = \epsilon$$

이 된다. 따라서 f는 $\{a_n\}$에서 연속이다.

(2) d_1과 d_2는 각각 l^1과 l^2 위의 거리라고 하면 $x, y \in l^1$에 대하여 $d_2(x, y) \le d_1(x, y)$임을 쉽게 알 수 있다. $\{a_n\}$은 l^1의 임의의 점이고 $\epsilon > 0$은 임의의 양수라 하자. $\delta = \epsilon$으로 두면,

$$0 < d_1(x, \{a_n\}) < \delta 일 \ 때$$

$$d_2(g(x), g(\{a_n\})) = d_2(x, \{a_n\}) \le d_1(x, \{a_n\}) < \delta = \epsilon$$

이 된다. 따라서 g는 l^1 위에서 연속이다. ∎

정리 5.1.2 (M_1, d_1)과 (M_2, d_2)가 거리공간이고 $a \in M_1$이라 하자. 그러면 $f : M_1 \to M_2$가 a에서 연속일 필요충분조건은 a에 수렴하는 M_1의 임의의 수열 $\{x_n\}$에 대하여

$$\lim_{n \to \infty} f(x_n) = f(a).$$

증명 ($\Rightarrow$) f가 a에서 연속이라 가정하자. $\{x_n\}$은 a에 수렴하는 M_1의 임의의 수열이고 ϵ은 임의의 양수라 하자. 그러면 정의에 의하여

$$d_1(x, a) < \delta 이면 \ d_2(f(x), f(a)) < \epsilon$$

인 적당한 양수 δ가 존재한다. $\{x_n\}$은 a에 수렴하므로 자연수 N이 존재하여 $n \geq N$이면 $d_1(x_n, a) < \delta$가 된다. 따라서 $n \geq N$이면 $d_1(x_n, a) < \delta$이므로 $d_2(f(x_n),$ $f(a)) < \epsilon$이 된다. 즉, $\lim\limits_{n \to \infty} f(x_n) = f(a)$이다.

($\Leftarrow$) 역으로 a에 수렴하는 M_1의 임의의 수열 $\{x_n\}$에 대하여 반드시

$$\lim_{n \to \infty} f(x_n) = f(a)$$

가 성립한다고 가정하고, f가 a에서 연속이 아니라고 가정하자. 그러면 적당한 $\epsilon > 0$이 존재하여, 모든 $\delta > 0$에 대하여 $d_1(x, a) < \delta$가 되지만 $d_2(f(x), f(a)) \geq \epsilon$인 점 $x \in M_1$이 존재하여야 한다. 따라서 모든 자연수 n에 대하여

$$d_1(x_n, a) < \frac{1}{n} \text{이고 } d_2(f(x_n), f(a)) \geq \epsilon$$

인 $x_n \in M_1$이 존재한다. 이것은 $\lim\limits_{n \to \infty} x_n = a$이지만 $\lim\limits_{n \to \infty} f(x_n) \neq f(a)$가 되므로 가정에 모순된다. ∎

주의 1 $f : (M_1, d_1) \to (M_2, d_2)$가 연속이고 M_1의 임의의 수열 $\{x_n\}$에 대하여 $f(x_n) \to f(x)$이면 주장 $x_n \to x$는 사실이 아니다. 예를 들어, $f : \mathbb{R} \to \mathbb{R}$, $f(x) = x^2$이고 $x_n = (-1)^n$으로 두면 $f : \mathbb{R} \to \mathbb{R}$는 연속함수이고 $f(x_n) = 1 \to 1$이지만 수열 $\{x_n\}$은 1에 수렴하지 않는다.

다음 정리는 두 점 이상을 갖는 거리공간에서 반드시 상수가 아닌 연속함수가 존재함을 보여준다.

$\boxed{\text{정리 5.1.3}}$ (M, d)가 거리공간이고 $a \in M$이면 함수 $f(x) = d(x, a)$는 M에서 연속인 실숫값 함수이다. 더욱이 $f(x) = 0$일 필요충분조건은 $x = a$이다.

> **증명** 삼각부등식 $d(x,\,a) \le d(x,\,y) + d(y,\,a)$에 의하여

$$f(x) - f(y) = d(x,\,a) - d(y,\,a) \le d(x,\,y)$$

이다. 같은 방법으로 $f(y) - f(x) \le d(x,\,y)$를 얻는다. 임의의 $\epsilon > 0$에 대하여 $\delta = \epsilon$
으로 택하면 $d(x,\,y) < \delta$일 때

$$|f(x) - f(y)| \le d(x,\,y) < \delta = \epsilon$$

이 된다. 따라서 f는 M의 모든 점에서 연속이다.

$f(x) = d(x,\,a) = 0$일 필요충분조건은 거리함수의 정의에 의하여 $x = a$이다. ■

다음 정리는 $\mathbb{R}$에서 연속인 실숫값 함수의 성질을 거리공간의 경우로 확장한다.

정리 5.1.4 f와 g가 거리공간 M에서 연속인 실함수라 하자. 이때

(1) $|f|$는 M에서 연속이다.

(2) $f + g$는 M에서 연속이다.

(3) 모든 $c \in \mathbb{R}$에 대하여 cf는 M에서 연속이다.

(4) $f - g$는 M에서 연속이다.

(5) $f \cdot g$는 M에서 연속이다.

(6) 모든 $x \in M$에서 $g(x) \neq 0$이면 f/g는 M에서 연속이다.

> **증명** (2)의 경우만 보이고 다른 경우는 연습문제로 남겨둔다. $a \in M$이고 $\{x_n\}$이 a에 수
> 렴하는 M의 수열이면 f와 g가 a에서 연속이므로 정리 5.1.2에 의하여 $\lim_{n \to \infty} f(x_n)$
> $= f(a)$이고 $\lim_{n \to \infty} g(x_n) = g(a)$가 된다. $\{f(x_n)\}$과 $\{g(x_n)\}$은 실수열이므로
>
> $$\lim_{n \to \infty} [f(x_n) + g(x_n)] = f(a) + g(a)$$
>
> 가 된다. 따라서 정리 5.1.2에 의하여 $f + g$는 a에서 연속이다. ■

임의의 거리공간에서 함수의 연속성에 대하여 열린집합과 닫힌집합을 사용하여 그 특성을

설명하기로 한다.

정리 5.1.5 M_1과 M_2가 거리공간일 때 함수 $f : M_1 \to M_2$에 대하여 다음은 서로 동치이다.

(1) f는 M_1에서 연속이다.

(2) F가 M_2의 닫힌집합이면 $f^{-1}(F)$는 닫힌집합이다.

(3) G가 M_2의 열린집합이면 $f^{-1}(G)$는 열린집합이다.

증명 (1) $\Rightarrow$ (2): f가 M_1에서 연속이고 F가 M_2의 닫힌집합이라 하자. $f^{-1}(F)$가 닫힌집합임을 보이기 위하여 $f^{-1}(F)$가 극한점 전부를 포함함을 보여야 한다. a가 $f^{-1}(F)$의 임의의 극한점이면 $\{x_n\}$이 a에 수렴하는 $f^{-1}(F)$의 수열 $\{x_n\}$이 존재한다. f는 a에서 연속이므로 $\lim_{n \to \infty} f(x_n) = f(a)$이다. 모든 n에 대하여 $x_n \in f^{-1}(F)$이므로 $f(x_n) \in F$이다. 따라서 $f(a)$는 F의 극한점이고 F는 닫힌집합이므로 $f(a) \in F$, 즉 $a \in f^{-1}(F)$이다. 그러므로 $f^{-1}(F)$는 닫힌집합이다.

(2) $\Rightarrow$ (3): G가 M_2의 열린집합이면 G^c는 닫힌집합이므로 가정에 의하여 $f^{-1}(G^c)$는 닫힌집합이다. $f^{-1}(G^c) = [f^{-1}(G)]^c$이므로 $[f^{-1}(G)]^c$는 닫힌집합이다. 따라서 $f^{-1}(G) = [\{f^{-1}(G)\}^c]^c$는 열린집합이다.

(3) $\Rightarrow$ (1): G가 M_2의 열린집합이면 $f^{-1}(G)$는 반드시 열린집합이라 가정하자. f가 연속성의 정의를 만족함을 보인다. d_1과 d_2는 각각 M_1과 M_2 위의 거리라 하고 $a \in M_1$이고 $\epsilon > 0$이라고 하자. 정리 1.3.4에 의하여 $B_\epsilon(f(a))$는 M_2의 한 열린집합이므로 $f^{-1}(B_\epsilon(f(a)))$는 M_1의 열린집합이다. 따라서 $a \in f^{-1}(B_\epsilon(f(a)))$이므로

$$B_\delta(a) \subseteq f^{-1}(B_\epsilon(f(a)))$$

인 $\delta > 0$이 존재한다. 만일 $d_1(x, a) < \delta$이면 $x \in B_\delta(a)$이므로 $x \in f^{-1}(B_\epsilon(f(a)))$가 된다. 그러므로 $f(x) \in B_\epsilon(f(a))$이므로 $d_2(f(x), f(a)) < \epsilon$이다. 따라서 f는 M_1의 모든 점 a에서 연속이다. ■

주의 2 $f : (M_1, d_1) \rightarrow (M_2, d_2)$가 연속이면 M_1의 열린집합 G의 상 $f(G)$는 열린집합일 필요가 없다. 또한 M_1의 닫힌집합 F의 상 $f(F)$는 닫힌집합일 필요가 없다. 예를 들어, 함수 $f : \mathbb{R} \rightarrow \mathbb{R}$, $f(x) = x^2$은 연속이지만 열린구간 $G = (-1, 1)$에 대하여 $f(G) = [0, 1)$은 $\mathbb{R}$에서 열린집합이 아니다. 또한 함수

$$f : [1, \infty) \rightarrow \mathbb{R}, \ f(x) = \frac{1}{x}$$

은 $[1, \infty)$에서 연속이지만 닫힌집합 $F = [1, \infty)$에 대하여 $f(F) = (0, 1]$은 $\mathbb{R}$에서 닫힌집합이 아니다.

보기 3 M_1은 이산거리공간이고 M_2는 임의의 거리공간이면 임의의 함수 $f : M_1 \rightarrow M_2$는 연속임을 보여라.

증명 G가 M_2의 임의의 열린집합이면 이산거리공간 M_1의 모든 부분집합은 열린집합이므로 $f^{-1}(G)$는 M_1의 열린집합이다. 따라서 정리 5.1.5에 의하여 f는 연속이다. ■

보기 4 함수 $f : \mathbb{R} \rightarrow \mathbb{R}$가 상수함수, 즉 모든 $x \in \mathbb{R}$에 대하여 $f(x) = a$이면 f는 연속임을 보여라.

증명 모든 $x \in \mathbb{R}$에 대하여 $f(x) = a$이므로 임의의 열린집합 G에 대하여

$$f^{-1}(G) = \begin{cases} \varnothing \ (a \not\in G \text{일 때}) \\ \mathbb{R} \ (a \in G \text{일 때}) \end{cases}$$

이다. 따라서 $f^{-1}(G)$가 열린집합이므로 f는 $\mathbb{R}$에서 연속이다. ■

정리 5.1.6 함수 $f : (M_1, d_1) \rightarrow (M_2, d_2)$가 연속이 되기 위한 필요충분조건은 M_1의 임의의 부분집합 A에 대하여 $f(\overline{A}) \subseteq \overline{f(A)}$인 것이다.

증명 $f:(M_1,\ d_1)\to(M_2,\ d_2)$가 연속이라 하자. $\overline{f(A)}$는 M_2에서 닫힌집합이므로 정리 5.1.5에 의하여 $f^{-1}(\overline{f(A)})$는 M_1에서 닫힌집합이다.

$$f(A)\subseteq\overline{f(A)}\Rightarrow A\subseteq f^{-1}(\overline{f(A)})\Rightarrow\overline{A}\subseteq\overline{f^{-1}(\overline{f(A)})}$$

이고 $f^{-1}(\overline{f(A)})$는 M_1에서 닫힌집합이므로 $\overline{A}\subseteq f^{-1}(\overline{f(A)})$이다. 따라서 $f(\overline{A})\subseteq\overline{f(A)}$이다.

역으로 M_1의 임의의 부분집합 A에 대하여 $f(\overline{A})\subseteq\overline{f(A)}$라 가정하자. F가 M_2에서 닫힌집합이면 $F=\overline{F}$이다. 가정에 의하여

$$f(\overline{f^{-1}(F)})\subseteq\overline{f(f^{-1}(F))}=\overline{F}=F$$

이므로 $\overline{f^{-1}(F)}\subseteq f^{-1}(F)$이다. 분명히 $f^{-1}(F)\subseteq\overline{f^{-1}(F)}$이므로 $f^{-1}(F)=\overline{f^{-1}(F)}$, 즉 $f^{-1}(F)$는 M_1에서 닫힌집합이다. 따라서 정리 5.1.5에 의하여 f는 M_1에서 연속이다. ■

정리 5.1.2, 정리 5.1.5, 정리 5.1.6에 의하여 다음 정리를 얻을 수 있다.

정리 5.1.7 함수 $f:(M_1,\ d_1)\to(M_2,\ d_2)$에 대하여 다음은 서로 동치이다.

(1) f는 M_1에서 연속이다.

(2) 임의의 $x\in M_1$과 x에 수렴하는 M_1의 임의의 수열 $\{x_n\}$에 대하여 $f(x_n)\to f(x)$이다.

(3) G가 M_2의 열린집합이면 $f^{-1}(G)$는 열린집합이다.

(4) F가 M_2의 닫힌집합이면 $f^{-1}(F)$는 닫힌집합이다.

(5) M_1의 임의의 부분집합 A에 대하여 $f(\overline{A})\subseteq\overline{f(A)}$이다.

정리 5.1.8 M_1, M_2, M_3가 거리공간이고 $f:M_1\to M_2$와 $g:M_2\to M_3$가 연속함수이면 $g\circ f$는 연속함수이다. 즉, 연속함수들의 합성함수는 연속이다.

증명 정리 5.1.5에 의하여 M_3의 임의의 열린집합 G에 대하여 $(g \circ f)^{-1}(G)$가 열린집합임을 보이면 된다.

$$(g \circ f)^{-1}(G) = f^{-1}(g^{-1}(G))$$

이고 g가 연속이므로 $g^{-1}(G)$는 M_2의 열린집합이다. 또한 f가 연속이므로 $f^{-1}(g^{-1}(G))$는 M_1의 열린집합이다. 따라서 $g \circ f$는 연속이다. ∎

01 $f : \mathbb{R}^2 \rightarrow \mathbb{R}^1$ 를

$$f((x,\,y)) = x, \quad (x,\,y) \in \mathbb{R}^2$$

로 정의하면 f 는 $\mathbb{R}^2$ 에서 연속임을 보여라.

02 $f,\,g : \mathbb{R} \rightarrow \mathbb{R}$ 가 연속함수이면 함수 $h(x) = (f(x),\,g(x))$ 는 $\mathbb{R}$ 에서 $\mathbb{R}^2$ 로의 연속함수임을 보여라.

03 k 는 자연수이고 $\{a_n\}$ 은 실수열일 때 $p_k(\{a_n\}) = a_k$ 로 정의되는 함수 p_k 는 공간 l^1, l^2, c_0, l^∞, H^∞ 에서 연속함수임을 보여라.

04 $\{a_n\} \in l^\infty$ 일 때 다음과 같이 정의되는 함수 f 는 l^1 에서 연속인 실숫값 함수임을 보여라.

$$f(\{b_n\}) = \sum_{n=1}^{\infty} a_n b_n$$

05 $\{a_n\} \in l^2$ 에 대하여 함수 $f(\{b_n\}) = \sum_{n=1}^{\infty} a_n b_n$ 은 l^2 에서 연속인 실숫값 함수임을 보여라.

06 (1) 두 실수 a 와 b 에 대하여 다음을 보여라.

$$\max(a,\,b) = \frac{a+b+|a-b|}{2}, \; \min(a,\,b) = \frac{a+b-|a-b|}{2}$$

(2) f 와 g 가 집합 A 위의 실함수이고 $x \in A$ 일 때

$$[\max(f,\,g)](x) = \max(f(x),\,g(x)), \; [\min(f,\,g)](x) = \min(f(x),\,g(x))$$

라고 정의한다. f 와 g 가 거리공간 M 위의 연속인 실숫값 함수라 하면 $\max(f,\,g)$ 와 $\min(f,\,g)$ 도 M 위의 연속인 실숫값 함수임을 보여라.

07 X는 거리공간 $(M,\ d)$의 공집합이 아닌 부분집합이면 함수 $f : M \to \mathbb{R}^+$, $f(x) = d(x,\ X)$는 연속임을 보여라.

08 정리 5.1.4의 (1), (3), (4), (5), (6)을 보여라.

09 f를 $\mathbb{R}$에서 $\mathbb{R}$로의 연속함수라고 할 때 다음을 보여라.

(1) $\{x : f(x) = 0\}$은 $\mathbb{R}$의 닫힌집합이다.

(2) $\{x : f(x) \geq 0\}$은 $\mathbb{R}$의 닫힌집합이다.

(3) $\{x : f(x) > 0\}$은 $\mathbb{R}$의 열린집합이다.

10 $f : (M_1,\ d_1) \to (M_2,\ d_2)$가 연속이지만 M_1의 임의의 부분집합 A에 대하여 $f(A^o) \subseteq (f(A))^o$이 성립하지 않는 예를 제시하여라.

11 다음 명제가 성립하지 않는 예를 제시하여라.

$f : (M_1,\ d_1) \to (M_2,\ d_2)$가 연속일 필요충분조건은 M_1의 임의의 부분집합 A에 대하여 $(f(A))^o \subseteq f(A^o)$인 것이다.

12 함수 $f : (M_1,\ d_1) \to (M_2,\ d_2)$가 연속일 필요충분조건은 M_2의 임의의 부분집합 B에 대하여 $\overline{f^{-1}(B)} \subseteq f^{-1}(\overline{B})$인 것임을 보여라.

13 함수 $f : (M_1,\ d_1) \to (M_2,\ d_2)$가 연속일 필요충분조건은 M_2의 임의의 부분집합 B에 대하여 $f^{-1}(B^o) \subseteq [f^{-1}(B)]^o$인 것임을 보여라.

14 $(M,\ d)$는 거리공간이고 임의의 $i = 1,\ 2,\ \cdots,\ n$에 대하여 $f_i : M \to \mathbb{R}$는 연속함수라 하자. 그러면 함수 $f : M \to \mathbb{R}^n$, $f(x) = (f_1(x),\ f_2(x),\ \cdots,\ f_n(x))$는 연속임을 보여라.

15 (M, d)는 거리공간이고

$$f : M \to \mathbb{R}^n, \ f(x) = (f_1(x), f_2(x), \cdots, f_n(x))$$

는 함수라 하자. 여기서 임의의 $i = 1, 2, \cdots, n$에 대하여 $f_i : M \to \mathbb{R}$는 함수이다. 만약 f가 M에서 연속이면 f_i도 M에서 연속임을 보여라.

16 f가 거리공간 (M_1, d_1)에서 거리공간 (M_2, d_2)로의 함수이고 $a \in M_1$일 때 다음 명제는 동치임을 보여라.

(1) f는 a에서 연속이다.

(2) G가 $f(a)$를 포함하는 M_2의 열린집합이면 M_1의 열린집합 V가 존재하여 $a \in V \subseteq f^{-1}(G)$이다.

17 f가 거리공간 M에서 실숫값 함수라고 하자. f가 M에서 연속일 필요충분조건은 모든 실수 c에 대하여 $\{x : f(x) < c\}$와 $\{x : f(x) > c\}$가 M의 열린집합이 됨을 보여라.

18 (M, d)는 거리공간이고 모든 $x, y \in M$에 대하여 $d(x, y) \le 1$이라 하자. $\{a_n\}$은 M의 수열이고 $f(x) = \{d(x, a_n)\}_{n=1}^{\infty}, \ x \in M$으로 정의할 때 다음을 보여라.

(1) $f : M \to H^{\infty}$는 연속함수이다.

(2) 만약 $\{a_n : n \in \mathbb{N}\}$의 닫힘이 M이면 함수 f는 단사함수이다.

5.2 연속함수와 콤팩트 공간

콤팩트 거리공간 위에서 연속함수는 여러 가지 좋은 성질을 갖는다. 특히 콤팩트 거리공간 위에서 연속인 실숫값 함수는 최댓값과 최솟값을 갖는다.

정리 5.2.1 M_1, M_2는 거리공간이고 $f : M_1 \rightarrow M_2$가 연속함수라 하자. M_1이 콤팩트 집합이면 $f(M_1)$도 콤팩트 집합이다.

증명 $\{V_\alpha\}$가 $f(M_1)$의 열린 덮개면 f는 연속이므로 $f^{-1}(V_\alpha)$는 열린집합이다. 따라서 $\{f^{-1}(V_\alpha)\}$는 M_1의 열린 덮개다. M_1은 콤팩트이므로

$$M_1 \subseteq f^{-1}(V_{\alpha_1}) \cup \cdots \cup f^{-1}(V_{\alpha_n})$$

을 만족하는 $\alpha_1, \cdots, \alpha_n$이 존재한다. 임의의 집합 $E \subseteq M_2$에 대하여 $f(f^{-1}(E)) = E$ 이므로

$$f(M_1) \subseteq V_{\alpha_1} \cup \cdots \cup V_{\alpha_n}$$

이다. 따라서 $f(M_1)$은 콤팩트 집합이다. ∎

따름정리 5.2.2 M_1, M_2는 거리공간이고 $f : M_1 \rightarrow M_2$는 연속함수라 하자. M_1이 콤팩트이면 $f(M_1)$은 M_2의 유계인 닫힌부분집합이다.

증명 정리 5.2.1에 의하여 $f(M_1)$은 콤팩트이므로 정리 4.1.7에 의하여 $f(M_1)$은 유계인 닫힌집합이다. ∎

정리 5.2.3 M_1, M_2는 거리공간이고 $f : M_1 \rightarrow M_2$는 연속함수라 하자. M_1이 콤팩트이면 M_1의 임의의 닫힌집합 F에 대하여 $f(F)$는 M_2의 닫힌부분집합이다.

증명 F가 M_1의 임의의 닫힌집합이면 콤팩트 집합의 닫힌부분집합은 콤팩트 집합이므로 F는 콤팩트 집합이다. 따라서 정리 5.2.1에 의하여 $f(F)$는 콤팩트 집합이므로 $f(F)$는 닫힌집합이다. ■

다음 정리는 콤팩트 거리공간 위의 $1:1$인 연속함수는 연속인 역함수를 가짐을 보여준다.

정리 5.2.4 M_1, M_2는 거리공간이고 M_1이 콤팩트 공간이라 하자. $f:M_1 \to M_2$가 연속인 전단사함수이면 f^{-1}는 M_2 위에서 연속이다.

증명 정리 5.1.5에 의하면 M_1의 임의의 닫힌집합 F에 대하여 $(f^{-1})^{-1}(F) = f(F)$가 M_2에서 닫힌집합임을 보이면 된다. F가 M_1의 닫힌집합이면 정리 4.1.4에 의하여 F는 콤팩트이다. 따름정리 5.2.2에 의하여 $f(F)$는 M_2에서 닫힌집합이다. ■

주의 1 정리 5.2.4에서 M_1이 콤팩트 거리공간이 아니면 f^{-1}는 연속일 필요 없다. 예를 들어, 이산거리공간 $(\mathbb{R}, d)$에서 보통거리공간 $(\mathbb{R}, u)$ 위로의 항등함수 $I:(\mathbb{R}, d) \to (\mathbb{R}, u)$를 생각하면 I는 연속이지만 I^{-1}는 연속이 아니다.

보기 1 n은 자연수이고 $f(x) = x^n$, $x \geq 0$이면 f는 분명히 연속이다. $a > 0$이면 f는 구간 $[0, a]$에서 $[0, a^n]$ 위로의 연속함수이다. 정리 5.2.4에 의하여 $f^{-1}(x) = x^{1/n}$은 $[0, a^n]$에서 $[0, a]$ 위로의 연속함수이다. 모든 $a > 0$에 대하여 위의 명제가 성립하므로 $f^{-1}(x) = x^{1/n}$은 $[0, \infty)$에서 연속이다. 만일 n이 홀수인 자연수이면 $f^{-1}(x) = x^{1/n}$은 $\mathbb{R}$에서 연속임을 보일 수 있다.

정리 5.2.5 M은 콤팩트 거리공간이고 $f:M \to \mathbb{R}$가 연속이면 모든 $x \in M$에 대하여 $f(c) \leq f(x) \leq f(d)$를 만족하는 $c, d \in M$이 존재한다. 즉, f는 M에서 최댓값과 최솟값을 취한다.

증명 정리 5.2.1에 의하여 $f(M)$은 콤팩트 집합이다. 따라서 하이네-보렐 정리에 의하여 $f(M)$은 $\mathbb{R}$의 유계이고 닫힌부분집합이므로 $f(M)$의 최소상계 $T = \sup f(M)$과 최대하계 $S = \inf f(M)$이 존재하고 $f(M)$에 속한다. 따라서 임의의 $x \in M$에 대하여

$$f(c) = \inf f(M) \le f(x) \le \sup f(M) = f(d)$$

를 만족하는 $c, d \in M$이 존재한다. ∎

따름정리 5.2.6 K는 거리공간 M의 콤팩트 부분집합이고 $f : M \to \mathbb{C}$가 연속함수이면 다음 식을 만족하는 점 $x_0, y_0 \in K$가 존재한다.

$$|f(x_0)| = \sup\{|f(x)| : x \in K\}, \quad |f(y_0)| = \inf\{|f(x)| : x \in K\}$$

증명 함수 $g : M \to \mathbb{R}$, $g(x) = |f(x)|$는 연속이므로 정리 5.2.5에 의하여 위의 결론은 성립한다. ∎

01 K는 거리공간 (M, d)의 콤팩트 부분집합이면 임의의 점 $x_0 \in M$에 대하여 $d(x_0, y_0) = d(x_0, K)$가 되는 점 $y_0 \in K$가 존재함을 보여라.

02 A, B는 거리공간 (M, d)의 부분집합이고 B는 닫힌집합, $A \cap B = \varnothing$, A는 콤팩트 집합이면 $d(A, B) > 0$임을 보여라.

03 집합 $A = \{x \in M : d(x, 0) = 1\}$은 거리공간 M에서 유계인 닫힌집합임을 보여라. 그러나 M이 l^1, l^2 또는 l^∞이면 A는 콤팩트가 아님을 보여라.

04. 최솟값도 최댓값도 갖지 않는 $(-\infty, \infty)$ 위의 연속함수의 예를 들어라.

05 함수 f는 콤팩트 거리공간 M에서 연속인 실함수라 하자. 모든 $x \in M$에 대하여 $f(x) > 0$이면 모든 $x \in M$에 대하여 $f(x) > c$인 상수 $c > 0$이 존재함을 보여라.

06 (M, d)는 거리공간이고 $f : M \to \mathbb{R}$가 $a \in M$에서 연속이면 a를 포함하는 한 열린 집합 U가 존재하여 f는 U 위에서 유계임을 보여라.

07 콤팩트 거리공간 M에서 연속인 실숫값 함수 f는 M 위에서 유계임을 보여라.

08 M이 콤팩트 거리공간이고, $f : M \to \mathbb{R}$가 연속이면 c, $d \in M$이 존재하여 모든 $x \in M$에 대하여 $f(c) \leq f(x) \leq f(d)$가 된다. 즉, f는 M에서 최댓값과 최솟값을 취함을 보여라.

5.3 균등연속

$(M_1,\ d_1),\ (M_2,\ d_2)$는 거리공간이고 함수 $f : M_1 \to M_2$가 M_1에서 연속이라 하자. ϵ은 임의의 양수라 하자. 그러면 각 점 $y \in M_1$에 대하여 f는 y에서 연속이므로 $\delta = \delta(\epsilon,\ y) > 0$이 존재하여 $d_1(x,\ y) < \delta$이면 $d_2(f(x),\ f(y)) < \epsilon$이 된다. 일반적으로 δ는 ϵ과 y에 따라서 결정된다. 특히 δ가 y에 관계없이 ϵ만의 함수일 때 f는 M_1 위에서 균등연속이라 한다.

정의 5.3.1 $(M_1,\ d_1),\ (M_2,\ d_2)$는 거리공간이라 하자. 함수 $f : M_1 \to M_2$가 다음 명제를 만족할 때 f는 M_1에서 균등연속 또는 고른 연속(uniformly continuous)이라 한다.

"임의의 주어진 $\epsilon > 0$에 대하여 $\delta = \delta(\epsilon)$이 존재하여 $d_1(x,\ y) < \delta$이면 $d_2(f(x),\ f(y)) < \epsilon$이다."

보기 1 (1) 함수 $f(x) = ax\ (a \neq 0)$는 $\mathbb{R}$에서 균등연속이다.

(2) 함수 $f(x) = x^2$은 $(-1,\ 2)$에서 균등연속이만, $\mathbb{R}$에서 균등연속이 아니다.

증명 (1) 임의의 양수 ϵ에 대하여 $\delta = \epsilon/a$로 두면

$$|x - y| < \delta \text{일 때 } |f(x) - f(y)| = |ax - ay| < a\delta = \epsilon$$

이므로 $f(x) = ax$는 $\mathbb{R}$에서 균등연속이다.

(2) $\epsilon > 0$은 임의의 양수라고 하자. 임의의 $x,\ y \in (-1,\ 2)$에 대하여

$$|x - y| < \delta \Rightarrow |f(x) - f(y)| < \epsilon$$

을 만족시키는 $\delta > 0$이 존재함을 보이면 된다. 그런데

$$|f(x) - f(y)| = |x^2 - y^2| = |x + y||x - y| < 4|x - y|$$

이므로 $\delta = \epsilon/4$로 놓으면

$$|x - y| < \delta \Rightarrow |f(x) - f(y)| < \epsilon$$

이 된다. 따라서 f는 $(-1,\ 2)$에서 균등연속이다.

$\epsilon = 1$로 택하고 δ는 임의의 양수라 하면 $n \geq \dfrac{2/\delta - \delta/2}{2}$가 되도록 자연수 n을 선택한다. $x = n + \dfrac{\delta}{2}$, $y = n$으로 두면 $|x - y| = \dfrac{\delta}{2} < \delta$이지만

$$|f(x) - f(y)| = |x^2 - y^2| = (x - y)(x + y) = \left(\frac{\delta}{2}\right)\left(2n + \frac{\delta}{2}\right) \geq 1$$

이다. 따라서 f는 $\mathbb{R}$에서 균등연속이 아니다. ■

주의 1 함수 $f : E \to \mathbb{R}$가 균등연속이면 명백히 f는 E의 모든 점 $x \in E$에서 연속이 된다. 따라서 f가 E에서 균등연속이면 f는 E에서 연속이다. 그러나 그 역은 일반적으로 성립하지 않는다(보기 1).

다음 정리는 정의 5.3.1을 부정하여 얻은 결과이며 함수가 그 정의역에서 균등연속이 아님을 보일 때 편리하게 쓰인다.

정리 5.3.2 (M_1, d_1), (M_2, d_2)는 거리공간이라 하자. 함수 $f : M_1 \to M_2$가 다음 명제를 만족할 때 f는 M_1에서 균등연속이 아니다.

"어떤 적당한 $\epsilon_0 > 0$이 존재해서, 임의의 $\delta > 0$을 택하더라도 $d_1(x, y) < \delta$이지만 $d_2(f(x), f(y)) \geq \epsilon_0$인 M_1의 적당한 두 점 $x = x(\delta)$, $y = y(\delta)$가 존재한다."

보기 2 (1) M_1은 이산거리공간이고 M_2는 임의의 거리공간일 때 임의의 함수 $f : M_1 \to M_2$는 균등연속이다.

(2) 2차 이상의 임의의 다항식은 보통거리공간 $\mathbb{R}$에서 균등연속이 아니다.

(3) 로그함수는 보통거리공간 $M = (0, \infty)$에서 균등연속이 아니다.

보기 3 함수 $f : E \to \mathbb{R}$, $f(x) = 1/x$는 (a, ∞) $(a > 0)$에서 균등연속이지만 $(0, \infty)$에서 균등연속이 아님을 보여라.

증명 (i) ϵ을 임의의 양수라고 하자. 임의의 두 점 $x, y \in (a, \infty)$에 대하여

$$|f(x) - f(y)| = \left| \frac{1}{x} - \frac{1}{y} \right| = \frac{|x-y|}{xy} < \frac{|x-y|}{a^2}$$

이므로 $\delta = a^2 \epsilon$으로 놓으면

$$|x-y| < \delta, \quad x, y \in (a, \infty) \Rightarrow |f(x) - f(y)| = \left| \frac{1}{x} - \frac{1}{y} \right| < \epsilon$$

이 된다. 따라서 f는 (a, ∞)에서 균등연속이다.

(ii) $\epsilon_0 = 1$로 택한다('적당한 $\epsilon > 0$이 존재하여서'에 해당), 임의의 $\delta \in (0, 1)$에 대하여 두 점 $x, y \in (0, 1)$을 $x = \delta, y = \delta/2$로 두면 $|x-y| = \delta/2 < \delta$이지만

$$|f(x) - f(y)| = \left| \frac{1}{\delta} - \frac{2}{\delta} \right| = \frac{1}{\delta} > 1$$

이 된다. 따라서 f는 $(0, \infty)$에서 균등연속이 아니다. ∎

콤팩트 거리공간에서 연속함수는 반드시 균등연속임을 보인다.

정리 5.3.3 (M_1, d_1), (M_2, d_2)는 거리공간이고 M_1이 콤팩트 집합이라 하자. 함수 $f : M_1 \to M_2$가 연속이면 f는 M_1에서 균등연속이다.

증명 〈방법 1〉 f가 M_1에서 균등연속이 아니라면 어떤 적당한 $\epsilon_0 > 0$이 존재해서, 임의의 $\delta > 0$을 택하더라도 $d_1(x, y) < \delta$이지만 $d_2(f(x), f(y)) \geq \epsilon_0$인 M_1의 적당한 두 점 $x = x(\delta), y = y(\delta)$가 존재한다. $\delta = 1/n$으로 택하면 $d_1(u_n, v_n) < 1/n$이지만

$$d_2(f(u_n), f(v_n)) \geq \epsilon_0 \tag{5.1}$$

를 만족하는 M_1의 수열 $\{u_n\}$, $\{v_n\}$이 존재한다. M_1이 콤팩트 집합이므로 따름정리 4.2.6에 의하여 $\{u_n\}$은 $u \in M_1$에 수렴하는 부분수열 $\{u_{n_k}\}$를 가진다. $d_1(u_{n_k}, v_{n_k}) < 1/n_k$이므로 $\{v_{n_k}\}$는 u에 수렴한다. 따라서 f는 u에서 연속이므로

$$\lim_{k \to \infty} f(u_{n_k}) = \lim_{k \to \infty} f(v_{n_k}) = f(u)$$

이다. 이것은 (5.1)에 모순이다. 그러므로 f가 M_1에서 균등연속이다.

〈방법 2〉 $\epsilon > 0$은 임의의 양수라 하자. 가정에 의하여 f는 모든 $x \in M_1$에서 연속이고 $B_\epsilon(f(x))$는 열린집합이므로 $f^{-1}(B_\epsilon(f(x)))$는 M_1의 열린부분집합이다. 집합족 $\mathcal{I}$ $= \{f^{-1}(B_\epsilon(f(x))) : x \in M_1\}$은 M_1의 한 열린 덮개이다. M_1이 콤팩트 집합이므로 따름정리 4.2.6에 의하여 M_1은 점열콤팩트이다. 르베그의 덮개 도움정리에 의하여 열린 덮개 $\mathcal{I}$는 르베그 수 $\delta > 0$을 가진다. 따라서 δ보다 작은 지름을 가진 모든 열린 공은 $\mathcal{I}$의 적어도 한 구성원에 포함되므로

$$B_{\delta/2}(x) \subseteq f^{-1}(B_\epsilon(f(x))) \implies f(B_{\delta/2}(x)) \subseteq B_\epsilon(f(x)).$$

그러므로 임의의 양수 ϵ에 대하여

$$d_1(x, y) < \frac{\delta}{2} < \delta \text{이면 } d_2(f(x), f(y)) < \epsilon$$

이다. 따라서 f는 M_1에서 균등연속이다. ■

정리 5.3.4 함수 $f : (M_1, d_1) \to (M_2, d_2)$는 균등연속이고 $\{x_n\}$이 M_1에서 임의의 코시수열이면 수열 $\{f(x_n)\}$도 코시수열이다.

증명 $\{x_n\}$은 M_1에서 임의의 코시수열이고 ϵ은 임의의 양수라 하자. 함수 f가 M_1에서 균등연속이므로 주어진 ϵ에 대하여 적당한 $\delta > 0$이 존재하여

$$x, y \in X, \ d_1(x, y) < \delta \implies d_2(f(x), f(y)) < \epsilon$$

이 성립한다. $\{x_n\}$이 코시수열이므로 위의 주어진 $\delta > 0$에 대응하여 적당한 자연수 N이 존재하여 $n, m \geq N$일 때 $d_1(x_n, x_m) < \delta$가 성립한다. 따라서

$$n, m \geq N \implies d_2(f(x_n), f(x_m)) < \epsilon$$

이 성립하므로 $\{f(x_n)\}$도 코시수열이다. ■

보기 4 보통거리공간 $X = (0, \infty)$, $Y = \mathbb{R}$ 에 대하여 함수

$$f : X \to Y, \ f(x) = \frac{1}{x}$$

은 X에서 연속이다. $\{x_n : x_n = 1/n\}$은 X에서 코시수열이지만 $\{f(1/n)\} = \{n\}$은 $\mathbb{R}$에서 코시수열이 아니다.

따름정리 5.3.5 f가 $\mathbb{R}^n$의 유계인 닫힌부분집합 F에서 연속인 실숫값 함수이면 f는 F에서 균등연속이다.

증명 $\mathbb{R}^n$에서 유계인 닫힌집합 F는 콤팩트 집합이고 f는 F에서 연속이므로 정리 5.3.3에 의하여 f는 F에서 균등연속이다. ■

정리 5.3.6 $f : (a, b) \to \mathbb{R}$ 가 미분가능하고 (a, b) 위에서 $|f'(x)| \leq M$이면 f는 (a, b)에서 균등연속이다.

증명 $x_1, x_2 \ (x_1 < x_2)$가 (a, b)의 임의의 두 점이면 평균값 정리에 의하여

$$[f(x_2) - f(x_1)]/(x_2 - x_1) = f'(x_0)$$

를 만족하는 점 $x_0 \in (x_1, x_2)$가 존재한다. 따라서

$$|f(x_2) - f(x_1)| \leq |f'(x_0)||x_2 - x_1| \leq M|x_2 - x_1|$$

이다. ϵ은 임의의 양수에 대하여 $\delta = \epsilon/M$으로 택한다. $x_1, x_2 \in (a, b)$이고 $|x_1 - x_2| < \delta$이면

$$|f(x_2) - f(x_1)| \leq M|x_2 - x_1| < M\delta = \epsilon$$

이다. 따라서 f는 (a, b)에서 균등연속이다. ■

01 다음 함수 중 어느 것이 균등연속인가?

    (1) $f(x) = x^3 \ (0 \le x \le 1)$ (2) $f(x) = x^3 \ (0 \le x < \infty)$

    (3) $f(x) = \sin x \ (-\infty < x < \infty)$ (4) $f(x) = \sin x^2 \ (0 \le x < \infty)$

    (5) $f(x) = \dfrac{1}{1+x^2} \ (0 \le x < \infty)$

02 $f:(0,\,1] \to \mathbb{R},\ f(x) = 1/x$는 $a > 0$에 대하여 $[a,\,1]$에서 균등연속임을 보여라.

03 함수 $f(x) = \sqrt{x}$는 $[a,\,\infty)\,(a>0)$에서 균등연속임을 보여라.

04 함수 $f(x) = e^x$는 보통거리공간 $\mathbb{R}$에서 균등연속이 아님을 보여라.

05 $(M,\,d)$는 거리공간이고 $A \subseteq M$이면 함수 $f:M \to \mathbb{R},\ f(x) = d(x,\,A)$는 M에서 균등연속임을 보여라.

06 다음 함수는 $\mathbb{R}$에서 균등연속임을 보여라.

    (1) $f(x) = \tan^{-1}x$와 $f'(x) = 1/(x^2+1)$

    (2) $f(x) = \log(1+x^2)$

07 $f,\,g:M \to \mathbb{R}$가 거리공간 M에서 균등연속함수이면 $f+g$도 균등연속임을 보여라.

08 함수 $f:\mathbb{N} \to \mathbb{R}$가 $\mathbb{N}$에서 균등연속임을 보여라.

09 거리공간 (M, d)는 거리공간이고 함수 $f : M \to M$이 다음 조건을 만족할 때 f를 M 위의 축소함수(contraction)라 한다.

임의의 $x, y \in M$에 대하여

$$d(f(x), f(y)) \leq cd(x, y)$$

를 만족하는 상수 $c \in [0, 1)$이 존재한다.

(1) 모든 축소함수 $f : M \to M$은 M에서 균등연속함수임을 보여라.

(2) $\mathbb{R}$에서 $\mathbb{R}$로의 축소함수의 예를 들어라.

10 양수 $p > 0$이 존재하여 모든 $x \in \mathbb{R}$에 대하여 $f(x + p) = f(x)$일 때 $f : \mathbb{R} \to \mathbb{R}$를 주기함수라 한다. $f : \mathbb{R} \to \mathbb{R}$는 주기함수이고 연속이면 f는 $\mathbb{R}$에서 균등연속임을 보여라.

5.4 위상사상과 동등거리

정의 5.4.1　f는 거리공간 M_1에서 거리공간 M_2 위로의 $1:1$ 함수이고 f와 f^{-1}가 연속이면 f를 위상동형사상(homeomorphism)이라 하고, M_1과 M_2는 위상동형(homeomorphic)이라 한다.

보기 1 (1) $[0,\,1]$, $[0,\,2]$는 보통거리를 갖는 공간이고 $f:[0,\,1] \to [0,\,2]$, $f(x)=2x$로 정의하면 f는 위상동형사상이고 $[0,\,1]$, $[0,\,2]$는 위상동형이다.

　　　(2) $M_1 = (0,\,\infty)$, $M_2 = \mathbb{R}$ 은 보통거리를 갖는 공간이고 $f:M_1 \to M_2$, $f(x)=\ln x$로 정의하면 f는 위상동형사상이다.

　　　(3) 보통거리를 갖는 공간 $\mathbb{R}$ 은 이산거리를 갖는 $\mathbb{R}$ 과 위상동형이 아니다.

정의 5.4.2　$f:(M_1,\,d_1) \to (M_2,\,d_2)$는 함수이고 임의의 $x,\,y \in M_1$에 대하여 $d_2(f(x),\,f(y))=d_1(x,\,y)$이면 $f:M_1 \to M_2$는 등거리함수(isometry)라고 한다. 두 거리공간 M_1, M_2 사이에 등거리함수가 존재하면 M_1, M_2는 등거리공간이라 한다.

주의 1 (1) 등거리함수는 단사함수이고 균등연속이다.

　　　(2) 등거리함수는 반드시 위상동형사상이지만 그 역은 성립하지 않는다. 보기 1(1), (2)에서 주어진 함수들은 위상동형사상이지만 등거리함수가 아니다.

　　　(3) $\mathbb{R}^2$, $\mathbb{C}$ 가 보통거리를 가질 때 함수 $f:\mathbb{C} \to \mathbb{R}^2$, $f(a+bi)=(a,\,b)$는 등거리함수이다.

정리 5.4.3　X, Y는 거리공간이고 f는 전단사함수이면 다음은 서로 동치이다.

(1) f는 위상동형사상이다.

(2) $G \subseteq X$가 열린집합일 필요충분조건은 $f(G) \subseteq Y$는 열린집합이다.

(3) $F \subseteq X$가 닫힌집합일 필요충분조건은 $f(F) \subseteq Y$는 닫힌집합이다.

증명 (1) ⇒ (2): f가 위상동형사상이면 f와 f^{-1}는 연속함수이다. 따라서 임의의 열린집합 $G \subseteq X$에 대하여 f^{-1}는 연속이므로 $(f^{-1})^{-1}(G) = f(G)$는 열린집합이다.

역으로 $f(G) \subseteq Y$가 열린집합이면 f는 단사함수이므로 $f^{-1}(f(G)) = G$이고 f는 연속이므로 G는 X에서 열린집합이다.

(2) ⇒ (3): $F \subseteq X$가 닫힌집합이면 F^c는 X에서 열린집합이다. (2)에 의하여 $f(F^c)$는 Y에서 열린집합이다. 하지만

$$f(F) = Y - f(X - F) = Y - f(F^c)$$

이므로 $f(F)$는 Y에서 닫힌집합이다.

역으로 $f(F)$가 Y에서 닫힌집합이면 $Y - f(F)$는 Y에서 열린집합이다. 그러면 $f(X - F) = Y - f(F)$는 열린집합이다. (2)에 의하여 $X - F$가 열린집합이므로 F는 닫힌집합이다.

(3) ⇒ (1): F가 X의 닫힌부분집합이면 가정에 의하여 $f(F)$는 Y에서 닫힌집합이다. f는 단사함수이므로 $f^{-1}(f(F)) = F$이다. 따라서 닫힌집합의 역상은 닫힌집합이므로 f는 연속함수이다. 또한 $(f^{-1})^{-1}(F) = f(F)$이고, 가정에 의하여 F가 X에서 닫힌집합이고 $f(F)$는 Y에서 닫힌집합이므로 f^{-1}는 연속함수이다. 따라서 f는 위상동형사상이다. ∎

정의 5.4.4 d_1, d_2는 M 위의 두 거리라 하자.

$$c_1 d_1(x, y) \leq d_2(x, y) \leq c_2 d_1(x, y) \tag{5.2}$$

인 양수 c_1, c_2가 존재하면 d_1, d_2는 **동등하다**(equivalent)고 한다. d_1, d_2가 동등하면 거리공간 (M, d_1), (M, d_2)는 **동등하다**고 한다.

정리 5.4.5 M 위의 두 거리 d_1, d_2가 동등하면

$$\lim_{n \to \infty} d_1(x_n, x) = 0 \iff \lim_{n \to \infty} d_2(x_n, x) = 0.$$

증명 $\{x_n\}$은 $\lim_{n \to \infty} d_1(x_n, x) = 0$을 만족하는 M의 임의의 수열이라 하자. 그러면 부등식 (5.2)에 의하여 $n \to \infty$일 때 $d_1(x_n, x) \to 0$이므로 $d_2(x_n, x) \to 0$이다.

만약 $n \to \infty$일 때 $d_2(x_n, x) \to 0$이면 부등식 (5.2)에 의하여 $n \to \infty$일 때 $d_1(x_n, x) \le (1/c_1) d_2(x_n, x) \to 0$이므로 $d_1(x_n, x) \to 0$이다. ■

주의 2 정리 5.4.5의 역은 성립하지 않는다.

정리 5.4.6 M 위의 두 거리 d_1, d_2가 동등하다고 가정하자. 즉,

$$a\,d_1(x, y) \le d_2(x, y) \le b\,d_1(x, y)$$

인 양수 $0 < a \le b$가 존재한다고 하자. 그러면 임의의 양수 ϵ과 $x^* \in M$에 대하여

$$\{x \in M: d_1(x, x^*) < \epsilon/b\} \subseteq \{x \in M: d_2(x, x^*) < \epsilon\} \subseteq \{x \in M: d_1(x, x^*) < \epsilon/a\}.$$

증명 만약 $d_1(x, x^*) < \epsilon/b$이면 $b\,d_1(x, x^*) < \epsilon$이므로 가정에 의하여 $d_2(x, x^*) < \epsilon$이다. 따라서 $\{x \in M: d_1(x, x^*) < \epsilon/b\} \subseteq \{x \in M: d_2(x, x^*) < \epsilon\}$이다.

만약 $d_2(x, x^*) < \epsilon$이면 가정에 의하여 $a\,d_1(x, y) < \epsilon$, 즉 $d_1(x, y) < \epsilon/a$이다. 따라서 $\{x \in M: d_2(x, x^*) < \epsilon\} \subseteq \{x \in M: d_1(x, x^*) < \epsilon/a\}$이다. ■

> **연습문제 5.4**

01 X, Y, Z는 거리공간이고 X, Y는 위상동형이고 Y, Z가 위상동형이면 X, Z는 위상동형임을 보여라.

02 함수 $f : \mathbb{R} \to (-1, 1)$, $f(x) = \dfrac{x}{1+|x|}$는 $\mathbb{R}$에서 위상동형사상이고 또한 $\mathbb{R}$에서 균등연속임을 보여라.

03 완비 거리공간의 위상동형사상의 상은 반드시 완비공간이 되는 것은 아님을 보여라.

04 다음을 보여라.
  (1) $\mathbb{R}$의 임의의 두 닫힌구간은 위상동형이다.
  (2) $\mathbb{R}$의 임의의 두 열린구간은 위상동형이다.
  (3) $\mathbb{R}$의 닫힌구간은 열린구간이나 반열린구간과 위상동형이 아니다.

05 M 위의 두 거리 d_1, d_2가 동등하면 $d_1 \simeq d_2$로 나타낸다. 이 관계 $\simeq$는 동치관계임을 보여라.

06 임의의 $x = (x_1, \cdots, x_n)$, $y = (y_1, \cdots, y_n) \in \mathbb{R}^n$에 대하여 다음과 같이 정의되는 거리 d_1, d_2, d_∞는 동등함을 보여라. 특히, $n = 2$일 때 $d_\infty(x, y) \le d_2(x, y) \le \sqrt{2}\, d_\infty(x, y)$임을 보여라.

$$d_1(x, y) = \sum_{i=1}^{n} |x_i - y_i|, \ d_2(x, y) = \left(\sum_{i=1}^{n} |x_i - y_i|^2 \right)^{1/2},$$
$$d_\infty(x, y) = \max_{1 \le i \le n} |x_i - y_i|$$

07 $C[0, 1]$은 닫힌구간 $[0, 1]$에서 연속함수 집합이라 하자. 임의의 $f, g \in C[0, 1]$에 대하여 다음과 같이 정의하면 거리 d_∞, d는 동등하지 않음을 보여라.

$$d_\infty(f, g) = \max\{|f(t) - g(t)| : t \in [0, 1]\}, \quad d(f, g) = \int_0^1 |f(t) - g(t)| \, dt$$

08 m은 모든 유계수열들의 집합이라 하자. 임의의 $x = (x_1, x_2, \cdots)$, $y = (y_1, y_2, \cdots) \in m$에 대하여 다음과 같이 정의되면 거리 d, d_1은 동등하지 않음을 보여라.

$$d(x, y) = \max_{1 \le n < \infty} |x_n - y_n|, \quad d_1(x, y) = \sum_{n=1}^{\infty} \frac{1}{2^n} \frac{|x_n - y_n|}{1 + |x_n - y_n|}$$

09 M 위의 거리 d_1, d_2가 동등하면 다음이 성립한다.

(1) $A \subseteq M$은 d_1에 관한 열린집합이다. $\Leftrightarrow$ A는 d_2에 관한 열린집합이다.

(2) $A \subseteq M$은 d_1에 관한 닫힌집합이다. $\Leftrightarrow$ A는 d_2에 관한 닫힌집합이다.

(3) $A \subseteq M$은 d_1에 관한 유계집합이다. $\Leftrightarrow$ A는 d_2에 관한 유계집합이다.

(4) M의 수열 $\{x_n\}$은 d_1에 관한 코시수열이다. $\Leftrightarrow$ A는 d_2에 관한 코시수열이다.

5.5 균등수렴

정의 5.5.1 $\{f_n\}$은 거리공간 (X, d)에서 거리공간 (Y, ρ)로의 함수열이고 $f : X \to Y$는 함수라 하자. 임의의 양수 ϵ과 모든 $x \in X$에 대하여

$$n > N일 때 \ \rho(f_n(x), f(x)) < \epsilon$$

을 만족하는 자연수 $N = N(\epsilon, x)$가 존재하면 $\{f_n\}$은 X에서 f에 점별수렴한다 또는 점마다 수렴한다(converge pointwise)고 하고, f를 점별수렴 함수(pointwise limit function) 또는 간단히 극한함수라고 한다. $f = \lim f_n$이나 $f_n(x) \to f(x), x \in X$ 또는 $\lim_{n \to \infty} f_n(x) = f(x) \ (x \in X)$로 나타낸다.

주의 1 자연수 N은 점 x와 ϵ에 의존한다.

정의 5.5.2 $\{f_n\}$은 거리공간 (X, d)에서 거리공간 (Y, ρ)로의 함수열이고 $f : X \to Y$는 함수라 하자. 임의의 양수 ϵ에 대하여

$$n > N일 때 \ 모든 \ x \in X에 \ 대하여 \ \rho(f_n(x), f(x)) < \epsilon$$

을 만족하는 자연수 $N = N(\epsilon)$이 존재하면 $\{f_n\}$은 X에서 f로 균등수렴 또는 고른수렴(converge uniformly)한다고 하고, f를 X에서 함수열 $\{f_n\}$의 균등극한 또는 고른극한(uniform limit)이라 한다.

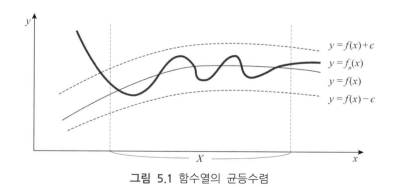

그림 5.1 함수열의 균등수렴

보기 1 보통거리를 갖는 $X = [0, 1]$이고 $Y = \mathbb{R}$ 이라 하자. $f_n(x) = x^n \, (0 \le x \le 1)$으로 두면 f_n은 $[0, 1]$에서 연속함수이다. 모든 자연수 $n \in \mathbb{N}$ 에 대하여 $f_n(1) = 1$이므로 $\lim_{n \to \infty} f_n(1) = 1$이다. 만약 $0 \le x < 1$이면 $\lim_{n \to \infty} f_n(x) = 0$이다. 따라서 함수 f는 $[0, 1]$에서 다음과 같이 정의하면 $\{f_n\}$은 $[0, 1]$에서 f에 점별수렴한다.

$$f(x) = \lim_{n \to \infty} f_n(x) = \begin{cases} 0 & (0 \le x < 1) \\ 1 & (x = 1) \end{cases}$$

보기 1로부터 각 f_n은 $[0, 1]$에서 연속이지만 점별수렴 함수 f는 연속이 아니다. 따라서 연속성은 점별수렴 밑에서 보존되지 않음을 알 수 있다.

보기 2 $X = Y = \mathbb{R}$ 는 보통거리공간이고 $f_n : X \to Y$는 다음과 같은 함수라 하자.

$$f_n(x) = \begin{cases} 1 - \dfrac{1}{n}|x| & (|x| < n) \\ 0 & (|x| \ge n) \end{cases}$$

그러면 함수열 $\{f_n\}$은 $\mathbb{R}$ 에서 상수함수 $f(x) = 1$로 점별수렴하지만 f로 균등수렴하지 않는다. 사실 $\epsilon = \dfrac{1}{2}$이라 하자. $|x| = n$일 때 $f_n(x) = 0$이므로 모든 자연수 n에 대하여 $f_n(x_0) = 0$인 점 $x_0 \in \mathbb{R}$ 가 존재한다. 따라서 $|f_n(x_0) - f(x_0)| = 1 > \epsilon$이다.

정리 5.5.3 (X, d)와 (Y, ρ)는 거리공간이고 $f_n : X \to Y$는 연속함수라 하자. 함수열 $\{f_n\}$이 함수 $f : X \to Y$에 균등수렴하면 f는 X에서 연속이다.

증명 a는 X의 임의의 점이고 ϵ은 임의의 양수라 하자. $\{f_n\}$이 $f : X \to Y$에 균등수렴하므로 모든 $x \in X$에 대하여

$$n \ge N일 \text{ 때 } \rho(f_n(x), f(x)) < \frac{\epsilon}{3} \tag{5.3}$$

인 자연수 $N = N(\epsilon)$이 존재한다. f_N는 a에서 연속이므로

$$d(x, a) < \delta \text{이면} \ \rho(f_N(x), f_N(a)) < \frac{\epsilon}{3}$$

이 성립하는 $\delta > 0$이 존재한다. 따라서 $d(x, a) < \delta$이면

$$\rho(f(x), f(a)) \leq \rho(f(x), f_N(x)) + \rho(f_N(x), f_N(a)) + \rho(f_N(a), f(a))$$
$$< \frac{\epsilon}{3} + \frac{\epsilon}{3} + \frac{\epsilon}{3} = \epsilon$$

이므로 f는 a에서 연속이다. ∎

주의 2 정리 5.5.3의 결과는 $\lim\limits_{x \to a}\lim\limits_{n \to \infty} f_n(x) = \lim\limits_{n \to \infty}\lim\limits_{x \to a} f_n(x)$로 쓸 수 있다. 왜냐하면 $\lim\limits_{n \to \infty} f_n(x) = f(x)$이고 f가 a에서 연속이므로 $\lim\limits_{x \to a} f(x) = f(a)$이다. 또한 각 f_n은 연속이므로 $\lim\limits_{x \to a} f_n(x) = f_n(a)$이고 $\lim\limits_{n \to \infty} f_n(a) = f(a)$가 성립하기 때문이다.

| 정리 5.5.4 | (코시 판정법) $\{f_n\}$은 거리공간 (X, d)에서 완비 거리공간 (Y, ρ)로의 함수열이면 다음은 서로 동치이다.

(1) $\{f_n\}$이 X에서 $f: X \to Y$에 균등수렴하는 함수 $f: X \to Y$가 존재한다.

(2) 임의의 $\epsilon > 0$에 대하여 $n, m \geq K$인 모든 $n, m \in \mathbb{N}$과 모든 $x \in X$에 대하여

$$\rho(f_n(x), f_m(x)) < \epsilon$$

인 적당한 자연수 $K \in \mathbb{N}$가 존재한다.

증명 (1) $\Rightarrow$ (2): 함수열 $\{f_n\}$이 X에서 f에 균등수렴한다고 하자. 그러면 주어진 임의의 $\epsilon > 0$에 대하여 $n \geq K$인 모든 자연수 n과 모든 $x \in X$에 대하여 $\rho(f_n(x), f(x)) < \epsilon/2$이 성립하는 적당한 자연수 K가 존재한다. 따라서 $n, m \geq K$인 모든 $n, m \in \mathbb{N}$과 모든 $x \in X$에 대하여

$$\rho(f_n(x), f_m(x)) \leq \rho(f_n(x), f(x)) + \rho(f(x), f_m(x)) < \epsilon$$

이 성립한다.

(2) $\Rightarrow$ (1): 역으로 함수열 $\{f_n\}$이 코시조건 (2)를 만족한다고 하자. 그러면 각 점 $x \in$

X에 대하여 수열 $\{f_n(x)\}$는 완비 거리공간 Y에서 코시수열이므로 $\{f_n(x)\}$는 어떤 점 $f(x) \in Y$에 수렴한다. 따라서 함수 $f : X \to Y$, $f(x) = \lim_{n \to \infty} f_n(x)$를 정의한다. 이제 함수열 $\{f_n\}$이 X에서 f에 균등수렴함을 보이면 된다. $\epsilon > 0$은 임의의 양수라 하면 가정에 의하여 $n, m \geq K$인 모든 자연수 $n, m \in \mathbb{N}$과 모든 $x \in X$에 대하여 $|f_n(x) - f_m(x)| < \epsilon/2$인 적당한 자연수 K가 존재한다. n을 고정하고 $m \to \infty$를 적용하면 모든 $x \in X$에 대하여

$$\lim_{m \to \infty} |f_n(x) - f_m(x)| = |f_n(x) - f(x)| \leq \frac{\epsilon}{2} < \epsilon$$

이 된다. 따라서 $n \geq K$인 모든 자연수 $n \in \mathbb{N}$과 모든 $x \in X$에 대하여 $|f_n(x) - f(x)| < \epsilon$이 되므로 $\{f_n\}$은 X에서 f에 균등수렴한다. ∎

보기 3 다음을 보여라.

(1) 함수 $f_n : \mathbb{R} \to \mathbb{R}$, $f_n(x) = \dfrac{nx}{1 + n^2 x^2}$일 때 $\{f_n\}$은 $\mathbb{R}$에서 $f = 0$에 점별수렴한다.

(2) $f_n(x) = nxe^{-nx}$, $n = 1, 2, \cdots$일 때 $\{f_n\}$은 $[0, \infty)$에서 $f = 0$에 균등수렴하지 않는다.

증명 (1) $x = 0$일 때 $\lim_{n \to \infty} f_n(0) = 0$이 성립하므로 $x \neq 0$일 때 $\lim_{n \to \infty} f_n(x) = 0$임을 보이자. 임의의 $\epsilon > 0$에 대하여 $1/K < \epsilon |x|$인 자연수 K를 택한다(아르키메데스 정리에 의해). 그러면 $n \geq K$인 모든 자연수 $n \in \mathbb{N}$에 대하여

$$|f_n(x)| = \left| \frac{nx}{1 + n^2 x^2} \right| < \left| \frac{nx}{n^2 x^2} \right| = \frac{1}{n|x|} \leq \frac{1}{K|x|} < \epsilon$$

이 성립하므로 $\lim_{n \to \infty} f_n(x) = 0$이 된다. 따라서 $\lim_{n \to \infty} f_n = f = 0$, 즉 $\{f_n\}$은 $\mathbb{R}$에서 $f = 0$에 점별수렴한다.

(2) 임의의 $x \in (0, \infty)$에 대하여

$$\frac{f_{n+1}(x)}{f_n(x)} = \frac{(n+1)xe^{nx}}{nxe^{(n+1)x}} = \frac{n+1}{n} e^{-x}$$

이므로 $\displaystyle\lim_{n\to\infty}\frac{f_{n+1}(x)}{f_n(x)}=e^{-x}<1$ 이다. 따라서 임의의 $x\in(0,\infty)$에 대하여

$\displaystyle\lim_{n\to\infty}f_n(x)=0$ 이다. $[0,\infty)$에서 f_n의 최댓값을 구하기 위하여

$$f_n{'}(x)=\frac{ne^{nx}-ne^{nx}nx}{(e^{nx})^2}$$

이므로

$$f_n{'}(x)=0 \iff n(1-nx)e^{nx}=0 \iff x=\frac{1}{n}$$

$x=1/n$에서 f_n의 최댓값은 $f_n(1/n)=1/e$ 이므로

$$M_n=\sup\{f_n(x):x\in[0,\infty)\}=\frac{1}{e}\to\frac{1}{e}$$

이다. 따라서 $\{f_n\}$은 $[0,\infty)$에서 $f=0$에 균등수렴하지 않는다.   ■

01 $f_n(x) = \tan^{-1}(nx)\,(x \geq 0)$일 때 함수열 $\{f_n\}$은 $[\alpha, \infty)\,(\alpha > 0)$에서 균등수렴하지만 $[0, \infty)$에서 균등수렴하지 않음을 보여라.

02 $f_n(x) = 1/(1 + x^n)\,(0 \leq x \leq 1)$일 때 다음을 보여라.

(1) $f(x) = \lim_{n \to \infty} f_n(x)$를 구하여라.

(2) $a \in (0, 1)$에 대하여 $\{f_n\}$은 $[0, a]$에서 f에 균등수렴한다.

(3) $\{f_n\}$은 $[0, 1]$에서 f에 균등수렴하지 않는다.

06
연결
거리공간

6.1 분리집합

정의 6.1.1. A, B는 거리공간 (M, d)의 공집합이 아닌 부분집합이고

$$A \cap \overline{B} = \varnothing, \quad \overline{A} \cap B = \varnothing$$

이면 A, B는 분리된다(separated)고 한다.

보기 1 보통거리공간 $(\mathbb{R}, d)$에서

    (1) $A = (1, 2), B = (2, 3)$은 분리된다.

    (2) $A = (1, 2], B = (2, 3)$은 분리되지 않는다.

보기 2 이산거리공간 $\mathbb{R}$에서 $A = (1, 2), B = (2, 3)$은 분리된다. 왜냐하면 $A \cap B = \varnothing$이고 이산거리공간에서 $\overline{A} = A$이기 때문이다.

주의 1 (1) 만약 거리공간 (M, d)에서 A, B가 분리되면 $A \cap B \subseteq A \cap \overline{B} = \varnothing$이므로 $A \cap B = \varnothing$이다. 하지만 서로소인 두 집합은 분리된다고 말할 수 없다. 예를 들어, $A = (1, 2], B = (2, 3)$일 때 $A \cap B = \varnothing$이지만 보통거리공간에서 A, B는 분리되지 않는다.

정리 6.1.2 (M, d)는 거리공간이고 A, B는 M의 공집합이 아닌 부분집합이라 하자. 만약 $d(A, B) > 0$이면 A와 B는 분리된다.

증명 $d(A, B) = \lambda$로 두면

$$d(A, B) = \inf\{d(x, y) : x \in A, y \in B\}$$

이므로 $d(x, y) \geq \lambda$ $(x \in A, y \in B)$이다. 만약 $x \in A$이면 $B_{\lambda/2}(x) \cap B = \varnothing$이므로 x는 B의 집적점이 될 수 없다. 따라서 $A \cap \overline{B} = \varnothing$이다. 마찬가지로 $\overline{A} \cap B = \varnothing$이므로 A, B는 분리된다. ■

주의 2 정리 6.1.2의 역은 일반적으로 성립하지 않는다. 예를 들어, 보통거리공간 $\mathbb{R}$에서 $A = (0, \infty), B = (-\infty, 0)$으로 두면 A, B는 분리되지만 $d(A, B) = 0$이다.

정리 6.1.3 A, B는 거리공간 M의 공집합이 아닌 부분집합이라고 하자.

(1) 만약 A, B가 닫힌집합이면 A, B가 분리되기 위한 필요충분조건은 $A \cap B = \varnothing$이다.

(2) 만약 A, B가 열린집합이면 A, B가 분리되기 위한 필요충분조건은 $A \cap B = \varnothing$이다.

증명 (1) A, B는 닫힌집합이므로 $\overline{A} \cap B = A \cap \overline{B} = A \cap B$이다. 분리된 집합의 정의에 의하여 (1)이 성립한다.

　　　(2) A, B는 열린집합이고 $A \cap B = \varnothing$이라 가정하자. 그러면 A^c, B^c은 닫힌집합이므로 $A^c = \overline{M-A}, B^c = \overline{M-B}$이다. $A \subseteq B^c$이면 $\overline{A} \subseteq \overline{M-B} = B^c$이다. 마찬가지로 $\overline{B} \subseteq A^c$이다. 따라서

$$\overline{A} \cap B \subseteq B^c \cap B = \varnothing, \quad \overline{B} \cap A \subseteq A^c \cap A = \varnothing$$

이므로 A, B는 분리된다. ■

정리 6.1.4 A, B는 거리공간 (M, d)에서 분리된 집합이고 $G = A \cup B$라 하자. 그러면

(1) G가 열린집합이면 A, B는 열린집합이다.

(2) G가 닫힌집합이면 A, B는 닫힌집합이다.

증명 (1) $\overline{B}$는 닫힌집합이므로 $(\overline{B})^c$은 열린집합이다. $G = A \cup B$가 열린집합이므로 $(A \cup B) \cap (\overline{B})^c$도 열린집합이다. A, B는 분리된 집합이므로 $A \cap \overline{B} = \varnothing$이다. 따라서 $A \subseteq (\overline{B})^c$이다. 또한 $B \subseteq \overline{B}$이므로 $(\overline{B})^c \subseteq B^c$이다. 따라서 $B \cap (\overline{B})^c \subseteq B \cap B^c = \varnothing$이므로 $B \cap (\overline{B})^c = \varnothing$이다. 그러므로

$$(A \cup B) \cap (\overline{B})^c = [A \cap (\overline{B})^c] \cup [B \cap (\overline{B})^c] = A \cup \varnothing = A$$

이므로 A는 열린집합이다. 마찬가지로 B는 열린집합임을 보일 수 있다.

(2) $G = A \cup B$는 닫힌집합이므로 $A \cup B = \overline{A \cup B} = \overline{A} \cup \overline{B}$이다. 가정에 의하여 A, B는 분리집합이므로 $\overline{A} \cap B = \varnothing$ 이다. 따라서

$$\overline{A} = \overline{A} \cap (\overline{A} \cup \overline{B}) = \overline{A} \cap (A \cup B) = (\overline{A} \cap A) \cup (\overline{A} \cap B) = A \cup \varnothing = A$$

이므로 A는 닫힌집합이다. 마찬가지로 B가 닫힌집합임을 보일 수 있다. ■

연습문제 6.1

01 p는 거리공간 (M, d)의 점이고 $\delta > 0$이라 하자.
$$A = \{x \in M : d(x, p) < \delta\}, \quad B = \{x \in M : d(x, p) > \delta\}$$
일 때 A, B는 분리됨을 보여라.

6.2 연결 거리공간

거리공간 $X = [0, 1] \cup [2, 3]$은 어떠한 합리적 연결성의 정의에 대해서도 연결이 아니어야 한다. 이때 $[0, 1]$은 X의 열린집합인 동시에 닫힌집합이고 또한 X도 $\varnothing$도 아니다. 그런데 모든 거리공간 M에서 M과 $\varnothing$은 반드시 열린집합인 동시에 닫힌집합이다.

정의 6.2.1 거리공간 M의 열린집합이면서도 닫힌집합도 되는 부분집합이 M과 $\varnothing$뿐일 때 M은 연결 거리공간(connected metric space)이라 한다.

정리 6.2.2 거리공간 M에 대하여 다음은 서로 동치이다.
(1) M은 연결 거리공간이 아니다.
(2) M의 공집합이 아닌 두 열린집합 U와 V가 존재하여 $M = U \cup V$, $U \cap V = \varnothing$이 된다.
(3) M의 공집합이 아닌 두 닫힌집합 C와 D가 존재하여 $M = C \cup D$, $C \cap D = \varnothing$이 된다.

증명 (1) $\Rightarrow$ (2): M이 연결공간이 아니라고 가정하자. 그러면 M의 열린집합이고 닫힌집합인 U가 존재하여 $U \neq \varnothing$, $U \neq M$이 된다. $V = U^c$로 두면 V는 열린집합이고 $V \neq \varnothing$이다. 또한 $M = U \cup V$, $U \cap V = \varnothing$이고 U와 V는 열린집합이고 $\varnothing$이 아니다.

(2) $\Rightarrow$ (1): (2)가 성립한다고 가정하자. $U^c = V$이므로 U는 닫힌집합이다. 따라서 U는 열린집합이고 또한 닫힌집합이며 M이나 $\varnothing$과 같지 않다. 따라서 M은 연결공간이 아니다. 그러므로 (1)과 (2)는 동치이다.

(1)과 (3)이 동치임을 위와 같은 방법으로 증명할 수 있다. ■

보기 1 집합 $A = \{x \in \mathbb{R} : |x| > 0\}$은 연결되지 않음을 보여라.

증명 $A = \{x \in \mathbb{R} : |x| > 0\} = (-\infty, 0) \cup (0, \infty)$이므로 A는 공집합이 아니고 서로소인 열린집합의 합집합이다. 즉,

$$A = [A \cap (-\infty, 0)] \cup [A \cap (0, \infty)]$$

이고 $A \cap (-\infty, 0)$, $A \cap (0, \infty)$는 A에서 열린집합이고 공집합이 아니고 서로소이다. 따라서 A는 연결집합이 아니다. ∎

정리 6.2.3 거리공간 M이 연결공간일 필요충분조건은 M은 두 개의 분리된 집합의 합집합으로 표현할 수 없다는 것이다.

증명 ($\Leftarrow$) M은 두 개의 분리된 집합들(separated sets)의 합집합으로 표현할 수 없다고 가정하자. A는 M의 열린집합과 동시에 닫힌부분집합이고 $\emptyset \neq A \subsetneqq M$이라 하자. $B = A^c$로 두면

$$M = A \cup B, \ A \neq \emptyset, \ B \neq \emptyset \text{ 이고 } A \cap B = \emptyset.$$

또한 A, B는 열린집합이다. 따라서 정리 6.1.3에 의하여 $A \cap \overline{B} = \emptyset$ 이고 $\overline{A} \cap B = \emptyset$ 이므로 이것은 가정에 모순이다. 따라서 M은 공집합이 아니고 열린집합과 동시에 닫힌집합이므로 M은 연결공간이다.

역으로 M은 연결공간이라 가정하자. 즉, M은 공집합이 아니고 열린집합과 동시에 닫힌집합이라 하자. M은 두 개의 분리된 집합들의 합집합으로 표현할 수 있다고 가정하자. 그러면

$$M = A \cup B, \ A \neq \emptyset, \ B \neq \emptyset, \ A \cap B = \emptyset$$

이고 A, B는 M의 열린부분집합이다. $B = A^c$이므로 A는 열린집합이므로 B는 닫힌집합이다. 따라서 B는 M의 열린집합과 동시에 닫힌진부분집합이다. 이것은 가정에 모순이다. 그러므로 M은 두 개의 분리된 집합들의 합집합으로 표현할 수 없다.

실직선 $\mathbb{R}$ 의 연결집합에 대하여 살펴보기로 한다.

정리 6.2.4 $\mathbb{R}$ 의 부분집합 X가 연결집합일 필요충분조건은 $a, b \in X$이고 $a < b$이면 $[a, b] \subseteq X$이다.

증명 X는 $\mathbb{R}$의 연결부분집합이라 하자. $a, b \in X$, $a < b$이지만 $c \not\in X$인 점 $c \in [a, b]$가 존재한다고 가정하자. 그러면

$$U = \{x \in X : x < c\} = (-\infty, c) \cap X \text{와} \quad V = \{x \in X : c < x\} = (c, \infty) \cap X$$

로 두면 $a \in U$, $b \in V$이므로 $U \neq \varnothing$, $V \neq \varnothing$이고 U, V는 X의 열린부분집합이다. 또한 $X = U \cup V$이고 $U \cap V = \varnothing$이다. 그러므로 정리 6.2.2에 의하여 X는 연결집합이 아니다. 이것은 X가 연결집합이라는 가정에 모순된다. 따라서 $a, b \in X$, $a < b$이면 반드시 $[a, b] \subseteq X$가 된다.

역으로 $a, b \in X$, $a < b$이면 반드시 $[a, b] \subseteq X$가 성립한다고 가정하자. X가 연결집합이 아니라고 하면 정리 6.2.2에 의하여 X의 닫힌집합 C와 D가 존재하여

$$C \neq \varnothing, \quad D \neq \varnothing \text{이고} \quad X = C \cup D, \quad C \cap D = \varnothing$$

이 된다. $a \in C$, $b \in D$이고 $a < b$라 가정하고 $c = \sup\{x \in C : x < b\}$로 두면 최소상계의 정의에 의하여 모든 자연수 n에 대하여 $x_n \in C$가 존재하여 $c - 1/n < x_n \leq c$가 된다. 따라서 $x_n \to c$가 되므로 c는 C의 극한점이 된다. C는 닫힌집합이므로 $c \in C$이어야 한다. $c < b$이고 가정에 의하여 $[c, b] \subseteq X$가 된다.

다음으로 $(c, b) \subseteq D$임을 보인다. 만일 $y \in (c, b)$이고, $y \not\in D$인 y가 존재한다면 $y \in C$가 된다. 지금 $y < b$이고 $y \in C$이므로 $y \in \{x \in C : x < b\}$이다. 따라서 최소상계의 정의에 의하여

$$y \leq c = \sup\{x \in C : x < b\}$$

이다. $y \in (c, b)$이므로 $y > c$이어야 한다. 이것은 모순이다. 따라서 $(c, b) \subseteq D$이다. $(c, b) \subseteq D$이고 c는 닫힌집합 D의 극한점이므로 $c \in D$가 된다. 그러면 $c \in C \cap D = \varnothing$이 되므로 이것은 가정에 모순이다. 따라서 X는 연결집합이어야 한다. $\blacksquare$

따름정리 6.2.5 $\mathbb{R}$의 공집합이 아닌 부분집합 X가 연결집합일 필요충분조건은 X가 한 점이거나 한 구간이다. 특히, $\mathbb{R}$은 연결집합이다.

> **증명** 정리 6.2.4에 의하여 점과 구간들은 연결집합이다.
>
> 역으로 X가 $\mathbb{R}$의 연결집합이라 가정하자. $a = \inf X$, $b = \sup X$라고 두자(만일 X가 아래로 유계가 아니면 $a = -\infty$, X가 위로 유계가 아니면 $b = \infty$라고 둔다). 이때 $a \leq b$이므로 $a < b$이거나 $a = b$이다.
>
> 만일 $a = b$이면 $X = \{a\}$이다. 그래서 $a < b$라고 가정하고 $c \in (a, b)$라고 하자. 그러면 $a < x < c < y < b$인 $x, y \in X$가 존재한다. 정리 6.2.4에 의하여 $c \in X$가 된다. 따라서 $(a, b) \subseteq X$이다. 만일 $x < a$이거나 $x > b$이면 $x \notin X$가 된다. 즉, $x \in X$이면 $x \geq a$이고 $x \leq b$이다. 따라서 $X \subseteq [a, b]$이므로 X는 (a, b), $[a, b)$, $(a, b]$ 또는 $[a, b]$ 중의 한 구간이다. ∎

정리 6.2.6 $\{A_\alpha : \alpha \in I\}$는 $\cap_\alpha A_\alpha \neq \varnothing$인 거리공간 M의 연결집합들의 집합족이면 합집합 $A = \cup_\alpha A_\alpha$는 연결집합이다.

> **증명** 집합 $A = \cup_\alpha A_\alpha$가 연결집합이 아니라고 가정하면
>
> $$U \cap V = \varnothing, \ U \cup V = A, \ U, \ V \neq \varnothing$$
>
> 인 A의 열린집합 U, V가 존재한다. 각 $\alpha \in I$에 대하여 $U_\alpha = U \cap A_\alpha$, $V_\alpha = V \cap A_\alpha$라 두면 $U_\alpha \cup V_\alpha = A_\alpha$, $U_\alpha \cap V_\alpha = \varnothing$이다. A_α가 연결집합이므로 각 $\alpha \in I$에 대하여
>
> $$U_\alpha = \varnothing, \ V_\alpha = A_\alpha \text{이거나} \ U_\alpha = A_\alpha, \ V_\alpha = \varnothing$$
>
> 임을 알 수 있다.
>
> 이제 $J = \{\alpha \in I : U_\alpha = \varnothing, V_\alpha = A_\alpha\}$로 두면 $U = \cup_{\alpha \in I} U_\alpha \neq \varnothing$이므로 $J \subsetneq I$이다. 또한 $J \neq \varnothing$이다. 따라서 $i \in J$와 $j \in I - J$를 택하면 $V_i = A_i$, $U_j = A_j$이고
>
> $$A_i \cap A_j = V_i \cap U_j \subseteq V \cap U = \varnothing$$
>
> 이므로 가정에 모순이다. ∎

01 A는 거리공간 M의 연결부분집합이면 $A \subseteq B \subseteq \overline{A}$인 모든 부분집합 B는 연결집합임을 보여라. 특히, $\overline{A}$는 연결집합이다.

02 $A = \{(x, y) \in \mathbb{R}^2 : y = 0\} \cup \{(x, y) \in \mathbb{R}^2 : x > 0,\ y = 1/x\}$는 보통거리공간 $\mathbb{R}^2$의 부분집합일 때 A는 연결집합이 아님을 보여라.

03 $A = \{(x, y) \in \mathbb{R}^2 : x^2 - y^2 \geq 4\}$는 연결집합이 아님을 보여라.

04 A가 거리공간 M의 연결부분집합일 때 A°는 반드시 연결집합인가?

05 (1) 연결이지만 콤팩트가 아닌 $\mathbb{R}$의 부분집합의 예를 들어라.
(2) 콤팩트이지만 연결이 아닌 $\mathbb{R}$의 부분집합의 예를 들어라.

06 (1) 완비가 아닌 연결 거리공간의 예를 들어라.
(2) 연결이 아닌 완비 거리공간의 예를 들어라.

07 $\{A_\alpha : \alpha \in I\}$는 거리공간 M의 연결집합들의 집합족으로 임의의 $\gamma \neq \beta \in I$에 대하여 $A_\beta \cap A_\gamma \neq \varnothing$이면 $A = \cup_{\alpha \in I} A_\alpha$는 연결집합임을 보여라.

08 $\{A_n : n \in \mathbb{N}\}$는 거리공간 M의 연결집합들의 집합족으로서 임의의 자연수 $n \in \mathbb{N}$에 대하여 $A_n \cap A_{n+1} \neq \varnothing$이면 $A = \cup_{n \in \mathbb{N}} A_n$은 연결집합임을 보여라.

09 A는 거리공간 M의 부분집합이라 하자. 만약 A의 모든 점들의 쌍이 A의 한 연결부분집합에 있다면 A는 연결집합임을 보여라.

10 두 연결집합의 합집합이나 교집합은 반드시 연결집합이 되는 것은 아님을 예를 들어 보여라.

11 M은 연결공간이고 M과 X는 위상동형이면 X는 연결공간임을 보여라.

6.3 연속함수와 연결집합

정리 6.3.1 M_1, M_2는 거리공간이고 M_1은 연결공간이고 $f : M_1 \to M_2$가 연속함수이면 $f(M_1)$은 연결집합이다.

증명 만일 $M = f(M_1)$이 연결집합이 아니라면 정리 6.2.2에 의하여 M의 공집합이 아닌 열린집합 U와 V가 존재하여 $U \cup V = M$, $U \cap V = \varnothing$이 된다. f는 연속이므로 $f^{-1}(U)$와 $f^{-1}(V)$는 M_1의 열린집합이다. 그러면

$$M_1 = f^{-1}(U) \cup f^{-1}(V), \ f^{-1}(U) \cap f^{-1}(V) = \varnothing$$

이고 $f^{-1}(U)$와 $f^{-1}(V)$는 공집합이 아닌 M_1의 열린집합이다. 따라서 M_1은 연결집합이 아니다. 이것은 가정에 모순되므로 $M = f(M_1)$은 연결집합이다. ■

따름정리 6.3.2 $f : M \to \mathbb{R}$는 연결 거리공간 (M, d)에서 연속함수이면 $f(M)$은 구간이다.

증명 정리 6.3.1에 의하여 $f(M)$은 $\mathbb{R}$의 연결부분집합이다. 따름정리 6.2.4에 의하여 $f(M)$은 구간이다. ■

정리 6.3.3 (중간값 정리, intermediate-value theorem) f는 닫힌구간 $[a, b]$에서 연속인 실함수이고 $f(a) < f(b)$이라 가정한다. y가 $f(a) < y < f(b)$를 만족하는 실수이면 $f(x) = y$인 $x \in (a, b)$가 존재한다.

증명 정리 6.3.1에 의하여 $f([a, b])$는 $\mathbb{R}$의 연결집합이다. 정리 6.2.4에 의하여 $f([a, b])$는 구간이고 $f(a), f(b) \in f([a, b])$이므로 $[f(a), f(b)] \subseteq f([a, b])$가 된다. 따라서 $y \in f([a, b])$이므로 $f(x) = y$인 $x \in (a, b)$가 존재한다. ■

정리 6.3.4 $f : [-1, 1] \to [-1, 1]$이 연속이면 $f(c) = c$인 점 $c \in [-1, 1]$이 존재한다.

증명 만약 $f(-1) = -1$ 또는 $f(1) = 1$이면 증명이 끝난다. 따라서 $f(-1) > -1$이고 $f(1) < 1$이라 가정하자. 함수 $g(x) = f(x) - x \ (x \in I)$를 생각하면 g는 연속함수의 차이므로 g는 연속함수이다. 또한

$$g(-1) = f(-1) + 1 > 0 \text{이고} \ g(1) = f(1) - 1 < 0$$

이다. 따라서 중간값 정리에 의하여 $g(c) = 0$인 점 $c \in (-1, 1)$이 존재한다. ∎

주의 1 구간 $[-1, 1]$을 $[-1, 1)$ 또는 $[-1, \infty)$로 대치할 수 없다.

첫째의 경우 $f : [-1, 1) \to [-1, 1)$, $f(t) = \dfrac{t+1}{2}$은 연속함수이지만 부동점을 갖지 않는다.

둘째의 경우 $f : [-1, \infty) \to [-1, \infty)$, $f(t) = t + 1$로 정의하면 f는 $[-1, \infty)$에서 연속이지만 f는 부동점을 갖지 않는다.

정리 6.3.5 거리공간 $\mathbb{R}^n$은 연결공간이다.

증명 $\mathbb{R}^n$이 연결이 아니라고 가정하면 $\mathbb{R}^n$의 $\varnothing$이 아닌 열린집합 U와 V가 존재하여 $\mathbb{R}^n = U \cup V$, $U \cap V = \varnothing$이 된다. $x = (x_1, \cdots, x_n) \in U$, $y = (y_1, \cdots, y_n) \in V$라고 하자. 지금

$$f(t) = (tx_1 + (1-t)y_1, \cdots, tx_n + (1-t)y_n), \ 0 \leq t \leq 1$$

로 두면 $f : [0, 1] \to \mathbb{R}^n$은 연속함수이고 $f([0, 1])$은 x와 y를 연결하는 선분이다. 지금 임의의 $\epsilon > 0$에 대하여

$$\delta = \epsilon / d(x, \ y) = \epsilon / \left[\sum_{k=1}^{n} (x_k - y_k)^2 \right]^{1/2}$$

로 놓는다. 만일 $|t_1 - t_2| < \delta$이면

$$d(f(t_1),\, f(t_2)) = \sqrt{\sum_{k=1}^{n} [(t_1 x_k + (1-t_1)y_k) - (t_2 x_k + (1-t_2)y_k)]^2}$$
$$= |t_1 - t_2|\,(\sum_{k=1}^{n} (x_k - y_k)^2)^{1/2} < \epsilon$$

이 된다. 따라서 f는 연속함수이다. 정리 6.2.4와 정리 6.3.1에 의하여 $X = f([0,\,1])$은 연결집합이다. $U_1 = X \cap U$, $V_1 = X \cap V$로 두면 U_1과 V_1은 X의 열린집합들이고,

$$X = U_1 \cup V_1, \quad U_1 \cap V_1 = \varnothing$$

이 된다. 그리고 $x = f(1) \in U_1$이고 $y = f(0) \in V_1$이므로 U_1과 V_1은 공집합이 아니다. 정리 6.2.2에 의하여 X는 연결집합이므로 이것은 모순이다. 그러므로 $\mathbb{R}^n$은 연결공간이다. ∎

주의 2 정리 6.3.5의 증명과 비슷하게 l^1과 l^2는 연결공간임을 증명할 수 있다.

정리 6.3.6 거리공간 M의 부분집합 S에 대하여 다음은 서로 동치이다.

(1) 집합 S는 연결집합이 아니다.

(2) 집합 S에서 정의된 전사인 연속함수 $f : S \to \{0,\,1\}$이 존재한다.

증명 (1) ⟹ (2): 집합 S가 연결집합이 아니면 정리 6.2.2에 의하여 M의 공집합이 아닌 두 열린집합 U와 V가 존재하여 $M = U \cup V$, $U \cap V = \varnothing$이 된다. 이제 함수 $f : S \to \{0,\,1\}$을

$$f(x) = \begin{cases} 0, & x \in U \\ 1, & x \in V \end{cases}$$

로 정의하면 f는 전사인 연속함수이다.

(2) ⟹ (1): (2)를 만족하는 함수 f가 존재할 때 $U = f^{-1}(\{0\})$, $V = f^{-1}(\{1\})$로 정의하면 정리 6.2.2의 조건 (3)이 성립한다. 따라서 S는 연결집합이 아니다.

연습문제 6.3

01 M이 연결 거리공간이면 M 위의 연속인 특성함수 χ_M은 상수함수임을 보여라. 집합 A 위의 특성함수(characteristic function)는

$$\chi_A(x) = \begin{cases} 1, & x \in A \\ 0, & x \notin A \end{cases}$$

인 함수를 말한다.

02 (M, d)는 거리공간이고 모든 연속함수 $f : M \to \mathbb{R}$이 중간값 성질을 가진다면 (M, d)는 연결공간임을 보여라.

03 거리공간 l^1, l^2, l^∞, c_0, H^∞는 연결공간임을 보여라.

04 $\mathbb{R}$의 열린구간이 $\mathbb{R}$의 반열린구간과 위상동형(homeomorphic)이 아님을 보여라.

05 X, Y는 거리공간이고 $(X \times Y, d)$는 곱거리공간이라 하면 $X \times Y$가 연결집합일 필요충분조건은 X, Y가 연결집합임을 보여라.

07

거리공간의
응용

7.1 조밀성과 근사

정의 7.1.1 A가 거리공간 M의 부분집합이고 $\overline{A} = M$이면 A는 M에서 **조밀하다**(dense)고 한다. 다시 말하면, M의 모든 점이 A의 점이거나 A의 집적점이면 A는 M에서 조밀하다.

주의 1 $x \in M$이고 $\epsilon > 0$이면 항상 $d(x, y) < \epsilon$인 $y \in A$가 존재하면 A는 (M, d)에서 조밀하다. 또는 모든 $x \in M$과 임의의 $\epsilon > 0$에 대하여 $B_\epsilon(x) \cap A \neq \varnothing$이면 A는 M에서 조밀하다.

보기 1 (1) $\overline{\mathbb{Q}} = \mathbb{R}$이므로 유리수 전체의 집합 $\mathbb{Q}$는 보통거리공간 $\mathbb{R}$에서 조밀하다.

    (2) $\overline{\mathbb{R} - \mathbb{Q}} = \mathbb{R}$이므로 무리수 전체의 집합은 보통거리공간 $\mathbb{R}$에서 조밀하다.

    (3) $A = \{a + ib : a, b \in \mathbb{Q}\}$는 $\mathbb{C}$에서 조밀하다.

    (4) $\mathbb{Q}^n = \mathbb{Q} \times \mathbb{Q} \times \cdots \times \mathbb{Q}$($n$번 곱)는 $\mathbb{R}^n$에서 조밀하다.

정리 7.1.2 A가 거리공간 M의 공집합이 아닌 부분집합이면 다음은 서로 동치이다.

(1) 임의의 $x \in M$에 대하여 $d(x, A) = 0$이다.

(2) $\overline{A} = M$

(3) M의 모든 공집합이 아닌 열린부분집합 G에 대하여 $A \cap G \neq \varnothing$이다.

증명 (1)과 (2)의 동치는 $d(x, A) = 0 \Leftrightarrow x \in \overline{A}$라는 정리 2.4.8에 의하여 성립한다. (2)와 (3)이 동치임을 보이고자 한다.

(2)$\Rightarrow$(3): $A \cap O = \varnothing$을 만족하는 M의 공집합이 아닌 열린부분집합 O가 존재한다고 가정하면 $A \subseteq O^c$이고 O^c는 닫힌집합이므로 $\overline{A} \subseteq \overline{O^c} = O^c$이다. 따라서 $\overline{A} \cap O = \varnothing$이다. $O \neq \varnothing$이므로 $\overline{A} \neq M$이다. 이것은 가정에 모순된다. 따라서 (3)이 성립한다.

(3)$\Rightarrow$(2): (3)이 성립하지만 (2)가 성립하지 않는다고 가정하자. $\overline{A} \neq M$이므로 $(\overline{A})^c$

$\neq \varnothing$ 이다. $\overline{A}$ 는 닫힌집합이므로 $(\overline{A})^c$ 는 M 의 열린부분집합이고 $(\overline{A})^c \cap A = \varnothing$ 이다. 따라서 $(\overline{A})^c$ 는 M 의 공집합이 아닌 열린부분집합이므로 이것은 가정 $(\overline{A})^c \cap A \neq \varnothing$ 에 모순이다. 그러므로 $\overline{A} = M$ 이다. 즉, (2)가 성립한다. ■

보기 2 l^p $(1 \leq p < \infty)$ 는 $\{a_k\}$, $\{b_k\} \in l^p$ 의 거리

$$d(\{a_n\}, \{b_n\}) = \left(\sum_{k=1}^{\infty} |a_k - b_k|^p \right)^{1/p}$$

를 갖는 거리공간이라 하고

$$A = \{ x = (a_1, a_2, \cdots, a_n, 0, 0, \cdots) \in l^p : a_i \in \mathbb{Q} \ (i = 1, 2, \cdots, n) \text{이고} \ n \in \mathbb{N} \}$$

로 두면 A 는 l^p 에서 조밀함을 보여라.

증명 $x = (x_1, x_2, \cdots)$ 는 l^p 의 임의의 점이고 ϵ 는 임의의 양수라 하자. 정의에 의하여

$$\sum_{i = N+1}^{\infty} |x_i|^p < \frac{\epsilon^p}{2}$$

를 만족하는 자연수 N 이 존재한다. $\mathbb{Q}$ 는 보통거리공간 $\mathbb{R}$ 에서 조밀하므로 임의의 실수에 대하여 그 실수에 원하는 만큼 가까운 유리수가 존재한다. 따라서

$$\sum_{i=1}^{N} |x_i - a_i|^p < \frac{\epsilon^p}{2}$$

인 점 $y = (a_1, a_2, \cdots, a_N, 0, 0, \cdots) \in A$ 를 선택할 수 있다. 그러므로

$$d(x, y)^p = \sum_{k=1}^{\infty} |x_k - a_k|^p = \sum_{k=1}^{N} |x_k - a_k|^p + \sum_{k=N+1}^{\infty} |x_k|^p$$
$$< \frac{\epsilon^p}{2} + \frac{\epsilon^p}{2} = \epsilon^p$$

이므로 $d(x, y) < \epsilon$ 이다. 이것은 $x \in l^p$ 와 집합 A 와의 거리는 0임을 의미한다. 정리 7.1.2에 의하여 A 는 l^p 에서 조밀하다. ■

보기 3 (1) (M, d_0)가 이산거리공간이면 M의 모든 부분집합은 닫힌집합이므로 M의 조밀한 집합은 오직 M이다.

(2) 완비화의 정의에 의하여 거리공간은 완비화에서 조밀하다(6.3절 참조).

정리 7.1.3 $[a, b]$에서 정의되고 유리수 계수를 갖는 다항식들의 집합 $P[a, b]$는 $C[a, b]$에서 조밀하다.

증명 $f \in C[a, b]$는 임의의 연속함수라 하자. 바이어슈트라스 정리에 의하여 $[a, b]$에서 f에 고른수렴하고 실계수를 갖는 다항식들의 수열 $\{p_n\}$이 존재한다. ϵ은 임의의 양수라 하자. 그러면 임의의 $t \in [a, b]$이고 $n > N$인 모든 자연수 n에 대하여 $|p_n(t) - f(t)| < \epsilon$을 만족하는 자연수 N이 존재한다. 즉, $n > N$인 모든 자연수 n에 대하여 $d_\infty(p_n, f) < \epsilon$이다. $\mathbb{Q}$는 $\mathbb{R}$에서 조밀하므로 모든 다항식은 유리수 계수를 갖는 다항식으로 고른근사화할 수 있다. 따라서 이러한 수열 $\{p_n\}$에 대응하여 유리수 계수를 갖는 다항식들의 수열 $\{q_n\}$이 존재한다. 즉, 임의의 $t \in [a, b]$에 대하여

$$|p_n(t) - q_n(t)| < \frac{1}{n}$$

인 유리수 계수를 갖는 다항식 $q_n \in P[a, b]$가 존재한다. 이것은 모든 자연수 n에 대하여

$$d_\infty(p_n, q_n) = \sup_{t \in [a,b]} |p_n(t) - q_n(t)| < \frac{1}{n}$$

을 의미한다. 삼각부등식에 의하여 $n \to \infty$일 때

$$d_\infty(f, q_n) \leq d_\infty(f, p_n) + d_\infty(p_n, q_n) \to 0$$

이다. 따라서 $n \to \infty$일 때 $q_n \to f \in C[a, b]$이므로 $\overline{P[a, b]} = C[a, b]$이다. ∎

정리 7.1.4 $\{G_n\}$이 완비 거리공간 (M, d)에서 조밀한 열린집합들의 수열이면 $\cap_{n=1}^{\infty} G_n \neq \varnothing$이고, $\cap_{n=1}^{\infty} G_n$도 M에서 조밀하다.

📘 **증명** $x \in M$은 임의의 점이고 $\epsilon > 0$은 임의의 양수라 하자. $d(x, y) < \epsilon$인 $y \in \cap_{n=1}^{\infty} G_n$이 존재함을 보이면 된다. G_1이 M에서 조밀하므로 $y_1 \in G_1 \cap B_\epsilon(x)$가 존재한다. $G_1 \cap B_\epsilon(x)$는 열린집합이므로 $B_{\epsilon_1}(y_1) \subseteq G_1 \cap B_\epsilon(x)$를 만족하는 열린 공 $B_{\epsilon_1}(y_1)$이 존재한다. $\delta_1 = \min\{\epsilon_1/2, 1\}$로 두면 G_2가 M에서 조밀하므로 $y_2 \in G_2 \cap B_{\delta_1}(y_1)$이 존재한다. $G_2 \cap B_{\delta_1}(y_1)$은 열린집합이므로 $B_{\epsilon_2}(y_2) \subseteq G_2 \cap B_{\delta_1}(y_1)$인 열린 공 $B_{\epsilon_2}(y_2)$가 존재한다. $\delta_2 = \min\{\epsilon_2/2, 1/2\}$로 둔다. 이와 같은 과정을 계속한다. 다음 단계에서는 $y_3 \in G_3 \cap B_{\delta_2}(y_2)$와 열린 공 $B_{\epsilon_3}(y_3) \subseteq G_3 \cap B_{\delta_2}(y_2)$를 취하고 $\delta_3 = \min\{\epsilon_3/2, 1/3\}$으로 둔다. 이렇게 해서 수열 $\{y_n\}$과 열린 공 $\{B_{\epsilon_n}(y_n)\}$과 $\{B_{\delta_n}(y_n)\}$이 존재하여

$$B_{\epsilon_{n+1}}(y_{n+1}) \subseteq G_{n+1} \cap B_{\delta_n}(y_n)$$

이다. 여기서 $\delta_n = \min\{\epsilon_n/2, 1/n\}$이다.

$$B_{\delta_{n+1}}(y_{n+1}) \subseteq B_{\epsilon_{n+1}}(y_{n+1}) \subseteq B_{\delta_n}(y_n)$$

이므로

$$y_m \in B_{\delta_n}(y_n) \quad (m > n) \tag{7.1}$$

이다. $\delta_n \leq 1/n$이므로 $m > n$일 때 $d(y_m, y_n) < 1/n$이다. 따라서 $\{y_n\}$은 코시수열이다. M은 완비공간이므로 $\{y_n\}$은 M의 한 점 y에 수렴한다. 식 (7.1)에 의하여 $y \in \overline{B_{\delta_n}(y_n)}\,(n=1, 2, \cdots)$이 된다. $\delta_n \leq \epsilon_n/2$이므로 $n=1, 2, \cdots$에 대하여

$$y \in \overline{B_{\delta_n}(y_n)} \subseteq \overline{B_{\epsilon_n/2}(y_n)} \subseteq B_{\epsilon_n}(y_n) \subseteq G_n$$

이다. 따라서 $y \in \cap_{n=1}^{\infty} G_n$이고 $y \in B_{\epsilon_1}(y_1) \subseteq B_\epsilon(x)$이므로 $d(x, y) < \epsilon$이다. ∎

정의 7.1.5 $\overline{A} = M$인 거리공간 M의 가산부분집합 A가 존재하면 M은 분해가능 공간 또는 가분 거리공간(separable space)이라 한다.

보기 4 (1) $\overline{\mathbb{Q}} = \mathbb{R}$이므로 보통거리공간 $\mathbb{R}$은 분해가능 공간이다.

(2) 집합 $A = \{a + ib : a,\ b \in \mathbb{Q}\}$는 $\mathbb{C}$에서 조밀하므로 보통거리공간 $\mathbb{C}$는 분해가능 공간이다.

(3) $\mathbb{Q}^n = \mathbb{Q} \times \mathbb{Q} \times \cdots \times \mathbb{Q}$ (n번 곱)는 가산집합이고 $\mathbb{R}^n$에서 조밀하므로 유클리드 공간 $\mathbb{R}^n$은 분해가능 공간이다.

(4) $1 \le p < \infty$일 때 집합

$$A = \left\{ x = (a_1,\ a_2,\ \cdots,\ a_n,\ 0,\ 0,\ \cdots) \in l^p :\ a_i \in \mathbb{Q}\ (i = 1,\ 2,\ \cdots,\ n)\text{이고 } n \in \mathbb{N} \right\}$$

는 가산집합이고 보기 2에 의하여 l^p에서 조밀하므로 l^p는 분해가능 공간이다.

(5) $[a,\ b]$에서 유리수 계수를 갖는 다항식들의 집합 $P[a,\ b]$는 가산집합이고 정리 7.1.3에 의하여 $P[a,\ b]$는 $C[a,\ b]$에서 조밀하므로 $C[a,\ b]$는 분해가능 공간이다.

(6) 이산거리공간 M이 분해가능 공간이 될 필요충분조건은 M이 가산집합인 것이다.

정리 7.1.6 콤팩트 거리공간 M은 분해가능 공간이다.

증명 각 자연수 n에 대하여 $U = \{B_{1/n}(x) : x \in M\}$은 M의 열린 덮개이므로 한 유한 덮개 $B_{1/n}(x_1),\ \cdots,\ B_{1/n}(x_k)$를 갖는다. 각 $B_{1/n}(x_j)$ $(j = 1,\ \cdots,\ k)$에서 한 점씩 취해서 만든 집합을 A_n이라 한다. 그러면 A_n은 가산집합이다. 지금 $A = \cup_{n=1}^{\infty} A_n$으로 두면 A는 가산집합이고 $\overline{A} = M$이 된다. ∎

연습문제 7.1

01 A는 거리공간 (M, d)에서 조밀한 집합이고 $\operatorname{Int} A = \varnothing$ 이면 A^c도 M에서 조밀함을 보여라.

02 l^2에서 조밀한 가산집합을 구하여라.

03 A는 거리공간 (M, d)의 부분집합이면 다음은 동치임을 보여라

(1) A는 M에서 조밀하다.

(2) A를 포함하는 유일한 닫힌집합은 M이다.

(3) A와 서로소인 유일한 열린집합은 $\varnothing$ 이다.

(4) A는 공집합이 아닌 모든 열린집합과 만난다. 즉, X가 공집합이 아닌 임의의 열린집합이면 $A \cap X \neq \varnothing$ 이다.

(5) S가 임의의 열린 공(sphere)이면 $A \cap S \neq \varnothing$ 이다.

04 (M, d)는 분해가능 거리공간이고 $X \subseteq M$이면 X도 상대거리에 관하여 분해가능 거리공간임을 보여라.

05 (M, d)는 거리공간이고 $X \subseteq M$이라 하자. X가 분해가능 공간이고 $\overline{X} = M$이면 M은 분해가능 공간임을 보여라.

06 l^∞은 모든 유계수열들의 집합일 때 l^∞은 분해가능 공간이 아님을 보여라.

7.2 베어 범주정리

정의 7.2.1 A는 거리공간 (M, d)의 부분집합이고 $(\overline{A})^o = \varnothing$, 즉 $\overline{A}$가 내점을 갖지 않으면 A는 조밀한 곳이 없는 집합(nowhere dense)이라 한다.

보기 1 (1) 보통거리공간 $(\mathbb{R}, d)$에서 임의의 유한집합은 조밀한 곳이 없는 집합이다.

(2) $\overline{\mathbb{N}} = \mathbb{N}$이고 $N^o = \varnothing$이므로 $\mathbb{N}$은 $\mathbb{R}$에서 조밀한 곳이 없는 집합이다.

(3) 보통거리를 갖는 거리공간 $\mathbb{R}^2$에서 직선 위의 점들의 집합은 조밀한 곳이 없는 집합이다.

(4) 이산거리공간에서 공집합은 유일한 조밀한 곳이 없는 집합이다.

주의 1 조밀한 곳이 없는 집합의 개념은 조밀한 집합의 반대 개념이 아니다. 예를 들어, 보통 거리공간 $(\mathbb{R}, d)$에서 $A = (1, 2)$이면

$$(\overline{A})^o = A \neq \varnothing, \ (\overline{A})^c = (-\infty, 1) \cup (2, \infty)$$

이므로 A는 조밀한 곳이 없는 집합이 아니고, 조밀한 집합도 아니다.

정리 7.2.2 A는 거리공간 (M, d)의 부분집합이라 하자. 그러면 A가 조밀한 곳이 없는 집합이 되기 위한 필요충분조건은 $M - \overline{A}$는 조밀한 집합인 것이다.

증명 $\overline{M - A} = M - A^o$이므로 $A^o = M - \overline{M - A}$이다. A를 $\overline{A}$로 치환하면

$(\overline{A})^o = M - \overline{M - \overline{A}}$ 이다. 따라서

$$(\overline{A})^o = \varnothing \iff M = \overline{M - \overline{A}}$$

이다. ■

따름정리 7.2.3 A는 거리공간 (M, d)의 닫힌부분집합이라 하자. 그러면 A가 조밀한 곳이 없는 집합이 되기 위한 필요충분조건은 $M - A$는 조밀한 집합인 것이다.

주의 2 거리공간 M의 임의의 부분집합 A에 대하여 $M - \overline{A} \subseteq M - A$이다. 정리 7.2.2에 의하여 A가 M에서 조밀한 곳이 없는 집합이면 $M - A$는 M에서 조밀하다. 그러나 역은 성립하지 않는다. 예를 들어, 무리수 전체의 집합 $\mathbb{R} - \mathbb{Q}$는 보통거리공간 $\mathbb{R}$에서 조밀하지만, $\overline{\mathbb{Q}} = \mathbb{R}$이므로 $\mathbb{Q}$는 $\mathbb{R}$에서 조밀한 곳이 없는 집합이 아니다.

정의 7.2.4 거리공간 M의 부분집합 A가

$$A = \cup_{n=1}^{\infty} A_n, \quad (\overline{A_n})^o = \varnothing \quad (n = 1, 2, \cdots)$$

으로 표현되면 A는 제1범주(first category)라 한다. A가 제1범주가 아니면 A는 제2범주 (second category)라 한다.

보기 2 (1) $\varnothing$은 제1범주 집합이다.

(2) $\mathbb{Q}$는 제1범주 집합이다. 사실 $x_1, x_2, \cdots$가 유리수이면 각 집합 $\{x_i\}$는 닫힌집합이고 $\{x_i\}^o = \varnothing$이므로 $\mathbb{Q} = \cup \{x_i\}$는 제1범주 집합이다.

도움정리 7.2.5

(1) 거리공간의 모든 부분집합은 제1범주이거나 제2범주이다.

(2) $\{A_n\}_{n=1}^{\infty}$은 제1범주이면 가산개의 합집합 $\bigcup_n A_n$도 제1범주이다.

(3) M이 제2범주의 거리공간이고 $A_1 \subseteq M$은 $M = A_1 \cup A_2$인 제1범주이면 A_2는 제2범주이다.

(4) 제1범주 집합의 모든 부분집합은 제1범주이다.

증명 (2) 가산집합의 가산개 합집합은 가산집합이라는 사실로부터 나온다.

(3) A_2가 제1범주이면 $M = A_1 \cup A_2$이므로 (2)에 의하여 M은 제1범주이다. 이것은 가정에 모순이다. 따라서 A_2는 제2범주이다.

(4) 조밀한 곳이 없는 집합의 부분집합은 조밀한 곳이 없는 집합이라는 사실로부터 나온다. ∎

정리 7.2.6 (베어 범주정리 1) 공집합이 아닌 완비 거리공간 M은 제2범주이다.

증명 M이 제1범주 집합이면

$$M = \cup_{n=1}^{\infty} A_n, \quad (\overline{A_n})^o = \varnothing \quad (n = 1, 2, \cdots)$$

을 만족하는 M의 부분집합 A_1, A_2, $\cdots$ 이 존재한다. A_n은 조밀한 곳이 없는 집합, 즉 $(\overline{A_n})^o = \varnothing$ 이므로 $\overline{A_n}$은 내점을 갖지 않는다. 그러므로 B_r은 M에서 임의의 열린 공이고

$$G_n = M - \overline{A_n} = (\overline{A_n})^c$$

이면 임의의 $n = 1, 2, \cdots$ 에 대하여 G_n은 열린집합이고 정리 7.2.2에 의하여 G_n은 M에서 조밀한 집합이다. 따라서

$$B_r \cap G_n \neq \varnothing, \quad M = \cup_{n=1}^{\infty} \overline{A_n}$$

이므로 $\cap_{n=1}^{\infty} (\overline{A_n})^c = \varnothing$ 이다. 또한 모든 $G_n = (\overline{A_n})^c$은 M에서 조밀한 열린집합이므로 정리 7.1.4에 의하여 $\varnothing = \cap_{n=1}^{\infty} (\overline{A_n})^c$은 M에서 조밀해야 한다. 분명히 이 것은 모순이다. ∎

보기 3 (1) $\mathbb{R}$ 의 가산부분집합은 제1범주이다. 특히 $\mathbb{Q}$ 는 $\mathbb{R}$ 에서 제1범주이다.

(2) $\mathbb{R}$ 은 제2범주이다. 즉, $\mathbb{R}$ 은 조밀한 곳이 없는 집합들의 가산개 합집합으로 표현할 수 없다.

(3) 무리수 전체의 집합은 제2범주이다.

증명 (1) 한 점은 제1범주 집합이라는 사실과 도움정리 7.2.5를 결합하면 된다.

(2) $\mathbb{R}$ 은 완비공간이므로 베어 범주정리에 의하여 $\mathbb{R}$ 은 제2범주이다.

(3) 만일 무리수 전체의 집합이 제1범주이면 보기 2와 도움정리 7.2.5(2)에 의하여 $\mathbb{R}$ 은 제1범주이다. 이것은 모순이다. ∎

베어 범주정리는 해석학에서 많이 응용된다. 대표적인 응용의 예는 완비 거리공간 M 내에 특정한 성질 P를 갖는 점이 존재함을 보이는 데 이용된다. 전형적인 증명방법은

$$X = \{x \in M : x \text{는 성질 } P \text{를 만족하지 않는다}\}$$

로 두고 어떤 방법으로 X가 제1범주임을 보인다. M은 제2범주이므로 $x \in M \cap X^c$가 존재한다. 따라서 x는 성질 P를 만족한다.

정리 7.2.7 (베어 범주정리 2) M은 공집합이 아닌 완비 거리공간이고 $M = \cup_{n=1}^{\infty} F_n$ (F_n은 M의 닫힌부분집합)이면 이들 닫힌집합들 가운데 적어도 하나는 공집합이 아닌 열린집합을 포함한다.

증명 집합 F_n의 어느 것도 공집합이 아닌 열린집합을 포함하지 않는다고 가정하자. 가정에 의하여 $F_k \neq M$ ($k = 1, 2, \cdots$)이다. 특히 $F_1 \neq M$이므로 F_1^c는 공집합이 아닌 열린집합이다. 따라서 F_1^c는 열린 공 $B = B(x_1 ; \epsilon_1)$ (단, $0 < \epsilon_1 < 1/2$)을 포함한다. 즉, $B_1 = B(x_1 ; \epsilon_1) \subseteq F_1^c$인 $x_1 \in F_1^c$이고 $\epsilon_1 \in (0, 1/2)$가 존재한다. 가정에 의하여 F_2는 공집합이 아닌 열린집합을 포함하지 않으므로 F_2는 열린 공 $B_2 = B(x_1 ; \epsilon_1/2)$를 포함하지 않는다. 따라서 공집합이 아닌 열린집합 $F_2^c \cap B(x_1 ; \epsilon_1/2)$는 열린 공 $B_2 = B(x_2 ; \epsilon_2)$ (단, $0 < \epsilon_2 < 1/4$)를 포함한다. 즉, $B_2 = B(x_2 ; \epsilon_2) \subseteq F_2^c \cap B(x_1 ; \epsilon_1/2)$인 $x_2 \in F_2^c$이고 $\epsilon_2 \in (0, 1/4)$가 존재한다. 이러한 과정을 계속하면 다음 조건 (7.2)를 만족하는 수열 $\{x_n\}$과 열린 공들의 집합열 $\{B_k = B(x_k ; \epsilon_k)\}$를 얻을 수 있다. 임의의 자연수 $k \geq 1$에 대하여

$$0 < \epsilon_k < \frac{1}{2^k}, \; B_{k+1} \subseteq B(x_k ; \epsilon_k/2) \text{이고 } B_k \cap F_k = \varnothing \tag{7.2}$$

이다. 특히, 집합족 $\{F_k\}_{k \in \mathbb{N}}$은 무한집합족이어야 한다(유한인 경우 증명은 완성된다). 열린 공의 구성에 의하여

$$B(x_1 ; \epsilon_1) \supset B(x_2 ; \epsilon_2) \supset \cdots \supset B(x_n ; \epsilon_n) \supset B(x_{n+1} ; \epsilon_{n+1}) \supset \cdots$$

이 된다. $m > n$에 대하여

$$d(x_n,\ x_m) \leq \sum_{k=n}^{m-1} d(x_k,\ x_{k+1}) < \sum_{k=n}^{m-1} \frac{1}{2^{k+1}} < \frac{1}{2^n}$$

이므로 열린 공들의 중심으로 구성된 수열 $\{x_n\}$은 코시수열이다. M은 완비공간이므로 $\{x_n\}$은 한 점 $x^* \in M$에 수렴한다. 모든 자연수 $m > n$에 대하여

$$d(x_n,\ x^*) \leq d(x_n,\ x_m) + d(x_m,\ x^*) < \frac{\epsilon_n}{2} + d(x_m,\ x^*)$$

이고 $\lim_{m \to \infty} d(x_m,\ x^*) = 0$이므로 $d(x_n,\ x^*) \leq \epsilon_n/2$이다. 이것은 모든 자연수 $n \geq 1$에 대하여 $x^* \in B_n$을 의미한다. 따라서 모든 자연수 n에 대하여 $x^* \not\in F_n$이므로 $x^* \not\in \cup_{n=1}^{\infty} F_n$이다. 이것은 $M = \cup_{n=1}^{\infty} F_n$에 모순이다. 그러므로 닫힌집합들 F_k 가운데 적어도 하나는 공집합이 아닌 열린집합을 포함한다. ■

베어 범주정리의 한 응용의 예를 소개한다. 우선 한 정의부터 시작한다.

정의 7.2.8 x가 거리공간 M의 점일 때 어떤 $r > 0$에 대하여 $B_r(x) \cap M = \{x\}$이면 x는 M의 고립점(isolated point)이라 한다.

정리 7.2.9 M이 고립점을 갖지 않는 완비 거리공간이면 M은 가산집합이 아니다.

증명 M이 가산집합이면 $M = \cup_{n=1}^{\infty} \{a_n\}$이고, M은 고립점을 갖지 않으므로 각 $\{a_n\}$은 조밀한 곳이 없는 부분집합이다. 따라서 M은 제1범주 집합이다. 이것은 베어 범주정리에 모순된다. ■

따름정리 7.2.10 M이 고립점을 갖지 않는 콤팩트 거리공간이면 M은 가산집합이 아니다.

증명 콤팩트 거리공간은 완비공간이므로 정리 7.2.9를 적용하면 된다. ■

연습문제 7.2

01 A는 거리공간 M의 부분집합일 때 다음은 서로 동치이다.

(1) A는 M에서 조밀한 곳이 없는 집합이다.

(2) $\overline{A}$는 임의의 공집합이 아닌 열린집합을 포함하지 않는다.

(3) 모든 공집합이 아닌 열린집합은 $\overline{A}$와 서로소인 공집합이 아닌 열린부분집합을 가진다.

(4) 모든 공집합이 아닌 열린집합은 A와 서로소이고 공집합이 아닌 열린부분집합을 가진다.

(5) 모든 공집합이 아닌 열린집합은 A와 서로소인 열린 공을 포함한다.

02 칸토어 집합은 조밀한 곳이 없는 집합임을 보여라.

03 A는 거리공간 M의 열린부분집합이라 하자. A가 M에서 조밀하기 위한 필요충분 조건은 $M - A$가 M에서 조밀한 곳이 없는 집합임을 보여라.

04 정수 전체의 집합은 $\mathbb{R}$ (실수 전체의 집합)에서 조밀한 곳이 없는 집합임을 보여라.

05 무리수 전체의 집합은 제2범주임을 보여라.

06 M은 거리공간일 때 다음이 성립함을 보여라.

(1) 조밀한 곳이 없는 집합의 임의의 부분집합은 조밀한 곳이 없는 집합이다.

(2) 조밀한 곳이 없는 집합의 닫힘은 조밀한 곳이 없는 집합이다.

(3) 조밀한 곳이 없는 집합들의 유한개 합집합은 조밀한 곳이 없는 집합이다.

07 집합 $\{0\}$은 $\mathbb{R}$에서 제1범주이지만 $\{0\}$ 자신에서는 $\{0\}$은 제2범주임을 증명하여라.

08 (M, d)는 거리공간이고 A는 M의 제1범주 집합일 때 A는 제2범주 집합을 포함하지 않음을 보여라.

09 거리공간 M에서 조밀한 곳이 없는 집합들의 가산개(무한) 합집합이 M에서 조밀한 곳이 없는 집합이 아닌 예를 들어라.

7.3 완비화

정의 7.3.1 다음 조건을 만족하는 거리공간 $(\widetilde{M},\ \tilde{d})$를 거리공간 $(M,\ d)$의 **완비화**(completion)라고 한다.

(1) $(\widetilde{M},\ \tilde{d})$는 완비 거리공간이다.

(2) M은 $\widetilde{M}$에서 조밀하다.

(3) $d(x,\ y) = \tilde{d}(x,\ y)$ $(x,\ y \in M)$

정리 7.3.2 모든 거리공간 $(M,\ d)$는 완비 확대를 갖는다. 더구나 $\overline{M} = M_1$ (즉, M은 M_1에서 조밀하다)인 $(M,\ d)$의 완비화 $(M_1,\ d_1)$이 존재한다.

증명 $(M,\ d)$는 임의의 거리공간이고 $C[M]$은 M에서 모든 코시수열들의 집합이라 하자. $C[M]$에서 관계를 다음과 같이 정의한다. 임의의 $\{x_n\},\ \{y_n\} \in C[M]$에 대하여

$$\{x_n\} \sim \{y_n\} \ \Leftrightarrow \ \lim_{n \to \infty} d(x_n,\ y_n) = 0.$$

만약 $\lim_{n \to \infty} d(x_n,\ y_n) = 0$이면 $(M,\ d)$의 코시수열 $\{x_n\}$과 $\{y_n\}$은 **동등하다**(equivalent)고 한다. 이때 $\sim$는 동치관계이다. 즉, $C[M]$의 임의의 원소 $\{x_n\},\ \{y_n\},\ \{z_n\}$에 대하여 $\sim$은 다음 세 조건을 만족한다.

(1) (반사관계) $\{x_n\} \sim \{x_n\}$이다.

(2) (대칭관계) $\{x_n\} \sim \{y_n\}$이면 $\{y_n\} \sim \{x_n\}$이다.

(3) (추이관계) $\{x_n\} \sim \{y_n\}$이고 $\{y_n\} \sim \{z_n\}$이면 $\{x_n\} \sim \{z_n\}$이다.

따라서 관계 $\sim$는 $C[M]$을 서로소인 동치류 X로 분할한다. 즉, $\{x_n\}$과 $\{y_n\}$이 X에 있기 위한 필요충분조건은 $\{x_n\} \sim \{y_n\}$이다. M_1은 동치관계 $\sim$에 대한 모든 동치류의 집합이라 하자. 즉,

$$M_1 = \left\{ \hat{x} = [\{x_n\}] : \{x_n\} \in C[M] \right\}.$$

M_1이 거리공간이 되도록 함수 $d_1 : M_1 \times M_1 \to [0, \infty)$를 다음과 같이 정의한다.

$$d_1(\hat{x}, \hat{y}) = \lim_{n \to \infty} d(x_n, y_n) \quad (\{x_n\} \in \hat{x}, \{y_n\} \in \hat{y}) \tag{7.3}$$

주장 1 d_1은 잘 정의되고 $\hat{x}, \hat{y}$의 대표의 선택에 무관하다.

$\{x_n'\}$과 $\{y_n'\}$은 M에서 코시수열로서 $\{x_n\} \sim \{x_n'\}$, $\{y_n\} \sim \{y_n'\}$이라 하자. 그러면 관계의 정의에 의하여 $\lim_{n \to \infty} d(x_n, x_n') = 0$이고 $\lim_{n \to \infty} d(y_n, y_n') = 0$이다. 삼각부등식에 의하여

$$d(x_n, y_n) \le d(x_n, x_n') + d(x_n', y_n') + d(y_n', y_n),$$

$$d(x_n', y_n') \le d(x_n', x_n) + d(x_n, y_n) + d(y_n, y_n')$$

이다. 따라서 $\{x_n\}$, $\{y_n\}$은 코시수열이므로 $n \to \infty$일 때

$$|d(x_n, y_n) - d(x_n', y_n')| \le d(x_n, x_n') + d(y_n, y_n') \to 0$$

이다. 따라서 $\lim_{n \to \infty} d(x_n, y_n) = \lim_{n \to \infty} d(x_n', y_n')$이므로 d_1은 잘 정의된다.

주장 2 d_1은 M_1에서 거리이다.

$\hat{x} = [\{x_n\}]$, $\hat{y} = [\{y_n\}]$, $\hat{z} = [\{z_n\}]$은 임의의 M_1의 원소이면 모든 자연수 n에 대하여 $d(x_n, y_n) \ge 0$이므로 $d_1(\hat{x}, \hat{y}) = \lim_{n \to \infty} d(x_n, y_n) \in [0, \infty)$이다. 또한

$$d_1(\hat{x}, \hat{y}) = 0 \Leftrightarrow \lim_{n \to \infty} d(x_n, y_n) = 0 \Leftrightarrow \{x_n\} \sim \{y_n\} \Leftrightarrow \hat{x} = \hat{y},$$

$$d_1(\hat{x}, \hat{y}) = \lim_{n \to \infty} d(x_n, y_n) = \lim_{n \to \infty} d(y_n, x_n) = d_1(\hat{y}, \hat{x}).$$

삼각부등식에 의하여

$$\begin{aligned}
d_1(\hat{x}, \hat{y}) &= \lim_{n \to \infty} d(x_n, y_n) \le \lim_{n \to \infty}[d(x_n, z_n) + d(z_n, y_n)] \\
&= \lim_{n \to \infty} d(x_n, z_n) + \lim_{n \to \infty} d(z_n, y_n) \\
&= d_1(\hat{x}, \hat{z}) + d_1(\hat{z}, \hat{y})
\end{aligned}$$

이다. 따라서 d_1은 M_1에서 거리이다.

주장 3 거리공간 (M, d)와 (M_1, d_1)에 대하여 전단사함수 $\phi : M \to M_1$이 존재해서 모든 $x, y \in M$에 대하여 $d(x, y) = d_1(\phi(x), \phi(y))$가 성립한다.

임의의 $x \in M$에 대하여 수열 $\{x, x, \cdots\}$은 M에서 코시수열이므로 $\{x, x, \cdots\} \in \hat{x}$인 $\hat{x} \in M_1$이 존재한다. 함수 $\phi : M \to M_1$, $\phi(x) = \hat{x}$를 정의하면 임의의 $x, y \in M$에 대하여 $\phi(x) = \hat{x}$, $\phi(y) = \hat{y}$지만, d_1의 정의와 $\{x, x, \cdots\} \in \hat{x}$, $\{y, y, \cdots\} \in \hat{y}$라는 사실에 의하여

$$d_1(\phi(x), \phi(y)) = d_1(\hat{x}, \hat{y}) = \lim_{n \to \infty} d(x, y) = d(x, y)$$

이므로 $\phi : M \to M_1$은 등거리함수이다. 따라서 ϕ는 M에서 $W = \phi(M)$ 위로의 전단사이고 거리보존함수이므로 M과 $W = \phi(M)$은 거리공간으로서 같다(M과 $\phi(M)$은 동형 거리공간이고 ϕ는 거리공간 동형사상이라 한다). 그러나 $W = \phi(M) \subseteq M_1$이고 M_1은 완비공간이므로 M_1은 동형사상 ϕ를 이용한 M의 완비화이다.

주장 4 $\overline{\phi(M)} = M_1$

$\hat{x}$는 M_1의 임의의 원소이고 $\{x_n\} \in \hat{x}$라 하자. $\{x_n\}$은 M에서 코시수열이므로 임의의 양수 ϵ에 대하여 임의의 자연수 $n > N$에 대하여 $d(x_n, x_N) < \epsilon/2$를 만족하는 자연수 N이 존재한다. $\{x_N, x_N, \cdots\} \in \widehat{x_N}$이면 $\widehat{x_N} \in W = \phi(M)$이고

$$d_1(\hat{x}, \widehat{x_N}) = \lim_{n \to \infty} d(x_n, x_N) \leq \frac{\epsilon}{2} < \epsilon$$

이므로 $\widehat{x_N} \in B_\epsilon^{d_1}(\hat{x}) \cap W$이다. 따라서 $W = \phi(M)$은 M_1에서 조밀하다.

주장 5 (M_1, d_1)은 완비 거리공간이다.

$\left\{\widehat{x_n}\right\}_{n=1}^{\infty}$은 (M_1, d_1)의 임의의 코시수열이라 하자. W는 M_1에서 조밀하므로 임의의 $\widehat{x_n} \in M_1$에 대하여

$$d_1(\widehat{x_n}, \widehat{z_n}) < \frac{1}{n} \tag{7.4}$$

인 $\widehat{z_n} \in W$가 존재한다. 삼각부등식에 의하여

$$d_1(\widehat{z_m}, \widehat{z_n}) \leq d_1(\widehat{z_m}, \widehat{x_m}) + d_1(\widehat{x_m}, \widehat{x_n}) + d_1(\widehat{x_n}, \widehat{z_n})$$
$$< \frac{1}{m} + d_1(\widehat{x_m}, \widehat{x_n}) + \frac{1}{n}.$$

$\{\widehat{x_n}\}$은 코시수열이므로 임의의 양수 $\epsilon > 0$에 대하여 $1/n < \epsilon/3$이고 $m > n \geq N$일 때 $d_1(\widehat{x_m}, \widehat{x_n}) < \epsilon/3$인 자연수 N이 존재한다. 따라서 $m > n \geq N$일 때

$$d_1(\widehat{z_m}, \widehat{z_n}) < \frac{1}{m} + d_1(\widehat{x_m}, \widehat{x_n}) + \frac{1}{n} < \frac{\epsilon}{3} + \frac{\epsilon}{3} + \frac{\epsilon}{3} = \epsilon$$

이므로 $\{\widehat{z_n}\}$은 코시수열이다. $\phi : M \to W$는 등거리함수이고 $\widehat{z_n} \in W$이므로 $z_m = \phi^{-1}(\widehat{z_m})$으로 두면 수열 $\{z_n\}$은 코시수열이다. $\hat{x} \in M_1$은 $\{z_n\} \in \hat{x}$인 M_1의 동치류라 하자. 식 (7.4)에 의하여

$$d_1(\widehat{x_n}, \hat{x}) \leq d_1(\widehat{x_n}, \widehat{z_n}) + d_1(\widehat{z_n}, \hat{x}) < \frac{1}{n} + d_1(\widehat{z_n}, \hat{x}) \tag{7.5}$$

이다. $\{z_n\} \in \hat{x}$이고 $\widehat{z_n} \in W$이므로 $\{z_n, z_n, \cdots\} \in \widehat{z_n}$이고 식 (7.4)에 의하여

$$d_1(\widehat{x_n}, \hat{x}) < \frac{1}{n} + \lim_{m \to \infty} d(z_n, z_m)$$

이다. $\{z_n\}$은 코시수열이므로 $n \to \infty$일 때 위 식의 우변은 0에 수렴하므로 $\lim_{n \to \infty} d_1(\widehat{x_n}, \hat{x}) = 0$이다. 따라서 (M_1, d_1)의 임의의 코시수열 $\{\widehat{x_n}\}$은 $\hat{x} \in M_1$에 수렴하므로 (M_1, d_1)은 완비 거리공간이다. ∎

(M_1, d_1)을 거리공간 (M, d)의 완비화라 한다. $M \subseteq M_1$은 사실은 직접적으로 성립하지 않지만, 거리공간 동형사상 ϕ 밑에서 $\phi(M) \subseteq M_1$이고 $\overline{\phi(M)} = M_1$이 성립함을 알 수 있다.

보기 1 (1) 보통거리를 갖는 실수의 집합 $\mathbb{R}$은 보통거리를 갖는 유리수의 집합 $\mathbb{Q}$의 완비화이다.

(2) $M = (0, 1), (0, 1], (0, 1)$일 때 보통거리를 갖는 M의 완비화는 보통거리를 갖는 거리공간 $[0, 1]$이다.

01 $\mathbb{R}^2$에서 다음 공간의 완비 확대를 구하여라.

(1) 보통거리를 갖는 $M = \{(x, y) \in \mathbb{R}^2 : x, y \in \mathbb{Q}\}$ ($\mathbb{Q}$는 유리수의 집합)

(2) 보통거리를 갖는 $M = \{(x, \sin 1/x) \in \mathbb{R}^2 : 0 < x < 1\}$

02 거리공간 (M, d)에서 모든 코시수열들의 집합 $C[M]$에서 관계를 다음과 같이 정의한다. 임의의 $\{x_n\}, \{y_n\} \in C[M]$에 대하여

$$\{x_n\} \sim \{y_n\} \Leftrightarrow \lim_{n \to \infty} d(x_n, y_n) = 0$$

으로 정의하면 $\sim$는 동치관계임을 보여라.

03 $(M_1, d_1), (M_2, d_2)$는 (M, d)의 완비화이고 $\phi_1 : M \to M_1$, $\phi_2 : M \to M_2$는 정리 7.3.2와 같이 정의되는 등거리함수이면 $f \circ \phi_1 = \phi_2$를 만족하는 등거리함수 $f : M_1 \to M_2$가 유일하게 존재함을 보여라.

7.4 부동점 정리

정의 7.4.1 (M_1, d_1), (M_2, d_2)는 거리공간이고 $f : M_1 \to M_2$는 함수라 하자. 모든 $x, u \in M_1$에 대하여

$$d_2(f(x), f(u)) \leq K d_1(x, u) \tag{7.6}$$

인 상수 $K > 0$이 존재하면 함수 f를 립시츠 함수(Lipschitz function)라고 한다. 또는 f는 립시츠 조건을 만족한다고 한다.

(1) $K < 1$이면 f는 축소사상(contraction)이라 한다.

(2) $K = 1$이면 f는 비확산사상(nonexpansive)이라 한다.

(3) 모든 $x \neq u$에 대하여 $d_2(f(x), f(u)) < d_1(x, u)$이면 f는 축소적(contractive)이라 한다.

(4) K가 (7.6)을 만족하는 제일 작은 수이면 K는 f의 립시츠 상수(Lipschitz constant)라 한다.

보기 1 (1) $f(x) = \sqrt{x}$ 일 때

$$|\sqrt{x} - \sqrt{y}| = \frac{|x - y|}{\sqrt{x} + \sqrt{y}} \leq \frac{1}{2\sqrt{a}}|x - y| \quad (x, y \in [a, \infty))$$

이므로 f는 $[a, \infty)(a > 0)$에서 립시츠* 조건을 만족한다.

(2) C는 거리공간 M의 공집합이 아닌 부분집합이라 할 때 임의의 $x, y \in M$에 대하여

$$|d(x, C) - d(y, C)| \leq d(x, y)$$

이므로 함수 $f(x) = d(x, C)$는 $K = 1$인 립시츠 함수이다.

(3) $f(x) = |x|$는 $[-1, 1]$에서 $K = 1$인 립시츠 함수이지만 0에서 미분가능하지 않다.

정리 7.4.2 (M_1, d_1)과 (M_2, d_2)는 거리공간이고 $f : M_1 \to M_2$가 립시츠 함수이면 f는 M_1에서 균등연속이다.

---

* 립시츠(Lipschitz, 1832~1903)는 독일의 수학자로 1832년에 쾨니히스베르크의 지주의 아들로 태어났다. 쾨니히스베르크 대학교에서 1853년에 박사 학위를 수여받아 1862년에 브로츠와프 대학교 교수가 되어 1864년에 본 대학교의 교수로 이전하였다.

📖 **증명** 임의의 양수 ϵ에 대하여 $\delta = \delta(\epsilon) = \epsilon/K$로 택한다. f는 립시츠 함수이므로 x, u $\in M_1$, $d_1(x, u) < \delta$일 때 $d_2(f(x), f(u)) \leq K d_1(x, u) < K(\epsilon/K) = \epsilon$이 된다. 따라서 f는 M_1에서 균등연속이다. ∎

주의 1 (1) 모든 균등연속함수가 립시츠 함수는 아니다. 함수 $g(x) = \sqrt{x}$는 $I = [0, 2]$에서 연속이므로 균등연속 정리에 의하여 g는 I에서 균등연속이다. 그러나 모든 $x \in I$ 에 대하여 $|g(x)| \leq K|x|$인 수 $K > 0$이 존재하지 않으므로 g는 I에서 립시츠 함수가 아니다.

정리 7.4.3 $f : [a, b] (\subseteq \mathbb{R}) \rightarrow \mathbb{R}$는 $[a, b]$에서 미분가능하고 f'이 $[a, b]$에서 연속이면 f 는 $[a, b]$에서 립시츠 함수이다.

📖 **증명** 평균값 정리로부터 임의의 $x, y \in [a, b]$, $x < y$에 대하여
$$f(y) - f(x) = f'(c)(y - x)$$

인 상수 $c \in (x, y)$가 존재한다. f'이 $[a, b]$에서 연속이고 $[a, b]$는 콤팩트 집합이므로 $f'([a, b])$도 콤팩트 집합이다. 하이네-보렐 정리에 의하여
$$L = |f'(x_0)| = \sup_{x \in [a,b]} |f'(x)|$$

인 점 $x_0 \in [a, b]$가 존재한다. 따라서 $|f(x) - f(y)| \leq L|x - y|$이므로 f는 $[a, b]$에서 립시츠 함수이다. ∎

보기 2 다음 함수 $f : [-1/\pi, 1/\pi] \rightarrow [-1/\pi, 1/\pi]$는 연속이지만 립시츠 함수가 아니다.
$$f(x) = \begin{cases} 0 & (x = 0) \\ \dfrac{x}{2}\sin(1/x) & (x \neq 0) \end{cases}$$

정의 7.4.4 $X \neq \varnothing$이고 $f : X \rightarrow X$는 함수라 하자. $f(x) = x$이면 점 $x \in X$는 f의 부동점 (fixed point)이라 한다.

보기 3 (1) $X = \mathbb{R}$ 이고 $f : X \to X$, $f(x) = x + a$ (a는 $a \neq 0$인 상수)는 함수라 하면 f는 부동점을 갖지 않는다.

(2) $X = \mathbb{R}$ 이고 $f : X \to X$, $f(x) = \dfrac{1}{2}x$이면 $x = 0$은 f의 부동점이다.

(3) $X = \mathbb{R}$ 이고 $f : X \to X$, $f(x) = x^2$이면 $x = 0, 1$은 f의 부동점이다.

(4) $X = \mathbb{R}$ 이고 $f : X \to X$, $f(x) = x$이면 모든 실수 $x \in \mathbb{R}$ 가 f의 부동점이다.

정리 7.4.5 (바나흐의 부동점 정리) M은 완비 거리공간이고 $f : M \to M$이 축소사상이면 f의 유일한 부동점 $x \in M$이 존재한다. 즉, $f(x) = x$인 점 x가 존재하고 이러한 x는 오직 하나 존재한다.

증명 임의의 점 $x_0 \in M$을 선택한다. 그러면 $f(x_0) \neq x_0$이다. 그렇지 않으면 x_0는 f의 부동점이므로 증명이 끝난다. 따라서 모든 자연수 $n \in \mathbb{N}$에 대하여

$$x_1 = f(x_0), \; x_2 = f(x_1) = f^2(x_0), \; \cdots, \; x_n = f(x_{n-1}) = f^n(x_0), \; \cdots$$

로 정의하면 수열 $\{x_n\}$은 코시수열임을 보인다.

f가 축소사상이므로 정의에 의하여 적당한 $\alpha \in [0, 1)$에 대하여

$$\begin{aligned}
d(x_{n+1}, x_n) &= d(f(x_n), f(x_{n-1})) \leq \alpha \, d(x_n, x_{n-1}) \\
&= \alpha \, d(f(x_{n-1}), f(x_{n-2})) \leq \alpha^2 d(x_{n-1}, x_{n-2}) \\
&\leq \cdots \\
&\leq \alpha^n d(x_1, x_0)
\end{aligned}$$

이다. 따라서 $m > n$인 자연수 m, n에 대하여 삼각부등식을 반복으로 사용하면

$$\begin{aligned}
d(x_m, x_n) &\leq d(x_m, x_{m-1}) + d(x_{m-1}, x_{m-2}) + \cdots + d(x_{n+1}, x_n) \\
&\leq \alpha^{m-1} d(x_1, x_0) + \alpha^{m-2} d(x_1, x_0) + \cdots + \alpha^n d(x_1, x_0) \\
&= \alpha^n (1 + \alpha + \cdots + \alpha^{m-n-1}) d(x_1, x_0) \\
&\leq \frac{\alpha^n}{1 - \alpha} d(x_1, x_0)
\end{aligned}$$

이다. 그러므로 $m > n$이고 $n \to \infty$일 때 $d(x_1, x_0)$는 고정값이고 $\alpha^n \to 0$이므로 $d(x_m, x_n) \to 0$이다. 따라서 $\{x_n\}$은 코시수열이다. M은 완비공간이므로 $x_n \to x$인

점 $x \in M$이 존재한다. 정리 7.4.2에 의하여 f가 x에서 연속함수이므로

$$f(x) = f(\lim_{n \to \infty} x_n) = \lim_{n \to \infty} f(x_n) = \lim_{n \to \infty} x_{n+1} = x$$

이다. 따라서 x는 f의 부동점이다.

끝으로 부동점의 유일성을 보이자. x와 다른 y가 f의 부동점이면 $f(x) = x$, $f(y) = y$이고 $\alpha \in [0, 1)$이므로

$$d(x, y) = d(f(x), f(y)) \leq \alpha\, d(x, y) < d(x, y)$$

가 성립한다. 이것은 모순이다. 따라서 f의 부동점은 오직 하나이다. ■

보기 4 (1) 정리 7.4.5에서 M이 완비공간이 아니면 f는 부동점을 갖지 않을 수 있다. 예를 들어, $M = (0, 1)$은 보통거리공간이고 $f : M \to M$, $f(x) = \dfrac{1}{2}x$일 때 M은 완비공간이 아니고 f는 부동점을 갖지 않는다.

    (2) 정리 7.4.5에서 f가 축소사상이 아니면 f는 부동점을 갖지 않을 수 있다. 예를 들어, $M = [1, \infty)$는 보통거리공간이고 $f : M \to M$, $f(x) = x + \dfrac{1}{x}$일 때 M은 완비공간이지만 f는 축소사상이 아니다. 또한 f는 부동점을 갖지 않는다.

보기 5 $M = \mathbb{R}$는 보통거리공간이고 함수 $f : M \to M$,

$$f(x) = \begin{cases} 1 & (x \in \mathbb{Q}) \\ 0 & (x \notin \mathbb{Q}) \end{cases}$$

일 때 f는 연속함수가 아니므로 정리 7.4.2에 의하여 f는 축소사상이 아니다. 하지만

$$f^2(x) = f(f(x)) = \begin{cases} f(1) = 1 & (x \in \mathbb{Q}) \\ f(0) = 1 & (x \notin \mathbb{Q}) \end{cases}$$

이므로 f^2은 축소사상이다. 여기서 1은 f와 f^2의 부동점이다.

정리 7.4.6 M은 완비 거리공간이고 $f : M \to M$은 사상이라 하자. 어떤 자연수 n에 대해 f^n은 X에서 축소사상이라 하자. 즉, 임의의 $x, y \in M$에 대하여

$$d(f^n(x), f^n(y)) \leq \alpha\, d(x, y)$$

가 성립하는 실수 $\alpha(0 \le \alpha < 1)$가 존재한다고 하자. 그러면 f도 M에서 유일한 부동점을 가진다.

> **증명** 바나흐의 부동점 정리에 의하여 $f^n(x_0) = x_0$인 점 x_0가 유일하게 존재한다. 따라서
>
> $$f^n(f(x_0)) = f(f^n(x_0)) = f(x_0)$$
>
> 이므로 $f(x_0)$도 f^n의 부동점임을 알 수 있다. f^n의 부동점은 유일하므로 $f(x_0) = x_0$이고 x_0는 f의 부동점이 된다. 만일 f가 서로 다른 부동점을 갖는다면 f^n도 서로 다른 부동점을 갖게 되므로 f^n이 유일한 부동점을 갖는다는 것에 모순이다. ∎

연습문제 7.4

01 다음 각 함수는 립시츠 함수임을 보여라.

(1) $f(x) = \dfrac{1}{x^2}$ $(0 < a \le x < \infty)$

(2) $g(x) = \dfrac{x}{x^2+1}$ $(0 \le x < \infty)$

(3) $h(x) = \sin(1/x)$ $(0 < a \le x < \infty)$

(4) $p(x)$는 다항식 $(-a \le x \le a, \ a > 0)$

02 다음을 보여라.

(1) $M = [1, \infty)$는 보통거리공간이고 $f : M \to M$, $f(x) = \dfrac{10}{11}\left(x + \dfrac{1}{x}\right)$일 때 f는 립시츠 상수 $\dfrac{10}{11}$을 갖는 축소사상이다.

(2) $M = [1, \infty)$는 보통거리공간이고 $f : M \to M$, $f(x) = x + \dfrac{1}{x}$일 때 f는 축소사상이 아니다.

(3) $M = [0, 1]$은 보통거리공간이고 $f : M \to M$, $f(x) = \dfrac{1}{7}(x^3 + x^2 + 1)$일 때 f는 립시츠 상수 $\dfrac{5}{7}$를 갖는 축소사상이다.

(4) $M = \mathbb{R}$은 보통거리공간이고 $f : M \to M$, $f(x) = \cos x$일 때 f는 축소사상이 아니지만 **축소적(contractive)**이다. 또한 $g(x) = \dfrac{99}{100}\cos x$ $(x \in \mathbb{R})$는 $\mathbb{R}$에서 축소사상이다.

(5) $M = \mathbb{R}$은 보통거리공간이고 $f : M \to M$, $f(x) = \sin x$일 때 f는 축소적이다.

03 h는 $[a, b]$에서 연속이고 $K = K(x, y)$는 $[a, b] \times [a, b]$에서 연속이고 임의의 $a \le x$, $y \le b$에 대하여 $|K(x, y)| \le M$이라 하자. 만약 $|\lambda| < 1/M(b-a)$이면

$$u(x) = h(x) + \lambda \int_a^b K(x, y)u(y)dy, \quad a \le x \le b$$

를 만족하는 $u \in C[a, b]$가 유일하게 존재함을 보여라.

08
바나흐 공간

8.1 노름공간

정의 8.1.1 X는 공집합이 아닌 집합이라 하자. 임의의 x, $y \in X$와 임의의 스칼라 α에 대하여 덧셈 $x+y \in X$과 스칼라 곱 $\alpha x \in X$라 하는 두 연산이 정의되고 다음 조건 (1) ~ (8)을 만족하면, $< X, +, \cdot >$를 $\mathbb{C}$ 위의 선형공간(linear space) 또는 벡터공간(vector space)이라 한다.

(1) $x+y = y+x$, x, $y \in X$

(2) $(x+y)+z = x+(y+z)$, x, y, $z \in X$

(3) X의 모든 원소 x에 대하여 $x+\theta = x$인 X의 원소 θ가 존재한다.

(4) X의 모든 원소 x에 대하여 $x+(-x) = \theta$인 원소 $-x \in X$가 존재한다.

(5) $\lambda(\mu x) = (\lambda\mu)x$, λ, $\mu \in \mathbb{C}$, $x \in X$

(6) $(\lambda+\mu)x = \lambda x + \mu x$, λ, $\mu \in \mathbb{C}$, $x \in X$

(7) $\lambda(x+y) = \lambda x + \lambda y$, $\lambda \in \mathbb{C}$, x, $y \in X$

(8) $0 \cdot x = \theta$, $1 \cdot x = x$

  가법과 스칼라 곱이 고정되어 혼동이 생길 우려가 없을 때는 X만으로 벡터공간을 나타낸다. 벡터공간의 원소 θ를 X의 가법항등원이라 한다. 이때 X의 가법항등원은 유일하다. 왜냐하면 θ'도 가법항등원이면 $\theta = \theta + \theta' = \theta' + \theta = \theta'$이기 때문이다. 또한 $(-1)x$를 $-x$로 쓰고 x의 가법에 관한 역원 또는 간단히 x의 역원이라 한다.

  선형공간의 원소를 벡터라고 한다. 스칼라가 실수인 경우의 선형공간을 실선형공간(real linear space) 또는 실벡터공간(real vector space)이라 하고, 복소수인 경우를 복소선형공간(complex linear space) 또는 복소벡터공간(complex vector space)이라 한다.

정의 8.1.2 선형공간 X의 부분집합 $M(\neq \varnothing)$이 다음 조건을 만족할 때 M을 X의 선형부분공간(linear subspace) 또는 간단히 부분공간(subspace)이라 한다.

  (1) x, $y \in M$이면 $x+y \in M$이다.

  (2) M의 임의의 원소 x와 임의의 스칼라 α에 대하여 $\alpha x \in M$이다.

정의 8.1.3 선형공간 X에서 정의된 실함수 $\|\cdot\|: X \to \mathbb{R}$ 이 다음 조건 (1) ~ (3)을 만족하면 $\|\cdot\|$을 X 위의 노름(norm)이라 한다.

(1) $x \neq \theta$일 때 $\|x\| > 0$이다.

(2) $\|\alpha x\| = |\alpha|\|x\|$, $\alpha \in \mathbb{R}$, $x \in X$

(3) (삼각부등식) $\|x + y\| \leq \|x\| + \|y\|$, $x, y \in X$

벡터공간 X에 노름 $\|\cdot\|$이 주어질 때 $(X, \|\cdot\|)$을 노름공간(normed space) 또는 노름선형공간(normed linear space)이라 한다.

주의 1 (1) 정의 8.1.2의 조건 (1)과 (2)는 다음과 동치이다.

"M의 두 원소 x, y와 스칼라 α, β에 대하여 $\alpha x + \beta y \in M$이다."

(2) 노름의 정의 조건 (2)에 의하여 $\|\theta\| = \|0 \cdot x\| = 0\|x\| = 0$이고, 조건 (1)에 의하여 $\|x\| = 0 \Leftrightarrow x = \theta$.

보기 1 임의의 $x = (x_1, x_2, \cdots, x_n)$, $y = (y_1, y_2, \cdots, y_n) \in \mathbb{R}^n$, $\alpha \in \mathbb{R}$ 에 대하여 다음과 같이 정의하면 $\mathbb{R}^n$은 노름공간임을 보여라.

$$x + y = (x_1 + y_1, x_2 + y_2, \cdots, x_n + y_n),$$

$$\alpha x = (\alpha x_1, \alpha x_2, \cdots, \alpha x_n), \ \|x\| = \left(\sum_{i=1}^{n} |x_i|^2\right)^{1/2}$$

증명 분명히 $\mathbb{R}^n$은 선형공간의 모든 조건을 만족한다. 또한 노름의 정의 (1), (2)는 명백하다. 민코프스키 부등식에 의하여 다음 삼각부등식을 얻는다.

$$\|x + y\| = \left(\sum_{i=1}^{n}|x_i + y_i|^2\right)^{1/2} \leq \left(\sum_{i=1}^{n}|x_i|^2\right)^{1/2} + \left(\sum_{i=1}^{n}|y_i|^2\right)^{1/2} = \|x\| + \|y\| \quad \blacksquare$$

임의의 $x = (x_1, x_2, \cdots, x_n) \in \mathbb{R}^n$에 대하여

$$\|x\|_1 = |x_1| + |x_2| + \cdots + |x_n|, \ \|x\|_\infty = \max\{|x_1|, |x_2|, \cdots, |x_n|\}$$

으로 정의하면 $\|\cdot\|_1$, $\|\cdot\|_\infty$도 $\mathbb{R}^n$ 위의 노름이다. 또한 $\|\cdot\|_1$, $\|\cdot\|_\infty$은 $\mathbb{C}^n$ 위의 노름이다.

보기 2 $1 \le p < \infty$일 때 임의의 $x = (x_1,\ x_2,\ \cdots),\ y = (y_1,\ y_2,\ \cdots) \in l^p$에 대하여 다음과 같이 정의하면 l^p가 노름공간임을 보여라.

$$x + y = (x_1 + y_1,\ x_2 + y_2,\ \cdots),\ \alpha x = (\alpha x_1,\ \alpha x_2,\ \cdots),\ \|x\| = \left(\sum_{i=1}^\infty |x_i|^p\right)^{1/p}$$

증명 민코프스키 부등식

$$\left(\sum_{i=1}^\infty |x_i + y_i|^p\right)^{1/p} \le \left(\sum_{i=1}^\infty |x_i|^p\right)^{1/p} + \left(\sum_{i=1}^\infty |y_i|^p\right)^{1/p}$$

에 의하여 $x + y = (x_1 + y_1,\ x_2 + y_2,\ \cdots) \in l^p$이고 $\alpha x = (\alpha x_1,\ \alpha x_2,\ \cdots) \in l^p$이다. 또한 l^p는 선형공간의 모든 조건을 만족한다.

노름 정의에서 (1), (2)는 명백하고, (3)은 민코프스키 부등식으로부터 쉽게 얻을 수 있다. ■

집합 X에서 정의된 임의의 함수 $f,\ g : X \to K$와 스칼라 $\alpha \in K = \mathbb{R}$ 또는 $\mathbb{C}$에 대하여 함수의 합과 스칼라 곱을 다음과 같이 정의한다.

$$(f + g)(x) = f(x) + g(x), \quad (\alpha f)(x) = \alpha f(x) \ (x \in X)$$

보기 3 $C[0,\ 1]$은 $[0,\ 1]$에서 정의된 연속인 실숫값 함수들의 집합이라 하자. 임의의 원소 $f \in C[0,\ 1]$에 대하여

$$\|f\| = \int_0^1 |f(t)| dt$$

로 정의하면 $C[0,\ 1]$은 노름공간임을 보여라.

> **증명** 만약 $f,\ g \in C[0,\ 1]$이고 α가 스칼라이면 $f+g,\ \alpha f$는 $[0,\ 1]$에서 연속함수이다. 따라서 $C[0,\ 1]$은 선형공간의 모든 조건을 만족하므로 선형공간이다.

이제 $\| \cdot \|$은 노름임을 보인다.

(1) 정적분의 성질에 의하여 $\|f\| = \int_0^1 |f(t)| dt \geq 0$이고,

$$\|f\| = \int_0^1 |f(t)| dt = 0 \Leftrightarrow 모든\ t \in [0, 1]에\ 대해\ f(t) = 0 \Leftrightarrow f = 0.$$

(2) $\|\alpha f\| = \int_0^1 |\alpha f(t)| dt = |\alpha| \int_0^1 |f(t)| dt = |\alpha|\ \|f\|$

(3) $\|f+g\| = \int_0^1 |f(t) + g(t)| dt \leq \int_0^1 (|f(t)| + |g(t)|) dt = \|f\| + \|g\|$

따라서 $C[0,\ 1]$은 노름공간이다. ■

노름공간 $(X,\ \| \cdot \|)$에서 $d(x,\ y) = \|x - y\|$로 정의하면 $(X,\ d)$는 분명히 거리공간이다.

주의 2 노름의 삼각부등식 성질로부터 다음 부등식을 얻는다.

$$|\ \|x\| - \|y\|\ | \leq \|x - y\|$$

정의 8.1.4 $\{x_n\}$은 노름공간 $(X,\ \| \cdot \|)$의 수열이라 하자. 임의의 양수 ϵ에 대하여 $n > N$인 자연수 n에 대하여 $d(x_n,\ x) = \|x_n - x\| < \epsilon$인 자연수 N이 존재할 때 $\{x_n\}$은 $x \in X$에 수렴한다고 하며, $\lim_{n \to \infty} x_n = x$ 또는 간단히 $x_n \to x$로 나타낸다.

노름공간 X에서 수열 $\{x_n\}$의 수렴 정의로부터 다음을 알 수 있다.

"$\lim_{n \to \infty} x_n = x$이기 위한 필요충분조건은 $\lim_{n \to \infty} d(x_n,\ x) = \lim_{n \to \infty} \|x_n - x\| = 0$이다."

정리 8.1.5 다음 기본적인 성질이 성립한다.

(1) $x_n \to x,\ y_n \to y$이면 $x_n + y_n \to x + y$이다.

(2) $\alpha_n \to \alpha,\ x_n \to x$이면 $\alpha_n x_n \to \alpha x$이다.

(3) $x_n \to x$이면 $\|x_n\| \to \|x\|$이다.

(4) 수렴하는 수열은 유일한 극한을 가진다.

증명 (1) $n \to \infty$일 때
$$\|(x_n + y_n) - (x + y)\| = \|(x_n - x) + (y_n - y)\| \le \|x_n - x\| + \|y_n - y\| \to 0.$$

(2) $n \to \infty$일 때
$$\begin{aligned}
\|\alpha_n x_n - \alpha x\| &= \|(\alpha_n x_n - \alpha x_n) + (\alpha x_n - \alpha x)\| \\
&\le \|(\alpha_n - \alpha)x_n\| + \|\alpha(x_n - x)\| \\
&= |\alpha_n - \alpha| \, \|x_n\| + |\alpha| \, \|x_n - x\| \to 0
\end{aligned}$$

(3) 삼각부등식에 의하여 $\big|\|x_n\| - \|x\|\big| \le \|x_n - x\|$이므로 (3)이 성립한다. ■

정리 8.1.5에 의하여 함수 $x \mapsto x + y, \ x \mapsto \alpha x, \ x \mapsto \|x\|$는 연속이다.

정의 8.1.6 A는 노름공간 X의 부분집합일 때 A를 포함하는 X의 모든 부분공간들의 교집합을 A의 일차펼침(linear span)이라 하고 $\operatorname{span} A$로 나타낸다. A를 포함하는 X의 모든 닫힌 부분공간들의 교집합을 A의 닫힌 일차펼침이라 하고 $\overline{\operatorname{span} A}$로 나타낸다.

주의 3 A는 노름공간 X의 부분집합일 때
$$F = \{t_1 x_1 + \cdots + t_n x_n : t_1, \, t_2, \, \cdots, \, t_n \in K, \ x_1, \, \cdots, \, x_n \in A\}$$
로 두면 F는 분명히 X의 부분공간이고 $A \subseteq X$이므로 정의에 의하여 $\operatorname{span} A \subseteq F$이다. 한편 A를 포함하는 X의 모든 부분공간은 또한 F를 포함하므로 $F \subseteq \operatorname{span} A$이다. 따라서 $F = \operatorname{span} A$이다.

정의 8.1.7 $\|\cdot\|_1, \ \|\cdot\|_2$는 노름공간 X 위의 노름이라 하자. X의 임의의 수열 $\{x_n\}$에 대하여 다음이 성립할 때 $\|\cdot\|_1, \ \|\cdot\|_2$는 동등하다(equivalent)고 한다.

$$\lim_{n \to \infty} \|x_n\|_1 = 0 \Leftrightarrow \lim_{n \to \infty} \|x_n\|_2 = 0$$

보기 4 $\mathbb{R}^2$에서 다음 노름들은 동등하다.

$$\|(x, y)\|_1 = \sqrt{x^2 + y^2}, \quad \|(x, y)\|_2 = |x| + |y|, \quad \|(x, y)\|_3 = \max\{|x|, |y|\}$$

정리 8.1.8 노름공간 X 위의 노름 $\|\cdot\|_1$, $\|\cdot\|_2$가 동등하기 위한 필요충분조건은 임의의 $x \in X$에 대하여

$$\alpha \|x\|_1 \leq \|x\|_2 \leq \beta \|x\|_1 \tag{8.1}$$

을 만족하는 양수 α, β가 존재하는 것이다.

증명 (8.1)이 성립하면 분명히 두 노름 $\|\cdot\|_1$, $\|\cdot\|_2$는 동등하다.

역으로 두 노름 $\|\cdot\|_1$, $\|\cdot\|_2$는 동등하다고 가정하자. 정의에 의하여 $\lim_{n \to \infty} \|x_n\|_1 = 0$ $\Leftrightarrow \lim_{n \to \infty} \|x_n\|_2 = 0$ 이다. 임의의 $x \in X$에 대하여 $\alpha \|x\|_1 \leq \|x\|_2$인 상수 $\alpha > 0$가 존재하지 않는다고 가정하자. 그러면 임의의 자연수 $n \in \mathbb{N}$에 대하여

$$\frac{1}{n} \|x_n\|_1 > \|x_n\|_2$$

인 $x_n \in X$가 존재한다. $y_n = (1/\sqrt{n})(x_n/\|x_n\|_2)$으로 두면 $\|y_n\|_2 = 1/\sqrt{n} \to 0$이다. 한편, $\|y_n\|_1 \geq n \|y_n\|_2 \geq \sqrt{n}$이므로 $\|y_n\|_1 \nrightarrow 0$이다. 이것은 가정에 모순이다. 따라서 임의의 $x \in X$에 대하여 $\alpha \|x\|_1 \leq \|x\|_2$인 상수 $\alpha > 0$가 존재한다. 마찬가지로 임의의 $x \in X$에 대하여 $\|x\|_2 \leq \beta \|x\|_1$인 상수 $\beta > 0$가 존재함을 보일 수 있다.∎

$a \in X$는 노름공간 $(X, \|\cdot\|)$의 점이라 하자. 양수 r에 대하여

$$B_r(a) = \{x \in X : \|x - a\| < r\} \quad \text{(열린 공)},$$

$$\overline{B_r(a)} = \{x \in X : \|x - a\| \leq r\} \quad \text{(닫힌 공)},$$

$$S_r(a) = \{x \in X : \|x - a\| = r\} \quad (\text{열린 구}).$$

거리공간에서와 마찬가지로 노름공간에서 열린집합, 닫힌집합을 정의하고 이들에 관한 다음 성질을 얻는다.

정의 8.1.9 A가 노름공간 X의 부분집합이고 모든 $x \in A$에 대하여 $B_r(x) \subseteq A$인 양수 r이 존재할 때 A를 열린집합(open set)이라 한다. A^c가 열린집합이면 A는 닫힌집합이라 한다.

정리 8.1.10 (열린집합과 닫힌집합의 성질)
(1) 열린집합들의 임의개의 합집합은 열린집합이다.
(2) 유한개 열린집합들의 교집합은 열린집합이다.
(3) 유한개 닫힌집합들의 합집합은 닫힌집합이다.
(4) 닫힌집합들의 임의개의 교집합은 닫힌집합이다.
(5) 공집합과 전체 공간은 열린집합이고 동시에 닫힌집합이다.

정리 8.1.11 A는 노름공간 X의 부분집합이면 다음은 동치이다:
(1) A는 X에서 조밀하다(dense).
(2) 모든 $x \in X$에 대하여 $x_n \to x$인 점 $x_1, x_2, \cdots \in A$가 존재한다.
(3) X의 모든 공집합이 아닌 열린부분집합은 A의 원소를 포함한다.

보기 5 바이어슈트라스 정리에 의하여 구간 $[a, b]$에서 모든 연속함수는 다항식들로 균등하게 근사화할 수 있다. 즉, $[a, b]$에서 다항식들의 집합 $P[a, b]$의 닫힘은 $C[a, b]$이다. 다시 말하면, $P[a, b]$는 $C[a, b]$에서 조밀하다.

정리 8.1.12 (리즈(Riesz)의 도움정리) E는 노름공간 X의 닫힌 진부분공간이라 하자. 임의의 $\epsilon \in (0, 1)$에 대하여 $\|x_\epsilon\| = 1$이고 임의의 $x \in E$에 대하여 $\|x_\epsilon - x\| \geq \epsilon$인 점 $x_\epsilon \in X$가

존재한다.

증명 $z \in X - E$이고 $d = \inf_{x \in E} \|z - x\|$이면 E는 X의 닫힌부분집합이므로 $d > 0$이다. 만약 $\epsilon \in (0, 1)$이면 $d \leq \|z - x_0\| \leq \dfrac{d}{\epsilon}$인 점 $x_0 \in E$가 존재한다. 점 $x_\epsilon = \dfrac{z - x_0}{\|z - x_0\|}$ 는 요구하는 결과가 만족함을 보인다. 분명히 $\|x_\epsilon\| = 1$이다. 또한 임의의 $x \in E$에 대하여

$$\|x_\epsilon - x\| = \|\frac{z - x_0}{\|z - x_0\|} - x\| = \frac{1}{\|z - x_0\|} \|z - x_0 - \|z - x_0\| x\|$$
$$\geq \frac{1}{\|z - x_0\|} d \geq \frac{\epsilon}{d} d = \epsilon$$

∎

정의 8.1.13 A는 선형공간 X의 부분집합이라 하자. A의 임의의 원소 x, y에 대하여 x, y를 잇는 선분(segment) $[x, y] = \{tx + (1-t)y : 0 \leq t \leq 1\}$이 A에 포함될 때 A는 볼록집합(convex set)이라 한다.

보기 6 X가 선형공간이면 다음이 성립함을 보여라.

(1) 만약 $\{C_\alpha\}_{\alpha \in I}$가 X의 볼록 부분집합족이면 $\cap_{\alpha \in I} C_\alpha$도 볼록집합이다.

(2) 만약 x_1, $\cdots$, x_n이 X의 원소이면 집합

$$A = \left\{t_1 x_1 + \cdots + t_n x_n : t_1, t_2, \cdots, t_n \geq 0, \sum_{i=1}^n t_i = 1\right\}$$

은 $\{x_1, x_2, \cdots, x_n\}$을 포함하는 가장 작은 볼록집합이다.

증명   (1) 만약 $x, y \in \bigcap_{\alpha \in I} C_\alpha$이면 임의의 $\alpha \in I$에 대하여 $x, y \in C_\alpha$이고 C_α는 볼록집합이므로 $[x, y] \subseteq C_\alpha$이다. 따라서 $[x, y] \subseteq \bigcap_{\alpha \in I} C_\alpha$이므로 $\bigcap_{\alpha \in I} C_\alpha$는 볼록집합이다.

(2) 만약 $x = t_1 x_1 + \cdots + t_n x_n$, $y = s_1 x_1 + \cdots + s_n x_n \in A$, $t_1, \cdots, t_n \geq 0$, $\sum_{i=1}^n t_i = 1$이

고 $s_1, \cdots, s_n \geq 0$, $\sum_{i=1}^{n} s_i = 1$이면 임의의 $\lambda \in [0, 1]$에 대하여

$$\lambda x + (1-\lambda)y = \sum_{i=1}^{n} (\lambda t_i + (1-\lambda)s_i)x_i$$

이다. 모든 $i = 1, 2, \cdots, n$에 대하여 $c_i = \lambda t_i + (1-\lambda)s_i$로 두면 $c_1, c_2, \cdots, c_n$ ≥ 0이고 $\sum_{i=1}^{n} c_i = 1$이다. 따라서 모든 $\lambda \in [0, 1]$에 대해 $\lambda x + (1-\lambda)y \in A$이므로 A는 볼록집합이다.

한편, $\{x_1, \cdots, x_n\}$을 포함하는 볼록집합은 반드시 A를 포함해야 하므로 A는 $\{x_1, \cdots, x_n\}$을 포함하는 가장 작은 볼록집합이다. ∎

연습문제 8.1

01 임의의 $x = (x_1, x_2, \cdots) \in l^\infty$에 대하여 $\|x\| = \sup_i |x_i|$로 정의할 때 다음을 보여라.

(1) l^∞는 노름공간이다.

(2) l^1은 l^∞의 부분공간이다.

02 공집합이 아닌 X에서 정의된 유계인 실숫값 함수의 집합을 $B(X)$라 하자. 임의의 원소 $f \in B(X)$에 대하여 $\|f\| = \sup_{i \in X} |f(t)|$로 정의하면 $B(X)$는 노름공간임을 보여라.

03 x, y, z는 노름공간 X의 원소일 때 d는 평행이동 불변거리, 즉 $d(x+z, y+z) = d(x, y)$임을 보여라.

04 X는 노름공간이고 $r > 0$이면 다음이 성립함을 보여라.

(1) $B_r(0)$는 볼록집합이다.

(2) $B_r(0) = -B_r(0)$

05 x는 노름공간 X의 원소이고 $r > 0$이면 다음이 성립함을 보여라.

(1) $B_r(x) = r B_1(x/r) = x + B_r(0) = x + r B_1(0)$

(2) $\overline{B_r(x)} = \{y : d(x, y) \leq r\}$

06 $\{e_1, e_2, \cdots, e_n\}$은 n차원 선형공간 X의 1차독립인 벡터라 하면 실수 a_1, a_2, $\cdots$, a_n에 대하여 $e_1, e_2, \cdots, e_n$의 1차결합 $x = \sum_{i=1}^{n} a_i e_i$ 형태는 오직 하나로 표현된다. 실숫값 함수 $\|\cdot\|$를 $\|x\|_\infty = \max_i |a_i|$로 정의하면 X는 노름공간임을 보여라.

07 M이 노름공간 X의 부분공간이면 M의 닫힘 $\overline{M}$은 X의 닫힌 부분공간임을 보여라.

08 c_0에서 $\|x\| = \sup_i |x_i|$로 정의하면 c_0는 노름공간이고 l^∞의 닫힌 부분공간임을 보여라.

09 l_0는 오직 유한개의 항만 0이 아닌 수열 $x = \{x_n\}$들의 집합이면 l_0는 l^2의 닫힌 부분공간이 아님을 보여라.

10 E가 노름공간 X의 부분공간이면 E는 내점을 갖지 않음을 보여라.

11 $C_\alpha (\alpha \in I)$는 노름공간 X의 볼록 부분집합이라 하자. 임의의 $\alpha, \beta \in I$에 대하여 $C_\alpha \subseteq C_\gamma$, $C_\beta \subseteq C_\gamma$인 $\gamma \in I$가 존재하면 $\cup_{\alpha \in I} C_\alpha$도 볼록집합임을 보여라.

12 X는 n차원 선형공간이고 $\{e_1, e_2, \cdots, e_n\}$은 X의 1차독립인 벡터라 하자. 임의의 $x = \sum_{i=1}^{n} a_i e_i \in X$에 대하여 x의 노름을 $\|x\|_\infty = \max_i |a_i|$로 정의하면 X의 유계수열 $\{x_k\}$는 수렴하는 $\{x_k\}$의 부분수열을 가짐을 보여라.

13 F는 노름공간 X의 유한차원 닫힌 부분공간이라 하자. 모든 $x \in X$에 대하여 $\|x - y\| = d(x, F)$인 $y \in F$가 존재함을 보여라.

14 $1 \le p < \infty$일 때 임의의 $x \in \mathbb{R}^n$에 대하여

$$\|x\|_\infty \le \|x\|_p \le n^{1/p} \|x\|_\infty$$

임을 보여라.

15 임의의 $1 \le p \le q < \infty$에 대하여 $\mathbb{R}^n$에서 l^p 노름과 l^q 노름은 동등함을 보여라.

8.2 바나흐 공간

정의 8.2.1

(1) $\{x_n\}$은 노름공간 X의 수열이라 하자. 모든 $\epsilon > 0$에 대하여 자연수 N이 존재하여 m, n $\geq N$일 때 $\|x_m - x_n\| < \epsilon$이면 수열 $\{x_n\}$은 코시수열(Cauchy sequence)이라 한다.

(2) 노름공간 X의 모든 코시수열이 X의 한 원소에 수렴하면 X는 완비공간(complete space) 이라 한다.

(3) 완비인 노름공간을 바나흐 공간(Banach space)이라 한다.

주의 1 (1) 노름공간 X의 수렴하는 모든 수열 $\{x_n\}$은 코시수열이다. 사실 $\{x_n\}$이 x에 수렴 하면 m, $n \to \infty$일 때 $\|x_m - x_n\| \leq \|x_n - x\| + \|x_m - x\| \to 0$이기 때문이다.

(2) 코시수열은 일반적으로 수렴하지 않는다. 예를 들어, $P[0, 1]$은 $[0, 1]$에서 다항 식들의 집합이고 노름을 $\|p\| = \max_{x \in [0,1]} |p(x)|$로 정의하면 $P[0, 1]$은 분명히 노름공간이다.

$$p_n(x) = 1 + x + \frac{x^2}{2!} + \cdots + \frac{x^n}{n!}, \; n = 1, 2, \cdots$$

로 정의하면 $\{p_n\}$은 코시수열이지만 극한함수 e^x는 다항식이 아니므로 $P[0, 1]$ 에서 수렴하지 않는다.

도움정리 8.2.2 수열 $\{x_n\}$은 노름공간 X의 코시수열이면 수열 $\{\|x_n\|\}$은 수렴한다.

증명 $|\,\|x\| - \|y\|\,| \leq \|x - y\|$이므로 m, $n \to \infty$일 때 $|\,\|x_m\| - \|x_n\|\,| \leq \|x_m - x_n\| \to 0$이 다. 따라서 $\{\|x_n\|\}$은 $\mathbb{R}$에서 코시수열이므로 수렴한다. ∎

도움정리 8.2.2에 의하여 노름공간 X의 모든 코시수열 $\{x_n\}$은 유계수열이다. 즉, 모든 자 연수 n에 대하여 $\|x_n\| < M$이다.

보기 1 $1 \leq p < \infty$ 인 p에 대하여 l^p, l^∞ 에서 노름을 각각

$$\| x \|_p = \left(\sum_{i=1}^{\infty} |x_i|^p \right)^{1/p} \ , \ \| x \|_\infty = \sup_i |x_i|$$

로 정의하면 l^p와 l^∞ 는 바나흐 공간임을 보여라.

증명 (1) 8.1절 보기 2에서 l^p는 노름공간이다. l^p가 노름 $\| \cdot \|_p$에 대하여 완비공간임을 보이면 된다. $x^{(n)} = \left(x_1^{(n)}, x_2^{(n)}, \cdots \right) \in l^p$이고 $\{ x^{(n)} \}$은 l^p의 임의의 코시수열이라 하자. 그러면 임의의 양수 ϵ에 대해 적당한 자연수 N이 존재하여

$$n, m \geq N \text{일 때} \ \| x^{(n)} - x^{(m)} \|_p = \left(\sum_{i=1}^{\infty} \left| x_i^{(n)} - x_i^{(m)} \right|^p \right)^{1/p} < \epsilon \tag{8.2}$$

이다. 따라서 각 자연수 $i \in \mathbb{N}$ 에 대하여 $n, m \geq N$일 때 $\left| x_i^{(n)} - x_i^{(m)} \right|^p < \epsilon^p$이므로 $\left\{ x_i^{(1)}, x_i^{(2)}, \cdots \right\}$는 $\mathbb{C}$ 에서 코시수열이다. $\mathbb{C}$ 는 완비공간이므로 $i = 1, 2, \cdots$ 에 대하여 $\lim_{n \to \infty} x_i^{(n)} = a_i$인 실수 a_i가 존재한다. $x = (a_1, a_2, \cdots)$로 두면 $x \in l^p$이고 $\{ x^{(n)} \}$은 x에 수렴함을 보인다.

식 (8.2)에서 임의의 자연수 l에 대하여

$$n, m \geq N \text{이면} \ \left(\sum_{i=1}^{l} \left| x_i^{(n)} - x_i^{(m)} \right|^p \right)^{1/p} < \epsilon$$

이므로 n을 고정시키고 $m \to \infty$ 로 하면

$$\left(\sum_{i=1}^{l} \left| x_i^{(n)} - a_i \right|^p \right)^{1/p} \leq \epsilon$$

을 얻는다. 여기서 l은 임의의 자연수이므로

$$n \geq N \text{일 때} \ \left(\sum_{i=1}^{\infty} \left| x_i^{(n)} - a_i \right|^p \right)^{1/p} \leq \epsilon \tag{8.3}$$

이다. 따라서 $x - x^{(n)} = \left(a_1 - x_1^{(n)}, a_2 - x_2^{(n)}, \cdots \right) \in l^p$이고, l^p는 선형공간이고 $x^{(n)} \in l^p$이므로 $x = \left(x - x^{(n)} \right) + x^{(n)} \in l^p$이다.

한편 식 (8.3)으로부터 $n \geq N$일 때 $\|x - x^{(n)}\|_p \leq \epsilon$이므로 $x^{(n)} \to x$이다.

(2) 위와 같은 방법으로 l^∞가 바나흐 공간임을 보일 수 있다. ■

정리 8.2.3 $B(X)$는 집합 X에서 유계인 실함수들의 집합이라 하자. 임의의 $f \in B(X)$에 대하여 실함수 $\| \cdot \|$를 $\| f \| = \sup_{t \in X} |f(t)|$로 정의하면 $B(X)$는 바나흐 공간이다.

증명 8.1절 연습문제 2에 의하여 $B(X)$가 노름공간이므로 $B(X)$가 완비공간임을 보이면 된다. $\{f_n\}$은 $B(X)$의 임의의 코시수열이면 임의의 양수 ϵ에 대하여

$$n,\, m \geq N일 \ 때 \quad \| f_n - f_m \| = \sup_{t \in X} |f_n(t) - f_m(t)| < \epsilon$$

인 자연수 N이 존재한다. 따라서 모든 $t \in X$에 대하여

$$n,\, m \geq N이면 \quad |f_n(t) - f_m(t)| < \epsilon \tag{8.4}$$

이다. 식 (8.4)로부터 모든 $t \in X$에 대하여 $\{f_n(t)\}$는 $\mathbb{R}$에서 코시수열이므로 수렴한다. 따라서 모든 $t \in X$에 대하여 $\lim_{n \to \infty} f_n(t) = f(t)$인 $f(t)$가 존재한다. 식 (8.4)에서 n을 고정하고 $m \to \infty$로 하면 모든 $t \in X$에 대하여 $n \geq N$이면 $|f_n(t) - f(t)| \leq \epsilon$이 된다. 따라서 임의의 $t \in X$에 대하여

$$|f(t)| \leq |f_N(t)| + \epsilon \leq \| f_N \| + \epsilon$$

이므로 $f \in B(X)$이다. 또한 $n \geq N$이면 $\| f_n - f \| \leq \epsilon$이므로 $\{f_n\}$은 $B(X)$에서 f에 수렴한다. 따라서 $B(X)$는 바나흐 공간이다. ■

정리 8.2.4 $C(X)$는 거리공간 X에서 유계인 실숫값 연속함수의 집합이면 $C(X)$가 $B(X)$의 닫힌집합이다.

증명 $f \in \overline{C(X)}$이면 $B(X)$에서 f에 수렴하는 $C(X)$의 함수열 $\{f_n\}$이 존재한다. 따라서 임의의 양수 ϵ에 대하여 $\| f_{n_k} - f \| < \epsilon/3$인 자연수 n_k가 존재한다. f_{n_k}가 연속함수이

므로 임의의 $x_0 \in X$에 대하여

$$d(x, \ x_0) < \delta \text{일 때 } |f_{n_k}(x) - f_{n_k}(x_0)| < \epsilon/3$$

인 적당한 양수 δ가 존재한다. 따라서 $d(x, \ x_0) < \delta$일 때

$$|f(x) - f(x_0)| \leq |f(x) - f_{n_k}(x)| + |f_{n_k}(x) - f_{n_k}(x_0)| + |f_{n_k}(x_0) - f(x_0)| < \epsilon$$

이다. f는 임의의 점 x_0에서 연속함수이므로 $f \in C(X)$이다. ■

정의 8.2.5 급수 $\sum\limits_{n=1}^{\infty} x_n$의 부분합으로 이루어진 수열이 노름공간 X에서 수렴하면(즉, $\lim\limits_{n \to \infty} \|x - \sum\limits_{i=1}^{n} x_i\| = 0$인 원소 $x \in X$가 존재하면) $\sum\limits_{n=1}^{\infty} x_n$은 X에서 수렴한다고 하고, $\sum\limits_{n=1}^{\infty} x_n = x$로 나타낸다. 만약 $\sum\limits_{n=1}^{\infty} \|x_n\| < \infty$이면 $\sum\limits_{n=1}^{\infty} x_n$은 절대수렴한다고 한다.

일반적으로 절대수렴하는 급수는 수렴할 필요가 없다.

정리 8.2.6 바나흐 공간 X에서 $\sum\limits_{n=1}^{\infty} x_n$이 절대수렴하면 $\sum\limits_{n=1}^{\infty} x_n$은 수렴하고
$$\|\sum_{n=1}^{\infty} x_n\| \leq \sum_{n=1}^{\infty} \|x_n\|.$$

증명 가정에 의하여 $\sum\limits_{n=1}^{\infty} \|x_n\| = M < \infty$, $x_n \in X$ $(n = 1, \ 2, \ \cdots)$이므로 임의의 양수 ϵ에 대하여 자연수 N이 존재해서

$$\sum_{n=N}^{\infty} \|x_n\| < \epsilon$$

이다. $s_n = \sum\limits_{i=1}^{n} x_i$로 두면 $s_n \in X$이고, $n \geq m \geq N$일 때

$$\|s_n - s_m\| = \left\| \sum_{i=m+1}^{n} x_i \right\| \leq \sum_{i=m+1}^{n} \|x_i\| \leq \sum_{i=N}^{\infty} \|x_i\| < \epsilon$$

이므로 부분합의 수열 $\{s_n\}$은 코시수열이다. X가 완비공간이므로 수열 $\{s_n\}$은 어떤 $s \in X$에 수렴한다. 따라서 $\sum\limits_{n=1}^{\infty} x_n$은 $s \in X$에 수렴한다. 또한 임의의 자연수 n에 대하여

$$\|\sum_{k=1}^{n} x_k\| \leq \sum_{k=1}^{n} \|x_k\| \leq \sum_{k=1}^{\infty} \|x_k\|$$

이므로 $\|\sum\limits_{n=1}^{\infty} x_n\| \leq \sum\limits_{n=1}^{\infty} \|x_n\|$. ∎

정리 8.2.7 노름공간 X에서 모든 절대수렴하는 급수가 수렴하면 X는 바나흐 공간이다.

증명 $\{x_n\}$은 X의 임의의 코시수열이라 하자. 그러면 정의에 의하여 임의의 자연수 k에 대하여

$$n, m \geq n_k \text{일 때 } \|x_n - x_m\| < 1/2^k$$

을 만족하는 자연수 n_k가 존재한다. 따라서 $n_k < n_{k+1}$이 되도록 수열 $\{n_k\}$를 택하면 $\{x_{n_k}\}$는 수열 $\{x_n\}$의 부분수열이다. $y_1 = x_{n_1}$, $y_k = x_{n_k} - x_{n_{k-1}}$로 놓으면 $k > 1$일 때 $\sum\limits_{i=1}^{k} y_i = x_{n_k}$이다. $k > 2$이면 $\|y_k\| \leq 1/2^{k-1}$이므로

$$\sum_{k=1}^{\infty} \|y_k\| \leq \|y_1\| + \sum_{k=2}^{\infty} \frac{1}{2^{k-1}} = \|y_1\| + 1$$

이다. 따라서 급수 $\sum\limits_{k=1}^{\infty} y_k$는 절대수렴하므로 가정에 의하여 X의 원소 x가 존재하여 $k \to \infty$일 때

$$\|x_{n_k} - x\| = \left\|\sum_{i=1}^{k} y_i - x\right\| \to 0.$$

이제 수열 $\{x_n\}$이 X에서 x에 수렴함을 보인다. $\{x_n\}$이 코시수열이므로 임의의 $\epsilon > 0$에 대하여 $n, m \geq N$이면 $\|x_n - x_m\| < \epsilon/2$인 자연수 N이 존재한다. 한편,

$\displaystyle\lim_{k \to \infty} x_{n_k} = x$이므로 자연수 K가 존재하여 $k \geq K$이면

$$\|x_{n_k} - x\| < \epsilon/2$$

이다. $k \geq K$이고 $n_k \geq N$을 만족하는 k에 대하여 $n \geq N$일 때

$$\|x_n - x\| \leq \|x_n - x_{n_k}\| + \|x_{n_k} - x\| < \frac{\epsilon}{2} + \frac{\epsilon}{2} = \epsilon$$

이다. 따라서 수열 $\{x_n\}$은 X에서 x에 수렴하므로 X는 바나흐 공간이다. ■

보기 2 정리 8.2.7를 이용하여 $[a, b]$에서 연속인 함수들의 집합 $C[a, b]$는 완비 노름공간임을 보여라.

증명 $f_n \in C[a, b]$이고 급수 $\displaystyle\sum_{n=1}^{\infty} f_n$이 절대수렴한다고 가정하면 $\displaystyle\sum_{n=1}^{\infty} \|f_n\| < \infty$이므로 모든 $x \in [a, b]$에 대하여 $\displaystyle\sum_{n=1}^{\infty} |f_n(x)| < \infty$이다. 따라서 모든 $x \in [a, b]$에서

$$f(x) = \sum_{n=1}^{\infty} f_n(x)$$

인 함수 f가 존재한다.

이제 f가 $[a, b]$에서 연속임을 보이면 된다. $x \in [a, b]$이고 ϵ은 임의의 양수라 하면 $\displaystyle\sum_{n=k+1}^{\infty} \|f_n\| < \frac{\epsilon}{3}$인 자연수 k가 존재한다. 함수 $\displaystyle\sum_{n=1}^{k} f_n$은 x에서 연속함수이므로 $\|x - y\| < \delta$일 때

$$\left| \sum_{n=1}^{k} f_n(y) - \sum_{n=1}^{k} f_n(x) \right| < \frac{\epsilon}{3}$$

을 만족하는 양수 $\delta > 0$이 존재한다. 따라서 $\|x - y\| < \delta$일 때

$$|f(y) - f(x)| \leq |f(y) - \sum_{n=1}^{k} f_n(y)| + |\sum_{n=1}^{k} f_n(y) - \sum_{n=1}^{k} f_n(x)|$$
$$+ |\sum_{n=1}^{k} f_n(x) - f(x)| < \epsilon$$

이므로 f가 임의의 점 x에서 연속이다. 즉, $f \in C[a, b]$이다. ■

정리 8.2.8 바나흐 공간 X의 닫힌 부분공간 F는 바나흐 공간이다.

🛢 **증명** $\{x_n\}$은 F의 임의의 코시수열이면 분명히 $\{x_n\}$은 X의 코시수열이고 X는 완비공간 이므로 $x_n \to x$인 점 $x \in X$가 존재한다. F는 X의 닫힌집합이므로 $x \in F$이다. 따라 서 F의 임의의 코시수열은 F의 한 원소에 수렴하므로 F는 바나흐 공간이다. ■

보기 3 c_0에서 노름을 $\|x\| = \sup|x_i|$로 정의하면 c_0는 바나흐 공간임을 보여라.

🛢 **증명** 8.1절 연습문제 8에서 c_0는 완비 거리공간 l^∞의 닫힌부분집합이다. 정리 8.2.8에 의 하여 c_0는 완비공간이다. ■

M은 노름공간 X의 닫힌 부분공간일 때 **몫공간**(quotient space) X/M 위에 덧셈, 스칼라 곱, 노름을 다음과 같이 정의한다.

$$(x + M) + (y + M) = (x + y) + M,$$
$$\alpha(x + M) = \alpha x + M,$$
$$\|x + M\| = d(x, M) = \inf_{v \in M}\|x - v\|.$$

그러면 X/M은 분명히 선형공간이다. 또한

$$\begin{aligned}
\|(x + M) + (y + M)\| = \|(x + y) + M\| &= \inf_{v \in M}\|x + y - v\| \\
&= \inf_{v_1, v_2 \in M}\|x + y - v_1 - v_2\| \\
&\leq \inf_{v_1 \in M}\|x - v_1\| + \inf_{v_2 \in M}\|y - v_2\| \\
&= \|x + M\| + \|y + M\|,
\end{aligned}$$

$$\begin{aligned}
\|\alpha(x + M)\| = \|\alpha x + M\| = \inf_{v \in M}\|\alpha x - v\| &= \inf_{u \in M}\|\alpha x - \alpha u\| \\
&= \inf_{u \in M}|\alpha|\|x - u\| = |\alpha|\|x + M\|,
\end{aligned}$$

$$\|x + M\| = \inf_{v \in M}\|x - v\| \geq 0,$$

$$\|x + M\| = 0 \Leftrightarrow \inf_{v \in M}\|x - v\| = 0 \Leftrightarrow x \in \overline{M} = M \Leftrightarrow x + M = 0 + M.$$

따라서 X/M은 노름공간이다.

정리 8.2.9 M은 바나흐 공간 X의 닫힌 부분공간이면 X/M도 바나흐 공간이다.

증명 $\sum_n (x_n + M)$은 절대수렴하는 급수라 하자. 그러면 $\sum_n \|x_n + M\|$은 수렴하므로 임의의 자연수 n에 대하여 $\|x_n - v_n\| \le \|x_n + M\| + 1/2^n$인 점 $v_n \in M$이 존재한다. 비교판정법에 의하여 $\sum_n \|x_n - v_n\|$은 수렴한다. 따라서 X는 바나흐 공간이므로 정리 8.2.6에 의하여 $\sum_n (x_n - v_n) = x$는 수렴한다. 그러므로

$$\| \sum_{n=1}^{N} (x_n + M) - (x + M)\| = \|\sum_{n=1}^{N} x_n - x + M\| \le \|\sum_{n=1}^{N} (x_n - v_n) - x\| \to 0$$

이므로 X/M도 바나흐 공간이다. ■

C는 노름공간 X에서 모든 코시수열들의 집합이라 하자. C에서 관계를 다음과 같이 정의한다. 임의의 $\{x_n\}$, $\{y_n\} \in C$에 대하여

$$\{x_n\} \sim \{y_n\} \iff \lim_{n \to \infty} \|x_n - y_n\| = 0$$

이때 $\sim$는 동치관계이다. 즉, C의 임의의 원소 $\{x_n\}$, $\{y_n\}$, $\{z_n\}$에 대하여 $\sim$은 다음 세 조건을 만족한다.

(1) (반사관계) $\{x_n\} \sim \{x_n\}$이다.

(2) (대칭관계) $\{x_n\} \sim \{y_n\}$이면 $\{y_n\} \sim \{x_n\}$이다.

(3) (추이관계) $\{x_n\} \sim \{y_n\}$이고 $\{y_n\} \sim \{z_n\}$이면 $\{x_n\} \sim \{z_n\}$이다.

따라서 관계 $\sim$는 C를 서로소인 동치류로 분할한다. 즉, $\{x_n\}$과 $\{y_n\}$이 같은 동치류에 있기 위한 필요충분조건은 $\{x_n\} \sim \{y_n\}$이다. $X^* = C/\sim$은 C의 동치관계 $\sim$에 대한 모든 동치류의 집합이라 하자. 즉,

$$X^* = \{x^* = [\{x_n\}] : \{x_n\} \in C\}.$$

임의의 $x^* = [\{x_n\}]$, $y^* = [\{y_n\}] \in X^*$와 스칼라 α에 대하여

$$x^* + y^* = [\{x_n + y_n\}], \quad \alpha x^* = [\{\alpha x_n\}], \quad \|x^*\| = \lim_{n \to \infty} \|x_n\|$$

으로 정의하면 X^*는 노름공간이고 또한 X^*는 바나흐 공간이다(연습문제 8, 9).

보기 4 X는 바나흐 공간이고 C는 X의 닫힌 볼록 부분집합(closed convex subset)이라 하자. $T: C \to C$가 $x, y \in C$에 대하여

$$\|Tx - Ty\| \leq \|x - y\|$$

를 만족하면 T를 비확산사상(nonexpansive mapping)이라 한다. 이때 $x_0 \in C$에 대하여 C 위의 사상 T_n $(n = 1, 2, \cdots)$을

$$T_n(x) = \frac{1}{n} x_0 + \left(1 - \frac{1}{n}\right) Tx$$

로 정의하면 T_n은 유일한 부동점을 가짐을 보여라.

증명 만약 $x, y \in C$이면 C는 볼록집합이므로 $T_n(x)$, $T_n(y) \in C$이다. 한편,

$$\|T_n(x) - T_n(y)\| = \left(1 - \frac{1}{n}\right) \|Tx - Ty\| \leq \left(1 - \frac{1}{n}\right) \|x - y\|$$

이므로 $T_n: C \to C$는 축소사상이다. X는 바나흐 공간이고 C는 닫힌집합이므로 C는 완비공간이다. 따라서 바나흐의 부동점 정리에 의하여 T_n은 C에서 유일한 부동점을 갖는다. ■

보기 5 X는 바나흐 공간이고 C는 콤팩트 집합 X의 볼록 부분집합이라 하자. $T: C \to C$는 사상으로서 $x, y \in C$에 대해 $\|Tx - Ty\| \leq \|x - y\|$를 만족하면 T는 C에서 부동점을 가짐을 보여라.

증명 한 점 $x_0 \in C$를 고정하자. 모든 $n(n = 1, 2, \cdots)$에 대하여

$$T_n(x) = \frac{1}{n}x_0 + \left(1 - \frac{1}{n}\right)Tx$$

로 두면 보기 4에 의하여 T_n은 유일한 부동점을 가지므로 그 점을 $x_n \in C$라 하자. $\{x_n\}$은 C에서 수열이고 C는 콤팩트 집합이므로 $\{x_n\}$은 수렴하는 부분수열 $\{x_{n_k}\}$를 갖는다. x_n이 T_n의 부동점이므로

$$\begin{aligned}
\|x_n - Tx_n\| &= \left\| \frac{1}{n}x_0 + \left(1 - \frac{1}{n}\right)Tx_n - Tx_n \right\| \\
&= \left\| \frac{1}{n}x_0 - \left(\frac{1}{n}\right)Tx_n \right\| \\
&= \frac{1}{n}\|x_0 - Tx_n\|
\end{aligned}$$

이고, $\{Tx_n\}$은 유계수열이므로 $x_n - Tx_n \to 0$이다. x가 부분수열 $\{x_{n_k}\}$의 극한이라 하면

$$\begin{aligned}
\|x - Tx\| &\leq \|x - x_{n_k}\| + \|x_{n_k} - Tx_{n_k}\| + \|Tx_{n_k} - Tx\| \\
&\leq \|x - x_{n_k}\| + \|x_{n_k} - Tx_{n_k}\| + \|x_{n_k} - x\| \to 0
\end{aligned}$$

이므로 $Tx = x$, 즉 x는 T의 부동점이다. ■

연습문제 8.2

01 임의의 원소 $f \in C[0, 1]$에 대하여

$$\|f\| = \int_0^1 |f(t)| dt$$

로 정의하면 $C[0, 1]$은 노름공간이지만 바나흐 공간이 아님을 보여라.

02 $\{x_n\}$은 노름공간 X의 코시수열이고 $\lim_{n \to \infty} \|x_n\| = d > 0$이라 하자. $n = 1, 2, \cdots$에 대하여 $y_n = x_n / \|x_n\|$일 때 $\{y_n\}$도 코시수열임을 보여라.

03 X는 노름공간이고 $B = \{x \in X : \|x\| = 1\}$이라 하자. 만약 B가 완비공간이면 X도 바나흐 공간임을 보여라.

04 $c = \{x = (x_1, x_2, \cdots) : \{x_n\}$은 수렴하는 수열$\}$의 노름을 $\|x\| = \sup_i |x_i|$로 정의하면 c는 바나흐 공간임을 보여라.

05 n개의 순서로 된 벡터 $x = (x_1, x_2, \cdots, x_n)$의 전체집합 l_n^∞에서 노름을

$$\|x\|_\infty = \max\{|x_1|, |x_2|, \cdots, |x_n|\}$$

으로 정의하면 l_n^∞가 바나흐 공간임을 보여라.

06 $1 \leq p < \infty$이고 n개의 순서로 된 벡터 $x = (x_1, x_2, \cdots, x_n)$의 전체집합 l_n^p에서 노름을

$$\|x\|_p = \left(\sum_{k=1}^n |x_k|^p \right)^{\frac{1}{p}}$$

로 정의하면 l_n^p가 바나흐 공간임을 보여라.

07 노름공간 X에서 모든 코시수열들의 집합을 C라 하자. 임의의 $\{x_n\}$, $\{y_n\} \in C$에 대하여 다음과 같이 정의하면 $\sim$는 동치관계임을 보여라.

$$\{x_n\} \sim \{y_n\} \iff \lim_{n \to \infty} \|x_n - y_n\| = 0$$

08 $X^* = C/\sim$ 은 C의 동치관계 $\sim$에 대한 모든 동치류의 집합이라 하자. 임의의 $x^* = [\{x_n\}]$, $y^* = [\{y_n\}] \in X^*$와 스칼라 α에 대하여

$$x^* + y^* = [\{x_n + y_n\}], \quad \alpha x^* = [\{\alpha x_n\}], \quad \|x^*\| = \lim_{n \to \infty} \|x_n\|$$

으로 정의하면 X^*는 노름공간임을 보여라.

09 문제 8에서 정의된 노름공간 $X^* = M/\sim$ 은 바나흐 공간임을 보여라.

8.3 연속 선형작용소

정의 8.3.1 X와 Y는 선형공간이고 함수 $T: X \to Y$가 임의의 스칼라 α, β와 X의 임의의 원소 x, y에 대하여

$$T(\alpha x + \beta y) = \alpha\, T(x) + \beta\, T(y)$$

를 만족하면 T를 X에서 Y로의 선형작용소(linear operator)라 한다.

보기 1 (선형작용소의 예)

(1) $C^1[0,\ 1] = \{f : f$는 $[0,\ 1]$에서 연속인 도함수를 갖는 실함수$\}$는 분명히 선형공간이다. 작용소 $T: C^1[0,\ 1] \to C[0,\ 1]$을 $T(f) = \dfrac{df}{dx}$로 정의하면 α, β가 실수이고 f, $g \in C^1[0,\ 1]$일 때

$$\frac{d}{dx}(\alpha f + \beta g) = \alpha \frac{df}{dx} + \beta \frac{dg}{dx}$$

이므로 T는 선형작용소이다. T는 미분작용소(differential operator)라 한다.

(2) 작용소 $I: C[0,\ 1] \to C[0,\ 1]$을

$$I(f) = \int_0^x f(t)dt, \quad 0 \le x \le 1$$

로 정의하면 임의의 α, $\beta \in \mathbb{R}$와 연속함수 f, $g \in C[0,\ 1]$에 대하여

$$\int_0^x (\alpha f + \beta g)dt = \alpha \int_0^x f dt + \beta \int_0^x g dt$$

이므로 I는 선형작용소이다. I는 적분작용소(integral operator)라 한다.

정의 8.3.2 X와 Y가 노름공간이고 $T: X \to Y$가 선형작용소라고 하자. 모든 원소 $x \in X$에 대하여

$$\| T(x) \| \le M \| x \| \tag{8.5}$$

인 양수 M이 존재하면 T를 유계작용소(bounded operator)라고 한다. (8.5)를 만족하는 최소

의 상수 M을 T의 노름(norm)이라 하고 $\| T \|$로 나타낸다.

$\mathbb{R}$의 완비성 공리에 의하여 T가 유계인 선형작용소이면 $\| T \|$는 유일하게 결정되고 $\| Tx \| \leq \| T \| \| x \|$이다.

정리 8.3.3 $T \colon X \to Y$가 유계 선형작용소이면

$$\| T \| = \sup_{x \in X, x \neq \theta} \frac{\| T(x) \|}{\| x \|} = \sup_{\| x \| = 1} \| T(x) \| = \sup_{\| x \| \leq 1} \| T(x) \|.$$

증명 (1) 정의에 의하여 $\| T(x) \| \leq \| T \| \| x \| \ (x \in X)$이다. $x \neq \theta$일 때 이 부등식의 양변을 $\| x \|$로 나누면

$$\frac{\| T(x) \|}{\| x \|} \leq \| T \|$$

이므로 좌변의 상한을 취하면 다음을 얻는다.

$$\sup_{x \in X, x \neq \theta} \frac{\| T(x) \|}{\| x \|} \leq \| T \|$$

한편,

$$M = \sup_{x \in X, x \neq \theta} \frac{\| T(x) \|}{\| x \|} < \| T \|$$

라 가정하면 X의 임의의 원소 $x (\neq \theta)$에 대하여

$$\| T(x) \| \leq M \| x \| < \| T \| \| x \|$$

가 성립하므로, $\| T \|$의 정의에 모순된다. 따라서 $M = \| T \|$이다.

(2) $x \neq \theta$이면 $y = \dfrac{x}{\| x \|}$의 노름은 1이고 $T(\alpha x) = \alpha T(x)$이므로

$$\sup_{x \in X, x \neq \theta} \frac{\| T(x) \|}{\| x \|} = \sup_{x \in X, x \neq \theta} \| T \left(\frac{x}{\| x \|} \right) \| = \sup_{\| x \| = 1} \| T(x) \|.$$

(3) $| \alpha | \leq 1$일 때 $\| T(\alpha x) \| = | \alpha | \| T(x) \| \leq \| T(x) \|$이므로

$$\sup_{\|x\| \leq 1} \| T(x)\| = \sup_{\|x\| = 1} \| T(x)\|$$

■

정리 8.3.4 선형작용소 $T: X \to Y$에 대하여 다음은 서로 동치이다.

(1) T는 유계함수이다.

(2) T는 X에서 균등연속이다.

(3) T는 X의 원점 θ에서 연속함수이다.

증명 (1) $\Rightarrow$ (2): $T: X \to Y$가 유계 선형작용소이면 임의의 두 원소 $x_1, x_2 \in X$에 대하여

$$\| T(x_1) - T(x_2)\| = \| T(x_1 - x_2)\| \leq \| T\|\|x_1 - x_2\|.$$

임의의 양수 ϵ에 대하여 $\delta = \epsilon / \| T\|$로 놓으면 δ는 양수이고 $\|x_1 - x_2\| < \delta$를 만족하는 임의의 $x_1, x_2 \in X$에 대하여

$$\| T(x_1) - T(x_2)\| \leq \| T\|\|x_1 - x_2\| < \epsilon$$

이다. 따라서 T는 X에서 균등연속이다.

(2) $\Rightarrow$ (3): 모든 균등연속함수는 연속함수이므로 (3)이 성립함은 분명하다.

(3) $\Rightarrow$ (1): T가 $x = \theta$에서 연속이라 하자. 양수 $\epsilon = 1$로 택하면 적당한 양수 δ가 존재해서 $\|x\| = \|x - \theta\| < \delta$인 모든 $x \in X$에 대하여

$$\| T(x)\| = \| T(x) - T(\theta)\| < \epsilon = 1$$

이 성립한다. 이제 $0 < \eta < \delta$인 양수 η를 잡고 X의 임의의 원소 $z (\neq \theta)$에 대하여 $\omega = \eta z / \|z\|$로 놓으면 $\|\omega\| = \eta < \delta$이므로

$$\frac{\eta}{\|z\|} \| T(z)\| = \| T(\omega)\| < 1$$

이다. 따라서

$$\| T(z)\| < \frac{\|z\|}{\eta}, \quad z \in X$$

이므로 $\| T\| \leq 1/\eta < \infty$, 즉 T는 유계 선형작용소이다.

■

보기 2 p는 $1 \leq p < \infty$일 때 다음이 성립함을 보여라.

    (1) $S_l : l^p \to l^p$, $S_l x = (x_2, \ x_3, \ \cdots)$는 유계 선형작용소이고 $\|S_l\| = 1$이다.

    (2) $S_r : l^p \to l^p$, $S_r x = (0, \ x_1, \ x_2, \ \cdots)$는 유계 선형작용소이고 $\|S_r\| = 1$이다.

증명 (1) 만약 $x = (x_1, \ x_2, \ \cdots), \ y = (y_1, \ y_2, \ \cdots) \in l^p$이고 $\alpha, \ \beta$가 스칼라이면

$$S_l(\alpha x + \beta y) = (\alpha x_2 + \beta y_2, \ \alpha x_3 + \beta y_3, \ \cdots) = \alpha(x_2, \ x_3, \ \cdots) + \beta(y_2, \ y_3, \ \cdots)$$
$$= \alpha S_l x + \beta S_l y$$

이므로 S_l은 선형작용소이다. 또한 모든 원소 $x \in l^p$에 대하여

$$\|S_l x\|_p = \left(\sum_{i=1}^{\infty} |x_{i+1}|^p \right)^{1/p} \leq \left(\sum_{i=1}^{\infty} |x_i|^p \right)^{1/p} = \|x\|_p$$

이므로 S_l은 유계이다. 위의 부등식으로부터 $\|S_l\| \leq 1$이다. 또한 $x = (0, \ x_1, \ x_2, \ \cdots)$이면 $\|S_l x\|_p = \|x\|_p$이므로 $\|S_l\| = 1$이다.

    (2) (1)과 마찬가지로 임의의 $x = (x_1, \ x_2, \ \cdots) \in l^p$에 대하여 $\|S_r x\|_p = \|x\|_p$이므로 $\|S_r\| = 1$이다. ∎

보기 3 함수 $T : C[0, 1] \to C[0, 1]$을 다음과 같이 정의하면 T는 유계 선형작용소이고 $\|T\| = 1$임을 보여라.

$$(Tf)(t) = \int_0^t f(s)ds \ (0 \leq t \leq 1)$$

증명 만약 $f, \ g \in C[0, 1]$이고 $\alpha, \ \beta$가 스칼라이면

$$(T(\alpha f + \beta g))(t) = \int_0^t (\alpha f + \beta g)(s)ds = \alpha \int_0^t f(s)ds + \beta \int_0^t g(s)ds$$
$$= \alpha(Tf)(t) + \beta(Tg)(t)$$
$$= (\alpha Tf + \beta Tg)(t)$$

이므로 T는 선형작용소이다. 또한

$$\|Tf\| = \sup_{0 \le t \le 1}|(Tf)(t)| = \sup_{0 \le t \le 1}\left|\int_0^t f(s)ds\right|$$
$$\le \sup_{0 \le t \le 1}\int_0^1 |f(s)|ds$$
$$\le \sup_{0 \le t \le 1}|f(t)| = \|f\|$$

이므로 T는 유계이고 $\|T\| \le 1$이다. 또한 임의의 $t \in [0, 1]$에 대하여 상수함수 $f(t) = 1$이면

$$\|Tf\| = \sup_{0 \le t \le 1}\left|\int_0^t f(s)ds\right| = \sup_{0 \le t \le 1} t = 1 = \|f\|$$

이므로 $\|T\| = 1$이다. ∎

보기 4 $T: l^1 \to F$, $T(x) = \sum_{i=1}^{\infty} x_i \ (x = \{x_i\}_{i=1}^{\infty} \in l^1)$로 정의하면 T는 선형이다. 하지만 사실 l^1을 l^∞의 부분공간으로 간주하여 l^1에서 새로운 노름을 정의하면 T는 연속이 아니다. 왜냐하면

$$z_n = \left(\frac{1}{n}, \ \frac{1}{n}, \ \cdots, \ \frac{1}{n}, \ 0, \ 0, \ \cdots\right)$$

이면 $n \to \infty$일 때 $\|z_n\|_\infty = 1/n \to 0$이고 임의의 n에 대하여 $T(z_n) = \sum_{n=1}^{\infty} z_n = 1$이므로 T는 0에서 연속이 아니기 때문이다.

정리 8.3.5 유계 선형작용소 $T: X \to Y$의 핵(kernel) ker T는 X는 닫힌 부분공간이다.

증명 만약 $Tx = 0$과 $Ty = 0$이면 $T(x+y) = T(x) + T(y) = 0$이고, 임의의 $\alpha \in \mathbb{C}$에 대하여 $T(\alpha x) = \alpha T(x) = 0$이므로 $T: X \to Y$의 핵은 X의 부분공간이다.

x는 핵 ker T의 집적점이면 $T(x_n) = 0$인 x에 수렴하는 수열 $\{x_n\}$이 존재한다. T는 연속이고 $x_n \to x$이므로 $T(x) = T(\lim_{n\to\infty} x_n) = \lim_{n\to\infty} T(x_n) = 0$이다. 따라서 $x \in$ ker T이다. ∎

X와 Y가 각각 노름공간일 때 $B(X, Y)$는 유계 선형작용소 $T: X \to Y$ 전체의 집합을 나타낸다. 임의의 $S, T \in B(X, Y)$, $\alpha \in \mathbb{C}$ 에 대하여

$$(S + T)(x) = S(x) + T(x), \quad (\alpha T)(x) = \alpha T(x)$$

로 정의하면 이 두 연산에 대하여 $B(X, Y)$는 선형공간이다. 또한 선형공간 $B(X, Y)$의 임의의 원소 T는 유계인 선형작용소이므로, 그의 노름 $\|T\|$가 결정된다. $X = Y$이면 $B(X, Y) = B(X)$로 나타낸다.

정리 8.3.6 X가 노름공간이고 Y는 바나흐 공간이면 $B(X, Y)$는 바나흐 공간이다.

증명 (1) 먼저 $B(X, Y)$는 노름공간임을 증명한다.

(a) $\|T\| = 0 \iff \sup_{\|x\| = 1} \|T(x)\| = 0 \iff T(x) = \theta \ \forall x \in X \iff T = 0$

(b) 임의의 실수 $\alpha \in \mathbb{C}$ 와 임의의 $T \in B(X, Y)$에 대하여

$$\|\alpha T\| = \sup_{\|x\| = 1} \|\alpha T(x)\| = |\alpha| \sup_{\|x\| = 1} \|T(x)\| = |\alpha| \|T\|.$$

(c) 임의의 $S, T \in B(X, Y)$에 대하여

$$\|S + T\| = \sup_{\|x\| = 1} \|S(x) + T(x)\|$$
$$\leq \sup_{\|x\| = 1} (\|S(x)\| + \|T(x)\|) \leq \|S\| + \|T\|.$$

따라서 (a), (b), (c)에 의하여 $B(X, Y)$는 노름공간이다.

(2) 노름공간 $B(X, Y)$가 완비공간임을 보인다. $\{T_n\}$을 $B(X, Y)$에서 코시수열이라 하자. 임의의 점 $x \in X$에 대하여 $m, n \to \infty$일 때

$$\|T_n(x) - T_m(x)\| \leq \|T_n - T_m\| \|x\| \to 0$$

이므로 $\{T_n(x)\}$는 바나흐 공간 Y의 코시수열이다. Y가 완비공간이므로 X의 각 점 x에 대하여 $\lim_{n \to \infty} T_n(x) = y$인 Y의 점 y가 유일하게 존재한다. $y = T(x) = \lim_{n \to \infty} T_n(x)$로 정의하면 $T \in B(X, Y)$이고 $\|T_n - T\| \to 0 \ (n \to \infty)$임을 보이면 된다.

(i) 임의의 실수 $\alpha \in \mathbb{C}$ 에 대하여

$$T(\alpha x) = \lim_{n \to \infty} T_n(\alpha x) = \alpha \lim_{n \to \infty} T_n(x) = \alpha T(x),$$

(ii) X의 임의의 두 점 x_1, x_2에 대하여

$$T(x_1 + x_2) = \lim_{n \to \infty} T_n(x_1 + x_2)$$
$$= \lim_{n \to \infty} T_n(x_1) + \lim_{n \to \infty} T_n(x_2) = T(x_1) + T(x_2)$$

이므로 T는 선형작용소이다.

이제 T가 유계 선형작용소임을 보인다. $\{T_n\}$이 코시수열이므로 임의의 양수 ϵ에 대하여 자연수 $N = N(\epsilon)$이 존재해서

$$n, m \geq N \text{이면 } \|T_n - T_m\| < \epsilon$$

이다. 특히,

$$n \geq N \text{이면 } \|T_n - T_N\| < \epsilon$$

이므로 $n \geq N$일 때 삼각부등식에 의하여 $\|T_n\| < \|T_N\| + \epsilon$이 된다. 따라서 임의의 점 $x \in X$에 대하여

$$\|T(x)\| = \lim_{n \to \infty} \|T_n x\| \leq (\|T_N\| + \epsilon)\|x\|$$

이므로 $\|T\| \leq \|T_N\| + \epsilon < \infty$가 된다. 그러므로 T는 유계작용소이다.

마지막으로 $\lim_{n \to \infty} T_n = T$임을 보인다. 임의의 점 $x \in X$에 대하여 $n \geq N$이면

$$\|T_n(x) - T(x)\| = \lim_{m \to \infty} \|T_n(x) - T_m(x)\|$$
$$\leq \lim_{m \to \infty} \|T_n - T_m\|\|x\| \leq \epsilon\|x\|$$

이다. 따라서 $n \geq N$이면

$$\|T_n - T\| = \sup_{\|x\|=1}\|(T_n - T)(x)\| \leq \epsilon, \text{ 즉 } \lim_{n \to \infty} T_n = T$$

이므로 $B(X, Y)$는 바나흐 공간이다. ∎

정리 8.3.6에 의하여 X가 바나흐 공간이면 $B(X)$는 바나흐 공간이고, 임의의 $S, T \in B(X)$에 대하여 $ST \in B(X)$임을 알 수 있다.

01 X, Y가 벡터공간이고 $T : X \to Y$가 선형작용소이면 T의 치역 $R(T)$는 Y의 부분공간임을 보여라.

02 X, Y, Z는 노름공간이고 $T \in B(X, Y)$, $S \in B(Y, Z)$라 하자. 함수 ST를 모든 $x \in X$에 대하여 $(ST)(x) = S(Tx)$로 정의하면 $ST \in B(X, Z)$이고 $\|ST\| \le \|S\|\|T\|$임을 보여라.

03 $\{\alpha_n\}$은 유계수열일 때 $T : l^1 \to l^1$, $Tx = (\alpha_1 x_1, \alpha_2 x_2, \cdots)$는 유계 선형작용소임을 보여라.

04 $T : C^1[0, 1] \to C[0, 1]$, $Tf = df/dt$는 선형작용소이지만 유계가 아님을 보여라.

05 X는 노름공간이고 $T : X \to X$는 연속함수라 하자. 모든 $f \in C(X)$와 $x \in X$에 대하여
$$(\hat{T}f)(x) = f(Tx)$$
로 정의하면 다음을 보여라. 여기서 모든 $x \in X$에 대하여 $e(x) = 1$이다.

(1) $\hat{T}$는 $C(X)$ 위의 유계 선형작용소이고 $\hat{T}(e) = \|\hat{T}\| = 1$이다.

(2) $f \ge 0$이면 $\hat{T}f \ge 0$이다.

06 X는 기저 $\{v_1, v_2, \cdots, v_n\}$을 갖는 노름공간이고 $\{e_1, e_2, \cdots, e_n\}$은 $\mathbb{C}^n$의 표준기저라 하면 $T : \mathbb{C}^n \to X$, $T(e_i) = v_i$는 연속함수임을 보여라.

8.4 유한차원 노름공간

정리 8.4.1 $\{e_1, e_2, \cdots, e_n\}$은 유한차원 노름공간 X의 임의의 기저(basis)라 하자. 그러면 $x = \sum_{i=1}^{n} x_i e_i$에 대하여 부등식

$$m \sum_{i=1}^{n} |x_i| \leq \|x\| \leq M \sum_{i=1}^{n} |x_i| \tag{8.6}$$

를 만족하는 양수 m, M이 존재한다.

증명 노름의 성질에 의하여 $\sum_{i=1}^{n} |x_i| = 1$인 $x \in X$에 대하여 부등식 (8.6)이 성립함을 보이면 충분하다. 집합

$$S = \left\{ (x_1, x_2, \cdots, x_n) \in \mathbb{R}^n : \sum_{i=1}^{n} |x_i|^2 = 1 \right\}$$

은 $\mathbb{R}^n$의 유계이고 닫힌부분집합이므로 하이네-보렐 정리에 의하여 S는 콤팩트 집합이다. 함수 $f : S \to X$를

$$f(x) = f(x_1, x_2, \cdots, x_n) = \sum_{i=1}^{n} x_i e_i$$

로 정의하면 임의의 $(x_1, \cdots, x_n), (y_1, \cdots, y_n) \in \mathbb{R}^n$에 대하여

$$\|f(x_1, \cdots, x_n) - f(y_1, \cdots, y_n)\| \leq \sum_{i=1}^{n} |x_i - y_i| \|e_i\|$$

이므로 f는 연속이다. 따라서 $\|\cdot\| : X \to \mathbb{R}$는 연속이므로 함수 $g(x_1, \cdots, x_n) = \|f(x_1, \cdots, x_n)\|$은 연속이다. 따라서 S는 콤팩트 집합이므로 $g(S)$는 $\mathbb{R}$의 콤팩트 집합이다. 그러므로

$$m = \inf g(S), \ M = \sup g(S) \in g(S)$$

이므로 g는 최솟값 $m \geq 0$과 최댓값 $M(\geq m)$을 취한다. $\overline{x} = (\overline{x_1}, \cdots, \overline{x_n})$은 $m = g(\overline{x})$인 S의 점이면 $g(\overline{x}) = \|\overline{x_1} e_1 + \cdots + \overline{x_n} e_n\| = m$이고 $\{e_1, e_2, \cdots, e_n\}$은 1차독

립이므로 $m \neq 0$이다. 따라서 $m > 0$이므로 부등식 (8.6)이 성립한다. ∎

정리 8.4.2 유한차원의 모든 노름공간 X는 바나흐 공간이다.

증명 $\{x_k\}$는 X의 임의의 코시수열이라 하자. $\{e_1, e_2, \cdots, e_n\}$이 X의 기저이면 x_k는 $x_k = \sum_{i=1}^{n} x_{i,k} e_i \, (x_{i,k} \in \mathbb{R})$ 형태로 표현할 수 있다. x_k의 i성분들의 실수열 $\{x_{i,k}\}_{k=1}^{\infty}$ 을 생각하면 부등식 (8.6)에 의하여

$$|x_{i,j} - x_{i,k}| \leq \frac{1}{m}\|x_j - x_k\|$$

이므로 $\{x_{i,k}\}_{k=1}^{\infty}$ 은 코시수열이다. $\mathbb{R}$ 은 완비공간이므로 $\lim_{k \to \infty} x_{i,k} = y_i$인 $y_i \in \mathbb{R}$ 가 존재한다. $y \in X$를 $y = \sum_{i=1}^{n} y_i e_i$로 정의하면 부등식 (8.6)에 의하여

$$\|x_k - y\| \leq M \sum_{i=1}^{k} |x_{i,k} - y_i| \|e_i\|$$

이므로 $k \to \infty$ 일 때 $x_k \to y$이다. 따라서 X의 모든 코시수열 $\{x_k\}$는 수렴하므로 X 는 완비공간이다. ∎

완비 거리공간은 닫힌집합이므로 다음 따름정리를 얻을 수 있다.

따름정리 8.4.3 노름공간의 모든 유한차원 부분공간은 닫힌집합이다.

주의 1 무한차원 부분공간은 닫힌집합이 될 수 없다. 예를 들어, $X = C[0, 1]$이고 $Y = \mathrm{span}(x_0, x_1, \cdots)$ (단, $x_i(t) = t^i$)이면 Y는 $[0, 1]$에서 다항식들의 집합이고 Y는 X 의 닫힌집합이 아니다.

정리 8.4.4 유한차원 노름공간 X에서 모든 선형작용소는 유계이다.

증명 Y는 노름공간이고 $T: X \to Y$는 임의의 선형작용소라 하자. $\{e_1,\ e_2,\ \cdots,\ e_n\}$은 X의 기저라 하자. $x = \sum_{i=1}^{n} x_i e_i$이면 부등식 (8.6)에 의하여

$$\|Tx\| \le \sum_{i=1}^{n} |x_i| \|Te_i\| \le \max_{1 \le i \le n} \{\|Te_i\|\} \sum_{i=1}^{n} |x_i| \le \frac{1}{m} \max_{1 \le i \le n} \{\|Te_i\|\} \|x\|$$

를 만족하는 양수 m이 존재한다. 따라서 T는 유계 선형작용소이다. ∎

정리 8.4.5 유한차원 노름공간 X 위의 모든 노름은 동등하다.

증명 $\|\cdot\|_1$과 $\|\cdot\|_2$는 X 위의 임의의 두 노름이라 하자. X의 기저 $\{e_1,\ e_2,\ \cdots,\ e_n\}$을 선택한다. 부등식 (8.6)에 의하여 $x = \sum_{i=1}^{n} x_i e_i$이면

$$m_1 \sum_{i=1}^{n} |x_i| \le \|x\|_1 \le M_1 \sum_{i=1}^{n} |x_i|,\ \ m_2 \sum_{i=1}^{n} |x_i| \le \|x\|_2 \le M_2 \sum_{i=1}^{n} |x_i|$$

를 만족하는 양수 $m_1,\ m_2,\ M_1,\ M_2$가 존재한다. 따라서

$$(m_2/M_1)\|x\|_1 \le \|x\|_2 \le (M_2/m_1)\|x\|_1$$

이므로 $\|\cdot\|_1$과 $\|\cdot\|_2$는 동등하다. ∎

01 X는 유한차원 노름공간이라 하자. 그러면 X의 임의의 부분집합 Y가 콤팩트 집합일 필요충분조건은 Y가 유계이고 닫힌집합인 것임을 보여라.

02 X는 노름공간이고 닫힌 단위 구 $B = \{x \in X : \|x\| \leq 1\}$이 콤팩트 집합이면 X는 유한차원 공간임을 보여라.

03 모든 n차원 노름공간 X는 $\mathbb{C}^n$과 동형이고 완비공간임을 보여라.

8.5 선형범함수와 쌍대공간

정의 8.5.1 선형공간 X에서 정의된 실숫값 또는 복소수값을 갖는 선형작용소를 선형범함수(linear functional)라고 한다.

실직선 $\mathbb{R}$ 또는 $\mathbb{C}$는 완비공간이므로 X가 노름공간이면 X에서 정의된 유계인 선형범함수 전체의 공간 $B(X, \mathbb{R})$은 정리 8.3.6에 의하여 바나흐 공간이다. 이 공간을 X의 쌍대공간(dual space) 또는 공액공간(conjugate space)이라 하고, X^*로 나타낸다.

보기 1 (1) $\{\alpha_n\}$은 유계수열일 때 모든 $x = (x_1, x_2, \cdots) \in l^1$에 대하여

$$f(x) = \sum_{i=1}^{\infty} \alpha_i x_i$$

로 정의하면 f는 선형이고 $|f(x)| \leq \sum_{n=1}^{\infty} |\alpha_n x_n| \leq M \sum_{n=1}^{\infty} |x_n| = M\|x\|_1$이므로 유계이다. 따라서 f는 l^1 위의 선형범함수이다.

(2) $\alpha = \{\alpha_n\} \in l^2$는 유계수열일 때 모든 $x = (x_1, x_2, \cdots) \in l^2$에 대하여 $f_\alpha(x) = \sum_{i=1}^{\infty} \alpha_i x_i$는 코시-슈바르츠 부등식에 의하여 l^2 위의 선형범함수이다.

(3) 정리 8.2.3에 의하여 상한 노름을 갖는 선형공간 $C[0, 1]$은 바나흐 공간이다. a는 $0 \leq a \leq 1$인 고정점이고 $\varphi : C[0,1] \to \mathbb{R}$을

$$\varphi(f) = f(a) \quad (f \in C[0, 1])$$

로 정의하면, 임의의 실수 α, β와 임의의 원소 $f, g \in C[0, 1]$에 대하여

$$\varphi(\alpha f + \beta g) = (\alpha f + \beta g)(a) = \alpha f(a) + \beta g(a) = \alpha \varphi(f) + \beta \varphi(g)$$

이므로 φ는 $C[0, 1]$ 위의 선형범함수이다. 또한 임의의 원소 $f \in C[0, 1]$에 대하여

$$|\varphi(f)| = |f(a)| \leq \sup_{0 \leq x \leq 1} |f(x)| = \|f\|$$

이므로 φ는 유계인 선형범함수이다. 실제로 $\|\varphi\| = 1$이다.

(4) 노름공간 X에서 노름함수 $\|\cdot\| : X \to \mathbb{R}$은 선형범함수가 아니다.

정의 8.5.2 X, Y는 노름공간이고 선형사상 $T: X \to Y$가 모든 $x \in X$에 대하여 $\|T(x)\| = \|x\|$를 만족할 때 T를 동형사상(isomorphism)이라 하고 X와 Y는 동형(isomophic)이라 한다.

정리 8.5.3 노름공간 X의 원소 x에 대하여 함수

$$F_x : X^* \to \mathbb{C}, \ F_x(f) = f(x) \ (f \in X^*)$$

로 정의하면 F_x는 바나흐 공간 X^* 위의 유계 선형범함수이다. 즉, $F_x \in (X^*)^* = X^{**}$.

증명 만약 $f, g \in X^*$이고 α, β는 스칼라이면

$$F_x(\alpha f + \beta g) = (\alpha f + \beta g)(x) = \alpha f(x) + \beta g(x) = \alpha F_x(f) + \beta F_x(g)$$

이므로 F_x는 X^*에서 선형범함수이다. 또한 모든 $f \in X^*$에 대하여

$$|F_x(f)| = |f(x)| \leq \|f\| \|x\|$$

이므로 F_x는 유계이고, 위 부등식으로부터 $\|F_x\| \leq \|x\|$이다. ■

보기 2 $\mathbb{R}^n$의 쌍대 $(\mathbb{R}^n)^*$는 $\mathbb{R}^n$임을 보여라.

증명 사실 $\mathbb{R}^n$ 위의 모든 선형사상 f는 $f(x) = f(\sum_{i=1}^{n} x_i e_i) = \sum_{i=1}^{n} x_i r_i$ (단, $r_i = f(e_i)$) 형태이고 코시-슈바르츠 부등식에 의하여

$$|f(x)| = |\sum_{i=1}^{n} x_i r_i| \leq (\sum_{i=1}^{n} |x_i|^2)^{1/2} (\sum_{i=1}^{n} |r_i|^2)^{1/2} = \|x\| (\sum_{i=1}^{n} |r_i|^2)^{1/2}$$

이다. 따라서 $\|f\| \leq (\sum_{i=1}^{n} |r_i|^2)^{1/2}$이다. $x = (r_1, \cdots, r_n)$으로 두면 $f(x) = \sum_{i=1}^{n} r_i^2$이므로 $\|f\| = (\sum_{i=1}^{n} |r_i|^2)^{1/2}$이다. 함수 $T: (\mathbb{R}^n)^* \to \mathbb{R}^n$, $Tf = c = (r_1, \cdots, r_n)$ (단, $r_i = f(e_i)$)은 분명히 선형사상이고 $\|Tf\| = \|f\|$이다. 또한 T는 전단사함수이므로 T는 동형사상이다. 따라서 $(\mathbb{R}^n)^* = \mathbb{R}^n$이다.

정리 8.5.4 $1 < p < \infty$ 이고 $\dfrac{1}{p} + \dfrac{1}{q} = 1$일 때 $(l^p)^* = l^q$이다.

증명 임의의 $y = (y_1,\ y_2,\ \cdots) \in l^q$에 대하여 함수 $f_y : l^p \to \mathbb{C}$를

$$f_y(x) = \sum_{i=1}^{\infty} y_i x_i \quad (x = (x_1,\ x_2,\ \cdots) \in l^p)$$

로 정의하면 홀더 부등식에 의하여 f_y는 잘 정의되고 분명히 선형범함수이다. 또한 홀더 부등식에 의하여

$$|f_y(x)| = \left| \sum_{i=1}^{\infty} y_i x_i \right| \le \sum_{i=1}^{\infty} |y_i x_i| \le \|x\|_p \|y\|_q$$

이므로 $\|f_y\| \le \|y\|_q$이다. 따라서 f_y는 유계 선형범함수, 즉 $f_y \in (l^p)^*$이다.

이제 부등식 $\|f_y\| \ge \|y\|_q$를 보이고자 한다. 만약 $y = 0$이면 이 부등식이 성립한다. 따라서 $y \ne 0$ ($y_i \ne 0$인 자연수 i가 존재함을 의미한다)이라 가정한다. $x_i = |y_i|^q / y_i$ ($y_i = 0$이면 $x_i = 0$으로 해석하고)로 두면 $x = (x_1,\ x_2,\ \cdots) \in l^p$이고, $pq - p = q$이므로

$$\|x\|_p = \left(\sum_{i=1}^{\infty} |x_i|^p \right)^{1/p} = \left(\sum_{i=1}^{\infty} |y_i|^{pq-p} \right)^{1/p} = \left(\sum_{i=1}^{\infty} |y_i|^q \right)^{1/p} = \|y\|_q^{q/p}$$

이다. $f_y(x) = \displaystyle\sum_{i=1}^{\infty} y_i x_i = \sum_{i=1}^{\infty} |y_i|^q = \|y\|_q^q$이므로 $y \ne 0$일 때

$$\|f_y\| \ge \frac{\|f_y(x)\|}{\|x\|_p} = \frac{\|y\|_q^q}{\|y\|_q^{q/p}} = \|y\|_q^{q - q/p} = \|y\|_q.$$

위 부등식들로부터 $\|f_y\| = \|y\|_q$를 얻을 수 있다. 따라서 함수 $T : l^q \to (l^p)^*,\ y \to f_y$는 분명히 선형사상이고 $\|Ty\| = \|f_y\| = \|y\|_q$이므로 T는 단사함수이다.

끝으로 T가 전사함수임을 보인다. 임의의 선형범함수 $\alpha \in (l^p)^*$를 선택하고 $e_1 = (1, 0, \cdots)$, $e_2 = (0, 1, 0, \cdots)$, $\cdots$이라 하자. 모든 $n = 1, 2, \cdots$에 대하여 $y_n = \alpha(e_n)$인 수열 $y = (y_1,\ y_2,\ \cdots)$를 정의한다. 유한개의 항이 영이 아닌 임의의 수열 $a = (a_1,\ a_2,\ \cdots,\ a_n,\ 0,\ 0,\ \cdots)$에 대하여 $a \in l^p$이고 $a = a_1 e_1 + a_2 e_2 + \cdots + a_n e_n$임을 주목한다.

따라서 $\alpha(a) = a_1 y_1 + a_2 y_2 + \cdots + a_n y_n$ 이다.

$x_j = |y_j|^q / y_j \; (j = 1, 2, \cdots, n)$ 이고 $x_j = 0 \; (j = n+1, n+2, \cdots)$ 으로 두면 직접 계산에 의하여 $\|x\|_p = (\sum_{j=1}^{n} |y_j|^q)^{1/p}$ 이고 $\alpha(x) = \sum_{j=1}^{n} x_j y_j = \sum_{j=1}^{n} |y_j|^q$ 이므로

$$\|\alpha\| \geq \frac{\alpha(x)}{\|x\|_p} = \frac{\sum_{j=1}^{n} |y_j|^q}{(\sum_{j=1}^{n} |y_j|^q)^{1/p}} = (\sum_{j=1}^{n} |y_j|^q)^{1 - 1/p} = (\sum_{j=1}^{n} |y_j|^q)^{1/q}.$$

이 부등식에서 $n \to \infty$ 일 때 $y \in l^q$ 이고 $\|y\|_q \leq \|\alpha\|$ 이다. $Ty(e_n) = f_y(e_n) = y_n = \alpha(e_n)$ 이므로 유한개의 항이 영이 아닌 임의의 수열 $a = \sum_{j=1}^{n} a_j e_j \in l^p$ 에 대하여 선형성에 의하여 $(Ty)(a) = \alpha(a)$ 이다. 임의의 $x = (x_1, x_2, \cdots) \in l^p$ 에 대하여 $n \to \infty$ 일 때

$$\|x - (x_1, x_2, \cdots, x_n, 0, 0, \cdots)\|_p = (\sum_{j=n+1}^{\infty} |x_j|^p)^{1/p} \to 0$$

이므로 유한개의 항이 영이 아닌 임의의 수열들의 집합은 l^p 에서 조밀하다. Ty 와 α 는 l^p 에서 연속함수이고 조밀한 집합에서 같으므로 $Ty = \alpha$ 이다. 따라서 T 는 전사함수이다. ∎

보기 3 l^1 의 쌍대공간 $(l^1)^*$ 는 l^∞ 와 동형, 즉 $(l^1)^* = l^\infty$ 임을 보여라.

증명 $\alpha = (\alpha_1, \alpha_2, \cdots) \in l^\infty$ 이고 l^1 의 원소 $x = (x_1, x_2, \cdots)$ 에 대하여 $f_\alpha(x) = \sum_{i=1}^{n} \alpha_i x_i$ 로 정의하면 f_α 는 선형함수이고,

$$|f_\alpha(x)| = \left| \sum_{i=1}^{n} \alpha_i x_i \right| \leq (\sup_i |\alpha_i|) \sum_{i=1}^{n} |x_i| = \|\alpha\|_\infty \|x\|_1$$

이므로 $\|f_\alpha\| \leq \|\alpha\|_\infty$ 이다. 따라서 f_α 는 l^1 위의 유계 선형범함수이다. 즉, $f_\alpha \in (l^1)^*$ 이다. $T: l^\infty \to (l^1)^*$, $T\alpha = f_\alpha$ 로 정의하면 T 는 분명히 선형사상이다. 이제 T 는 동형사상임을 보인다. 만약 $e_1 = (1, 0, \cdots)$, $e_2 = (0, 1, 0, \cdots)$, $\cdots$ 이면 모든 $i = 1$,

2, $\cdots$에 대하여 $e_i \in l^1$이고 $f_\alpha(e_i) = \alpha_i$이므로

$$|\alpha_i| = |f_\alpha(e_i)| \leq \|f_\alpha\|\|e_i\|_1 = \|f_\alpha\|$$

이고 $\|\alpha\|_\infty \leq \|f_\alpha\|$이다. 따라서 $\|\alpha\|_\infty = \|f_\alpha\| = \|T\alpha\|$이고 T는 단사함수이다. f는 $(l^1)^*$의 임의의 원소이면 모든 $i = 1, 2, \cdots$에 대하여 $\alpha_i = f(e_i)$로 두면 f는 유계 선형범함수이므로

$$|\alpha_i| = |f(e_i)| \leq \|f\|\|e_i\|_1 = \|f\|$$

이므로 $\alpha = (\alpha_1, \alpha_2, \cdots) \in l^\infty$이다. 또한 $x = (x_1, x_2, \cdots) \in l^1$에 대하여 $y_n = (x_1, \cdots, x_n, 0, 0, \cdots)$으로 두면 $y_n \to x$이므로 f와 f_α의 연속성으로부터

$$f(x) = \lim_{n \to \infty} f(y_n) = \lim_{n \to \infty} f(\sum_{i=1}^n x_i e_i) = \lim_{n \to \infty} \sum_{i=1}^n x_i \alpha_i = \lim_{n \to \infty} f_\alpha(y_n) = f_\alpha(x)$$

이다. 따라서 $f_\alpha = f$이므로 $T(\alpha) = f$, 즉 T는 전사이다. ∎

01 $1 < p < \infty$, $\dfrac{1}{p} + \dfrac{1}{q} = 1$이고 $y = (y_1, \cdots, y_n) \in l_n^q$, $y \neq 0$이라 하자.

$$x_i = \begin{cases} |y_i|^q / y_i & (y_i \neq 0) \\ 0 & (y_i = 0) \end{cases}$$

으로 정의하면 모든 $x = (x_1, \cdots, x_n) \in l^p$에 대하여 $\displaystyle\sum_{i=1}^{n} |y_i|^q = \|y\|_q \|x\|_p$임을 보여라.

02 $1 < p < \infty$, $\dfrac{1}{p} + \dfrac{1}{q} = 1$일 때 $\left(l_n^p\right)^* = l_n^q$임을 보여라.

03 $\left(l_n^1\right)^* = l_n^\infty$임을 보여라.

04 $\left(l_n^\infty\right)^* = l_n^1$임을 보여라.

05 $\left(c_0\right)^* = l^1$임을 보여라.

8.6 한-바나흐 정리

S가 벡터공간 X의 선형부분공간일 때 S 위에 정의된 선형범함수는 X 위로의 확장을 가짐을 보이고자 한다.

정리 8.6.1 (한-바나흐 정리, Hahn-Banach theorem) X는 $\mathbb{R}$ 위의 벡터공간이고 S는 X의 부분공간이라 하자. 함수 $p: X \to \mathbb{R}$ 이 두 조건

$$p(x+y) \le p(x)+p(y),\ \alpha \ge 0 \text{일 때 } p(\alpha x) = \alpha p(x)$$

를 만족하고, $f: S \to \mathbb{R}$ 은 S의 모든 원소 s에 대하여 $f(s) \le p(s)$인 선형범함수라 하자. 그러면 다음을 만족하는 선형범함수 $F: X \to \mathbb{R}$ 이 존재한다.

(1) X의 모든 원소 x에 대하여 $F(x) \le p(x)$이다.

(2) S의 모든 원소 s에 대하여 $F(s) = f(s)$이다.

증명 g는 X의 한 부분공간에서 정의된 f의 확장 선형범함수로서 g의 정의역 $D(g)$에 속하는 모든 x에 대하여 $g(x) \le p(x)$를 만족한다고 하자. 이러한 선형범함수 전체의 집합을 $\mathscr{F}$로 나타낸다. 즉,

$$\mathscr{F} = \{\, g : g = \text{선형범함수},\ g|_S = f,\ g(x) \le p(x)\ \forall\, x \in D(g) \,\}.$$

가정에 의하여 $f \in \mathscr{F}$이므로 $\mathscr{F} \ne \varnothing$이다. $\mathscr{F}$의 두 원소 g_1과 g_2에 대하여 순서관계 $g_1 \le g_2$를 다음과 같이 정의한다.

(1) g_1의 정의구역 $D(g_1)$이 g_2의 정의구역 $D(g_2)$의 부분집합이고,

(2) $g_1(x) = g_2(x)\ (x \in D(g_1))$.

그러면 분명히 $\le$는 $\mathscr{F}$ 위의 부분순서(partial order)이다.

〈**주장 1**〉 존(Zorn)의 도움정리에 의하여 $\mathscr{F}$는 극대원소를 갖는다.

$C \subseteq \mathscr{F}$는 임의의 전순서집합(chain)이라 하자. $D(g)$는 $g \in C$의 정의구역이고 $D = \cup_{g \in C} D(g)$로 두고 $\tilde{g} : D \to \mathbb{R}$ 을

$$\tilde{g}(x) = g(x) \quad (x \in D(g),\, g \in C)$$

로 정의되는 범함수를 정의한다. C가 전순서집합이므로 $\tilde{g}$는 g의 선택에 독립이고 일의적으로 정의된다. 즉, $x \in D(g_1) \cap D(g_2)$이면 C가 전순서집합이므로 $D(g_1) \subseteq D(g_2)$ 또는 $D(g_2) \subseteq D(g_1)$, 즉 $g_1 \leq g_2$ 또는 $g_2 \leq g_1$이다. 따라서 $g_1(x) = g_2(x)$이므로 $\tilde{g}(x)$는 일의적으로 정의된다.

또한 $\tilde{g}$는 분명히 선형범함수이다. 그 이유는 다음과 같다. $x, y \in D$가 F의 정의역 D에 속하면 $x \in D(g_1)$이고 $y \in D(g_2)$인 선형범함수 $g_1, g_2 \in C$가 존재한다. C가 전순서집합이므로 $g_1 \leq g_2$ 또는 $g_2 \leq g_1$ 중 하나가 성립한다. 편의상 $g_1 \leq g_2$가 성립한다면 $x, y \in D(g_2)$이므로 임의의 $\lambda,\, \mu \in \mathbb{R}$에 대하여 $\lambda x + \mu y \in D(g_2)$이다. 따라서 $\lambda x + \mu y \in D$이고

$$\tilde{g}(\lambda x + \mu y) = g_2(\lambda x + \mu y) = \lambda g_2(x) + \mu g_2(y)$$
$$= \lambda \tilde{g}(x) + \mu \tilde{g}(y)$$

이다. 따라서 범함수 $\tilde{g}$는 f의 확장범함수이다. 분명히 $\tilde{g}$의 정의역은 부분공간이고, 임의의 $g \in C$에 대하여 $g \leq \tilde{g}$이다. 따라서 $\tilde{g}$는 C의 상계이다. $C \subseteq \mathcal{F}$는 $\mathcal{F}$의 임의의 부분집합이므로 존의 도움정리에 의하여 $\mathcal{F}$는 극대원소 F를 갖는다. $\mathcal{F}$의 정의에 의하여 F는 f의 선형 확장함수이고 분명히 임의의 $x \in D(F)$에 대하여

$$F(x) \leq p(x) \tag{8.7}$$

이다.

〈**주장 2**〉 F의 정의역 $D(F)$는 X와 같다. 즉, $D(F) = X$이다.

$D(F) \neq X$라 가정하면 $y_1 \in X - D(F)$인 점 y_1을 선택할 수 있다. $0 \in D(F)$이므로 $y_1 \neq 0$이다. Y_1는 $D(F)$와 y_1으로 생성되는 선형부분공간을 생각하면 임의의 $x \in Y_1$은 $x = y + \alpha y_1 (y \in D(F))$으로 표현할 수 있다. 즉,

$$Y_1 = \{y + \lambda y_1 : \lambda \in \mathbb{R},\, y \in D(F)\}.$$

이런 표현은 유일하다. 사실 $x = y + \alpha y_1 = \tilde{y} + \beta y_1$ (단, $y, \tilde{y} \in D(F)$)이면 $y - \tilde{y} = (\beta - \alpha)y_1$이고 $y - \tilde{y} \in D(F)$이다. $y_1 \notin D(F)$이므로 $y - \tilde{y} = 0$이고 $\beta - \alpha = 0$이기 때

문이다. 함수 $g_1 : Y_1 \to \mathbb{R}$ 을

$$g_1(x) = g_1(y + \alpha y_1) = F(y) + \alpha c \quad \text{(단, } c\text{는 임의의 실수)} \tag{8.8}$$

로 정의하면 g_1은 분명히 선형함수이다. $\alpha = 0$에 대하여 $g_1(y) = F(y)$이므로 g_1은 F의 확장함수이고 $D(F)$는 $D(g_1)$의 진부분집합이다. 모든 $x \in D(g_1)$에 대하여 $g_1(x) \le p(x)$가 성립함을 보이면 $g_1 \in E$이다. F가 극대원소라는 사실에 모순이다. 따라서 $D(F) = X$이다.

⟨주장 3⟩ 모든 $x \in D(g_1)$에 대하여 $g_1(x) \le p(x)$.

임의의 $y, z \in D(F)$에 대하여 식 (8.7)에 의하여

$$\begin{aligned} F(y) - F(z) = F(y - z) &\le p(y - z) = p(y + y_1 - y_1 - z) \\ &\le p(y + y_1) + p(-y_1 - z) \end{aligned}$$

이다. 이 식을 정리하면

$$-p(-y_1 - z) - F(z) = p(y + y_1) - F(y) \tag{8.9}$$

이다. 위 식의 좌변에는 y가 나타나지 않고 우변에는 z가 나타나지 않으므로

$$m_0 = \sup_{z \in D(F)}\{-p(-y_1 - z) - F(z)\} \le \inf_{y \in D(F)}\{p(y + y_1) - F(y)\} = m_1$$

이다. c는 $m_0 \le c \le m_1$인 실수이면 식 (8.9)에 의하여 임의의 $y, z \in D(F)$에 대하여

$$-p(-y_1 - z) - F(z) \le c, \tag{8.10}$$

$$c \le p(y + y_1) - F(y) \tag{8.11}$$

이다. 만약 $\alpha < 0$이면 식 (8.10)에서 z를 $\alpha^{-1}y$로 치환하면

$$-p\left(-y_1 - \frac{1}{\alpha}y\right) - F\left(\frac{1}{\alpha}y\right) \le c$$

이므로 양변에 $-\alpha > 0$을 곱하면

$$\alpha p\left(-y_1 - \frac{1}{\alpha}y\right) + F(y) \le -\alpha c$$

이다. $y + \alpha y_1 = x$로 두면 위 식과 (8.8)에 의하여

$$g_1(x) = F(y) + \alpha c \leq -\alpha p\left(-y_1 - \frac{1}{\alpha}y\right) = p(\alpha y_1 + y) = p(x)$$

이다. 만약 $\alpha = 0$이면 $x \in D(F)$이므로 분명히 $g_1(x) \leq p(x)$이다. 만약 $\alpha > 0$이면 식 (8.11)에서 y를 $\alpha^{-1}y$로 치환하면

$$c \leq p\left(\frac{1}{\alpha}y + y_1\right) - F\left(\frac{1}{\alpha}y\right)$$

이다. 양변에 $\alpha > 0$을 곱하면

$$\alpha c \leq \alpha p\left(\frac{1}{\alpha}y + y_1\right) - F(y) = p(x) - F(y)$$

이다. 이 식과 식 (8.8)에 의하여 $g_1(x) = F(y) + \alpha c \leq p(x)$이다. 따라서 모든 $x \in D(g_1)$에 대하여 $g_1(x) \leq p(x)$이다. ■

정리 8.6.2 (한-바나흐 정리) Y는 노름공간 X의 부분공간이라 하자. 만약 $y^* \in Y^*$이면 $\|y^*\| = \|x^*\|$이고 모든 $x \in Y$에 대하여 $y^*(x) = x^*(x)$를 만족하는 $x^* \in X^*$가 존재한다.

증명 $p(x) = \|y^*\| \cdot \|x\|$ $(x \in X)$로 정의하면 임의의 $x, y \in X$와 $\alpha \geq 0$에 대하여

$$p(x+y) \leq p(x) + p(y) \text{이고 } p(\alpha x) = |\alpha| p(x)$$

이다. 또한 $\|y^*\| = \sup_{x \neq 0} \frac{|y^*(x)|}{\|x\|}$이므로 $|y^*(x)| \leq p(x)$ $(x \in Y)$이다. 따라서 한-바나흐 정리에 의하여 다음을 만족하는 X 위에서 선형범함수 x^*가 존재한다.

(1) 모든 $x \in Y$에 대하여 $x^*(x) = y^*(x)$이다.

(2) 모든 $x \in X$에 대하여 $|x^*(x)| \leq p(x)$이다. 이것은 $|x^*(x)| \leq \|y^*\| \|x\|$ $(x \in X)$ 또는 $\|x^*\| \leq \|y^*\|$임을 의미한다. 하지만 (1)에 의하여 $\|x^*\| = \|y^*\|$이다. ■

노름선형공간에 한-바나흐 정리를 적용하여 몇 가지 성질을 조사하여 보자.

정리 8.6.3 만약 x_0는 노름공간 X의 한 원소이면 $f(x_0) = \|f\| \|x_0\|$를 만족하는 유계인 선

형범함수 $f : X \to \mathbb{R}$ 가 존재한다.

증명 $S = \{\lambda x_0 : \lambda \in \mathbb{R}\}$ 는 X의 부분공간이다. S의 임의의 원소 λx_0에 대하여 $\hat{f}(\lambda x_0) = \lambda \|x_0\|$로 정의하면 $\hat{f}$는 S에서 정의된 선형범함수이다. 또한 X의 임의의 원소 x에 대하여 $p(x) = \|x\|$로 정의하면

$$\hat{f}(\lambda x_0) = \lambda\|x_0\| \leq |\lambda|\|x_0\| = p(\lambda x_0) \quad \forall \lambda x_0 \in S$$

이다. 따라서 한-바나흐 정리에 의하여, X의 모든 원소 x에 대하여 $f(x) \leq p(x)$를 만족하는 $\hat{f}$의 확장인 선형범함수 $f : X \to \mathbb{R}$ 가 존재한다. $f(x) \leq \|x\|$이고 $-f(x) = f(-x) \leq \|-x\| = \|x\|$이므로 $\|f\| \leq 1$이다.

$$\|x_0\| = \hat{f}(x_0) = f(x_0) \leq \|f\|\|x_0\|$$

이므로 $\|f\| \geq 1$이다. 따라서 $\|f\| = 1$이고 $f(x_0) = \|f\|\|x_0\|$가 성립한다.   ■

정리 8.6.4 X는 노름공간이고 S는 X의 선형부분공간이라 하자. y가

$$d(y,\ S) = \inf\{\|y - s\| : s \in S\} = \delta > 0$$

을 만족하는 X의 한 원소이면 다음 조건을 만족하는 유계인 선형범함수 $f : X \to \mathbb{R}$ 가 존재한다.

$$\|f\| \leq 1,\ f(y) = \delta,\ S\text{의 임의의 원소 } s\text{에 대하여 } f(s) = 0.$$

증명 $Y = \{\lambda y + s : s \in S, \lambda \in \mathbb{R}\}$이면 Y는 X의 선형부분공간이다. 이제 Y의 임의의 원소 $\lambda y + s$에 대하여 $\hat{f}(\lambda y + s) = \lambda \delta$로 정의하면 $\hat{f}$는 Y에서 정의된 선형범함수이다. X의 임의의 원소 x에 대하여 $p(x) = \|x\|$로 정의하면, Y의 모든 원소 $\lambda y + s$에 대하여 $\lambda \neq 0$일 때 $y + \dfrac{s}{\lambda} \in Y$이므로

$$p(\lambda y + s) = \|\lambda y + s\| = |\lambda|\left\|y + \frac{s}{\lambda}\right\| \geq \lambda \delta = \hat{f}(\lambda y + s)$$

가 된다. 따라서 한-바나흐 정리에 의하여 X의 모든 원소 x에 대하여 $f(x) \leq p(x)$

를 만족하는 $\hat{f}$의 확장 선형범함수 $f : X \to \mathbb{R}$ 가 존재한다. $f(x) \le p(x) = \|x\|$이므로 $\|f\| \le 1$이다. $\hat{f}$의 정의에 의하여 Y에서 $f(x) = \hat{f}(x)$이므로 $f(y) = \hat{f}(y) = \delta$이고, S의 임의의 원소 s에 대하여 $f(s) = \hat{f}(s) = 0$이다. ■

따름정리 8.6.5 $X \ne \{0\}$은 체 F 위의 노름공간이고 $x \in X$이면 $\|x^*\| = 1$이고 $x^*(x) = \|x\|$를 만족하는 $x^* \in X^*$가 존재한다. 특히, 만약 $x \ne y$이면

$$x^*(x) - x^*(y) = \|x - y\| \ne 0$$

을 만족하는 $x^* \in X^*$가 존재한다.

증명 $S = \{0\}$으로 택하면 정리 8.6.4에 의하여 결과가 성립한다. ■

노름공간 X의 공액공간 X^*는 바나흐 공간이므로 X^*의 공액공간이 존재한다. 이 공액공간을 X^{**}로 나타낸다.

정리 8.6.6 모든 노름공간 X는 이중쌍대 X^{**}에 매몰된다(embedded). 즉 단사이고 선형인 등거리함수 $J : X \to X^{**}$가 존재한다.

증명 X의 임의의 원소 x에 대하여 함수 $x^* : X^* \to \mathbb{C}$, $x^*(\phi) = \phi(x)$ $(\phi \in X^*)$로 정의하면 x^*는 분명히 선형작용소이다. X^*의 원소 ϕ에 대하여 $|\phi(x)| \le \|\phi\| \|x\|$이므로

$$\|x^*\| = \sup_{\|\phi\| = 1} |\phi(x)| \le \|x\|$$

이다. 따라서 $x^* \in X^{**}$이므로 함수 $J : X \to X^{**}$, $Jx = x^*$를 정의할 수 있다. 임의의 $\phi \in X^*$에 대하여

$$(x + y)^*(\phi) = \phi(x + y) = \phi(x) + \phi(y) = x^*(\phi) + y^*(\phi),$$
$$(\lambda x)^*(\phi) = \phi(\lambda x) = \lambda \phi(x) = \lambda x^*(\phi)$$

이므로 J는 선형함수이다. 또한 $\|x^*(\phi)\| = |\phi(x)| \le \|\phi\| \|x\|$이므로 $\|x^*\| \le \|x\|$

이다. 정리 8.6.3에 의하여 $\|f\| = 1$이고 $f(x) = \|x\|$인 $f \in X^*$가 존재하므로

$$\|x^*\| = \sup\{|x^*(\phi)|/\|\phi\| : \phi \neq 0\} = \|x\|$$

이다. 따라서 J는 등거리함수, 즉 $\|Jx\| = \|x^*\| = \|x\|$이다. 또한 J는 등거리함수이므로 J는 단사함수이다. ■

정리 8.6.6에 의하여 J는 연속인 단사함수이고, 선형부분공간 $J(X)$ 위에서 정의된 J의 역함수 J^{-1}도 연속이다. J와 같은 선형사상을 등거리 동형사상(isometric isomorphism)이라 한다. 즉, X와 Y가 각각 노름선형공간이고 $T : X \to Y$가 선형사상이며 $\|Tx\| = \|x\|$이면 T를 등거리 동형사상이라 한다. 또한 X와 Y 사이에 등거리 동형사상이 존재하면 두 노름선형공간은 등거리동형(isometrically isometric)이라 한다.

복소수 전체의 집합 $\mathbb{C}$를 스칼라체(scalar field)로 하는 벡터공간을 복소벡터공간이라 한다. 이제 복소벡터공간에 한-바나흐 정리를 확장하여 보자. 우선 복소벡터공간에서 정의된 선형범함수에 관하여 알아보자.

X는 복소벡터공간이고 $f : X \to \mathbb{C}$는 복소수에 관한 선형함수, 즉

$$f(\alpha x + \beta y) = \alpha f(x) + \beta f(y) \quad (\alpha, \beta \in \mathbb{C}, \; x, y \in X)$$

인 범함수라 하자. $f(x)$의 실수부를 $g(x)$, 허수부를 $h(x)$라고 하면

$$f(x) = g(x) + ih(x) \quad \forall x \in X$$

이고, g와 h는 실수에만 관련된 선형인 실범함수이다. 이제 $f(ix)$를 계산하면

$$g(ix) + ih(ix) = f(ix) = if(x) = ig(x) - h(x)$$

이므로 양변의 실수부와 허수부를 비교하여 $h(x) = -g(ix)$를 얻는다. 그러므로

$$f(x) = g(x) - ig(ix).$$

즉 f의 실수부인 범함수 g에 의하여 f가 결정된다.

이제 이런 사실을 이용하여 복소벡터공간에 한-바나흐 정리를 확장하여 보자.

정리 8.6.7 X는 복소벡터공간이고 S는 X의 부분공간이고 실함수 $p : X \to \mathbb{R}$는

$$p(x+y) \leq p(x) + p(y), \quad p(\alpha x) = |\alpha| p(x)$$

를 만족한다고 하자. S에서 정의된 복소 선형범함수 $f : S \to \mathbb{C}$ 가 S의 모든 원소 s에 대하여 $|f(s)| \leq p(s)$를 만족하면 S의 모든 원소 s에 대하여 $F(s) = f(s)$이고, X의 모든 원소 x에 대하여 $|F(x)| \leq p(x)$인 복소선형함수 $F : X \to \mathbb{C}$ 가 존재한다.

증명 f의 실수부를 g, 허수부를 h라 하면

$$f(s) = g(s) - ig(is) \ (s \in S)$$

이고, $g : S \to \mathbb{R}$는 실수에 관하여 선형범함수이다.

이제 X를 실수체를 스칼라체로 하는 벡터공간으로 보면(즉, $x, y \in X$이고 $\alpha, \beta \in \mathbb{R}$이면 $\alpha x + \beta y \in X$이므로 X의 원소에 복소수를 곱하는 것을 무시하면 X는 $\mathbb{R}$ 위의 벡터공간으로 생각할 수 있다), $g(s) \leq |f(s)| \leq p(s) (s \in S)$이므로 앞의 한-바나흐 정리에 의하여 실수에 관하여 두 조건 $G(s) = g(s) (s \in S)$와 $G(x) \leq p(x)$를 만족하는 선형인 범함수 $G : X \to \mathbb{R}$ 가 존재한다. $F(x) = G(x) - iG(ix)$로 놓으면

$$F(ix) = G(ix) - iG(-x) = i[G(x) - iG(ix)] = iF(x)$$

이므로 $F : X \to G$는 복소 선형범함수이고, S의 모든 원소 s에 대하여 $G(s) = g(s)$이므로

$$F(s) = f(s) \quad \forall s \in S$$

이다. 따라서 X의 모든 원소 x에 대하여 $|F(x)| \leq p(x)$임을 보이면 된다. X의 임의의 원소 x에 대하여 $|\omega| = 1$, $\omega F(x) = |F(x)|$를 만족하는 복소수 ω를 택하면

$$|F(x)| = \omega F(x) = F(\omega x) = G(\omega x) \leq p(\omega x) = |\omega| p(x) = p(x)$$

이다. 즉, $|F(x)| \leq p(x) \ (x \in X)$가 성립한다. ■

연습문제 8.6

01 X가 노름공간일 때 다음을 보여라.
$$x = 0 \Leftrightarrow \text{임의의 } f \in X^* \text{에 대하여 } f(x) = 0.$$

02 X가 노름공간이고 $x \in X$일 때 다음을 보여라.
$$\|x\| = \sup\left\{ \frac{|\phi(x)|}{\|\phi\|} : \phi \in X^*, \phi \neq 0 \right\}$$

03 Y는 노름공간 X의 부분공간이고 y는 X의 한 원소일 때 다음을 보여라.
$$\inf_{t \in Y} \|y - t\| = \sup\{f(y) : \|f\| = 1, \text{ 모든 } t \in Y \text{에 대하여 } f(t) = 0\}$$

04 X는 노름공간이고 $0 \neq x_0 \in X$이면 $\|\tilde{f}\| = 1$이고 $\tilde{f}(x) = \|x_0\|$인 유계 선형범함수 $\tilde{f} \in X^*$가 존재함을 보여라.

05 Y는 노름공간 X의 부분공간이라 하자. 그러면 $x \in \overline{Y}$이기 위한 필요충분조건은 Y에서 영인 모든 유계범함수는 x에서 0값을 가짐을 보여라. 특히 Y가 X에서 조밀하기 위한 필요충분조건은 Y에서 영인 모든 유계범함수는 영함수이다.

06 X가 노름공간이고 X^*가 분해가능공간이면 X도 분해가능공간임을 보여라.

07 노름공간 X의 모든 원소 x_0에 대하여 $f_0(x_0) = \|x_0\|^2$이고 $\|f_0\| = \|x_0\|$를 만족하는 유계인 선형범함수 $f_0 : X \to \mathbb{R}$가 존재함을 보여라.

08 노름공간 X의 임의의 x에 대하여
$$\|x\| = \sup_{f \in X^*, \|f\| \leq 1} |f(x)|$$

임을 보여라.

09 Y가 바나흐 공간 X의 선형부분공간이면 X의 공액공간 X^*의 부분집합

$$Y^{\perp} = \{f \in X^* : f(x) = 0 \ \forall x \in Y\}$$

를 Y의 소멸자(annihilator)라 한다. 또한 N이 X^*의 선형부분공간이면

$$N_{\perp} = \{x \in X : f(x) = 0 \ \forall f \in N\}$$

으로 정의한다. 다음이 성립함을 보여라.

(1) $Y^{\perp}$는 X^*의 닫힌 부분공간이다.

(2) $Y^{\perp} = (\overline{\operatorname{span} Y})^{\perp}$, $(Y^{\perp})_{\perp} = \overline{\operatorname{span} Y}$

(3) $N_{\perp}$는 X의 닫힌 부분공간이다.

(4) Y가 X의 닫힌 부분공간이면 $(X/Y)^*$는 $Y^{\perp}$와 동형이다.

8.7 열린 사상정리

X와 Y는 위상공간이고, $f : X \to Y$는 함수라 하자. X의 임의의 열린집합 U에 대하여 $f(U)$가 Y의 열린집합이면 f는 열린 사상(open mapping)이라 한다. 또한 f가 전단사 연속함수이고 열린 사상이면 f는 위상동형사상(homeomorohism)이라 한다.

보기 1 (1) 항등함수 $I : \mathbb{R}^n \to \mathbb{R}^n$, $I(x) = x$는 $\mathbb{R}^n$의 임의의 열린집합 U를 열린집합 U로 대응하므로 I는 열린 사상이다.

(2) $f : \mathbb{R} \to \mathbb{R}$, $f(x) = \sin x$는 $f((-\pi, \pi)) = [-1, 1]$이므로 열린 사상이 아니다.

(3) $f : (-\pi/2, \pi/2) \to \mathbb{R}$, $f(x) = \tan x$는 위상동형사상이다.

이제 X와 Y가 바나흐 공간일 때 $T : X \to Y$가 전사이고 연속인 선형작용소이면 T가 열린 사상임을 보이자.

도움정리 8.7.1 X와 Y는 바나흐 공간이고 $T \in B(X, Y)$는 전사이고 연속인 선형작용소이면 $B_r(0) \subseteq T(B_1(0))$인 양수 r이 존재한다.

증명 임의의 자연수 n에 대하여

$$S_n = \left\{ x : \|x\| < 1/2^n \right\}$$

으로 놓으면 T는 전사함수이고 $X = \cup_{k=1}^{\infty} k S_1$이므로

$$Y = \cup_{k=1}^{\infty} k T(S_1)$$

이다. Y가 완비 거리공간이므로 베어 범주정리에 의하여 Y는 제2범주의 집합(second category)이다. 따라서 $T(S_1)$은 조밀한 곳이 없는(nowhere dense) 집합이 아니므로 $T(S_1)$의 닫힘 $\overline{T(S_1)}$은 공집합이 아닌 내부(interior)를 갖는다. 즉, $\overline{T(S_1)}$은 적당한 열린 공

$$B_\eta(p) = \{y \in Y : \|y - p\| < \eta\}$$

를 포함한다. T는 선형함수이므로 $\overline{T(S_1)} - p$는 열린 공 $\{y \in Y : \|y\| < \eta\}$를 포함한다. 그런데

$$\overline{T(S_1)} - p \subseteq \overline{T(S_1)} - \overline{T(S_1)} \subseteq 2\overline{T(S_1)} = \overline{T(S_0)}$$

이므로 $\overline{T(S_0)} = \overline{T(B_1(0))}$는 중심이 원점이고 반지름이 η인 구 $B_\eta(0)$을 포함한다. 따라서 T가 선형함수이므로

$$\left\{ y \in Y : \|y\| < \frac{\eta}{2^n} \right\} \subseteq \overline{T(S_n)} \tag{8.12}$$

이 성립한다. 이제 $\{y \in Y : \|y\| < \eta/2\} \subseteq T(S_0)$임을 보이자. y는 $\|y\| < \eta/2$인 Y의 임의의 점이면 (8.12)에 의하여 $y \in \overline{T(S_1)}$이므로 $\|y - T(x_1)\| < \eta/4$인 S_1의 점 $x_1 \in S_1$을 택할 수 있다. (8.12)에 의하여 같은 방법으로

$$\|y - T(x_1) - T(x_2)\| < \frac{\eta}{8}$$

인 S_2의 점 $x_2 \in S_2$를 택할 수 있다. 이러한 과정을 계속하면

$$\left\| y - \sum_{k=1}^{n} T(x_k) \right\| < \frac{\eta}{2^{n+1}} \tag{8.13}$$

인 점 $x_n \in S_n$을 선택할 수 있다. $\|x_k\| < \frac{1}{2^k}$이므로 급수 $\sum_{k=1}^{\infty} x_k$는 절대수렴한다. X는 완비공간이므로 $x = \sum_{k=1}^{\infty} x_k$는 X의 점이고 $\|x\| < 1$이므로 $x \in S_0$이다. 더욱이 (8.13)에 의하여

$$T(x) = T\left(\sum_{k=1}^{\infty} x_k \right) = \sum_{k=1}^{\infty} T(x_k) = y$$

이므로 $y = Tx \in T(S_0)$이고 $\{y \in Y : \|y\| < \eta/2\} \subseteq T(S_0)$이다. ∎

정리 8.7.2 (열린 사상정리, open mapping theorem) X와 Y는 바나흐 공간이고 연속인 선형작용소 $T : X \to Y$가 전사이면 T는 열린 사상이다. 따라서 T가 전단사이면 동형사상이다.

증명 O는 X의 열린부분집합이고 y는 $T(O)$의 한 점이면 $y = T(x)$를 만족하는 점 $x \in O$ 가 존재한다. O가 열린집합이므로 $x \in S \subseteq O$인 열린 공 S가 존재한다. 도움정리 8.7.1에 의하여 $T(S-x) = T(S) - y$는 원점을 중심으로 하는 열린 공을 포함한다. 따라서 $T(S)$는 y를 중심으로 하는 열린 공을 포함한다. $T(S) \subseteq T(O)$이고 y는 $T(S)$에 포함되어 있는 열린 공의 점이므로 y는 $T(O)$의 내점이다. 그러므로 $T(O)$ 가 열린집합이다. ■

정리 8.7.3 벡터공간 X 위에 두 노름 $\| \cdot \|$와 $\| \cdot \|'$이 주어지고 각 노름에 대한 노름 선형 공간 $(X, \| \cdot \|)$와 $(X, \| \cdot \|')$은 바나흐 공간이고, X의 모든 원소 x에 대하여

$$\|x\| \leq C\|x\|'$$

이 성립하는 상수 C가 존재하면 두 노름은 동치이다. 즉, 또 하나의 상수 C'이 존재하여 X의 모든 원소 x에 대하여

$$\|x\|' \leq C'\|x\|$$

가 성립한다.

증명 항등사상 $i : (X, \| \cdot \|') \to (X, \| \cdot \|), \; i(x) = x \; (x \in X)$는 전단사함수이고

$$\|i(x)\| = \|x\| \leq C\|x\|'$$

이므로 i는 연속인 선형사상이므로 열린 사상정리에 의하여 열린 사상이다. 따라서 i의 역사상은 연속이고 $\|i^{-1}\| = C'$으로 놓으면 정리가 성립한다. ■

정리 8.7.4 (닫힌 그래프정리, closed graph theorem) X와 Y는 각각 바나흐 공간이고 $T : X \to Y$는 선형사상이라 하자. X의 원소로 이루어진 수열 $\{x_n\}$이 x에 수렴하고 수열 $\{Tx_n\}$이 y에 수렴할 때 $Tx = y$이면 T는 연속사상이다.

증명 X의 임의의 원소 x에 대하여

$$\|\|x\|\| = \|x\| + \|Tx\|$$

로 두면 $\|\|\cdot\|\|$은 X 위의 노름이다.

이제 $\|\|x_n - x_m\|\| \to 0$이면 $\|x_n - x_m\| \to 0$이고 $\|Tx_n - Tx_m\| \to 0$이므로 $\{x_n\}$과 $\{Tx_n\}$은 각각 X와 Y의 코시수열이다. X와 Y가 완비공간이므로 $\|x_n - x\| \to 0$, $\|Tx_n - y\| \to 0$인 $x \in X$, $y \in Y$가 존재한다. 따라서 가정에 의하여 $Tx = y$가 된다. $\|\|x_n - x_m\|\| \to 0$이므로 X는 노름 $\|\|\cdot\|\|$에 관하여 완비공간이다. 그런데 X의 임의의 원소 x에 대하여 $\|x\| \le \|\|x\|\|$이므로 정리 8.7.3에 의하여 상수 C'이 존재하여 $\|x\| + \|Tx\| = \|\|x\|\| \le C'\|x\|$가 성립한다. 따라서 X의 임의의 원소 x에 대하여

$$\|Tx\| \le C'\|x\|$$

가 성립하므로 T는 유계함수, 즉 연속함수이다. ■

사상 $T: X \to Y$의 그래프는 $X \times Y$의 부분집합

$$G = \{(x, Tx) : x \in X\}$$

이다. 정리 8.7.4는 T의 그래프가 $X \times Y$의 닫힌집합이면 T가 연속임을 의미한다.

다음 고른 유계성 원리(uniform boundedness principle)를 증명한다.

정리 8.7.5 (바나흐-스테인하우스 정리) X는 바나흐 공간, Y는 노름공간이고 $\mathscr{F}$는 $B(X, Y)$의 부분집합이라 하자. 임의의 원소 $x \in X$에 대하여

$$\sup_{T \in \mathscr{F}} \|Tx\| < \infty$$

이면 모든 $T \in \mathscr{F}$에 대하여 $\|T\| \le M$인 상수 M이 존재한다.

증명 $\mathscr{F}$의 임의의 원소 T에 대하여 $f_T(x) = \|Tx\|$로 놓으면 f_T는 X에서 정의된 실숫값을 갖는 연속함수이다.

$$B_n = \{x \in X : \sup_{T \in \mathscr{F}} \|Tx\| \le n\}$$

으로 두면 B_n은 닫힌집합이고 $X = \cup_{n=1}^{\infty} B_n$이다. X는 완비공간이므로 베어 범주정리

2에 의하여 B_m은 열린 공 $B_\rho(x_0) = B(x_0;\rho)$를 포함하는 자연수 m이 존재한다. 즉, 임의의 $x \in B(x_0;\rho)$에 대하여

$$\sup_{T \in \mathscr{I}} \|Tx\| \le m$$

인 $x_0 \in X$이고 $\rho > 0$이 존재한다. 임의의 $\|x\| = 1$이고 임의의 $T \in \mathscr{I}$에 대하여

$$\|Tx\| = \frac{2}{\rho}\left\| T\left(\frac{\rho}{2}x\right) \right\| \le \frac{2}{\rho}\left\| T\left(x_0 + \frac{\rho}{2}x\right) - T(x_0) \right\| \le \frac{4m}{\rho}\|x\|$$

이므로 임의의 $T \in \mathscr{I}$에 대하여 $\|T\| \le 4m/\rho = M$이다. ■

연습문제 8.7

01 $k < n$일 때 정사영 $P : \mathbb{R}^n \to \mathbb{R}^k$, $P(x_1, x_2, \cdots, x_n) = (x_1, x_2, \cdots, x_k)$는 열린 사상임을 보여라.

02 X, Y는 바나흐 공간이고 $T : X \to Y$는 연속인 선형작용소이고 전단사함수이면 T는 연속이고 선형인 역함수를 가짐을 보여라.

03 $X = C^{(1)}[a, b]$의 노름은 $\| f \| = \| f \|_\infty + \| f' \|_\infty$, $Y = C^{(1)}[a, b]$의 노름은 $\| f \| = \| f \|_\infty$로 하고 $T : X \to Y$는 항등함수라 하면 T는 연속이지만 T^{-1}는 연속이 아님을 보여라.

04 X, Y는 바나흐 공간이고 $T_n \in B(X, Y)$라 할 때 임의의 $x \in X$에 대하여 $\{ T_n x \}$가 수렴하기 위한 필요충분조건은 다음 두 조건이 성립하는 것임을 보여라.
(1) X의 어떤 조밀한 부분집합 A의 모든 원소 x에 대하여 $\{ T_n x \}$가 수렴한다.
(2) $\sup_n \| T_n \| < \infty$

05 X와 Y는 각각 바나흐 공간이고 $T : X \to Y$는 연속인 선형작용소라고 하자. M은 T의 핵(kernel)이고 S를 T의 치역이라 하면 다음이 성립함을 보여라.

"S와 X/M이 동형(isomorphic)이기 위한 필요충분조건은 S가 Y의 닫힌 부분공간인 것이다."

06 X가 노름공간이고 Y가 바나흐 공간일 때 그의 그래프는 닫힌집합이지만 불연속인 선형작용소 $T : X \to Y$의 예를 들어라.

09
힐베르트 공간

9.1 힐베르트 공간

정의 9.1.1 H를 벡터공간이라 하자. $H \times H$ 위에 정의된 복소수값 함수 (x, y)가 다음 조건 (1)~(4)를 만족하면 (x, y)를 x와 y의 내적(inner product)이라 한다.

임의의 $\alpha_1,\ \alpha_2 \in \mathbb{C}$ 와 $x,\ y,\ x_1,\ x_2 \in H$에 대하여

(1) $(x,\ x) \geq 0$

(2) $(x,\ x) = 0$이면 $x = \theta$.

(3) $(x,\ y) = \overline{(y,\ x)}$

(4) $(\alpha_1 x_1 + \alpha_2 x_2,\ y) = \alpha_1 (x_1,\ y) + \alpha_2 (x_2,\ y)$

순서쌍 $(H, (,))$를 내적공간(inner product space)이라 하고 간단히 H로 나타낸다.

주의 1 내적의 정의에 의하여 다음이 성립한다.

    (1) 임의의 $x \in H$에 대하여 $(x,\ x) = \overline{(x,\ x)}$이므로 $(x,\ x)$는 실수이다.

    (2) 임의의 $\alpha,\ \beta \in \mathbb{C}$ 와 $x,\ y,\ z \in H$에 대하여 $(x,\ \alpha y + \beta z) = \overline{\alpha}(x,\ y) + \overline{\beta}(x,\ z)$ 이다.

    (3) $(\alpha x,\ y) = \alpha (x,\ y),\ (x,\ \alpha y) = \overline{\alpha}(x,\ y)$이므로 $\alpha = 0$일 때 $(\theta,\ y) = (x,\ \theta) = 0$ 이다.

보기 1 (내적공간의 예)

    (1) (유클리드 공간) $\mathbb{R}^n$의 임의의 두 점 $x = (x_1,\ x_2,\ \cdots,\ x_n)$과 $y = (y_1,\ y_2,\ \cdots,\ y_n)$에 대하여

$$(x,\ y) = \sum_{i=1}^{n} x_i\, y_i$$

    로 정의하면 $(x,\ y)$는 내적의 조건 (1)~(4)를 모두 만족한다.

    (2) l^2의 원소 $x = \{x_n\},\ y = \{y_n\}$에 대하여 식 $(x,\ y) = \sum_{n=1}^{\infty} x_n\, \overline{y_n}$으로 정의하면 l^2

에 대한 코시-슈바르츠 부등식에 의하여 급수 $\displaystyle\sum_{n=1}^{\infty} x_n \overline{y_n}$은 수렴하므로 주어진 식은 잘 정의되고 내적의 조건 (1) ~ (4)를 만족한다. 따라서 l^2는 무한차원 내적공간이다.

(3) $f,\ g \in C[a,\ b]$에 대하여 $(f,\ g) = \displaystyle\int_a^b f(t)\overline{g(t)}\,dt$로 정의하면 분명히 $C[a,\ b]$는 내적공간이다.

(4) $[a,\ b]$에서 리만 적분가능한 함수 $f,\ g \in \Re[a,\ b]$에 대하여 $(f,\ g) = \displaystyle\int_a^b fg$로 정의하면 $(\ ,\ )$는 내적 정의의 성질 (2)를 제외하고 성질 (1), (3), (4)를 만족한다. 사실 $(f,\ f) = 0$이면 f는 $[a,\ b]$의 거의 모든 점에서 0, 즉 $f = 0\ a.e\ [a,\ b]$이다.

(5) (르베그 공간 L_2) $f,\ g \in L_2$이면 횔더 부등식에 의하여

$$\int |fg|\, d\mu \le |f|_2 \cdot |g|_2 < \infty$$

이므로 $(f,\ g) = \displaystyle\int fg\, d\mu$로 정의하고 $f = 0\ a.e$를 $f = 0$으로 동일시하면 $(f,\ g)$는 내적의 조건 (1) ~ (4)를 만족한다.

(6) $H_1,\ H_2$는 내적공간이고 $H = H_1 \times H_2 = \{(x,\ y): x \in H_1,\ y \in H_2\}$에서

$$((x_1,\ y_1),\ (x_2,\ y_2)) = (x_1,\ x_2) + (y_1,\ y_2)$$

로 정의하면 $H = H_1 \times H_2$는 내적공간이다.

내적공간 H에서 $x \in H$의 **노름(norm)**을

$$\|x\| = \sqrt{(x,\ x)}$$

로 정의한다.

예를 들어, 임의의 $f \in C[0,\ 1]$에 대하여 f의 노름은 $\|f\| = \left(\displaystyle\int_0^1 |f(t)|^2\right)^{1/2}$로 주어진다.

주의 2 (1) $(x,\ x) \ge 0$이므로 x의 노름은 잘 정의되고, $\|x\| = 0 \Leftrightarrow x = \theta$.

(2) 임의의 $\lambda \in \mathbb{C}$ 에 대하여

$$\|\lambda x\|^2 = (\lambda x, \ \lambda x) = \lambda \overline{\lambda}(x, \ x) = |\lambda|^2 \|x\|^2$$

이므로 $\|\lambda x\| = |\lambda|\|x\|$ 이다.

정리 9.1.2 (코시-슈바르츠 부등식) 내적공간 H의 임의의 두 원소 x와 y에 대하여 부등식

$$|(x, \ y)| \le \|x\|\|y\| \tag{9.1}$$

가 성립한다. $y \ne \theta$일 때 등호가 성립하기 위한 필요충분조건은 $x = \lambda y \ (\lambda \in \mathbb{C})$이다.

증명 $y = \theta$이면 부등식 (9.1)은 분명히 성립한다. 그러므로 $y \ne \theta$라 가정하고 이 부등식을 증명하고자 한다. λ가 임의의 복소수이면

$$\begin{aligned} 0 \le \|x - \lambda y\|^2 &= (x - \lambda y, \ x - \lambda y) \\ &= (x, \ x) - \overline{\lambda}(x, \ y) - \lambda(y, \ x) + |\lambda|^2 (y, \ y) \\ &= \|x\|^2 - 2\operatorname{Re}\lambda(y, \ x) + |\lambda|^2 (y, \ y) \end{aligned} \tag{9.2}$$

만약 $(x, \ y) = 0$이면 부등식 (9.1)이 성립한다. $(x, \ y) \ne 0$이라 가정하자. 위 식에 $\lambda = \|x\|^2/(y, \ x)$로 치환하면

$$0 \le -\|x\|^2 + \frac{\|x\|^4 \|y\|^2}{|(x, \ y)|^2}$$

을 얻는다. 이 식을 정리하면 부등식 (9.1)을 얻는다.

(9.1)에서 등호가 성립하기 위한 필요충분조건은 $y = 0$ 또는 $0 = \|x - \lambda y\|^2$ (따라서 $x = \lambda y$)인 것이다. ∎

주의 3 코시-슈바르츠 부등식에서 $\|x\|y = \|y\|x$이면 등식이 성립한다.

정리 9.1.3 H가 내적공간이고 $x, y \in H$이면 다음 식이 성립한다.

(1) (삼각부등식) $\|x + y\| \le \|x\| + \|y\|$

(2) (평행사변형 공식) $\|x + y\|^2 + \|x - y\|^2 = 2(\|x\|^2 + \|y\|^2)$

(3) $(x, \ y) = \frac{1}{4}(\|x + y\|^2 - \|x - y\|^2 + i\|x + iy\|^2 - i\|x - iy\|^2)$

증명 (1) $\|x+y\|^2 = (x+y,\ x+y) = (x,\ x) + 2\mathrm{Re}(x,\ y) + (y,\ y)$

$$\leq \|x\|^2 + 2\|x\|\,\|y\| + \|y\|^2 = (\|x\| + \|y\|)^2$$

(2) $\|x+y\|^2 = \|x\|^2 + (x,\ y) + (y,\ x) + \|y\|^2,$

$\|x-y\|^2 = \|x\|^2 - (x,\ y) - (y,\ x) + \|y\|^2$

이므로 두 식을 더하면 평행사변형 공식을 얻을 수 있다.

(3) 노름의 정의에 의하여

$$\|x+y\|^2 = (x+y,\ x+y) = \|x\|^2 + 2\mathrm{Re}(x,\ y) + \|y\|^2$$

을 얻는다. 위 식에서 y 대신에 $-y$를 대입하면

$$\|x-y\|^2 = \|x\|^2 - 2\mathrm{Re}(x,\ y) + \|y\|^2$$

이다. 따라서 $\|x+y\|^2 - \|x-y\|^2 = 4\mathrm{Re}(x,\ y)$이다. 위 식에서 y 대신에 iy를 대입하면

$$\|x+iy\|^2 - \|x-iy\|^2 = 4\mathrm{Re}(x,\ iy) = 4\mathrm{Re}\{-i(x,\ y)\} = 4\mathrm{Im}(x,\ y)$$

이다. 그러므로

$$\|x+y\|^2 - \|x-y\|^2 + i\{\|x+iy\|^2 - \|x-iy\|^2\} = 4(x,\ y)$$

이다(여기서 Re와 Im은 각각 복소수의 실수부와 허수부이다). ■

정리 9.1.4 내적공간 H에서 x의 노름을 $\|x\| = (x,\ x)^{1/2}$로 정의하면 H는 노름공간이다.

증명 노름의 정의에 의하여 $\|x\| \geq 0$이고, $\|x\| = 0 \Leftrightarrow x = \theta$이다. 또한 임의의 $x \in H$, $c \in \mathbb{C}$에 대하여 $\|cx\| = |c|\,\|x\|$는 분명하다. 위의 삼각부등식에 의하여 X는 노름공간이다. ■

정의 9.1.5 $x,\ y$는 내적공간 H의 원소이고 $(x,\ y) = 0$이면 $x,\ y$는 직교한다(orthogonal)고 하고 $x \perp y$로 나타낸다.

정리 9.1.6 (피타고라스 정리) 내적공간 H의 원소 x, y가 직교하면

$$\| x + y \|^2 = \| x \|^2 + \| y \|^2.$$

증명 $x \perp y$이면 $(x, y) = 0 = (y, x)$이므로

$$\| x + y \|^2 = \| x \|^2 + (x, y) + (y, x) + \| y \|^2$$

에서 결과가 바로 나온다. ■

$\mathbb{R}^n$과 l^2에 대한 코시-슈바르츠 부등식와 정리 2.1.8은 $H = \mathbb{R}^n$ 또는 $H = l^2$에 대한 정리 9.1.2의 코시-슈바르츠 부등식과 일치한다. $\Re[a, b]$에서 정의된 노름은 식

$$\| f \| = (\int_a^b f^2)^{1/2} \quad (f \in \Re[a, b])$$

로 주어진다. 두 함수 f, $g \in \Re[a, b]$ 사이의 거리는

$$d(f, g) = \| f - g \| = \left(\int_a^b (f - g)^2 \right)^{1/2}$$

로 주어진다. $\Re[a, b]$에 대한 코시-슈바르츠 부등식은

$$\left| \int_a^b f\, g \right| \leq \left(\int_a^b f^2 \right)^{1/2} \left(\int_a^b g^2 \right)^{1/2} \quad (f, g \in \Re[a, b])$$

가 된다.

$\Re[a, b]$의 부분공간 $C[a, b]$는 지금 두 개의 노름 L^2 노름과 평등노름(uniform norm)을 갖는다. $C[a, b]$에서 L^2 노름은

$$\| f \|_2 = \left(\int_a^b f^2 \right)^{1/2}$$

로 주어지고, 평등노름은

$$\| f \|_u = \sup \{ | f(x) | : x \in [a, b] \}$$

로 주어진다. 이들 두 노름은 같지 않다.

정의 9.1.7　내적공간 $(H, (,))$가 내적 $(,)$으로부터 유도되는 거리 d에 관하여 완비 거리공간(즉, 완비 내적공간)이면 $(H, (,))$를 힐베르트 공간(Hilbert space)이라 한다.

보기 2 (1) $\mathbb{R}$, $\mathbb{C}$는 완비공간이므로 $\mathbb{R}$, $\mathbb{C}$와 $\mathbb{R}^n$, $\mathbb{C}^n$은 힐베르트 공간이다.

(2) l^2는 힐베르트 공간이다.

(3) E가 유한개의 항을 제외한 모든 항이 0인 수열 $(x_1, x_2, \cdots)$의 집합이면 $E \subseteq l^2$이고 l^2는 내적공간이므로 E는 내적공간이지만 힐베르트 공간이 아니다. 왜냐하면 E의 수열 $x_n = (1, 1/2, 1/3, \cdots, 1/n, 0, 0, \cdots)$은 코시수열이지만 $\{x_n\}$의 극한은 $(1, 1/2, 1/3, \cdots) \not\in E$이므로 수열 $\{x_n\}$은 E에서 수렴하지 않기 때문이다.

(4) 공간 $\Re[a, b]$는 L^2 노름에서 유도된 거리에 대하여 완비공간이 아니므로 $\Re[a, b]$는 힐베르트 공간이 아닌 내적공간이다.

보기 3 $C[a, b]$는 내적공간이 아님을 보여라.

증명 임의의 $t \in [a, b]$에 대하여 $x(t) = 1$, $y(t) = (t-a)/(b-a)$로 택하면 $x, y \in C[a, b]$, $\|x\| = 1$, $\|y\| = 1$이고,

$$x(t) + y(t) = 1 + (t-a)/(b-a), \quad x(t) - y(t) = 1 - (t-a)/(b-a)$$

이다. 따라서 $\|x+y\| = 2$, $\|x-y\| = 1$이고 $\|x+y\|^2 + \|x-y\|^2 = 5$이지만 $2(\|x\|^2 + \|y\|^2) = 4$이므로 평행사변형 공식이 성립하지 않는다. 그러므로 $C[a, b]$는 내적공간이 아니다. ■

정리 9.1.8　H는 내적공간이고 $z \in H$이면 함수 $f : H \to \mathbb{C}$, $f(x) = (x, z)$는 H에서 연속이다.

증명 만약 $z = \theta$ 이면 f 는 상수함수가 되므로 연속이다. 따라서 $z \neq \theta$ 라고 가정하자. 임의의 양수 ϵ 에 대하여 $\delta = \dfrac{\epsilon}{\|z\|}$ 으로 택한다. 만약 $\|x - y\| < \delta$ 이면 코시-슈바르츠 부등식에 의해

$$|f(x) - f(y)| = |(x,\ z) - (y,\ z)| = |(x - y,\ z)|$$
$$\leq \|x - y\| \|z\| < \delta \|z\| = \epsilon$$

이다. 따라서 f 는 H 에서 연속이다. ∎

따름정리 9.1.9 H 는 내적공간이고 $z \in H$ 라 하자. 급수 $\displaystyle\sum_{n=1}^{\infty} y_n$ 이 H 에서 y 에 수렴하면

$$(y,\ z) = \left(\sum_{n=1}^{\infty} y_n,\ z \right) = \sum_{n=1}^{\infty} (y_n,\ z).$$

증명 $S_n = y_1 + y_2 + \cdots + y_n$ 으로 두면 수열 $\{S_n\}$ 은 H 에서 y 에 수렴한다. 정리 9.1.8에 의하여 $f(x) = (x,\ z)$ 는 연속이므로 $\displaystyle\lim_{n \to \infty} f(S_n) = f(y)$ 이다. 지금

$$\lim_{n \to \infty} f(S_n) = \lim_{n \to \infty} \left(\sum_{k=1}^{n} y_k,\ z \right) = \lim_{n \to \infty} \sum_{k=1}^{n} (y_k,\ z) = \sum_{k=1}^{\infty} (y_k,\ z)$$

이다. 한편, $f(y) = (y,\ z) = \left(\displaystyle\sum_{k=1}^{\infty} y_k,\ z \right)$ 이므로 정리가 성립한다. ∎

정리 9.1.10 내적공간의 내적 $(,) : H \times H \to \mathbb{R}$ 은 연속함수이다.

증명 슈바르츠 부등식에 의하여 $n \to \infty$ 일 때

$$|(x_n,\ y_n) - (x,\ y)| = |(x_n,\ y_n) - (x_n,\ y) + (x_n,\ y) - (x,\ y)|$$
$$\leq |(x_n,\ y_n - y)| + |(x_n - x,\ y)|$$
$$\leq \|x_n\| \|y_n - y\| + \|x_n - x\| \|y\| \to 0$$

이다. 따라서 내적 $(,) : H \times H \to \mathbb{R}$ 은 연속함수이다. ∎

주의 4 내적 (x, y)는 x와 y 중 어느 하나를 고정하면 나머지 변수에 관한 H 위의 선형함수가 되고, 이 함수는 물론 연속이다.

정의 9.1.11 내적공간 H의 수열 $\{x_n\}$이 모든 $y \in H$에 대하여 $(x_n, y) \to (x, y)$일 때 $\{x_n\}$은 $x \in H$에 약수렴한다(weakly convergent)고 하고, $x_n \xrightarrow{w} x$로 나타낸다.

약수렴과는 상대적으로 강수렴(보통 수렴)은 $\| x_n - x \| \to 0$을 의미한다.

보기 4 l^2에서 $e_1 = (1, 0, 0, \cdots)$, $e_2 = (0, 1, 0, \cdots)$, $\cdots$로 두면 $\{e_n\}$은 0에 강수렴하지 않음을 보여라.

증명 $y = (y_1, y_2, \cdots) \in l^2$를 고정하고 $n \to \infty$이면 $\| (e_n, y) - (0, y) \| = |y_n| \to 0$이므로 $\{e_n\}$은 0에 약수렴한다. 한편, 서로 다른 자연수 m, n에 대하여 $\| e_m - e_n \| = \sqrt{2}$이므로 $\{e_n\}$은 코시수열이 아니다. 따라서 $\{e_n\}$은 강수렴하지 않는다. ∎

보기 5 H는 내적공간이고 $\{x_n\}$을 x에 약수렴하는 수열이라 하자. $\| x_n \| \to \| x \|$이면 $x_n \to x$이다.

증명 H가 내적공간이므로

$$\| x_n - x \|^2 = (x_n - x, x_n - x) = \| x_n \|^2 - (x_n, x) - (x, x_n) + \| x \|^2$$
$$= \| x_n \|^2 - (x_n, x) - \overline{(x_n, x)} + \| x \|^2$$

이다. 따라서 $x_n \xrightarrow{w} x$이고 $\| x_n \| \to \| x \|$이므로 $\| x_n - x \|^2 \to 0$이다. 즉, $x_n \to x$이다.

∎

01 H가 내적공간이고 $x \in H$라 하자. 모든 $y \in H$에 대하여 $(x, y) = 0$이면 $x = 0$임을 보여라.

02 내적공간 H의 두 원소 x, y가 주어질 때 임의의 $z \in H$에 대하여 $(x, z) = (y, z)$이면 $x = y$임을 보여라.

03 H는 내적공간이고 $x_n \to x$이면 모든 $y \in H$에 대하여 $(x_n, y) \to (x, y)$임을 보여라.

04 l^p $(p \neq 2)$는 내적공간이 아님을 보여라.

05 내적공간 H의 모든 원소 y에 대하여 $(x_n, y) \to (x, y)$이고 $\|x_n\| \to \|x\|$이면 $x_n \to x$임을 보여라.

06 임의의 $f \in C[0, 1]$에 대하여 다음을 보여라.

$$\left| \int_0^1 f(t) \sin \pi t \, dt \right| \leq \frac{1}{\sqrt{2}} \left\{ \int_0^1 |f(t)|^2 dt \right\}^{1/2}$$

07 H는 n차원 힐베르트 공간이라 하자. 그러면 $x_n \to x$이기 위한 필요충분조건은 $x_n \xrightarrow{w} x$임을 보여라.

08 H는 내적공간이고 $x_1, x_2, \cdots, x_n, y, z \in H$이면

$$\left(\sum_{i=1}^{n} (y, x_i) x_i, z \right) = \left(y, \sum_{i=1}^{n} (z, x_i) x_i \right)$$

가 성립함을 보여라.

09 $\{x_n\}$은 내적공간 H의 수열이고 $x_n \xrightarrow{w} x$이면 $\|x\| \leq \lim\limits_{n \to \infty} \|x_n\|$임을 보여라.

10 H는 내적공간이라 하자. $\|x\| \leq 1$, $\|y\| \leq 1$이고 $\|x - y\| \geq \epsilon > 0$이면

$$\left\|\frac{x + y}{2}\right\| \leq 1 - \delta$$

인 ϵ에 대응하는 $\delta = \delta(\epsilon) > 0$이 존재함을 보여라.

11 H는 내적공간이고 x, y, u, $v \in H$라 하자.

$$\|x - u\| + \|u - y\| = \|x - v\| + \|v - y\| = \|x - y\|, \quad \|x - u\| = \|x - v\|$$

이면 $u = v$임을 보여라.

9.2 정규직교 집합

정의 9.2.1 E가 내적공간 H의 부분집합이라 하자. 임의의 원소 $x_i,\ x_j \in E\ (i \neq j)$에 대하여 $(x_i,\ x_j) = 0$이면 E를 직교계(orthogonal system)라 한다. 추가적으로 E의 모든 원소 x_i에 대하여 $\|x_i\| = 1$이면 E를 정규직교계(orthonormal system) 또는 정규직교 집합(orthonormal set)이라 한다.

주의 1 x가 각 원소 $y_1,\ y_2,\ \cdots,\ y_n$에 직교하면 x는 $y_1,\ y_2,\ \cdots,\ y_n$의 모든 1차결합과 직교한다. 왜냐하면 $(x,\ y) = (x,\ \displaystyle\sum_{k=1}^{n} \lambda_k y_k) = \displaystyle\sum_{k=1}^{n} \overline{\lambda_k}\,(x,\ y_k) = 0$이기 때문이다.

정리 9.2.2 내적공간 H의 직교계 E는 1차독립이다.

증명 E는 직교계이고 $\displaystyle\sum_{k=1}^{n} \alpha_k x_k = 0\ (x_1,\ x_2,\ \cdots,\ x_k \in E,\ \alpha_1,\ \alpha_2,\ \cdots,\ \alpha_k \in \mathbb{C})$이라 가정

$$0 = (\sum_{k=1}^{n} \alpha_k x_k,\ \sum_{k=1}^{n} \alpha_k x_k) = \sum_{k=1}^{n} |\alpha_k|^2 \|x_k\|^2$$

하면이고 $\|x_k\| \neq 0$이므로 임의의 자연수 k에 대하여 $\alpha_k = 0$이다. 따라서 $x_1,\ x_2,\ \cdots,\ x_k$는 1차독립이다. ■

보기 1 (1) $e_1 = (1,\ 0,\ \cdots,\ 0),\ e_2 = (0,\ 1,\ 0,\ \cdots,\ 0),\ \cdots,\ e_n = (0,\ 0,\ \cdots,\ 0,\ 1)$로 두면 집합 $\{e_1,\ e_2,\ \cdots,\ e_n\}$은 $\mathbb{R}^n$의 정규직교계이다.

(2) $\delta^{(n)} = e_n = (0,\ \cdots,\ 0,\ 1,\ 0,\ \cdots)$이면 집합 $\{\delta^{(n)}\}_{n=1}^{\infty}$은 l^2의 정규직교계이다. 여기서

$$\delta_m^{(n)} = \begin{cases} 1 & (n = m \text{일 때}) \\ 0 & (n \neq m \text{일 때}) \end{cases}$$

보기 2 $\phi_n(x) = e^{inx}/\sqrt{2\pi}$ $(n = 0, \pm 1, \pm 2, \cdots)$일 때 $\{\phi_n\}$은 $L^2([-\pi, \pi])$에서 정규직교계임을 보여라.

증명 $m \neq n$에 대하여

$$(\phi_m, \phi_n) = \frac{1}{2\pi} \int_{-\pi}^{\pi} e^{i(m-n)x} dx = \frac{e^{\pi i(m-n)} - e^{-\pi i(m-n)}}{2\pi(m-n)} = 0$$

이다. 한편 $(\phi_n, \phi_n) = \frac{1}{2\pi} \int_{-\pi}^{\pi} e^{i(n-n)x} dx = 1$이다. 따라서 임의의 자연수 m, n에 대하여 $(\phi_m, \phi_n) = \delta_m^n$이다. ■

도움정리 9.2.3 $x \in \mathbb{R}$이고 $n = 1, 2, \cdots$에 대하여

$$\phi_0(x) = \frac{1}{\sqrt{2\pi}}, \ \phi_{2n-1}(x) = \frac{\cos nx}{\sqrt{\pi}}, \ \phi_{2n}(x) = \frac{\sin nx}{\sqrt{\pi}}$$

로 두면 $\{\phi_0, \phi_1, \cdots\}$은 $\Re[0, 2\pi]$의 정규직교계이다.

증명

$$\|\phi_0\|^2 = \int_0^{2\pi} \left(\frac{1}{\sqrt{2\pi}}\right)^2 dx = 1,$$

$$\|\phi_{2n-1}\|^2 = \int_0^{2\pi} \frac{\cos^2 nx}{\pi} dx = \frac{nx + \sin nx \cos nx}{2n\pi}\Big|_0^{2\pi} = 1.$$

마찬가지로 $\|\phi_{2n}\|^2 = 1$이다.

마지막으로 집합 $\{\phi_0, \phi_1, \cdots\}$의 임의의 서로 다른 두 원소는 직교함을 보여야 한다. 지금

$$(\phi_0, \phi_{2n-1}) = \int_0^{2\pi} \frac{\cos nx}{\sqrt{2\pi}} dx = \frac{\sin nx}{n\sqrt{2\pi}}\Big|_0^{2\pi} = 0$$

이다. 마찬가지로 $(\phi_0, \phi_{2n}) = 0$이다. 만약 $n = m$이면

$$(\phi_{2n-1}, \phi_{2m}) = \int_0^{2\pi} \frac{\cos nx \sin nx}{\pi} dx = -\frac{1}{2\pi} \left\{ \frac{\cos 2nx}{2n} \right\}_0^{2\pi} = 0$$

이다. 만약 $n \neq m$이면

$$(\phi_{2n-1}, \phi_{2m}) = \int_0^{2\pi} \frac{\cos nx \sin mx}{\pi} dx$$
$$= -\frac{1}{2\pi} \left\{ \frac{\cos(m+n)x}{m+n} - \frac{\cos(m-n)x}{m-n} \right\}_0^{2\pi} = 0$$

이다. 마찬가지로 $n \neq m$이면 $(\phi_{2n-1}, \phi_{2m-1}) = 0 = (\phi_{2n}, \phi_{2m})$임을 보일 수 있다. 따라서 집합 $\{\phi_0, \phi_1, \cdots\}$은 $[0, 2\pi]$에서 정규직교계이다. ∎

도움정리 9.2.3의 증명에서 나타나는 모든 피적분함수는 주기 2π인 주기함수이므로 적분 값은 $\int_0^{2\pi}$에서 $\int_a^{a+2\pi}$로 적분 변환하여도 변하지 않는다. 따라서 임의의 실수 a에 대하여 $\{\phi_0, \phi_1, \cdots\}$는 $\Re[a, a+2\pi]$에서 정규직교계이다.

정리 9.2.4 (그람-슈미트(Gram-Schmidt) 단위직교화 정리) $\{x_1, x_2, \cdots\}$은 내적공간 H의 1차독립인 수열일 때 이들의 1차결합으로서 정규직교계 $\{e_1, e_2, \cdots\}$을 만들 수 있고, 또한 $e_1, e_2, \cdots, e_n$에 의해 생성되는 선형부분공간 $[e_1, e_2, \cdots, e_n]$은 $x_1, x_2, \cdots, x_n$에서 생성되는 선형부분공간 $[x_1, x_2, \cdots, x_n]$과 일치한다. 즉, 임의의 n개에 대하여

$$[e_1, e_2, \cdots, e_n] = [x_1, x_2, \cdots, x_n].$$

증명 수학적 귀납법을 사용한다. 먼저 $\{x_n\}$은 1차독립이므로 $x_1 \neq 0$이다. 따라서 $e_1 = \dfrac{x_1}{\|x_1\|}$으로 둔다. 다음으로 $y_2 = x_2 - (x_2, e_1)e_1$으로 두면 $y_2 \neq 0$이다. 왜냐하면 $y_2 = 0$이면 x_1과 x_2가 1차독립이 되지 않기 때문이다. 따라서 $e_2 = y_2 / \|y_2\|$로 둘 수 있다. 그러면 $\{e_1, e_2\}$는 정규직교계이고, $[e_1, e_2] = [x_1, x_2]$가 성립한다. 이와 같은 과정을 계속하면, 정규직교계 $[e_1, e_2, \cdots, e_{n-1}]$이 만들어지므로 $[e_1, e_2, \cdots, e_{n-1}] = [x_1, x_2, \cdots, x_{n-1}]$이 성립한다고 가정하자.

$$y_n = x_n - (x_n,\ e_1)e_1 - (x_n,\ e_2)e_2 - \cdots - (x_n,\ e_{n-1})e_{n-1}$$

로 두면 $y_n \neq 0$이므로 $e_n = y_n / \|y_n\|$으로 둘 수 있다. 왜냐하면 $y_n = 0$이면 위 식에서 $x_n \in [e_1,\ e_2,\ \cdots,\ e_{n-1}] = [x_1,\ x_2,\ \cdots,\ x_{n-1}]$이므로 $x_1,\ x_2,\ \cdots,\ x_n$이 1차독립이라는 가정에 모순이 된다. 그러므로 $y_n \neq 0$이고, e_n을 만들 수 있다. 위의 식에서 다음을 얻을 수 있다.

$$e_n \in [e_1,\ e_2,\ \cdots,\ e_{n-1},\ x_n] = [x_1,\ x_2,\ \cdots,\ x_{n-1},\ x_n],$$
$$x_n \in [e_1,\ e_2,\ \cdots,\ e_{n-1},\ y_n] = [e_1,\ e_2,\ \cdots,\ e_{n-1},\ e_n]$$

따라서 $[e_1,\ e_2,\ \cdots,\ e_n] = [x_1,\ x_2,\ \cdots,\ x_n]$이 성립한다. 다음으로 $j = 1,\ 2,\ \cdots,\ n-1$이면

$$(y_n,\ e_j) = (x_n,\ e_j) - \sum_{i=1}^{n-1}(x_n,\ e_i)(e_i,\ e_j) = (x_n,\ e_j) - (x_n,\ e_j) = 0$$

이므로 $e_n \perp e_j$이다. 따라서 $\{e_1,\ e_2,\ \cdots,\ e_n\}$은 정규직교계이다. 그러므로 수학적 귀납법에 의해서 모든 자연수 n에 대하여 주어진 정리가 성립한다. ■

정리 9.2.5 (피타고라스 정리) $x_1,\ \cdots,\ x_n$은 내적공간 H의 원소이고 $(x_i,\ x_j) = 0\ (i \neq j)$이면

$$\|\sum_{k=1}^{n} x_k\|^2 = \sum_{k=1}^{n} \|x_k\|^2. \tag{9.3}$$

증명 $(x_1,\ x_2) = 0$이면 피타고라스 정리에 의하여 $\|x_1 + x_2\|^2 = \|x_1\|^2 + \|x_2\|^2$이므로 결과는 $n = 2$에 대하여 성립한다. $n-1$에 대하여 (9.3)이 성립한다고 가정하자. 그러면 $\|\sum_{k=1}^{n-1} x_k\|^2 = \sum_{k=1}^{n-1} \|x_k\|^2$이다. $x = \sum_{k=1}^{n-1} x_k$이고 $y = x_n$으로 두면 분명히 $(x,\ y) = 0$이다. 따라서

$$\|\sum_{k=1}^{n} x_k\|^2 = \|x + y\|^2 = \|x\|^2 + \|y\|^2 = \sum_{k=1}^{n-1} \|x_k\|^2 + \|x_n\|^2 = \sum_{k=1}^{n} \|x_k\|^2. \quad ■$$

정리 9.2.6 만약 $\{e_1,\ e_2,\ \cdots\}$은 내적공간 H의 정규직교계이면 임의의 원소 $x\in H$에 대하여 다음 등식과 부등식이 성립한다.

(1) $\left\| x - \sum_{k=1}^{n}(x,\ e_k)e_k \right\|^2 = \|x\|^2 - \sum_{k=1}^{n}|(x,\ e_k)|^2$

(2) 임의의 자연수 n에 대하여 $\sum_{i=1}^{n}|(x,\ e_i)|^2 \le \|x\|^2$이다.

(3) $\sum_{n=1}^{\infty}|(x,\ e_n)|^2 \le \|x\|^2$ (베셀(Bessel)의 부등식)

(4) 임의의 $x\in H$에 대하여 급수 $\sum_{n=1}^{\infty}|(x,\ e_n)|^2$은 수렴한다. 즉, 수열 $\{(x,\ e_n)\}$은 l^2의 원소이다. 따라서 $\lim_{n\to\infty}(x,\ e_n)=0$이다.

(5) 급수 $\sum_{n=1}^{\infty}\alpha_n e_n$이 수렴하기 위한 필요충분조건은 $\sum_{n=1}^{\infty}|\alpha_n|^2 < \infty$인 것이다. 이 경우에

$$\|\sum_{n=1}^{\infty}\alpha_n e_n\|^2 = \sum_{n=1}^{\infty}|\alpha_n|^2.$$

(6) $y = \sum_{n=1}^{\infty}\alpha_n e_n$이면 $\alpha_n = (y,\ e_n)$이다.

증명 (1) $c_n = (x,\ e_n)$으로 두면

$$0 \le \left\| x - \sum_{i=1}^{n}c_i e_i \right\|^2 = \left(x - \sum_{i=1}^{n}c_i e_i,\ x - \sum_{j=1}^{n}c_j e_j \right)$$

$$= (x,\ x) - \sum_{i=1}^{n}c_i(e_i,\ x) - \sum_{j=1}^{n}\overline{c_j}(x,\ e_j) + \sum_{i=1}^{n}\sum_{j=1}^{n}c_i\overline{c_j}(e_i,\ e_j)$$

$$= \|x\|^2 - \sum_{i=1}^{n}c_i\overline{c_i} - \sum_{j=1}^{n}\overline{c_j}c_j + \sum_{i=1}^{n}|c_i|^2 = \|x\|^2 - \sum_{i=1}^{n}|c_i|^2$$

이므로 (1)이 성립된다.

(2) (1)의 증명에서 임의의 자연수 n에 대하여 $\sum_{i=1}^{n}|c_i|^2 \le \|x\|^2$이 성립한다.

(3) (2)로부터 베셀의 부등식 (3)을 바로 얻을 수 있다.

(4) 베셀의 부등식에 의하여 임의의 $x\in H$에 대하여 급수 $\sum_{n=1}^{\infty}|(x,\ e_n)|^2$은 수렴한다.

(5) $x_n = \sum_{i=1}^{n} \alpha_i e_i$로 두면 모든 자연수 $m > n > 0$에 대하여 피타고라스 정리에 의하여

$$\| x_m - x_n \|^2 = \| \sum_{i=n+1}^{m} a_i e_i \|^2 = \sum_{i=n+1}^{m} \| \alpha_i e_i \|^2 = \sum_{i=n+1}^{m} |\alpha_i|^2 \tag{9.4}$$

이다. 만약 $\sum_{n=1}^{\infty} |\alpha_n|^2 < \infty$이면 $\lim_{m,n \to \infty} \| x_m - x_n \| = 0$이다. 따라서 $\{x_n\}$은 코시수열이다. H의 완비성에 의하여 $\lim_{n \to \infty} x_n = \sum_{i=1}^{\infty} a_i e_i$가 존재하고 H에 속한다. 역으로 $\sum_{n=1}^{\infty} \alpha_n e_n$은 수렴하면 (9.4)에 의하여 수열 $\{\sigma_m\}$ (단 $\sigma_m = \sum_{n=1}^{m} |\alpha_n|^2$)은 $\mathbb{R}$에서 코시수열이므로 급수 $\sum_{n=1}^{\infty} |\alpha_n|^2$은 수렴한다.

(6) $y = \sum_{n=1}^{\infty} \alpha_n e_n$이면 따름정리 9.1.9에 의하여

$$(y, e_j) = \lim_{n \to \infty} (\sum_{k=1}^{n} \alpha_k e_k, e_j) = \alpha_j \qquad \blacksquare$$

주의 2 $\{e_1, e_2, \cdots\}$은 내적공간 H의 정규직교계이면 정리 9.2.6(4)에 의하여 내적공간 H의 정규직교계는 H에서 l^2로의 함수를 유도한다. 표현 $x \sim \sum_{n=1}^{\infty} (x, e_n)e_n$을 x의 일반화된 푸리에 급수(Fourier series)라 한다. 스칼라 $\alpha_n = (x, e_n)$을 정규직교계 $\{e_1, e_2, \cdots\}$에 관한 x의 푸리에 계수(Fourier coefficient)라고 한다.

정리 9.2.6에 의하여 힐베르트 공간 H의 모든 x에 대하여 급수 $\sum_{n=1}^{\infty} (x, e_n)e_n$은 수렴한다. 하지만 이 급수는 x와 다른 원소에 수렴한다.

보기 3 $H = L^2[-\pi, \pi]$이고 $e_n(t) = \frac{1}{\sqrt{\pi}} \sin nt$ $(n = 1, 2, \cdots)$일 때 $\{e_n\}$은 힐베르트 공간 H에서 정규직교계이다. 한편 $x(t) = \cos t$에 대하여

$$\sum_{n=1}^{\infty} (x, e_n)e_n = \sum_{n=1}^{\infty} \left[\frac{1}{\sqrt{\pi}} \int_{-\pi}^{\pi} \cos t \sin nt \, dt \right] \frac{1}{\sqrt{\pi}} \sin nt$$
$$= \sum_{n=1}^{\infty} 0 \cdot \sin nt = 0 \neq \cos t.$$

도움정리 9.2.7 $\{e_1, e_2, \cdots\}$은 힐베르트 공간 H의 정규직교계이고 $x \in H$에 대하여 $c_n = (x, e_n)$ $(n=1, 2, \cdots)$로 두면 다음이 성립한다.

(1) $\displaystyle\sum_{i=1}^{\infty} c_i e_i$는 수렴하고 H의 원소이다.

(2) $x - \displaystyle\sum_{i=1}^{\infty} c_i e_i$는 모든 벡터 e_n과 직교한다.

증명 (1) 베셀의 부등식에 의해서 $\{c_1, c_2, \cdots\} \in l^2$이므로 정리 9.2.6(5)에 의해서

$$\lim_{n \to \infty} \sum_{i=1}^{n} c_i e_i \text{는 } H\text{의 원소에 수렴한다.}$$

(2) 따름정리 9.1.9에 의하여

$$\left(\sum_{i=1}^{\infty} c_i e_i, e_n \right) = \lim_{m \to \infty} \left(\sum_{i=1}^{m} c_i e_i, e_n \right) = c_n = (x, e_n)$$

이다. 따라서 $\left(x - \displaystyle\sum_{i=1}^{\infty} c_i e_i, e_n \right) = 0$이므로 $x - \displaystyle\sum_{i=1}^{\infty} c_i e_i$와 e_n은 직교한다. ■

정의 9.2.8 $\{e_n\}$은 힐베르트 공간 H의 정규직교계라 하자. 임의의 $x \in H$에 대하여

$$x = \sum_{n=1}^{\infty} (x, e_n)e_n, \text{ 즉 } \lim_{n \to \infty} \left\| x - \sum_{k=1}^{n} (x, e_k)e_k \right\| = 0$$

이면 $\{e_n\}$은 완전 정규직교계(completely orthonormal system)라 한다.

주의 3 $x = \displaystyle\sum_{n=1}^{\infty} (x, e_n)e_n$은 $\displaystyle\lim_{n \to \infty} \left\| x - \sum_{k=1}^{n} (x, e_k)e_k \right\| = 0$을 의미한다. 예를 들어, $H = L^2([-\pi, \pi])$이고 $\{f_1, f_2, \cdots\}$이 H의 정규직교계이면 $f = \displaystyle\sum_{n=1}^{\infty} (f, f_n)f_n$에 의하여

$$\lim_{n\to\infty}\int_{-\pi}^{\pi}\left|f(t)-\sum_{k=1}^{n}\alpha_k f_k(t)\right|^2 dt = 0, \ \ \alpha_k = \int_{-\pi}^{\pi}f(t)\overline{f_k(t)}\,dt.$$

정리 9.2.9 $\{e_1,\ e_2,\ \cdots\}$은 힐베르트 공간 H의 정규직교계라 하면 다음은 동치이다.

(1) $\{e_1,\ e_2,\ \cdots\}$은 완전 정규직교계이다. 즉, 모든 $x\in H$에 대하여 $x=\sum_{n=1}^{\infty}(x,\ e_n)e_n$이다.

(2) 모든 $k=1,\ 2,\ \cdots$에 대하여 $(x,\ e_k)=0$이면 $x=0$이다.

(3) $\mathrm{span}\{e_k\}$는 H에서 조밀하다. 즉, H의 모든 원소는 $\mathrm{span}\{e_k\}$의 벡터들의 수열의 극한 이다.

(4) 모든 원소 $x\in H$에 대하여

$$\|x\|^2=\sum_{n=1}^{\infty}|(x,\ e_n)|^2 \ \ \text{(파세발(Parseval)의 등식)}$$

(5) 임의의 원소 $x,\ y\in H$에 대하여

$$(x,\ y)=\sum_{n=1}^{\infty}(x,\ e_n)\overline{(y,\ e_n)}$$

증명 (1) $\Rightarrow$ (5): $s_n=\sum_{k=1}^{n}(x,\ e_k)e_k,\ S_n=\sum_{k=1}^{n}(y,\ e_k)e_k$로 두면 완전 정규직교계의 정의에 의하여 $x=\lim_{n\to\infty}\sum_{k=1}^{n}(x,\ e_k)e_k,\ y=\lim_{n\to\infty}\sum_{k=1}^{n}(y,\ e_k)e_k$이므로

$$(x,\ y)=\lim_{n\to\infty}(s_n,\ S_n)=\lim_{n\to\infty}\sum_{k=1}^{n}(x,\ e_k)\overline{(y,\ e_k)}.$$

(5) $\Rightarrow$ (4): (5)에서 $x=y$로 두면 (4)가 성립한다.

(4) $\Rightarrow$ (3): 모든 원소 $x\in H$에 대하여 $n\to\infty$일 때 (4)에 의하여

$$\left\|x-\sum_{k=1}^{n}(x,\ e_k)e_k\right\|^2=\|x\|^2-\sum_{k=1}^{n}|(x,\ e_k)|^2\to 0.$$

따라서 H의 모든 원소는 $\mathrm{span}\{e_k\}$의 벡터들의 수열의 극한이다.

(3) $\Rightarrow$ (2): 모든 $k=1,\ 2,\ \cdots$에 대하여 $(x,\ e_k)=0$이면 분명히 $x\perp\mathrm{span}\{e_k\}$이다.

따라서 내적의 연속성에 의하여 x는 $\mathrm{span}\{e_k\}$의 닫힘 $\overline{\mathrm{span}\{e_k\}}$와 수직이다. 즉, $x \perp \overline{\mathrm{span}\{e_k\}} = H$이다. 특히 $x \perp x$이므로 $x = 0$이다.

(2) $\Rightarrow$ (1): 모든 원소 $z \in H$에 대하여 도움정리 9.2.7(1)에 의하여 $w = \sum_{k=1}^{\infty} (z, e_k)e_k$는 수렴한다. 그러므로 임의의 자연수 j에 대하여

$$(z - w, e_j) = (z, e_j) - \lim_{n \to \infty} \left(\sum_{k=1}^{n} (z, e_k)e_k, e_j \right)$$
$$= (z, e_j) - (z, e_j) = 0.$$

(2)에 의하여 $z - w = 0$이므로 (1)이 성립한다. ∎

다음 완전 정규직교계의 예에 대한 증명은 간단하지 않으므로 생략한다.

보기 4 (1) $\phi_n(x) = e^{inx}/\sqrt{2\pi}$ $(n = 0, \pm 1, \pm 2, \cdots)$일 때 $\{\phi_n\}$는 $L^2([-\pi, \pi])$에서 완전 정규직교계이다.

(2) $\phi_0(x) = \dfrac{1}{\sqrt{2\pi}}$, $\phi_{2n-1}(x) = \dfrac{\cos nx}{\sqrt{\pi}}$, $\phi_{2n}(x) = \dfrac{\sin nx}{\sqrt{\pi}}$ 일 때 $\{\phi_n\}$은 $L^2([-\pi, \pi])$에서 완전 정규직교계이다.

정의 9.2.10 E는 내적공간 H의 정규직교계라 하자. 임의의 $x \in H$는 $x = \sum_{n=1}^{\infty} \alpha_n e_n$ (단, $\alpha_n \in \mathbb{C}$, e_n들은 E의 서로 다른 원소)과 같이 유일하게 표현되면 E를 정규직교기저(orthonormal basis)라 한다.

주의 4 내적공간 H의 정규직교계는 정규직교기저이다. 사실 $x = \sum_{n=1}^{\infty} \alpha_n e_n$, $x = \sum_{n=1}^{\infty} \beta_n e_n$이면 정리 9.2.6(5)에 의하여

$$0 = \|x - x\|^2 = \left\| \sum_{n=1}^{\infty} \alpha_n e_n - \sum_{n=1}^{\infty} \beta_n e_n \right\|^2 = \left\| \sum_{n=1}^{\infty} (\alpha_n - \beta_n)e_n \right\|^2 = \sum_{n=1}^{\infty} |\alpha_n - \beta_n|^2$$

이다. 따라서 모든 자연수 n에 대하여 $\alpha_n = \beta_n$이다. $x = \sum_{n=1}^{\infty} \alpha_n e_n$의 표현은 유일하다.

> **연습문제 9.2**

01 $\mathbb{R}^3$에서 $x = (1, -1, 0)$, $y = (1, 0, -1)$, $z = (1, 1, 1)$이 1차독립임을 보이고 그람-슈미트 직교화 방법에 의해서 정규직교계를 만들어라.

02 $\{e_n\}$은 내적공간 H의 정규직교계이고 $x = \sum_{n=1}^{\infty} a_n e_n$이면 $\|x\|^2 = \sum_{n=1}^{\infty} |a_n|^2$임을 보여라.

03 H는 힐베르트 공간이고 $\{e_n\}$을 정규직교계라 하자. $(a_1, a_2, \cdots) \in l^1$이면 $\sum_{n=1}^{\infty} a_n e_n$은 수렴함을 보여라.

04 H가 내적공간이고 $\{e_1, e_2, \cdots\}$이 정규직교계라 하자. $\{a_n\}$이 임의의 수열이면 $x \in H$에 대하여 다음 부등식이 성립함을 보여라.

$$\left\| x - \sum_{k=1}^{n} (x, e_k)e_k \right\| \le \left\| x - \sum_{k=1}^{n} a_k e_k \right\|$$

05 $\{e_i\}_{i=1}^{n}$은 내적공간 H의 정규직교계이고 $M = [e_1, \cdots, e_n]$이라 하자. $x \in H$에 대하여 $Px = \sum_{i=1}^{n} (x, e_i)e_i$이면 $\|x - Px\| = d(x, M)$임을 보여라.

9.3 정사영 정리와 직교분해

정의 9.3.1 H는 내적공간이고 $x,\ y\in H$이고 $(x,\ y)=0$이면 x와 y는 직교한다(orthogonal)고 한다. x와 y가 직교하는 것을 $x\perp y$로 나타낸다. H의 부분집합 S의 임의의 서로 다른 원소들이 직교할 때 S는 직교집합(orthogonal set)이라 한다. 또한

$$x\in H에 \ 대하여 \ \ x^{\perp}=\{\,y\in H:y\perp x\,\}.$$

S가 H의 부분공간이면 S의 직교여공간(orthogonal complement)을

$$S^{\perp}=\{\,y\in H:y\perp x\ \forall x\in S\,\}$$

로 정의한다. $S^{\perp}$의 직교여공간은 $S^{\perp\perp}=(S^{\perp})^{\perp}$로 나타낸다.

주의 1 (1) $x\perp y$이고 $x\perp y'$이면 $x\perp(y+y')$이고 $x\perp(\alpha y)\ \forall\alpha\in\mathbb{C}$ 이므로 $x^{\perp}$는 H의 선형부분공간이다.

    (2) $x\perp y$이면 $(y,\ x)=\overline{(x,\ y)}=0$이므로 $y\perp x$이다. 따라서 관계 $\perp$는 대칭적이다.

    (3) 임의의 $x\in H$에 대하여 $(x,\ \theta)=0$이므로 θ는 자신과 직교하는 유일한 벡터이다.

    (4) 임의의 $y\in H$에 대하여 $(x,\ y)=0$이면 $x=\theta$이므로 $H^{\perp}=\{\theta\}$이다. 마찬가지로 $\{\theta\}^{\perp}=H$이다.

    (5) $f:H\to\mathbb{R}$, $f(x)=(x,\ y)$로 정의되는 선형범함수이면 f는 코시-슈바르츠 부등식에 의하여 연속이고 $x^{\perp}=\{y\in H:f(y)=0\}$이므로 $x^{\perp}$는 f의 핵(kernel)이다. 따라서 $x^{\perp}$는 H의 닫힌 부분공간이다. 그리고

$$S^{\perp}=\cap_{x\in S}x^{\perp}$$

이므로 $S^{\perp}$는 닫힌 부분공간의 교집합이므로 $S^{\perp}$도 H의 닫힌 부분공간이다.

정리 9.3.2 힐베르트 공간 H의 임의의 부분집합 S에 대하여 $S^{\perp}$는 H의 닫힌 부분공간이다.

증명 $\alpha, \beta \in \mathbb{C}$ 는 임의의 스칼라이고 x, y는 $S^{\perp}$의 임의의 원소라 하자. 그러면 임의의 원소 $z \in S$에 대하여

$$(\alpha x + \beta y, z) = \alpha(x, z) + \beta(y, z) = 0$$

이므로 $\alpha x + \beta y \in S^{\perp}$이다. 따라서 $S^{\perp}$는 H의 부분공간이다.

$\{x_n\}$은 $S^{\perp}$의 임의의 코시수열이라 하자. 그러면 $\{x_n\}$는 H의 코시수열이고 H는 완비공간이므로 $\{x_n\}$은 어떤 $x \in H$에 수렴한다. 내적은 연속함수이므로 임의의 원소 $y \in S$에 대하여

$$(x, y) = (\lim_{n \to \infty} x_n, y) = \lim_{n \to \infty} (x_n, y) = 0$$

이다. 따라서 $x \in S^{\perp}$이므로 $S^{\perp}$는 닫힌집합이다. ∎

E가 벡터공간 X의 볼록집합이면 임의의 $x, y \in E$이고 $0 < t < 1$에 대하여 $tx + (1-t)y \in E$이다. X의 모든 부분공간은 분명히 볼록집합이다. 또한 E가 볼록집합이면 E의 각 평행이동 $x + E$도 볼록집합임을 알 수 있다.

정리 9.3.3 S는 힐베르트 공간 H의 닫힌 볼록 부분집합이라 하자. 임의의 점 $x \in H$에 대하여

$$d(x, y_0) = \|x - y_0\| = \inf_{z \in S} \|x - z\|$$

를 만족하는 점 $y_0 \in S$가 유일하게 존재한다.

증명 $d = \inf_{z \in S} \|x - z\| = d(x, S)$로 두면 $\lim_{n \to \infty} \|x - y_n\| = d$인 S의 수열 $\{y_n\}$이 존재한다. S가 볼록집합이므로 임의의 자연수 m, n에 대하여 $(y_m + y_n)/2 \in S$이다. 따라서 임의의 자연수 m, n에 대하여 $\left\|x - \frac{1}{2}(y_m + y_n)\right\| \geq d$이다. $x - y_n, x - y_m$에 평행사변형 공식을 적용하면

$$2\|x - y_m\|^2 + 2\|x - y_n\|^2 = \|2x - y_m - y_n\|^2 + \|y_m - y_n\|^2$$

$$= 4\left\|x - \frac{1}{2}(y_m + y_n)\right\|^2 + \|y_m - y_n\|^2$$

을 얻는다. $m,\ n\to\infty$이면 $2\|x - y_m\|^2 + 2\|x - y_n\|^2 \to 4d^2$이므로

$$\|y_m - y_n\|^2 \le 2\|x - y_m\|^2 + 2\|x - y_n\|^2 - 4d^2 \to 2d^2 + 2d^2 - 4d^2 = 0$$

이다. 그러므로 $\{y_n\}$은 코시수열이고 H는 완비이므로 $\{y_n\}$의 극한 y_0가 존재한다. S는 닫힌집합이고 $y_n \in S$이므로 $y_0 \in S$이다. 노름은 연속함수이므로

$$d(x,\ y_0) = \|x - y_0\| = \lim_{n\to\infty} \|x - y_n\| = d$$

이다.

다음으로 y_0가 유일함을 보인다. $\|x - z_0\| = d$인 y_0와 다른 $z_0 \in S$가 존재한다고 하자. S는 볼록집합이므로 $(y_0 + z_0)/2 \in S$이다. 평행사변형 공식을 사용하면

$$2\|x - y_0\|^2 + 2\|x - z_0\|^2 = \|2x - y_0 - z_0\|^2 + \|y_0 - z_0\|^2$$
$$= 4\left\|x - \frac{1}{2}(y_0 + z_0)\right\|^2 + \|y_0 - z_0\|^2$$

이다. 따라서 좌변$= 4d^2$, 우변의 제1항$\ge 4d^2$이므로 $\|y_0 - z_0\|^2 = 0$, 즉 $y_0 = z_0$이다.

∎

따름정리 9.3.4 S는 힐베르트 공간 H의 공집합이 아닌 닫힌 볼록 부분집합이면

$$\|x_0\| = \inf\{\|x\|: x \in S\}$$

인 원소 $x_0 \in S$가 유일하게 존재한다.

증명 정리 9.3.3에서 $x = \theta$로 두면 정리가 증명된다. ∎

정리 9.3.5 M은 힐베르트 공간 H의 볼록집합이고 $x \notin M$일 때 다음은 서로 동치이다.

(1) 모든 $y \in M$에 대하여 $\|x - y\| = d(x,\ M)$.

(2) 모든 $z \in M$에 대하여 $\mathrm{Re}(x - y,\ y - z) \ge 0$.

증명 (1) $\Rightarrow$ (2): $y \in M$이 $\|x-y\| = d(x, M)$을 만족한다고 하자. 임의의 $z \in M$과 $0 < \lambda < 1$에 대하여 $\|x-y\| \leq \|x - ((1-\lambda)y + \lambda z)\|$이므로

$$\|x-y\|^2 \leq \|x-((1-\lambda)y+\lambda z)\|^2 = \|x-y+\lambda(y-z)\|^2$$
$$= \|x-y\|^2 + 2\lambda \mathrm{Re}(x-y, \ y-z) + \lambda^2 \|y-z\|^2$$

이다. 따라서 $-2\lambda \mathrm{Re}(x-y, \ y-z) \leq \lambda^2 \|y-z\|^2$이다. 이 부등식의 양변을 λ로 나누고, $\lambda \to 0$으로 하면

$$-2\mathrm{Re}(x-y, \ y-z) \leq 0$$

이다. 그러므로 모든 $z \in M$에 대하여 $\mathrm{Re}(x-y, \ y-z) \geq 0$이다.

(2) $\Rightarrow$ (1): 모든 $z \in M$에 대하여 $\mathrm{Re}(x-y, \ y-z) \geq 0$이면

$$\mathrm{Re}(x-y, \ y-x) + \mathrm{Re}(x-y, \ x-z) \geq 0$$

이다. 따라서 $\|x-y\|^2 \leq \mathrm{Re}(x-y, \ x-z) \leq \|x-y\|\|x-z\|$이므로 양변을 $\|x-y\|$로 나누면 $\|x-y\| \leq \|x-z\|$이다. 따라서 $\|x-y\| = d(x, M)$이다. ■

주의 2 $H = \mathbb{R}^2$이고 S는 $\mathbb{R}^2$의 닫힌 볼록 부분집합이면 위 정리의 조건 (2)는 "x와 y를 지나는 직선과 z와 y를 지나는 직선 사이의 각은 항상 둔각이다"는 기하학적 의미를 갖는다.

정리 9.3.6 (직교사영 정리) M은 힐베르트 공간 H의 닫힌 부분공간이라 하자. 임의의 $x \in H$에 대하여 $x = y + z$인 $y \in M$과 $z \in M^{\perp}$가 유일하게 존재한다.

증명 만약 $x \in M$이면 $y = x$, $z = 0$으로 두면 결과가 성립한다. 만약 $x \notin M$이면 정리 9.3.3 으로부터 $d(x, M) = d(x, y)$인 $y \in M$이 존재한다. 그러므로 $x - y = z$로 두고, $z \in M^{\perp}$임을 보이면 된다. 임의의 $u \in M$과 임의의 실수 t에 대하여 $y + tu \in M$이므로

$$\|z\|^2 = d(x, y)^2 = d(x, M)^2 \leq \|x - (y+tu)\|^2$$
$$= \|z - tu\|^2 = \|z\|^2 - t(z, u) - t(u, z) + t^2\|u\|^2$$

이다. 위 부등식에서 t의 2차식

$$t^2 \|u\|^2 - 2t\mathrm{Re}(z, u) \geq 0$$

을 얻는다. 이 식은 t의 임의의 값에 대해 언제나 성립하므로 판별식에 의해 $\mathrm{Re}(z, u) = 0$이다. 또한 u 대신에 iu를 대입하면 $\mathrm{Im}(z, u) = 0$을 얻는다. 따라서 $(z, u) = 0$이므로 $z \in M^\perp$이다.

마지막으로 분해의 일의성을 밝히자. $x = y_1 + z_1 = y_2 + z_2$ (단, $y_1, y_2 \in M$, $z_1, z_2 \in M^\perp$)이면 $y_1 - y_2 = z_2 - z_1$이므로 이것을 u라 두면 $u \in M \cap M^\perp$이다. $M \cap M^\perp = \{\theta\}$이므로 $u = \theta$, 즉 $y = y_2$, $z_1 = z_2$이다. ∎

정리 9.3.7

(1) S가 힐베르트 공간 H의 부분집합이면 $S \subseteq S^{\perp\perp}$이다.

(2) M이 H의 닫힌 부분공간이면 $M^{\perp\perp} = M$이다.

증명 (1) 만약 $x \in S$이면 x는 $S^\perp$의 모든 원소와 직교이므로 x는 $S^{\perp\perp}$의 원소이다. 따라서 $S \subseteq S^{\perp\perp}$이다.

(2) (1)에 의하여 $M \subseteq M^{\perp\perp}$이 성립하므로 $x \in M^{\perp\perp}$일 때 $x \in M$임을 보이면 된다. 만약 $x \in M^{\perp\perp}$이면 정리 9.3.6에 의하여

$$x = y + z \quad (y \in M, z \in M^\perp)$$

를 만족하는 y, z가 존재한다. $M \subseteq M^{\perp\perp}$이므로 x와 y는 $M^{\perp\perp}$의 원소이고, M은 부분공간이므로 $z = x - y \in M^{\perp\perp}$이다. 한편 $z \in M^\perp$이고 $M^\perp \cap M^{\perp\perp} = \{\theta\}$이므로 $z = \theta$이다. 따라서 $x = y \in M$이다. ∎

정의 9.3.8

(1) 정리 9.3.6에 의하여 H의 모든 원소는 M의 원소와 $M^\perp$의 원소 합으로 유일하게 표현될 수 있다. 이를

$$H = M \oplus M^\perp \tag{9.5}$$

으로 나타내며, H는 M과 $M^\perp$의 직합(direct sum)이라 한다. 등식 (9.5)를 H의 직교분해 (orthogonal decomposition)라 한다.

(2) $x \in H$에 대하여 $x = y + z$이고 유일하게 존재하는 $y \in M$, $z \in M^\perp$을 각각 x의 M과 $M^\perp$으로의 정사영(orthogonal projection)이라 한다. 두 사상 $P : H \rightarrow M$, $Px = y$와 $Q : H \rightarrow M^\perp$, $Qx = z$를 각각 직교사영(orthogonal projection)이라 한다.

정리 9.3.9 힐베르트 공간 H의 닫힌 선형부분공간 M에 대하여 다음이 성립한다.

(1) $P : H \rightarrow M$, $Px = y$와 $Q : H \rightarrow M^\perp$, $Qx = z$는 선형사상이다.

(2) $\operatorname{Im} P = M$, $\ker P = M^\perp$, $\operatorname{Im} Q = M^\perp$, $\ker Q = M$

(3) $\|x\|^2 = \|Px\|^2 + \|Qx\|^2$

(4) $\|P\| = 1$이고 P는 유계 선형작용소이다.

(5) $P^2 = P$

(6) $\|x - Px\| = \inf\{\|x - y\| : y \in M\}, \quad x \in H$

증명 (1) $\alpha, \beta \in \mathbb{R}$, $x, y \in H$이면

$$\alpha(Px + Qx) + \beta(Py + Qy) = \alpha x + \beta y = P(\alpha x + \beta y) + Q(\alpha x + \beta y).$$

그러므로

$$P(\alpha x + \beta y) - \alpha Px - \beta Py = \alpha Qx + \beta Qy - Q(\alpha x + \beta y)$$

이고, 이 등식의 좌변은 M에 속하고 우변은 $M^\perp$에 속하므로 양변이 모두 θ이므로 $P(\alpha x + \beta y) = \alpha Px + \beta Py$, $Q(\alpha x + \beta y) = \alpha Qx + \beta Qy$. 따라서 P와 Q는 모두 선형이다.

(2) $x \in M$이면 $x = Px \in M$이고 $Qx = \theta$이다. $Px = \theta$이면 $x \perp M$이다. 또한 $x \in M^\perp$이면 $Px = \theta$이고 $x = Qx \in M^\perp$이다.

(3) $Px \perp Qx$이므로

$$\|x\|^2 = \|Px + Qx\|^2 = (Px + Qx,\ Px + Qx) = \|Px\|^2 + \|Qx\|^2.$$

(4) $x \in H$이면 (3)에 의하여 $\|Px\| \leq \|x\|$이므로 $\|P\| \leq 1$이다. 임의의 $0 \neq m \in M$에 대하여 $\|P\|\|m\| \geq \|Pm\| = \|m\|$이므로 $\|P\| \geq 1$이다. 따라서 $\|P\| = 1$이다.

(5) 만약 $x \in M$이면 $Px = x$이므로 P는 H에서 M 위로의 사상이다. 따라서 $x \in H$ 일 때 $Px \in M$이므로 $P^2 x = P(Px) = Px$, 즉 $P^2 = P$이다.

(6) H의 임의의 원소 x에 대하여 $x + M = \{x + y : y \in M\}$은 H의 닫힌 볼록집합이 다. 따라서 따름정리 9.3.4에 의하여

$$\|z\| = \inf\{\|u\| : u \in x + M\}$$

인 $x + M$의 원소 z가 유일하게 존재한다. 따라서

$$\|x - Px\| = \|Qx\| = \inf\{\|u\| : u \in x + M\} = \inf\{\|x - y\| : y \in M\}. \qquad \blacksquare$$

연습문제 9.3

01 A, B가 내적공간 H의 부분집합이면 다음이 성립함을 보여라.

(1) $A^{\perp}$는 H의 닫힌 부분공간이다.

(2) $A \subseteq B$이면 $B^{\perp} \subseteq A^{\perp}$이다.

(3) A가 H의 닫힌 부분공간이면 $A \cap A^{\perp} = \{\theta\}$이다.

02 S가 힐베르트 공간 H의 임의의 부분집합이면 $(S^{\perp})^{\perp}$는 S를 포함하는 최소의 닫힌 부분공간임을 보여라.

03 M은 힐베르트 공간 H의 부분공간이고 $x \in H$일 때 다음이 성립함을 보여라. $x \in M^{\perp}$일 필요충분조건은 모든 $z \in M$에 대하여 $\mathrm{Re}(x, z) = 0$인 것이다.

04 M은 힐베르트 공간 H의 부분공간이고 $x \in H$일 때 다음이 성립함을 보여라.

M의 원소 y가 $\|x - y\| = d(x, M)$일 필요충분조건은 모든 $z \in M$에 대하여 $(x - y, z) = 0$인 것이다.

05 M은 힐베르트 공간 H의 닫힌 부분공간이고 $\{e_n\}$은 M의 완전 정규직교계라 하자. $x \in H$에 대하여

$$Px = \sum_{n=1}^{\infty} (x, e_n) e_n$$

이라 하면 P는 다음 (1)~(3)을 만족하는 H에서 M으로의 사상임을 보여라.

(1) P는 H에서 M 위로의 유계 선형작용소이다.

(2) $\|P\| = 1$이고 $P^2 = P$이다.

(3) 모든 $x \in M$에 대하여 $\|x - Px\| = d(x, M)$.

06 $C[0, 2\pi]$에서 $f(t) = t$와 함수 $a + be^{it} + ce^{-it}$의 최상의 근사화를 구하여라.

9.4 선형범함수와 리즈 표현정리

힐베르트 공간 H의 내적은 아래 정의와 같이 H 위의 유계인 선형함수를 정의한다.

정리 9.4.1 H는 힐베르트 공간이고 임의의 $y \in H$에 대하여

$$f_y : X \to \mathbb{C}, \quad f_y(x) = (x, y) \tag{9.6}$$

로 정의하면 f_y는 H 위의 유계 선형범함수이고 $\|f_y\| = \|y\|$가 성립한다.

증명 분명히 $f_y : X \to \mathbb{C}, \ f_y(x) = (x, y)$는 선형범함수이다. 코시-슈바르츠 부등식에 의하여

$$|f_y(x)| = |(x, y)| \leq \|x\| \|y\|$$

가 성립하므로 f_y는 유계함수이고 $\|f_y\| \leq \|y\| < \infty$이다. 한편, $z = y / \|y\|$로 두면 $\|z\| = 1$이므로 f_y의 노름 성질에 의하여

$$\|f_y\| \geq |f_y(z)| = |(z, y)| = \|y\|$$

이다. 따라서 $\|f_y\| = \|y\|$이다. ■

정리 9.4.2 (리즈(Riesz) 표현정리) f가 H 위의 임의의 유계 선형범함수이면 임의의 $x \in H$에 대하여 식 $f(x) = (x, y)$를 만족하는 $y \in H$가 항상 유일하게 존재한다. 더구나 $\|f\| = \|y\|$이다.

증명 $f = 0$이면 $y = \theta$로 택한다. $f \neq 0$이라 가정하자. f는 연속함수이고 $\{0\}$은 닫힌집합이므로

$$M = \{x \in H : f(x) = 0\} = f^{-1}(\{0\}) = \ker f$$

는 H의 닫힌부분집합이다. 또한 $x, y \in M$과 스칼라 α, β에 대하여

$$f(\alpha x + \beta y) = \alpha f(x) + \beta f(y) = 0$$

이므로 M은 H의 부분공간이다. 가정 $f \neq 0$에 의하여 $M^\perp \neq \{\theta\}$이므로 $\|e\| = 1$인 $e \in M^\perp$이 존재한다. 그러므로 임의의 $x \in H$에 대하여

$$x' = x - \frac{f(x)}{f(e)}e$$

로 두면 $f(x') = 0$이다. 따라서 $x' \in M$이므로 $(x', e) = 0$이다.

$$0 = (x', e) = (x, e) - \left(\frac{f(x)}{f(e)}e, e \right)$$

에서 $(x, e) = \dfrac{f(x)}{f(e)}$이므로 $y = \overline{f(e)}e$로 두면

$$(x, y) = (x, \overline{f(e)}e) = f(e)(x, e) = f(e)\frac{f(x)}{f(e)} = f(x)$$

가 성립한다. 정리 9.4.1에 의하여 $\|f\| = \|y\|$이다. ■

힐베르트 공간 H에서 리즈 표현정리를 만족하는 유계 선형범함수의 예는 다음과 같다.

보기 1 (1) 힐베르트 공간 l^2 위의 범함수 f가 유계이고 선형이 되기 위한 필요충분조건은 임의의 $x = (\alpha_1, \alpha_2, \cdots) \in l^2$에 대하여

$$f(x) = \sum_{k=1} \alpha_k \overline{\beta_k}(= (x, y))$$

를 만족하는 $y = (\beta_1, \beta_2, \cdots) \in l^2$인 것이다. 이때 $\|f\| = \|y\| = (\sum_{i=1}^{\infty} |\beta_i|^2)^{1/2}$이다.

(2) 힐베르트 공간 $L^2[a, b]$ 위의 범함수 F가 유계이고 선형이 되기 위한 필요충분조건은 임의의 $f \in L^2[a, b]$에 대하여

$$F(f) = \int_a^b f(t)\overline{g(t)}\,dt$$

를 만족하는 $g \in L^2[a, b]$인 것이다. 이때 $\|F\| = \|g\| = (\int_a^b |g(t)|^2)^{1/2}$이다.

01 f가 힐베르트 공간 H에서 유계 선형범함수이면 $M = \{x : f(x) = 0\}$은 X의 닫힌 부분공간임을 보여라.

02 힐베르트 공간 H에서 다음 식이 성립함을 보여라.

$$\|y\| = \sup_{\|x\| \leq 1} |(x, \, y)|, \qquad \|x\| = \sup_{\|y\| \leq 1} |(x, \, y)|$$

03 $f : H \to \mathbb{R}$은 $f \neq 0$이고 힐베르트 공간 H에서 연속인 선형함수이라 하자. $M = \{x \in M : f(x) = 0\}$이면 $M^{\perp}$은 1차원 벡터공간임을 보여라.

04 힐베르트 공간 H는 그의 공액공간 H^*와 동형임을 보여라.

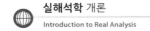
9.5 동반작용소

보기 1 T는 $\mathbb{C}^n$ 위의 선형작용소이고 $\{e_1, e_2, \cdots, e_n\}$은 $\mathbb{C}^n$의 정규직교기저라고 하자. 즉, $e_1 = (1, 0, 0, \cdots, 0)$, $e_2 = (0, 1, 0, \cdots, 0)$, $\cdots$, $e_n = (0, 0, \cdots, 0, 1)$이다. 임의의 $i, j = 1, 2, \cdots, n$에 대하여 $a_{ij} = (Te_j, e_i)$로 정의하면 임의의 $x = \sum_{j=1}^{n} \lambda_j e_j \in \mathbb{C}^n$에 대하여 $Tx = \sum_{j=1}^{n} \lambda_j Te_j$이므로

$$(Tx, e_i) = \sum_{j=1}^{n} \lambda_j (Te_j, e_i) = \sum_{j=1}^{n} a_{ij} \lambda_j \qquad (9.7)$$

이다. 따라서 $\mathbb{C}^n$ 위의 모든 선형작용소 T는 $n \times n$행렬로 정의된다.

역으로 임의의 $n \times n$행렬 (a_{ij})에 대하여 식 (9.7)은 $\mathbb{C}^n$ 위의 선형작용소를 정의한다. 따라서 n차원 선형공간 위의 선형작용소와 $n \times n$행렬은 일대일 대응이 된다.

정리 9.5.1 T가 힐베르트 공간 H 위의 유계 선형작용소이면 임의의 $y \in H$에 대하여 $(Tx, y) = (x, y^*)$ $(x \in H)$인 $y^* \in H$가 유일하게 존재한다.

증명 임의의 $y \in H$에 대하여 $f(x) = (Tx, y)$로 정의하면 f는 분명히 힐베르트 공간 H 위의 선형범함수이다. 또한 $x \in H$에 대하여

$$|f(x)| = |(Tx, y)| \le \|Tx\| \|y\| \le \|T\| \|x\| \|y\|$$

이므로 f는 유계함수이다. 리즈 표현정리로부터 모든 $x \in H$에 대하여

$$f(x) = (x, y^*)$$

를 만족하는 $y^* \in H$가 존재한다.

유일성을 보이기 위해 만약 $z \in H$가 존재해서

$$f(x) = (x, y^*) = (x, z) \quad (x \in H)$$

이면 $(x, y^* - z) = 0$이므로 $y^* = z$이다. ∎

정리 9.5.1에서 y에 대하여 y^*를 대응시키는 사상 $T^*\colon H\to H$, $T^*y=y^*$를 정의할 수 있다. 따라서 임의의 $x\in H$에 대하여

$$(Tx,\ y)=(x,\ y^*)=(x,\ T^*y).$$

정의 9.5.2 T^*를 T의 동반작용소 또는 떨림작용소(adjoint)라 한다.

정리 9.5.3 임의의 $T\in B(H)$에 대하여 T^*는 유계작용소이고 $\|T^*\|=\|T\|$이다.

증명 (1) T^*의 정의로부터 모든 $x\in H$에 대하여 $(Tx,\ y)=(x,\ T^*y)$는 명백하다. T^*가 선형임을 보인다. $y,\ z\in H$는 임의의 원소이고, $\alpha,\ \beta$가 스칼라이면 임의의 $x\in H$에 대하여

$$\begin{aligned}
(x,\ T^*(\alpha y+\beta z))&=(Tx,\ \alpha y+\beta z)=\overline{\alpha}(Tx,\ y)+\overline{\beta}(Tx,\ z)\\
&=\overline{\alpha}(x,\ T^*y)+\overline{\beta}(x,\ T^*z)=(x,\ \alpha T^*y)+(x,\ \beta T^*z)\\
&=(x,\ \alpha T^*y+\beta T^*z)
\end{aligned}$$

이다. 따라서 $T^*(\alpha y+\beta z)=\alpha T^*y+\beta T^*z$이므로 T^*는 선형사상이다.

(2) $f(x)=(Tx,y)$이면 $\|y^*\|=\|f\|$이므로

$$\begin{aligned}
\|T^*y\|=\|y^*\|=\|f\|&=\sup_{\|x\|\le 1}|f(x)|\\
&=\sup_{\|x\|\le 1}|(Tx,\ y)|\le \|T\|\|y\|
\end{aligned}$$

이다. 따라서 T^*는 유계이고 $\|T^*\|\le\|T\|$이다.

역으로 8.4절 연습문제 2로부터

$$\begin{aligned}
\|Tx\|=\sup_{\|y\|\le 1}|(Tx,\ y)|&=\sup_{\|y\|\le 1}|(x,\ T^*y)|\\
&\le \sup_{\|y\|\le 1}(\|x\|\|T^*y\|)=\|x\|\|T^*\|
\end{aligned}$$

이므로 $\|T\|\le\|T^*\|$이다.

T의 노름 정의에 의하여 $\|T^*T\|\le\|T^*\|\|T\|=\|T\|^2$이다.

한편 임의의 $x\in H$에 대하여

$$\| Tx \|^2 = (Tx, \ Tx) = (T^* Tx, \ x) \le \| T^* Tx \| \| x \| \le \| T^* T \| \| x \|^2$$

이므로 $\| T^* T \| = \| T \|^2$ 이다. ∎

보기 2 (1) $0^* = 0, \ I^* = I$

(2) $S_r : l^2 \to l^2, \ S_r x = (0, \ x_1, \ x_2, \ \cdots)$는 l^2에서 우측이동(right shift)이라 하자. 임의의 $x = (x_1, \ x_2, \ \cdots), \ y = (y_1, \ y_2, \ \cdots) \in l^2$에 대하여

$$(S_r x, \ y) = ((0, \ x_1, \ x_2, \ \cdots), \ (y_1, \ y_2, \ \cdots)) = \sum_{n=1}^{\infty} x_n \overline{y_{n+1}} = (x, \ y^*)$$

이다. 여기서 $y^* = (y_2, \ y_3, \ \cdots)$이다. 따라서 S_r^*는 좌측이동(left shift)이다.

(3) $S_l : l^2 \to l^2, \ S_l x = (x_2, \ x_3, \ \cdots)$는 l^2에서 좌측이동이라 하자. 임의의 $x = (x_1, \ x_2, \ \cdots), \ y = (y_1, \ y_2, \ \cdots) \in l^2$에 대하여

$$(S_l x, \ y) = ((x_2, \ x_3, \ \cdots), \ (y_1, \ y_2, \ \cdots)) = \sum_{n=1}^{\infty} x_{n+1} \overline{y_n} = (x, \ y^*)$$

이다. 여기서 $y^* = (0, \ y_1, \ y_2, \ \cdots)$이다. 따라서 S_l^*는 우측이동이다.

(4) $K \in B(H_1, \ H_2)$는 $Kx = \sum_{j=1}^{n} (x, \ u_j) v_j, \ u_j \in H_1, \ v_j \in H_2$로 정의되는 작용소라 하자. 그러면 임의의 $x \in H_1, \ y \in H_2$에 대하여

$$(Kx, \ y) = \sum_{j=1}^{n} (x, \ u_j)(v_j, \ y) = (x, \ \sum_{j=1}^{n} (y, \ v_j) u_j)$$

이다. 따라서 $K^* y = \sum_{j=1}^{n} (y, \ v_j) u_j$이다.

정리 9.5.4 임의의 유계작용소 $T, \ S \in B(H_1, \ H_2)$에 대하여 다음이 성립한다.

(1) $(T + S)^* = T^* + S^*$

(2) $(\alpha T)^* = \overline{\alpha} \, T^*, \ \alpha \in \mathbb{C}$

(3) $T^{**} = T$

증명 (3) $x \in H_1$, $y \in H_2$를 H의 임의의 두 원소라 하자.

$$(x, T^{**}y) = (T^*x, y) = \overline{(y, T^*x)} = \overline{(Ty, x)} = (x, Ty)$$

이므로 $T^{**} = T$이다. ∎

정의 9.5.5 $T \in B(H)$는 유계 선형작용소라 하자.

(1) $T = T^*$이면 T를 자기수반(self adjoint) 또는 에르미트 작용소(Hermite operator)라 한다.

(2) $TT^* = T^*T$이면 T를 정규작용소(normal operator)라 한다.

(3) $TT^* = T^*T = I$이면 T를 유니타리 작용소(unitary operator)라 한다.

보기 3 $\{e_1, e_2, \cdots, e_n\}$은 $\mathbb{C}^n$의 정규직교기저이고 T는 $n \times n$행렬 (a_{ij})로 표현되는 $\mathbb{C}^n$ 위의 선형작용소라 하자(단, $a_{ij} = (Te_j, e_i)$). 이때 T의 수반작용소 T^*는 행렬 $b_{kj} = (T^*e_j, e_k)$로 표현되는 선형작용소이다. 따라서

$$b_{kj} = (e_j, Te_k) = \overline{(Te_k, e_j)} = \overline{a_{jk}}$$

이다. 그러므로 T는 자기수반 작용소가 되기 위한 필요충분조건은 $a_{ij} = \overline{a_{ji}}$인 것이다.

정리 9.5.6 $T \in B(H)$가 힐베르트 공간 H에서 자기수반 작용소이면 임의의 $x \in H$에 대하여 (Tx, x)는 실수이고 또한 T의 고윳값도 실수이다.

증명 $(Tx, x) = (x, T^*x) = (x, Tx) = \overline{(Tx, x)}$이므로 (Tx, x)는 실수이다.

$Tz = \lambda z$ $(z \neq 0)$이면

$$\lambda(z, z) = (\lambda z, z) = (Tz, z) = (z, T^*z) = (z, Tz) = (z, \lambda z) = \overline{\lambda}(z, z)$$

이고, $(z, z) = \|z\|^2 \neq 0$이므로 $\lambda = \overline{\lambda}$이다. 따라서 λ는 실수이다. ∎

정리 9.5.7 $T \in B(H)$가 힐베르트 공간 H에서 자기수반 작용소이면

$$\|T\| = \sup_{\|x\| = 1} |(Tx, x)|.$$

증명 $M = \sup_{\|x\|=1} |(Tx,\ x)|$로 두고 $\|x\| = 1$이면

$$|(Tx,\ x)| \le \|Tx\|\|x\| = \|Tx\| \le \|T\|\|x\| = \|T\|$$

이다. 따라서 $M \le \|T\|$이다. 한편 임의의 $x,\ z \in H$에 대하여

$$(T(x+z),\ x+z) - (T(x-z),\ x-z) = 2[(Tx,\ z) + (Tz,\ x)] = 4\mathrm{Re}(Tx,\ z)$$

이다. 따라서

$$\mathrm{Re}(Tx,\ z) \le \frac{M}{4}(\|x+z\|^2 + \|x-z\|^2) = \frac{M}{2}(\|x\|^2 + \|z\|^2) \tag{9.8}$$

이다. $\|x\| = 1$이고 $Tx \ne 0$이라 가정하자. $z = Tx/\|Tx\|$로 두면

$$\mathrm{Re}(Tx,\ z) = \mathrm{Re}(Tx,\ Tx/\|Tx\|) = \|Tx\|$$

이고 식 (9.8)에 의하여

$$\mathrm{Re}(Tx,\ z) \le \frac{M}{2}(\|x\|^2 + \|Tx/\|Tx\|\|^2) = M$$

이다. 따라서 $\|T\| = M$이다. ∎

정리 9.5.8 $T \in B(H)$가 정규작용소일 필요충분조건은 임의의 $x \in H$에 대하여 $\|Tx\| = \|T^*x\|$이다.

증명 임의의 $x \in H$에 대하여

$$(T^*Tx,\ x) = (Tx,\ Tx) = \|Tx\|^2$$

이다. $T \in B(H)$가 정규작용소이면

$$(T^*Tx,\ x) = (TT^*x,\ x) = (T^*x,\ T^*x) = \|T^*x\|^2$$

이므로 $\|Tx\| = \|T^*x\|$이다.

역으로 임의의 $x \in H$에 대하여 $\|Tx\| = \|T^*x\|$라 가정하면 앞의 계산에 의하여 모든 $x \in H$에 대하여 $(T^*Tx,\ x) = (TT^*x,\ x)$이다. 따라서 $TT^* = T^*T$이다. ∎

보기 4 H는 힐베르트 공간이고 모든 $x \in H$에 대하여 $Tx = ix$로 정의하면 $T^*x = -ix = -Tx$ 이므로 T는 자기수반 작용소가 아니다. 한편, 모든 $x \in H$에 대하여 $\|Tx\| = \|T^*x\|$ 이므로 T는 정규작용소이다.

정리 9.5.9 $T \in B(H)$가 정규작용소이면 임의의 자연수 n에 대하여 $\|T^n\| = \|T\|^n$.

증명 임의의 유계작용소 $T \in B(H)$에 대하여 $\|T^n\| \leq \|T\|^n$이다. $\|T^n\| \geq \|T\|^n$임을 보이기 위하여 $\|x\| = 1$인 $x \in H$를 고정한다. 임의의 자연수 n에 대하여

$$\|T^n x\| \geq \|Tx\|^n \tag{9.9}$$

임을 수학적 귀납법으로 보인다. $n = 1$이면 분명히 식 (9.9)가 성립한다. 만약 $Tx = 0$이면 모든 자연수 n에 대하여 식 (9.9)는 당연히 성립한다. $Tx \neq 0$이고 식 (9.9)는 $n = 1, 2, \cdots, m$에 대하여 성립한다고 가정하자. T는 정규작용소이므로

$$\|T^2 x\| = \|T^*Tx\| \geq (T^*Tx, x) = \|Tx\|^2 \tag{9.10}$$

이다. 이 식과 수학적 귀납법 가정에 의하여

$$\|T^{m+1}x\| = \|Tx\| \left\| T^m \frac{Tx}{\|Tx\|} \right\| \geq \|Tx\| \left\| T \frac{Tx}{\|Tx\|} \right\|^m$$

$$= \|Tx\|^{1-m} \|T^2 x\|^m \geq \|Tx\|^{1-m} \|Tx\|^{2m} = \|Tx\|^{m+1}$$

이 성립한다. 따라서 수학적 귀납법에 의하여 임의의 자연수 n에 대하여 $\|T^n x\| \geq \|Tx\|^n$이 성립한다. ■

연습문제 9.5

01 $\{\lambda_k\}$는 임의의 유계수열이고 $D : l^2 \to l^2$, $D(x_1, x_2, \cdots) = (\lambda_1 x_1, \lambda_2 x_2, \cdots)$는 대각선 작용소(diagonal operator)라 할 때 다음이 성립함을 보여라.

(1) $\|D\| = \|(\lambda_n)\|_\infty = \sup_k |\lambda_k|$

(2) $D^*(x_1, x_2, \cdots) = (\overline{\lambda_1} x_1, \overline{\lambda_2} x_2, \cdots)$

(3) D는 자기수반 작용소이다. $\Leftrightarrow$ 모든 k에 대하여 $\lambda_k \in \mathbb{R}$ 이다.

02 $\{\phi_i\}_{i=1}^n$은 내적공간 H의 정규직교계이고 n개의 복소수 $\{\lambda_i\}_{i=1}^n$과 모든 $x \in H$에 대해 $Tx = \sum_{i=1}^n \lambda_i (x, \phi_i) \phi_i$이면 T는 유계 선형작용소이고 $\|T\| = \max\{|\lambda_i| : i = 1, 2, \cdots, n\}$ 임을 보여라.

03 $\|TT^*\| = \|T^* T\| = \|T\|^2$ 임을 보여라.

04 임의의 $A \in B(H)$에 대하여 작용소 $T_1 = A^* A$와 $T_2 = A + A^*$는 자기수반 작용소 임을 보여라.

05 자기수반 작용소 A, B의 곱이 자기수반이 되기 위한 필요충분조건은 $AB = BA$인 것임을 보여라.

06 모든 유계 작용소 $T \in B(H)$에 대하여 $T = A + iB$이고 $T^* = A - iB$인 자기수반 작용소 A, B가 유일하게 존재함을 보여라.

07 $T \in B(H)$가 정규작용소이면 임의의 $\alpha \in \mathbb{C}$에 대하여 $\alpha I - T$는 정규작용소임을 보여라.

08 $T \in B(H)$는 작용소이고 A, B는 $T = A + iB$인 자기수반 작용소라 하자. 그러면 T 가 정규작용소가 되기 위한 필요충분조건은 $AB = BA$임을 보여라.

09 $\{\varphi_n\}$은 힐베르트 공간 H의 완전 정규직교계, $\{e_n\}$은 힐베르트 공간 K의 완전 정규직교계라 하자. $\{\lambda_n\}$은 복소수열로써 $0 < \inf|\lambda_n| \leq \sup|\lambda_n| < \infty$를 만족할 때 모든 $x \in H$에 대하여 $Tx = \sum_{n=1}^{\infty} \lambda_n (x, \varphi_n) e_n$으로 정의하면 $T : H \rightarrow K$는 전단사 작용소임을 보여라.

9.6 콤팩트 작용소

정의 9.6.1 힐베르트 공간 H의 임의의 유계수열 $\{x_n\}$에 대하여 수열 $\{Tx_n\}$이 수렴하는 부분수열을 포함하면 H 위의 작용소 T를 **콤팩트**(compact)라고 한다.

정리 9.6.2 다음이 성립한다.

(1) 유한차원 힐베르트 공간에서 모든 작용소는 콤팩트이다.

(2) y, z는 힐베르트 공간 H의 고정점이면 함수 $Tx = (x, y)z$는 콤팩트이다.

증명 (1) T가 $\mathbb{C}^n$ 위의 작용소이면 T는 유계작용소이다. 따라서 $\{x_n\}$이 임의의 유계수열이면 $\{Tx_n\}$은 $\mathbb{C}^n$에서 유계수열이다. 볼차노-바이어슈트라스 정리에 의하여 수열 $\{Tx_n\}$이 수렴하는 부분수열을 포함한다. 따라서 T는 콤팩트이다.

(2) $\{x_n\}$은 H의 임의의 유계수열, 즉 모든 자연수 n에 대하여 $\|x_n\| \leq M$인 양수 M이 존재한다고 하자. 그러면 모든 자연수 n에 대하여 $|(x_n, y)| \leq \|x_n\|\|y\| \leq M\|y\|$이므로 수열 $\{(x_n, y)\}$는 수렴하는 부분수열 $\{(x_{n_k}, y)\}$를 갖는다. $\alpha = \lim_{k \to \infty}(x_{n_k}, y)$로 두면 $k \to \infty$일 때 $Tx_{n_k} = (x_{n_k}, y)z \to \alpha z$이다. 따라서 T는 콤팩트이다. ■

정리 9.6.3 콤팩트 작용소는 유계작용소이다.

증명 T가 유계작용소가 아니라면 임의의 자연수 n에 대하여 $\|x_n\| = 1$이고 $\|Tx_n\| \to \infty$인 수열 $\{x_n\}$이 존재하므로 $\{Tx_n\}$은 수렴하는 부분수열을 갖지 않는다. 따라서 T는 콤팩트가 아니다. ■

보기 1 무한차원 힐베르트 공간 H에서 항등작용소 I는 콤팩트가 아니다. 왜냐하면 $\{e_1, e_2, \cdots\}$는 H의 정규직교계이면 $\|Ie_n - Ie_m\| = \sqrt{2}$이므로 $\|e_n\| = 1$일지라도 $\{Ie_n\}$은 수렴하는 부분수열을 갖지 않는다. 따라서 I는 콤팩트가 아니다.

정리 9.6.4 H_1, H_2, H_3은 힐베르트 공간이고 K, $L \in B(H_1, H_2)$는 콤팩트 작용소라 하자. 그러면

(1) $K+L$은 콤팩트 작용소이다.

(2) 만약 $A \in B(H_3, H_1)$이고 $B \in B(H_2, H_3)$이면 KA와 BK는 콤팩트 작용소이다.

증명 (1) $\{x_n\}$은 $\|x_n\| = 1$인 H_1의 임의의 수열이라 하면 K는 콤팩트이므로 $\{Kx_n\}$은 수렴하는 부분수열 $\{Kx_{n'}\}$을 갖는다. 마찬가지로 L은 콤팩트이므로 $\{Lx_{n'}\}$은 부분수열 $\{Lx_{n''}\}$을 갖는다. 따라서 수열 $\{(K+L)x_{n''}\}$은 수렴하므로 $K+L$은 콤팩트이다.

(2) $\{z_n\}$은 $\|z_n\| = 1$인 H_3의 임의의 수열이라 하면 수열 $\{Az_n\}$은 유계수열이다. K는 콤팩트이므로 $\{KAz_n\}$은 수렴하는 부분수열을 갖는다. 따라서 KA는 콤팩트이다.

만약 $\{x_n\}$은 $\|x_n\| = 1$인 H_1의 임의의 수열이면 K는 콤팩트이므로 $\{Kx_n\}$은 수렴하는 부분수열 $\{Kx_{n'}\}$을 갖는다. B는 연속함수이므로 $\{BKx_{n'}\}$은 수렴한다. 따라서 BK는 콤팩트이다. ∎

정리 9.6.5 H_1, H_2는 힐베르트 공간이고 $T \in B(H_1, H_2)$는 작용소라 하자. 그러면 T가 콤팩트이기 위한 필요충분조건은 T^*는 콤팩트인 것이다.

증명 T가 콤팩트이고 $\{x_n\}$은 $\|x_n\| = 1$인 H_1의 임의의 수열이라 하자. 정리 9.6.3에 의하여 TT^*는 콤팩트이므로 $\{TT^*x_{n'}\}$이 수렴하는 $\{x_n\}$의 부분수열 $\{x_{n'}\}$이 존재한다. 따라서 n', $m' \to \infty$일 때

$$\| T^*x_{n'} - T^*x_{m'} \|^2 = (TT^*(x_{n'} - x_{m'}),\ x_{n'} - x_{m'})$$
$$\leq \| TT^*(x_{n'} - x_{m'}) \| \| x_{n'} - x_{m'} \|$$
$$\leq 2\| TT^*x_{n'} - TT^*x_{m'} \| \to 0$$

이므로 $\{T^* x_{n'}\}$은 코시수열이다. H_1은 완비공간이므로 $\{T^* x_{n'}\}$은 수렴한다. 따라서 T^*는 콤팩트이다.

만약 T^*가 콤팩트이면 앞의 증명에서 $T = T^{**}$도 콤팩트이다. ∎

정리 9.6.6 $K_n \in B(H_1, H_2)$는 콤팩트 작용소, $K \in B(H_1, H_2)$이고 $\|K_n - K\| \to 0$이라 하면 K는 콤팩트이다.

증명 $\{x_n\}$은 $\|x_n\| = 1$인 H_1의 임의의 수열이라 하자. K_1는 콤팩트이므로 $\{K_1 x_{1n}\}$은 수렴하는 $\{x_n\}$의 부분수열 $\{x_{1n}\}$이 존재한다. K_2는 콤팩트이므로 $\{K_2 x_{2n}\}$이 수렴하는 $\{x_{1n}\}$의 부분수열 $\{x_{2n}\}$이 존재한다. 이런 과정을 계속해나가면 $\{K_j x_{jn}\}_{n=1}^{\infty}$이 수렴하는 $\{x_{(j-1)n}\}_{n=1}^{\infty}$의 부분수열 $\{x_{jn}\}_{n=1}^{\infty}$이 존재한다.

이제 대각선 수열 $\{K x_{nn}\}$이 수렴함을 보인다. ϵ은 임의의 양수라 하자. 가정에 의하여

$$\|K_p - K\| < \epsilon/2 \tag{9.11}$$

인 자연수 p가 존재한다. $n \geq p$이면 수열 $\{K_p x_{nn}\}$은 수렴하는 수열 $\{K_p x_{pn}\}$의 부분수열이므로 $\{K_p x_{nn}\}$은 수렴한다. (9.11)에 의하여 $n, m \to \infty$일 때

$$\|K x_{nn} - K x_{mm}\| \leq \|K x_{nn} - K_p x_{nn}\| + \|K_p x_{nn} - K_p x_{mm}\| + \|K_p x_{mm} - K x_{mm}\|$$
$$\leq 2\|K_p - K\| + \|K_p x_{nn} - K_p x_{mm}\|$$
$$< \epsilon + \|K_p x_{nn} - K_p x_{mm}\| \to 0$$

이 성립한다. 따라서 $\{K x_{nn}\}$은 완비공간 H_2에서 코시수열이므로 $\{K x_{nn}\}$은 수렴한다. 그러므로 K는 콤팩트이다. ∎

주의 1 힐베르트 공간 H 위의 모든 콤팩트 작용소들의 집합을 $C(H)$로 나타내면 정리 9.6.4에 의하여 $C(H)$는 선형공간이다. 또한 정리 9.6.6에 의하여 $C(H)$는 닫힌 공간이다. 따라서 $B(H)$는 바나흐 공간이므로 $C(H)$도 바나흐 공간이다.

보기 2 (1) $\{\lambda_k\}$는 0에 수렴하는 복소수열이라 하고 작용소 $K \in B(l^2)$를

$$K(\alpha_1, \ \alpha_2, \ \cdots) = (\lambda_1\alpha_1, \ \lambda_2\alpha_2, \ \cdots)$$

로 정의한다. 임의의 자연수 n에 대하여 작용소 $K_n \in B(l^2)$를

$$K_n(\alpha_1, \ \alpha_2, \ \cdots) = (\lambda_1\alpha_1, \ \lambda_2\alpha_2, \ \cdots, \ \lambda_n\alpha_n, \ 0, \ 0, \ \cdots)$$

로 정의하면 $\mathrm{Im}\,K_n$은 유한차원이므로 K_n은 유한 계수의 작용소이다. 따라서 K_n은 콤팩트 작용소이다. $n \to \infty$일 때 $\|K_n - K\| \le \sup_{k \ge n} |\lambda_k| \to 0$이므로 정리 9.6.6에 의하여 K는 콤팩트 작용소이다.

(2) 무한행렬 $(a_{ij})_{i,j=1}^{\infty}$ (단, $\displaystyle\sum_{i,j=1}^{\infty} |a_{ij}|^2 < \infty$)에 대하여 $T \in B(l^2)$는 이 행렬에 대응하는 작용소라 하자. $(a_{ij}^{(n)})_{i,j=1}^{\infty}$은 $1 \le i, \ j \le n$에 대하여 $a_{ij}^{(n)} = a_{ij}$이고, 다른 경우에 대하여 $a_{ij}^{(n)} = 0$인 행렬이라 하고 $T_n \in B(l^2)$는 이 행렬에 대응하는 작용소이면 T_n은 유한 계수의 작용소이므로 T_n은 콤팩트이다. 또한 $\|T - T_n\| \to 0$이므로 정리 9.6.6에 의하여 T는 콤팩트 작용소이다.

정의 9.6.7 $T \in B(H)$는 유계작용소라 하자. $x \ne 0$이고 복소수 λ에 대하여 $Tx = \lambda x$를 만족하는 $x \in H$가 존재하면 λ를 T의 **고윳값**(eigenvalue), x를 λ에 대응되는 **고유벡터** (eigenvector), $\{x \in H : Tx = \lambda x\}$를 λ에 대한 **고유공간**(eigenspace)이라 한다.

연습문제 9.6

01 $k \in L_2([a, b] \times [a, b])$이고 $K: L_2([a, b]) \to L_2([a, b])$는

$$(Kf)(t) = \int_a^b k(t, s)f(s)\,ds$$

로 주어지는 적분작용소이면 K는 콤팩트 작용소임을 보여라.

02 $[a, b]$에서 연속인 복소수값을 갖는 함수 $a(t)$에 대하여 $T: L_2([a, b]) \to L_2([a, b])$는

$$(Tf)(t) = a(t)f(t)$$

로 정의되는 유계작용소라 하자. 만약 적당한 점 $t_0 \in [a, b]$에 대하여 $a(t_0) \neq 0$이면 T는 콤팩트가 아님을 보여라.

03 T는 힐베르트 공간 H 위의 콤팩트 작용소이고 $\{\varphi_n\}$은 H의 정규직교계라 하자. $n \to \infty$일 때 $(T\varphi_n, \varphi_n) \to 0$임을 보여라.

04 $T \in B(H)$는 유계작용소이고 λ는 T의 고윳값일 때 λ에 대한 고유공간은 닫힌 부분공간임을 보여라.

05 $T \in B(H)$는 유계 콤팩트 작용소이고 λ는 $\lambda \neq 0$인 T의 고윳값일 때 λ에 대한 고유공간은 유한차원임을 보여라.

9.7 분해가능 공간

위상공간 X가 조밀하고 가산인 부분집합을 가지면 X를 분해가능 공간(separable space)이라 한다. 예를 들어, $\mathbb{Q}$는 $\mathbb{R}$에서 조밀하므로 $\mathbb{R}$은 분해가능 공간이다.

정의 9.7.1 힐베르트 공간 H가 완전 정규직교수열을 포함하면 H는 분해가능 공간 (separable space)이라 한다.

완전 정규직교수열 $\{x_n\}$을 갖는 분해가능 힐베르트 공간 H의 모든 원소는

$$x = \sum_{n=1}^{\infty} (x,\ x_n)x_n$$

으로 표현할 수 있으므로 집합 $\{x_n\}$을 H의 정규직교기저 또는 간단히 기저(basis)라고 한다.

보기 1 공간 l^2, $L^2[-\pi,\ \pi]$는 분해가능 힐베르트 공간이다.

정리 9.7.2 모든 분해가능 힐베르트 공간 H는 가산집합이고 조밀한 부분집합을 포함한다.

증명 $\{e_n\}$이 H에서 완전 정규직교수열이면

$$S = \{(\alpha_1 + i\beta_1)e_1 + \cdots + (\alpha_n + i\beta_n)e_n : \alpha_1, \cdots, \alpha_n,\ \beta_1, \cdots, \beta_n \in \mathbb{Q},\ n \in \mathbb{N}\}$$

은 분명히 가산집합이다. 임의의 $x \in H$에 대하여 $n \to \infty$일 때

$$\| \sum_{k=1}^{n} (x,\ e_k)e_k - x \| \to 0$$

이고 $(x,\ e_k)$는 $\alpha + i\beta$ $(\alpha,\ \beta \in \mathbb{Q})$ 형태의 유리복소수로 근사화할 수 있으므로 S는 H에서 조밀하다. ∎

정리 9.7.3 분해가능 힐베르트 공간 H의 모든 직교집합은 가산집합이다.

증명 S는 분해가능 힐베르트 공간 H에서 임의의 직교집합이고 S_1은 S에서 정규화된 벡터들의 집합, 즉 $S_1 = \{x/\|x\| : x \in S\}$라 하자. 임의의 $x, y \in S_1$에 대하여 직교성에 의하여

$$\|x - y\|^2 = (x-y, \ x-y) = (x, \ x) - (x, \ y) - (y, \ x) + (y, \ y)$$
$$= 1 - 0 - 0 + 1 = 2$$

이다. 이것은 S_1의 서로 다른 원소 사이의 거리는 $\sqrt{2}$임을 의미한다. S_1의 모든 점을 중심으로 반지름 $\sqrt{2}/2$인 근방들을 생각하면 이러한 두 개의 근방은 분명히 공통점을 갖지 않는다. H의 모든 조밀한 부분집합은 모든 근방에서 적어도 하나의 점을 가져야 하고 H는 가산인 조밀한 부분집합을 포함하므로 S_1은 가산집합이어야 한다. 따라서 S는 가산집합이다. ∎

$(Tx, \ Ty) = (x, \ y)$, $x, \ y \in H$인 전단사 선형작용소 $T: H \to H'$이 존재하면 두 힐베르트 공간 H와 H'이 동형(isomorphic)이라 한다.

정리 9.7.4 H는 분해가능 힐베르트 공간이라 하자.
(1) H가 무한차원 공간이면 H는 l^2와 동형이다(isomorphic).
(2) H가 차원 n을 가지면 H는 $\mathbb{C}^n$과 동형이다.

증명 (1) $\{e_n\}$은 H의 완전 정규직교계라 하자. 만약 H가 무한차원이면 $\{e_n\}$은 무한수열이다. x는 H의 임의의 원소이고 $\alpha_k = (x, e_k)$ $(k = 1, \ 2, \ \cdots)$라 하자. $Tx = (\alpha_n)$으로 정의하면 정리 9.2.6(5)에 의하여 $T: H \to l^2$는 전단사함수이다. 분명히 T는 선형사상이다. $\alpha_n = (x, \ e_n)$, $\beta_n = (y, \ e_n)$, $x, \ y \in H$, $n \in \mathbb{N}$에 대하여

$$(Tx, \ Ty) = ((\alpha_n), \ (\beta_n)) = \sum_{n=1}^{\infty} \alpha_n \overline{\beta_n}$$

$$= \sum_{n=1}^{\infty} (x, e_n)\overline{(y, e_n)} = \sum_{n=1}^{\infty} (x, (y, e_n)e_n)$$

$$= (x, \sum_{n=1}^{\infty} (y, e_n)e_n) = (x, y)$$

이다. 따라서 $T : H \to l^2$는 동형사상이다.

(2) H는 n차원 힐베르트 공간이고 $\{u_1, u_2, \cdots, u_n\}$은 H의 완전 정규직교계이면 H의 임의의 원소 x는

$$x = \sum_{i=1}^{n} \alpha_i u_i, \quad \alpha_i = (x, u_i)$$

로 나타낼 수 있다. 함수 $T : H \to \mathbb{C}^n$을

$$Tx = \sum_{i=1}^{n} \alpha_i e_i, \quad e_i = (0, 0, \cdots, 1, 0, \cdots, 0)$$

으로 정의하면 T는 선형사상이고 전단사이다. 또한 $T(u_i) = e_i \ (i = 1, 2, \cdots, n)$ 이고 $(Tu_i, Tu_j) = (e_i, e_j) = \delta_{ij} = (u_i, u_j)$이므로 T는 내적 구조를 보존한다. 따라서 H와 $\mathbb{C}^n$ 사이의 동형사상이다. ∎

정리 9.7.5 무한차원 힐베르트 공간 H에서 다음은 서로 동치이다.

(1) H는 분해가능 공간이다.

(2) H는 가부번 완비 정규직교계를 갖는다.

(3) H와 l^2는 동형이다.

> **연습문제 9.7**

01 l^2는 가분 힐베르트 공간임을 보여라.

02 l^p가 가분 바나흐 공간임을 보여라($1 \le p < \infty$).

03 l^∞가 가분이 아님을 보여라.

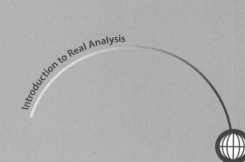

Introduction to Real Analysis

연습문제
풀이

1장

연습문제 1.1

01 (1) 공집합은 모든 집합의 부분집합이므로 $\varnothing \subset A \cap \varnothing$ 이고, 교집합의 성질에 의하여 $A \cap \varnothing \subset \varnothing$ 이므로 $A \cap \varnothing = \varnothing$ 이다.

(3) $A \cap A = \{x : x \in A$ 이고 $x \in A\} = \{x : x \in A\} = A$

03 (1) $x \in A \Leftrightarrow x \notin A^c \Leftrightarrow x \in (A^c)^c$

(2) $A, A^c \subset X$ 이므로 $A \cup A^c \subset X \cup X = X$ 이다. 한편, 만약 $x \in X$ 이면 $x \in A$ 또는 $x \notin A$ 이므로 $x \in A$ 또는 $x \in A^c$ 이다. 따라서 $x \in A \cup A^c$ 이므로 $X \subset A \cup A^c$ 이다.

04 $x \in A \cup C$ 라 하면 정의에 의하여 $x \in A$ 또는 $x \in C$ 이다. 가정에 의하여 $x \in B$ 또는 $x \in D$ 이므로 $x \in B \cup D$ 이다.

05 (1) $A \triangle B = (A - B) \cup (B - A) = (B - A) \cup (A - B) = B \triangle A$

(2) $A \triangle B = \varnothing \Leftrightarrow A - B = \varnothing$ 이고 $B - A = \varnothing \Leftrightarrow A = B$

06 (1) $(x, y) \in (A \times A) \cap (B \times C) \Leftrightarrow (x, y) \in A \times A \,\&\, (x, y) \in B \times C$
$\Leftrightarrow (x \in A, x \in B) \,\&\, (y \in A, y \in C)$
$\Leftrightarrow (x, y) \in (A \cap B) \times (A \cap C)$

(2)와 (3)은 (1)과 같은 방법으로 보인다.

07 (1) $\bigcup_{n=1}^{\infty} A_n = \mathbb{R}$, $\bigcap_{n=1}^{\infty} A_n = (-1, 1)$

08 분명히 $A \in \wp(X) \cap \wp(Y) \Leftrightarrow A \subset X \cap Y \Leftrightarrow A \in \wp(X \cap Y)$ 이다. 만약 $A \in \wp(X) \cup \wp(Y)$ 이면 $A \subset X$ 또는 $A \subset Y$ 이다. 그러므로 $A \subset X \cup Y$, 즉 $A \in \wp(X \cup Y)$ 이다. 일반적으로 $\wp(X) \cup \wp(Y) \neq \wp(X \cup Y)$ 이다. 왜냐하면 $X = \{0\}$, $Y = \{1\}$ 로 택하면 $\wp(X) \cup \wp(Y) = \{\varnothing, \{0\}, \{1\}\}$ 이지만, $\wp(X \cup Y) = \{\varnothing, \{0\}, \{1\}, \{0, 1\}\}$ 이기 때문이다.

연습문제 1.2

01 $(f \circ g)(\mathrm{N}) = f(g(\mathrm{N})) = f(2\mathrm{N}) = 2\mathrm{N} + 3,$

$(g \circ g)(\mathrm{N}) = g(g(\mathrm{N})) = g(2\mathrm{N}) = 4\mathrm{N}$

03 $f^{-1}((1,\, 0)) = 0, \quad f^{-1}((0,\, -1)) = 3\pi/2$

04 $(f \circ g)(x) = f(g(x)) = f(\cos x) = \cos^2 x + 3,$

$(g \circ f)(x) = g(f(x)) = g(x^2 + 3) = \cos(x^2 + 3)$

05 (1) 만약 $x \in A$이면 $f(x) \in f(A)$이므로 $x \in f^{-1}(f(A))$, 즉 $A \subseteq f^{-1}(f(A))$이다.

(2) 만약 $y \in f(f^{-1}(B))$이면 $y = f(x)$가 되는 $x \in f^{-1}(B)$가 존재하므로 $y = f(x) \in B$이다. 따라서 $f(f^{-1}(B)) \subseteq B$이다.

06 (1) h가 전사함수이므로 정의에 의하여 $h(X) = Z$이다. 따라서

$$Z = h(X) = g \circ f(X) = g(f(X)) \subseteq g(Y) \subseteq Z$$

이므로 $g(Y) = Z$이다.

(2) x와 u는 $x \neq u$인 X의 원소이고 $f(x) = f(u)$이면 $h(x) = g(f(x)) = g(f(u)) = h(u)$이므로 h가 단사함수라는 가정에 모순된다. 따라서 $f(x) \neq f(u)$, 즉 f는 단사함수이다.

07 임의의 $x \in X$에 대하여 $[h \circ (g \circ f)](x) = h((g \circ f)(x)) = h(g(f(x)))$이다. 또한 $[(h \circ g) \circ f](x) = (h \circ g)(f(x)) = h(g(f(x)))$이다.

따라서 $h \circ (g \circ f) = (h \circ g) \circ f$이다.

08 (1) ($\Rightarrow$) 연습문제 5에 의하여 $A \subseteq f^{-1}(f(A))$이다. 만약 $x \in f^{-1}(f(A))$이면 $f(x) \in f(A)$이다. 즉 $x_1 \in A$가 존재하여 $f(x) = f(x_1)$이다. f가 단사함수이므로 $x = x_1 \in A$이다. 따라서 $f^{-1}(f(A)) \subseteq A$이다.

($\Leftarrow$) 모든 $A \subseteq X$에 대하여 $A = f^{-1}(f(A))$라 가정하자.

$f(x_1) = f(x_2)\,(x_1,\, x_2 \in X)$이고 $A = \{x_2\}$이면 가정에 의하여 $f^{-1}(f(\{x_2\})) = \{x_2\}$이다. $f(x_1) = f(x_2) \in f(\{x_2\})$이므로 역상의 정의에 의하여 $x_1 \in f^{-1}(f(\{x_2\})) = \{x_2\}$, 즉 $x_1 = x_2$이다. 그러므로 f는 단사함수이다.

(2) ($\Rightarrow$) f가 전사함수일 때 연습문제 5에 의하여 모든 $B \subseteq Y$에 대하여 $B \subseteq$

$f(f^{-1}(B))$임을 보이면 충분하다. 사실 $y \in B$이면 f가 전사함수이므로 $y = f(x)$를 만족하는 $x \in X$가 존재한다. $f(x) = y \in B$이므로 $x \in f^{-1}(B)$이다. 따라서 $y = f(x) \in f(f^{-1}(B))$이다.

($\Leftarrow$) 모든 $B \subseteq Y$에 대하여 $f(f^{-1}(B)) = B$라 가정하고 $B = Y$로 택하면 $f(f^{-1}(Y)) = Y$이다. 분명히 $f^{-1}(Y) = X$(왜?)이므로 $f(X) = Y$이다. 따라서 f는 전사함수이다.

09 $g \circ f : X \to Z$이고

$$(g \circ f) \circ (f^{-1} \circ g^{-1}) = g \circ (f \circ f^{-1}) \circ g^{-1} = g \circ g^{-1} = I_Z,$$
$$(f^{-1} \circ g^{-1}) \circ (g \circ f) = f^{-1} \circ (g \circ g^{-1}) \circ f = f^{-1} \circ f = I_X$$

이므로 $(g \circ f)^{-1} = f^{-1} \circ g^{-1}$.

11 $(1) \Rightarrow (2)$: f가 단사함수이고 $A, B \in \wp(X)$라 하자. $f(A \cap B) \subseteq f(A) \cap f(B)$는 자명하다.

만약 $y \in f(A) \cap f(B)$이면 $x_1 \in A$, $x_2 \in B$가 존재하여 $f(x_1) = y = f(x_2)$를 만족한다. f가 단사함수이므로 $x_1 = x_2 (= x)$이다. 따라서 $x \in A \cap B$이고 $y = f(x)$, 즉 $y \in f(A \cap B)$이므로 $f(A \cap B) = f(A) \cap f(B)$.

$(2) \Rightarrow (3)$: $f(\varnothing) = \varnothing$ 이므로 자명하다.

$(3) \Rightarrow (1)$: $x_1, x_2 \in X$이고 $x_1 \neq x_2$라 하고 $A = \{x_1\}$, $B = \{x_2\}$로 두면 $A \cap B = \varnothing$ 이다. 가정 (3)에 의하여 $f(A) \cap f(B) = \varnothing$ 이다. 이것은 $f(x_1) \neq f(x_2)$를 의미한다. 따라서 f는 단사함수이다.

12 f는 A에서 $\wp(A)$로의 함수이고 $E = \{x \in A : x \notin f(x)\}$로 두면 $E \in \wp(A)$이고 f는 전사함수가 아님을 보여라.

연습문제 1.3

01 $f : \mathbb{N} \to E$, $f(n) = 2n$은 전단사함수이다.

02 (1) 항등함수 $1_A : A \to A$는 일대일이고 위로의 함수이므로 $A \sim A$이다.

(2) $A \sim B$이면 전단사함수 $f : A \to B$가 존재한다. 그러나 이 경우에 f는 역함수

$f^{-1} : B{\to}A$를 가지며 이것은 또한 전단사함수이다. 따라서 $A \sim B$이면 $B \sim A$이다.

(3) $A \sim B$이고 $B \sim C$이면 전단사함수 $f : A{\to}B$, $g : B{\to}C$가 존재한다. 따라서 합성함수 $g \circ f : A{\to}C$도 전단사이므로 $A \sim B$이고 $B \sim C$이면 $A \sim C$이다.

03 (1) $g(x) = a + x(b-a)$는 $(0,\ 1)$에서 $(a,\ b)$ 위로의 일대일 대응 함수이다.

(2) $f : (0,\ 1) \to (0,\ \infty)$, $f(x) = x/(1-x)$는 전단사함수이다.

(3) $A = [0,\ 1] - \{0,\ 1,\ 1/2,\ 1/3,\ \cdots\} = (0,\ 1) - \{1/2,\ 1/3,\ 1/4,\ \cdots\}$이라 하면

$$[0,\ 1] = \{0,\ 1,\ 1/2,\ 1/3,\ \cdots\} \cup A,\quad (0,\ 1) = \{1/2,\ 1/3,\ 1/4,\ \cdots\} \cup A$$

가 성립한다. 다음 함수 $f : [0,\ 1] \to (0,\ 1)$을 생각하자.

$$f(x) = \begin{cases} 1/2 & (x = 0\text{일 때}) \\ 1/(n+2) & (x = 1/n,\quad n \in \mathbb{N}\text{일 때}) \\ x & (x \neq 0,\ 1/n,\ n \in \mathbb{N},\ \text{즉 } x \in A\text{일 때}) \end{cases}$$

함수 f는 일대일이고 위로의 함수이다. 따라서 $[0,\ 1] \sim (0,\ 1)$이다.

다음 함수 $f : [0,\ 1] \to [0,\ 1)$은 전단사함수이고 $[0,\ 1] \sim [0,\ 1)$이다.

$$f(x) = \begin{cases} 1/(n+1) & (x = 1/n,\ n \in \mathbb{N}\text{일 때}) \\ x & (x \neq 1/n,\ n \in \mathbb{N}\text{일 때}) \end{cases}$$

끝으로 $f : [0,\ 1) \to (0,\ 1]$은 $f(x) = 1-x$로 정의하면 f는 전단사함수이다. 따라서 $[0,\ 1) \sim (0,\ 1]$이고 추이성에 의하여 $[0,\ 1] \sim (0,\ 1]$이다.

(4) 다음 각 함수는 $f(x) = a + (b-a)x$로 정의된다고 하자.

$$[0,\ 1] \to [a,\ b],\quad [0,\ 1) \to [a,\ b),\quad (0,\ 1) \to (a,\ b),\quad (0,\ 1] \to (a,\ b]$$

각 함수는 전단사함수이다. 따라서 (3)에 의하여 각 구간은 $[0,\ 1]$과 대등하다.

04 $A \sim X$이므로 전단사함수 $h : A{\to}X$가 존재한다. 마찬가지로 전단사함수 $g : B{\to}Y$가 존재한다. 결과를 증명하기 위하여 $F : A \times B {\to} X \times Y$, $F(a,\ b) = (h(a),\ g(b))$는 전단사함수임을 보여라.

05 십진소수 $a = 0.a_1 a_2 \cdots$이고, $b = 0.b_1 b_2 \cdots$인 $a,\ b \in [0,\ 1]$에 대하여 함수

$$f : [0,\ 1] \times [0,\ 1] {\to} [0,\ 1],\quad f(a,\ b) = 0.a_1 b_1 a_2 b_2 \cdots$$

는 전단사함수임을 보여라.

07 함수 $f : \mathbb{Q}(\sqrt{2}) {\to} \mathbb{Q} \times \mathbb{Q}$, $f(a + b\sqrt{2}) = (a,\ b)$가 전단사함수임을 보여라.

08 무리수 전체의 집합이 가산집합이라 가정하면 $\mathbb{Q}$는 가산집합이므로 $\mathbb{R} = \mathbb{Q} \cup \mathbb{Q}^c$는 가산집합이다. 이것은 $\mathbb{R}$이 비가산집합이라는 사실에 모순이다. 따라서 무리수 전체의 집합은 가산집합이 아니다.

09 A를 X의 임의의 부분집합, 즉 $A \in \wp(X)$라 하고 함수 $f : \wp(X) \to C(X)$는

$$f(A) = \chi_A, \quad \chi_A(x) = \begin{cases} 0, & x \notin A \\ 1, & x \in A \end{cases}$$

로 정의되면 g는 전단사함수이다. 따라서 $\wp(X) \sim C(X)$이다.

2장

연습문제 2.1

01 임의의 $\{a_k\}, \{b_k\}, \{c_k\} \in l^1$에 대하여 $0 \le |a_k - b_k| = |b_k - a_k|$ $(k = 1, 2, \cdots)$이므로 $d_1(\{a_k\}, \{b_k\}) \ge 0$이고 $d_1(\{a_k\}, \{b_k\}) = d_1(\{b_k\}, \{a_k\})$이다. 또한

$$d_1(\{a_k\}, \{b_k\}) = 0 \Leftrightarrow a_k = b_k \ (k = 1, 2, \cdots) \Leftrightarrow \{a_k\} = \{b_k\}.$$

따라서 (M1), (M2), (M3)가 성립한다.

02 $a, b \in M$이면 $d_0(a, b) = 1$ 또는 $d_0(a, b) = 0$이다. 어느 경우에서나 $d_0(a, b) \ge 0$이다. 또한 $a = b$이면 d_0의 정의에 의하여 $d_0(a, b) = 0$이다. 또한 $a \ne b$이면 $d_0(a, b) = 1$이므로 $d_0(a, b) \ne 0$이다. 따라서 (M1), (M2)가 성립한다. $a, b \in M$이라고 하자. $a \ne b$이면 $b \ne a$이다. 따라서 $d_0(a, b) = 1$이고 $d_0(b, a) = 1$이므로 $d_0(a, b) = d_0(b, a)$이다. 한편, $a = b$이면 $b = a$이며 (M3)가 성립한다.

만약 $a, b, c \in M$은 서로 다른 점이면 $d_0(a, c) = 1$, $d_0(a, b) = 1$이고 $d_0(b, c) = 1$이다. 따라서

$$d_0(a, c) = 1 \le 1 + 1 = d_0(a, b) + d_0(b, c)$$

이므로 (M4)가 성립한다.

03 (1) 정의의 조건 (M1), (M2), (M3)는 분명히 성립한다. 임의의 $x = (x_1, x_2)$, $y = (y_1, y_2)$,

$z = (z_1,\ z_2) \in \mathbb{R}^2$에 대하여

$$
\begin{aligned}
d_1(x,\ y) &= |x_1 - y_1| + |x_2 - y_2| \\
&\leq |x_1 - z_1| + |z_1 - y_1| + |x_2 - z_2| + |z_2 - y_2| \\
&= d_1(x,\ z) + d_1(z,\ y)
\end{aligned}
$$

이므로 d_1은 거리이다.

이제 d_∞가 거리임을 보인다. 정의의 조건 (M1), (M2), (M3)는 분명히 성립한다. 임의의 $x = (x_1,\ x_2),\ y = (y_1,\ y_2),\ z = (z_1,\ z_2) \in \mathbb{R}^2$에 대하여

$$
\begin{aligned}
d_\infty(x,\ y) &= \max(|x_1 - y_1|,\ |x_2 - y_2|) \\
&\leq \max(|x_1 - z_1| + |z_1 - y_1|,\ |x_2 - z_2| + |z_2 - y_2|) \\
&= d_\infty(x,\ z) + d_\infty(z,\ y).
\end{aligned}
$$

(2) 결과의 첫째 부등식이 성립함을 보인다.

$$
\begin{aligned}
\frac{1}{4}(|x_1 - y_1| + |x_2 - y_2|)^2 &\leq \frac{1}{2}((x_1 - y_1)^2 + (x_2 - y_2)^2) \\
&\Leftrightarrow (a + b)^2 \leq 2(a^2 + b^2) \\
&\Leftrightarrow a^2 + b^2 \leq a^2 + b^2 + (a - b)^2
\end{aligned}
$$

04 $x,\ y,\ z \in \mathbb{R}^n$이면 $d_\infty(x,\ y)$는 실숫값 함수이고 $0 \leq d_\infty(x, y)$는 명백하다. 또한

$$
\begin{aligned}
d_\infty(x,\ y) = 0 &\Leftrightarrow \max\{|x_1 - y_1|,\ \cdots,\ |x_n - y_n|\} = 0 \\
&\Leftrightarrow x_i = y_i\ (i = 1,\ 2,\ \cdots,\ n) \Leftrightarrow x = y
\end{aligned}
$$

이므로 (M2)가 성립한다. (M3)는 명백하다.

$$
\begin{aligned}
d_\infty(x,\ y) &= \max\{|x_i - y_i| : i = 1,\ 2,\ \cdots,\ n\} \\
&\leq \max\{|x_i - z_i| + |z_i - y_i| : i = 1,\ 2,\ \cdots,\ n\} \\
&\leq \max\{|x_i - z_i| : i = 1,\ 2,\ \cdots,\ n\} + \max\{|z_i - y_i| : i = 1,\ 2,\ \cdots,\ n\} \\
&= d_\infty(x,\ z) + d_\infty(z,\ y)
\end{aligned}
$$

이므로 (M4)가 성립한다.

05 $x = (0,\ 0),\ y = (1,\ 1),\ z = (0,\ 1)$이면

$$
d_{1/2}(x,\ y) = 4,\quad d_{1/2}(x,\ z) + d_{1/2}(z,\ y) = 2
$$

이므로 (M3)가 성립하지 않는다.

06 $e = kd$이고 $x,\ y,\ z$는 M의 임의의 점이면 $e(x,\ y) = kd(x,\ y) \geq 0$이고
$$e(x,\ y) = 0 \Leftrightarrow d(x,\ y) = 0 \Leftrightarrow x = y$$
이다. 또한 $e(x,\ y) = e(y,\ x)$이고
$$e(x,\ z) = kd(x,\ z) \leq k[d(x,\ y) + d(y,\ z)] = e(x,\ y) + e(y,\ z).$$

07 삼각부등식 (M4)만을 보이고자 한다. $\{a_k\},\ \{b_k\},\ \{c_k\} \in l^\infty$이면
$$|a_k - c_k| = |a_k - b_k + b_k - c_k| \leq |a_k - b_k| + |b_k - c_k|$$
$$\leq \sup_{1 \leq k < \infty} |a_k - b_k| + \sup_{1 \leq k < \infty} |b_k - c_k|$$
$$= d_\infty(\{a_k\},\ \{b_k\}) + d_\infty(\{b_k\},\ \{c_k\})$$
이므로 $\sup_{1 \leq k < \infty} |a_k - c_k| \leq d_\infty(\{a_k\},\ \{b_k\}) + d_\infty(\{b_k\},\ \{c_k\})$, 즉
$$d_\infty(\{a_k\},\ \{c_k\}) \leq d_\infty(\{a_k\},\ \{b_k\}) + d_\infty(\{b_k\},\ \{c_k\}).$$

08 삼각부등식에 의하여
$$d(x,\ z) \leq d(x,\ y) + d(y,\ z),$$
$$d(y,\ z) \leq d(y,\ x) + d(x,\ z) = d(x,\ y) + d(x,\ z)$$
이므로 $-d(x,\ y) \leq d(x,\ z) - d(y,\ z) \leq d(x,\ y)$이다. 따라서
$$|d(x,\ z) - d(y,\ z)| \leq d(x,\ y)$$
이다.

10 $0 \leq \alpha \leq \beta$이면 $\alpha + \alpha\beta \leq \beta + \alpha\beta$이다. 양변을 $(1+\alpha)(1+\beta)$로 나누면
$$\frac{\alpha}{1+\alpha} \leq \frac{\beta}{1+\beta}$$
가 성립한다.

11 두 점 $x,\ y \in M$에 대하여 $d(x,\ y) \geq 0$이므로 $0 \leq d_1(x,\ y)$이고
$$d_1(x,\ y) = 0 \Leftrightarrow d(x,\ y) = 0 \Leftrightarrow x = y$$
이므로 (M1), (M2)가 성립한다. d가 X에서 거리함수이므로 (M3)는 명백하다. (M4)를 보이고자 한다. $f(t) = t/(1+t)\ (t \in \mathbb{R})$이면 $f'(t) = 1/(1+t)^2 > 0$이므로 f는 $\mathbb{R}$에서 증가함수이다. $\alpha \leq \beta + \gamma$인 $\alpha,\ \beta,\ \gamma \geq 0$에 대하여 f가 $\mathbb{R}$에서 증가함수이

므로

$$\frac{\alpha}{1+\alpha} = f(\alpha) \leq f(\beta+\gamma) = \frac{\beta+\gamma}{1+\beta+\gamma} \leq \frac{\beta}{1+\beta} + \frac{\gamma}{1+\gamma}$$

가 항상 성립하므로 x, y, $z \in X$에 대하여

$$d_1(x, z) + d_1(z, y) = \frac{d(x, z)}{1+d(x, z)} + \frac{d(z, y)}{1+d(z, y)} \geq \frac{d(x, y)}{1+d(x, y)} = d_1(x, y)$$

이므로 (M4)가 성립한다. 그러므로 (X, d_1)은 거리공간이다.

12 d_1, d_2가 거리이므로 거리 정의의 (M1), (M2), (M3)는 자명하다. 임의의 (x_1, x_2), (y_1, y_2), $(z_1, z_2) \in M_1 \times M_2$에 대하여

$$d_i(x_i, z_i) \leq d_i(x_i, y_i) + d_i(y_i, z_i) \quad (i = 1, 2)$$

이므로 (M4)가 성립한다.

13 $p = 1$일 때는 명백하므로 $1 < p < \infty$의 경우를 보이면 된다. (M1), (M2), (M3)는 보기 3과 같은 방법을 이용하면 된다. 민코프스키 부등식에 의하여

$$d_p(x, y) = \left(\sum_{i=1}^{n} |x_i - y_i|^p\right)^{\frac{1}{p}} \leq \left(\sum_{i=1}^{n} (|x_i - z_i| + |z_i - y_i|)^p\right)^{\frac{1}{p}}$$

$$\leq \left(\sum_{i=1}^{n} |x_i - z_i|^p\right)^{\frac{1}{p}} + \left(\sum_{i=1}^{n} |z_i - y_i|^p\right)^{\frac{1}{p}} = d_p(x, z) + d_p(z, y).$$

16 정리 2.1.3(코시-슈바르츠 부등식)의 증명에서 주어진 등식이 성립할 조건은

$$0 = \sum_{k=1}^{n} (a_k - xb_k)^2$$

이다. 이것으로부터 얻을 수 있다.

17 d_1에 대해서는 $[0, 1]$에서 연속함수의 성질을 이용하여 보이면 된다. d_2에 대하여 (M1), (M4)가 성립함을 보인다. (M1), (M3)는 분명하다. $d_2(x, x) = 0$은 명백하다.

$$d_2(x, y) = 0 \iff \int_0^1 |x(t) - y(t)| dt = 0$$

$$\iff x(t) = y(t) \quad (t \in [0, 1])$$

$$\iff x = y$$

이므로 (M2)가 성립한다. 또한 $|x(t)-y(t)|\le|x(t)-z(t)|+|z(t)-y(t)|$이므로

$$d_2(x,\ y)=\int_0^1|x(t)-y(t)|\,dt$$

$$\le\int_0^1|x(t)-z(t)|\,dt+\int_0^1|z(t)-y(t)|\,dt$$

$$=d_2(x,\ z)+d_2(z,\ y)$$

이다. 따라서 (M4)가 성립한다.

19 $f(x)=\begin{cases}0 & (x=a)\\ 1 & (a<x\le b)\end{cases},\quad g(x)=1\ (a\le x\le b)$이면 $\quad d(f,\ g)=0$이지만 $f\ne g$이다. 따라서 d는 $\Re[a,\ b]$에서 거리가 아니다.

20 $\{b_n\}\in l^\infty$이므로 모든 자연수 n에 대하여 $|b_n|\le M$인 양수 M이 존재한다. 따라서 가정에 의하여

$$\sum_{k=1}^\infty|a_nb_n|\le\sum_{k=1}^\infty M|a_n|=M\sum_{k=1}^\infty|a_n|<\infty$$

이므로 $\displaystyle\sum_{k=1}^\infty|a_nb_n|$은 수렴한다.

21 (1) $\{a_n\}\in l^1$이면 $\displaystyle\sum_{n=1}^\infty a_n$은 절대수렴하므로 이 급수는 수렴한다. 따라서 $\displaystyle\lim_{n\to\infty}a_n=0$ 이므로 $\{a_n\}\in c_0$이다.

만약 $\{a_n\}\in c_0$이면 수렴하는 수열은 유계수열이므로 $\{a_n\}\in l^\infty$이다. 따라서 $c_0\subseteq l^\infty$이다.

(2) $a_n=(-1)^n\dfrac{1}{n}$이면 $\{a_n\}\in c_0$이지만 $\displaystyle\sum_{n=1}^\infty|a_n|=\sum_{n=1}^\infty\dfrac{1}{n}=\infty$는 발산한다. 따라서 l^1은 c_0의 진부분집합이다. $a_n=(-1)^n$이면 $\{a_n\}$은 유계수열이지만 수렴하지 않는다. 따라서 c_0는 l^∞의 진부분집합이다.

22 (1) 임의의 n에 대하여 $|a_n-b_n|\le|a_n|+|b_n|\le2$이므로

$$\sum_{n=1}^\infty\frac{|a_n-b_n|}{2^n}\le\sum_{n=1}^\infty\frac{1}{2^{n-1}}=2$$

이다. 따라서 $\displaystyle\sum_{n=1}^{\infty}\frac{|a_n-b_n|}{2^n}$ 은 수렴한다.

(2) 거리 정의의 (M1), (M2), (M3)는 자명하다. 임의의 n에 대하여

$|a_n-b_n| \le |a_n-b_n|+|b_n-c_n|$ 이므로

$$d(\{a_n\}, \{c_n\}) \le d(\{a_n\}, \{b_n\})+d(\{b_n\}, \{c_n\}).$$

23 방법 1) $\{b_n\}$은 유계수열이므로 $|b_n| \le M\,(n=1, 2, \cdots)$이다. $|a_nb_n-0|=|a_n||b_n| \le$

$M|a_n|$이고 $\displaystyle\lim_{n\to\infty}a_n=0$이므로 $\displaystyle\lim_{n\to\infty}a_nb_n=0$.

$a_n=1/\sqrt{n}$, $b_n=(-1)^n$이면 $\displaystyle\lim_{n\to\infty}a_n=0$이고 $\{b_n\}$은 유계수열이다. 하지만

$$\sum_{n=1}^{\infty}(a_nb_n)^2=\sum_{n=1}^{\infty}\left(\frac{1}{\sqrt{n}}\right)^2=\sum_{n=1}^{\infty}\frac{1}{n}=\infty$$

이므로 $\{a_nb_n\}\not\in l^2$이다.

방법 2) $a_n=1/\sqrt{n}$, $b_n=\sqrt{n}/\sqrt{n+1}$이면 $\displaystyle\lim_{n\to\infty}a_n=0$이고 $\{b_n\}$은 유계수열이

다. 하지만

$$\sum_{n=1}^{\infty}(a_nb_n)^2=\sum_{n=1}^{\infty}\left(\frac{1}{\sqrt{n+1}}\right)^2=\sum_{n=1}^{\infty}\frac{1}{n+1}=\infty$$

이므로 $\{a_nb_n\}\not\in l^2$이다.

24 임의의 n에 대하여 $|a_n| \le C$, $|b_n| \le D$이므로 $|a_nb_n| \le CD$, 즉 $\{a_nb_n\}\in l^{\infty}$이다. a_n

$=(-1)^n=b_n$으로 두면 $\{a_n\}, \{b_n\}\in l^{\infty}$이다. 하지만 $\displaystyle\lim_{n\to\infty}a_nb_n=\lim_{n\to\infty}1=1$이므로

$\{a_nb_n\}\not\in c_0$이다.

25
$$0 \le d(x, y)=\sum_{i=1}^{\infty}\frac{1}{i!}\frac{d_i(x_i, y_i)}{1+d_i(x_i, y_i)} \le \sum_{i=1}^{\infty}\frac{1}{i!}=e-1$$

이므로 d는 실숫값 함수이다. 또한

$$d(x, y)=0 \Leftrightarrow d_i(x_i, y_i)=0\,(i=1, 2, \cdots)$$
$$\Leftrightarrow x_i=y_i\,(i=1, 2, \cdots)$$
$$\Leftrightarrow x=y$$

이므로 (M1), (M2)가 성립된다. (M3)는 명백하므로 (M4)를 보인다.

$$\frac{d_i(x_i,\ y_i)}{1+d_i(x_i,\ y_i)} \le \frac{d_i(x_i,\ z_i)}{1+d_i(x_i,\ z_i)} + \frac{d_i(z_i,\ y_i)}{1+d_i(z_i,\ y_i)}\ (i=1,\ 2,\ \cdots)$$

이므로 양변에 $\dfrac{1}{i!}$을 곱하여 i에 대해서 더하면

$$\sum_{i=1}^{\infty} \frac{1}{i!}\frac{d_i(x_i,\ y_i)}{1+d_i(x_i,\ y_i)} \le \sum_{i=1}^{\infty} \frac{1}{i!}\frac{d_i(x_i,\ z_i)}{1+d_i(x_i,\ z_i)} + \sum_{i=1}^{\infty} \frac{1}{i!}\frac{d_i(z_i,\ y_i)}{1+d_i(z_i,\ y_i)}$$

이므로 $d(x,y) \le d(x,z)+d(z,y)$가 얻어진다. 따라서 (M4)가 성립된다.

26 $\dfrac{1}{2^n}\dfrac{|x_n-y_n|}{1+|x_n-y_n|} \le \dfrac{1}{2^n}$이므로 급수 $\displaystyle\sum_{n=1}^{\infty}\dfrac{1}{2^n}\dfrac{|x_n-y_n|}{1+|x_n-y_n|}$은 수렴하므로 $d(x,y)$는
잘 정의된다. 정의의 조건 (M1), (M2), (M3)는 분명하게 성립된다. $x=\{x_n\}$, $y=\{y_n\}$, $z=\{z_n\}$은 s의 임의의 수열이라 하자. 삼각부등식에 의하여 모든 자연수 n
에 대하여 $|x_n-y_n| \le |x_n-z_n|+|z_n-y_n|$이므로

$$\begin{aligned}\frac{|x_n-y_n|}{1+|x_n-y_n|} &\le \frac{|x_n-z_n|+|z_n-y_n|}{1+|x_n-z_n|+|z_n-y_n|}\\ &\le \frac{|x_n-z_n|}{1+|x_n-z_n|+|z_n-y_n|} + \frac{|z_n-y_n|}{1+|x_n-z_n|+|z_n-y_n|}\\ &\le \frac{|x_n-z_n|}{1+|x_n-z_n|} + \frac{|z_n-y_n|}{1+|z_n-y_n|}.\end{aligned}$$

양변에 $1/2^n$을 곱하고 자연수 n에 대하여 더하면 $d(x,\ y) \le d(x,\ z)+d(z,\ y)$를
얻을 수 있다.

27 $x \in l^1$이면 정의에 의하여 $\displaystyle\sum_{i=1}^{\infty}|x_i| < \infty$는 수렴하므로 $\displaystyle\lim_{n\to\infty} x_n = 0$이다. 그러므로 n
$\ge n_0$이면 $|x_n|<1$인 적당한 자연수 n_0가 존재한다. 따라서 $|x_n|^2 \le |x_n|$이므로

$$\sum_{i=1}^{\infty}|x_i|^2 = \sum_{i=1}^{n_0-1}|x_i|^2 + \sum_{i=n_0}^{\infty}|x_i|^2 \le \sum_{i=1}^{n_0-1}|x_i|^2 + \sum_{i=n_0}^{\infty}|x_i| < \infty.$$

즉 $x \in l^2$이다.

28 (3)에서 $y=x$로 두면 $0=d(x,\ y) \le d(x,\ z)+d(z,\ x)$이다.
(2)에 의하여 $0 \le 2d(x,\ z)$이므로 임의의 $x,\ z \in M$에 대하여 $d(x,\ z) \ge 0$이다.
따라서 d는 M에서 거리이다.

29 (2)에서 $y = x$로 두면 $0 = d(x,\ x) \leq d(z,\ x) + d(z,\ x) = 2d(z,\ x)$이므로 임의의 $x,\ z \in M$에 대하여 $d(z,\ x) \geq 0$이다. (2)에서 $z = y$로 두면

$$d(x,\ y) \leq d(y,\ x) + d(y,\ y) = d(y,\ x)$$

이다. (2)에서 x와 y의 역할을 바꾸면 $d(y,\ x) \leq d(z,\ y) + d(z,\ x)$를 얻는다. 이 식에서 $z = x$로 두면 $d(y,\ x) \leq d(x,\ y)$를 얻을 수 있으므로 $d(x,\ y) = d(y,\ x)$이다.

30 수렴하는 수열은 유계수열이므로 $c \subseteq l^\infty$이다. d_∞는 l^∞ 위의 거리이므로 d_∞는 c 위의 거리이다.

31 $x = (2,\ 3),\ y = (2,\ 4)$로 두면 $x \neq y$이지만 $d_1(x,\ y) = \min\{0,\ 1\} = 0$이다. 따라서 d_1은 $\mathbb{R}^2$에서 거리가 아니다.

마찬가지로 $x = (1,\ 0),\ y = (2,\ 0)$으로 두면 $x \neq y$이지만 $d_2(x,\ y) = |0 - 0| = 0$이다. 따라서 d_2는 $\mathbb{R}^2$에서 거리가 아니다.

연습문제 2.2

01 (5) $a,\ b$는 각각 $A,\ B$의 임의의 점이고 $x,\ y \in A \cup B$라 하자. 만약 $x,\ y \in A$이면 $d(x,\ y) \leq \delta(A)$이다. 만약 $x,\ y \in B$이면 $d(x,\ y) \leq \delta(B)$이다. 만약 $x \in A$이고 $x \in B$이면 삼각부등식에 의하여

$$d(x,\ y) \leq d(x,\ a) + d(a,\ y) \leq d(x,\ a) + d(a,\ b) + d(b,\ y)$$
$$\leq \delta(A) + d(a,\ b) + \delta(B).$$

마찬가지로 $x \in B$이고 $x \in A$이면 $d(x,\ y) \leq \delta(A) + d(a,\ b) + \delta(B)$이다. 그러므로 임의의 $x,\ y \in A \cup B$에 대하여

$$d(x,\ y) \leq \delta(A) + d(a,\ b) + \delta(B)$$

이다. 따라서 모든 $a \in A,\ b \in B$에 대하여

$$d(A \cup B) \leq \delta(A) + d(a,\ b) + \delta(B).$$

(6) $A \cap B \neq \varnothing$이면 $d(A,\ B) = 0$이므로 (5)에 의하여 (6)이 성립한다.

연습문제 2.3

01 (1) $x \in (a, b)$이고 $r = \min(b-x, \ x-a)$라 하면
$$B_r(x) = (x-r, \ x+r) \subseteq (a, b)$$
이므로 $x \in (a, b)$는 A의 내점이다. 분명히 $A^o \subseteq A$이고 a, b는 A의 내점이 아니므로 $A^o = (a, b)$이다.

(2) $A^o \neq \varnothing$이면 A의 내점 $x \in A$가 존재한다. 정의에 의하여 $B_r(x) = (x-r, \ x+r) \subseteq A$를 만족하는 적당한 양수 r이 존재한다. $B_r(x)$는 A의 원소가 아닌 점을 포함하므로 이것은 모순이다.

(5) 임의의 실수 x에 대하여 $B_r(x) \subseteq \mathbb{R}$이므로 $A^o = \mathbb{R}$이다.

02 $(x_0, \ y_0) \in A$이고 $r = y_0 - x_0$라 하면 $r > 0$이고 $B_{r/2}(x_0, \ y_0) \subseteq A$이다. 만약 $(x, \ y) \in B_{r/2}((x_0, \ y_0))$이면 $|x-x_0|^2 + |y-y_0|^2 < r^2/4$이므로
$$|x-x_0| < r/2, \ |y-y_0| < r/2$$
이다. 따라서
$$x < \frac{r}{2} + x_0 = \frac{y_0 + x_0}{2} = -\frac{r}{2} + y_0 < y$$
이므로 $(x, \ y) \in A$이다. 그러므로 A는 열린집합이다.

04 (1) 내점의 정의에 의하여 성립한다.

(2) 위 (1)에 의하여 $X^o \subseteq X$이다. 따라서
$$X \text{는 열린집합} \iff X \subseteq X^o \iff X = X^o.$$

(3) x가 X^o의 임의의 점이면 정의에 의하여 $B_r(x) \subseteq X$인 적당한 양수 r이 존재한다. 하지만 $B_r(x)$는 열린집합이므로 $B_r(x)$의 임의의 점 y는 $B_r(x)$에 포함되는 어떤 열린 공 $B_s(y)(\subseteq B_r(x))$의 중심이다. 즉, $y \in B_s(y) \subseteq B_r(x) \subseteq X$. 따라서 $B_r(x)$의 임의의 점 y는 X의 내점, 즉 $B_r(x) \subseteq X^o$이므로 X^o는 열린집합이다.

(4) 위 (3)에 의하여 X^o는 열린집합이므로 (2)에 의하여 $(X^o)^o = X^o$이다.

(5) $Y(\subseteq X)$는 X의 임의의 열린부분집합이고 $x \in Y$이면 정의에 의하여 $B_r(x) \subseteq$

$Y \subseteq X$인 적당한 양수 r이 존재하므로 $x \in X^o$이다. 따라서 $Y \subseteq X^o$이므로

$$G \equiv \cup \{Y : Y \subseteq X \text{이고 } Y \text{는 열린집합}\} \subseteq X^o$$

이다. (3)에 의하여 X^o는 열린집합이고 $X^o \subseteq X$이므로 $X^o \subseteq G$이다. 따라서 $X^o = G$이다.

05 $A = \{x \in M : r < d(x, a) < r'\} = \{x \in M : r < d(x, a)\} \cap \{x \in M : < d(x, a) < r'\}$ 이고 이것은 열린집합의 교집합이므로 정리 2.3.5에 의하여 주어진 집합은 열린집합 이다.

06 $x \in \mathbb{N}$ 이고 $0 < r \leq 1$이면 $B_r(x) = \{x\}$이고 $\{x\}$는 열린집합이다. A는 $\mathbb{N}$ 의 부분 집합이면 $A = \bigcup_{x \in A} \{x\}$이고 열린집합의 합집합은 열린집합이므로 A는 열린집합이 다.

07 $A = \{\{a_n\} : d(\{a_n\}, \{0\}) < 1\}$이므로 A는 중심이 0이고 반지름 1인 열린 공이고 모든 열린 공은 열린집합이다. 따라서 A는 열린집합이다.

08 먼저 $x \in C$에 대해 $x + D$가 열린집합임을 보인다. 만약 $x + y \in x + D$이면 D가 열 린집합이므로 $B_r(y) \subseteq D$인 양수 r이 존재하고 $B_r(x + y) = x + B_r(y)$이다. 왜냐하 면 $z \in B_r(x + y)$이면

$$d_2(y, z - x) = \left(\sum_{i=1}^{n} |y_i - z_i + x_i|^2\right)^{1/2} = \left(\sum_{i=1}^{n} |y_i + x_i - z_i|^2\right)^{1/2} = d_2(x + y, z) < r$$

이므로 $z - x \in B_r(y)$이다. 따라서 $z = x + (z - x) \in x + B_r(y)$이다.

역으로, $x + z \in x + B_r(y)$이면 $x + z \in B_r(x + y)$가 성립하므로

$$B_r(x + y) = x + B_r(y)$$

이다. 그러므로 $B_r(y) \subseteq D$로부터 $B_r(x + y) = x + B_r(y) \subseteq x + D$이므로 $x + D$는 열린집합이다. 한편, $C + D = \bigcup_{x \in C} (x + D)$이므로 정리 2.3.5로부터 $C + D$는 열린집 합이다.

09 A가 열린집합이라 하자. B가 열린집합이므로 정리 2.3.5로부터 $A \cap B$는 열린집합 이다.

역으로, $x \in A$이면 열린 공 $B_r(x)$는 열린집합이므로 가정에 의해서 $B_r(x) \cap A$는 열

린집합이고, 또한 $x \in B_r(x) \cap A$이다. 따라서 $q < r$을 만족하는 양수 q가 존재하여

$$B_q(x) \subseteq B_r(x) \cap A$$

가 성립한다. 즉 $B_q(x) \subseteq A$이므로 x는 A의 내점이다. 따라서 $A^o = A$이므로 A는 열린집합이다.

10 $B_1(1) = \{1\} \subseteq \{1, 2, 3\}$이므로 1은 A의 내점이다. 2와 3도 같은 방법으로 A의 내점이다. $B_1(4) = \{4\} \subseteq \{4, 5\} = A^c$이므로 4는 A의 외점이다. 마찬가지로 5도 A의 외점이다. 따라서 $A^o = \{1, 2, 3\}$, $\mathrm{Ext}\, A = \{4, 5\}$이다.

11 (1) A^o는 문제로부터 열린집합이므로 $(A^o)^o = A^o$이다.

(3) $\mathrm{Ext}\, A = (A^c)^o$이므로 $\mathrm{Ext}\, A$는 열린집합이다. 따라서 $(\mathrm{Ext}\, A)^o = \mathrm{Ext}\, A$이다.

12 보통거리를 갖는 $\mathbb{R}$의 부분집합 $A = [0, 1]$, $B = [1, 2]$에 대하여 $A \cup B = [0, 2]$, $A^o = (0, 1)$, $B^o = (1, 2)$이므로 $(A \cup B)^o = (0, 2)$이다. 따라서 $(A \cup B)^o \not\subseteq A^o \cup B^o$이다.

연습문제 2.4

01 (1) 열린집합

(2) 닫힌집합

(3) 열린집합

(4) 열린집합도 아니고 닫힌집합도 아니다.

(5) $\mathbb{Q}^o = \varnothing$이므로 열린집합도 아니고 $\overline{\mathbb{Q}} = \mathbb{R}$이므로 닫힌집합도 아니다.

02 (1) 닫힌집합

(2) 열린집합

(3) 열린집합도 아니고 닫힌집합도 아니다.

(4) 열린집합

(5) 닫힌집합

03 $C' = C$이므로 C는 닫힌집합이다.

04 A가 유한집합 (M, d)의 부분집합이면 $A = \{x_1, x_2, \cdots, x_n\}$이고 정리 2.4.4에 의

하여 $\{x_k\}$는 닫힌집합이므로 A는 정리 2.4.6에 의하여 닫힌집합이다. 마찬가지로 A는 열린집합이다.

05 (1) $x \in A'$이면 임의의 양수 r에 대하여 $(B_r(x) - \{x\}) \cap A \neq \varnothing$ 이다. $A \subseteq B$이므로 $\varnothing \neq (B_r(x) - \{x\}) \cap A \subseteq (B_r(x) - \{x\}) \cap B$이다. 따라서 $x \in B'$이다.

(2) $A \subseteq A \cup B$, $B \subseteq A \cup B$이므로 (1)에 의하여

$$A' \subseteq (A \cup B)', \ B' \subseteq (A \cup B)'$$

이다. 따라서 $A' \cup B' \subseteq (A \cup B)'$이다.

이제 $(A \cup B)' \subseteq A' \cup B'$임을 보인다. 만약 $p \not\in A' \cup B'$이면 정의에 의하여

$$G_1 \cap A \subseteq \{p\}, \ G_2 \cap B \subseteq \{p\}$$

인 p의 열린 공 G_1, G_2가 존재한다. $G_1 \cap G_2$는 열린집합이고 $p \in G_1 \cap G_2$이므로 $G \subseteq G_1 \cap G_2$인 p의 열린 공 G가 존재한다. 따라서

$$G \cap (A \cup B) = (G \cap A) \cup (G \cap B) \subseteq (G_1 \cap A) \cup (G_2 \cap B) \subseteq \{p\} \cup [p] = [p]$$

이므로 $p \not\in (A \cup B)'$이다.

06 $\{x : d(x, y) \leq \epsilon\}^c = \{x : d(x, y) > \epsilon\}$는 열린집합이므로 $\{x : d(x, y) \leq \epsilon\}$은 닫힌집합이다.

07 (1), (2)는 정리 2.4.4의 결과에서 나온다.

(3) 정의에 의하여 $\overline{A} \subseteq \overline{\overline{A}}$이다. $x \in \overline{\overline{A}}$이면 모든 양수 r에 대하여 $B_r(x) \cap \overline{A} \neq \varnothing$, 즉 $B_r(x) \cap (A \cup A') = B_r(x) \cap \overline{A} \neq \varnothing$이므로 $B_r(x) \cap A \neq \varnothing$, 즉 $x \in \overline{A}$이다.

(4) $A \subseteq B$이면 연습문제 5에 의하여 $A' \subseteq B'$이므로 $\overline{A} \subseteq \overline{B}$이다.

(5) $\overline{\overline{A}} = \overline{A}$이므로 $\overline{A}$는 닫힌집합이다.

(6) $A \subseteq A \cup B$, $B \subseteq A \cup B$이므로 (4)에 의하여

$$\overline{A} \subseteq \overline{A \cup B}, \ \overline{B} \subseteq \overline{A \cup B}$$

이다. 따라서 $\overline{A} \cup \overline{B} \subseteq \overline{A \cup B}$이다. $\overline{A}, \overline{B}$는 닫힌집합이므로 $\overline{A} \cup \overline{B}$도 닫힌집합이다. 따라서 (4)에 의하여

$$A \cup B \subseteq \overline{A \cup B} \subseteq \overline{\overline{A} \cup \overline{B}} = \overline{A} \cup \overline{B}$$

이므로 $\overline{A \cup B} = \overline{A} \cup \overline{B}$이다.

(9) $D = \cap \{B \subseteq M : A \subseteq B$ 이고 B는 닫힌집합$\}$이면 $A \subseteq \overline{A}$ 이고 $\overline{A}$ 는 닫힌집합 이므로 $D \subseteq \overline{A}$ 이다.

B는 $A \subseteq B$인 임의의 닫힌집합이라 하자. $\overline{A} \subseteq B$임을 보이고자 한다. $x \in \overline{A}$ 이 면 $x \in A$ 또는 x는 A의 집적점이다. 만약 $x \in A$이면 $x \in B$이므로 $\overline{A} \subseteq B$이다. 만약 x가 A의 집적점이면 임의의 양수 ϵ에 대하여 $(B_\epsilon(x) - \{x\}) \cap A \neq \varnothing$ 이 므로 $y \in B_{\epsilon/2}(x) - \{x\}$인 점 $y \in A$가 존재한다. 즉, $y \neq x$, $d(x, y) < \epsilon/2$이고 $y \in A$이다. $A \subseteq B$이고 $y \in A$이므로 $y \in B$이다. 따라서 임의의 양수 ϵ에 대하 여 $d(x, B) = \inf_{y \in B} d(x, y) < \epsilon/2$이므로 $d(x, B) = 0$이다. 정리 2.4.8에 의하 여 $x \in \overline{B}$이다. B는 닫힌집합이므로 $x \in B$이다.

08 (1) 임의의 점 $x \in M$에 대하여 중심이 x이고 반지름이 $1/2$인 열린 공 $B_{1/2}(x)$는 M의 오직 한 점 x만을 포함하므로 x는 A의 집적점이 아니다. 즉,

$$A \cap (B_{1/2}(x) - \{x\}) = A \cap (\{x\} - \{x\}) = A \cap \varnothing = \varnothing$$

이므로 x는 A의 집적점이 아니다.

(2) 위 (1)에 의하여 A의 집적점은 존재하지 않으므로 A는 닫힌집합이다.

09 (1) $A \subseteq \overline{A}$이므로 $(\overline{A})^c \subseteq A^c$이고 $(\overline{A})^c$는 열린집합이다. 따라서 $(\overline{A})^c \subseteq (A^c)^o$이다. 만약 $x \in (A^c)^o$이면 $B_r(x) \subseteq A^c$인 양수 r이 존재하므로 $x \notin \overline{A}$, 즉 $x \in (\overline{A})^c$ 이다. 그러므로 $(A^c)^o \subseteq (\overline{A})^c$이다.

(2) $A \subseteq \overline{A}$이므로 $A^c \subseteq \overline{A}^c$. $(\overline{A^c})^c \subseteq (A^o)^c = A$이므로 $(\overline{A^c})^c$는 A의 열린부분집 합이다. 따라서 $(\overline{A^c})^c \subseteq A^o$, 즉 $(A^o)^c \subseteq \overline{A^c}$ 이다.

하지만 $A^o \subseteq A$이므로 $A^c \subseteq (A^o)^c$. 따라서 위의 결과에 의하여 $A^c \subseteq (A^o)^c \subseteq \overline{A^c}$ 이다. $\overline{A^c}$ 는 A^c를 포함하는 제일 작은 닫힌집합이고 $A^c \subseteq (A^o)^c$이므로 $(A^o)^c = \overline{A^c}$이다.

10 보통거리공간 $\mathbb{R}$에서 $A = \mathbb{Q}$ 일 때 $\mathbb{Q}^o = \varnothing$ 이므로 $(\mathbb{Q}^o)^c = \mathbb{R}$ 이지만, $\overline{\mathbb{Q}} = \mathbb{R}$ 이므 로 $(\overline{\mathbb{Q}})^c = \varnothing$ 이다.

11 (1) $b(A) = \overline{A} \cap \overline{A^c}$이고 두 닫힌집합의 교집합은 닫힌집합이므로 $b(A)$는 닫힌집합 이다.

(2) 경계의 정의와 $(A^c)^c = A$라는 사실로부터 나온다.

(3) 그렇지 않다. $A = \{0\} \subseteq \mathbb{R}$로 두면 A는 집적점을 갖지 않지만 $b(A) = \{0\}$이다.

(4) 만약 $x \in b(A)$이면 $b(A) = \overline{A} \cap \overline{A^c}$이므로 $x \in \overline{A}$이고 $x \in \overline{M-A}$이다. 즉, x는 A의 집적점은 물론 $(M-A)$의 집적점이다. 따라서 임의의 양수 $\epsilon > 0$에 대하여 $B_\epsilon(x) \cap A \neq \varnothing$이고 $B_\epsilon(x) \cap (M-A) \neq \varnothing$이다.

역으로 $x \in M$이고 임의의 $\epsilon > 0$에 대하여 $B_\epsilon(x)$는 A와 $M-A$의 점들을 포함한다고 가정하자. $x \in \overline{A}$임을 보이자. 만약 $x \in A$이면 분명히 $x \in \overline{A}$이다. $x \notin A$라고 가정하자. ϵ은 임의의 양수라 하면 가정에 의하여 $B_\epsilon(x) \cap A \neq \varnothing$이고 $x \notin A$이므로 $B_\epsilon(x) \cap A$는 x와 다른 점을 포함한다. 따라서 x는 A의 집적점이므로 $x \in \overline{A}$이다.

12 (1) $A \subset \overline{A}$이므로 $\delta(A) \leq \delta(\overline{A})$이다. 만약 $\delta(A) < \delta(\overline{A})$이면 $d(x, y) > \delta(A)$를 만족하는 $x, y \in \overline{A}$가 존재한다. 여기서 ϵ은 $d(x, y) - 2\epsilon > \delta(A)$인 양수라 하면 $B_\epsilon(x) \cap A \neq \varnothing$이고 $B_\epsilon(y) \cap A \neq \varnothing$이다. $x' \in B_\epsilon(x)$, $y' \in B_\epsilon(y)$인 A의 원소 x', y'을 택하면

$$d(x', y') \geq d(x, y) - d(x, x') - d(y, y') > d(x, y) - 2\epsilon > \delta(A)$$

이다. 이것은 $\delta(A)$의 정의에 모순이므로 $\delta(A) = \delta(\overline{A})$이다.

14 임의의 자연수 n에 대하여 $O_n = \cup_{x \in A} B_{1/n}(x)$로 두면 O_n은 열린집합이고 모든 n에 대하여 $A \subseteq O_n$이다. 따라서 $A \subseteq \cap_{n \in \mathbb{N}} O_n$이다.

$y \in \cap_{n \in \mathbb{N}} O_n - A$인 원소 y가 존재한다고 가정하자. A는 닫힌집합이므로 A^c는 열린집합이고 $y \in A^c$이다. 따라서 $B_\epsilon(y) \subseteq A^c$인 양수 ϵ이 존재한다. 아르키메데스 정리에 의하여 $1/n < \epsilon$인 자연수 n이 존재한다. $y \in O_n$이므로 $d(x, y) < 1/n < \epsilon$인 $x \in A$가 존재한다. 그러므로 $B_\epsilon(y) \cap A \neq \varnothing$이므로 $A \cap A^c \neq \varnothing$이다. 이것은 모순이다. 따라서 $A = \cap_{n \in \mathbb{N}} O_n$이다.

15 정리 2.4.8에 의하여 주어진 명제가 성립한다.

16 $E \subseteq \overline{E}$이므로 분명히 $\delta(E) \leq \delta(\overline{E})$이다. ϵ을 임의의 양수라 하고 $x, y \in \overline{E}$를 택하면 $d(x, x') < \epsilon$, $d(y, y') < \epsilon$을 만족하는 점 $x', y' \in E$가 존재한다. 그러므로

$$d(x, y) \leq d(x, x') + d(x', y') + d(y', y) < 2\epsilon + d(x', y') \leq 2\epsilon + \delta(E).$$

그런데 x, $y \in \overline{E}$는 임의의 점이므로 $\delta(\overline{E}) \leq 2\epsilon + \delta(E)$이고 ϵ은 임의의 양수이므로 $\delta(\overline{E}) \leq \delta(E)$이다. 따라서 $\delta(E) = \delta(\overline{E})$이다.

17 연습문제 9로부터 결과가 성립한다.

연습문제 2.5

03 (1) $x \in X$가 X에서 A의 집적점이라 하면 X에서 임의의 열린 공 $B_r^X(x)$에 대하여 $(B_r^X(x) - \{x\}) \cap A \neq \varnothing$이다. 주어진 임의의 양수 $r > 0$에 대하여 $A \subseteq X$이므로

$$(B_r(x) - \{x\}) \cap A = (B_r^X(x) \cap X - \{x\}) \cap A = (B_r^X(x) - \{x\}) \cap A \neq \varnothing$$

이다. 따라서 x는 M에서 A의 집적점이다.

마찬가지로 x는 M에서 A의 집적점이면 위 증명을 역순으로 하여 $x \in X$는 X에서 A의 집적점임을 보일 수 있다.

(2) $\overline{A_M}$은 닫힌집합이므로 정리 2.5.3에 의하여 $\overline{A_M} \cap X$는 X에서 닫힌집합이다. $A \subseteq \overline{A_M} \cap X$이고 $\overline{A_X}$는 A를 포함하는 X의 모든 닫힌집합들의 공통집합이므로 $\overline{A_X} \subseteq \overline{A_M} \cap X$이다. 한편, $\overline{A_X}$는 X에서 닫힌집합이므로 $\overline{A_X} = F \cap X$(단, F는 M에서 닫힌집합이다)이다. $A \subseteq \overline{A_X}$이므로 F는 A를 포함하는 M에서 닫힌집합이다. $\overline{A_X}$는 A를 포함하는 X의 모든 닫힌집합들의 공통집합이므로 $\overline{A_X} \subseteq F$이다. 따라서

$$\overline{A_X} \cap X \subseteq F \cap X = \overline{A_X}$$

이므로 $\overline{A_X} = \overline{A_M} \cap X$이다.

3장

연습문제 3.1

01 ϵ은 임의의 양수라 하자. $x_n \to x$, $y_n \to y$이므로 $n \geq N_1$일 때 $d(x_n, x) < \epsilon/2$인 자연수 N_1이 존재하고, $n \geq N_2$일 때 $d(y_n, y) < \epsilon/2$인 자연수 N_2가 존재한다. 지금 $N = \max\{N_1, N_2\}$로 두면 $n \geq N$인 모든 자연수 n에 대하여

$$|d(x_n, y_n) - d(x, y)| \leq |d(x_n, y_n) - d(x_n, y)| + |d(x_n, y) - d(x, y)|$$

$$\leq d(y_n, y) + d(x_n, x) < \frac{\epsilon}{2} + \frac{\epsilon}{2} = \epsilon$$

이다. 따라서 $d(x_n, y_n) \to d(x, y)$이다.

02 $\{a_n\}$이 a에 수렴한다고 하자. $\epsilon = 1/2$로 택하면 수렴의 정의에 의하여 자연수 N이 존재하여 $d(a_n, a) \leq 1/2$ $(n > N)$이다. 따라서 $n > N$인 모든 자연수 n에 대하여 $d(a_n, a) = 0$, 즉 $a_n = a$이다.

역으로 $\{a_n\}$이 $\{a_n\} = \{a_1, a_2, \cdots, a_N, a, a, \cdots\}$ 형태이면 $\{a_n\}$이 a에 수렴하는 것은 분명하다.

03 $d((x_n, y_n), (x, y)) = d_1(x_n, x) + d_2(y_n, y) \to 0 \Leftrightarrow d_1(x_n, x) \to 0$이고 $d_2(y_n, y) \to 0$

04 ϵ은 임의의 양수이면 가정에 의하여 $n \geq N$일 때 $d(a_n, a) = d(a, a) = 0 < \epsilon$이므로 $\{a_n\}$은 a에 수렴한다.

05 y가 A의 극한점이면 $y_n \to y$인 A의 수열 $\{y_n\}$이 존재한다. $\epsilon = 1/2$로 두면 적당한 자연수 N이 존재하여

$$d(y_n, y) < \frac{1}{2} \quad (n \geq N)$$

이 된다. 따라서 $y_n = y$ $(n \geq N)$이므로 $y \in A$이다.

06 $\{x_n\}$은 (M, d)에서 $x_n \to x$인 수열이고 A는 수열 $\{x_n\}$의 치역이라 하자. x가 A의 집적점임을 보이면 된다. x가 A의 집적점이 아니라고 가정하면 $(B_\epsilon(x) - \{x\}) \cap A = \varnothing$인 적당한 열린 공 $B_\epsilon(x)$가 존재한다. 즉, $B_\epsilon(x)$는 x와 다른 A의 점을 포함하지 않는다. 한편 $x_n \to x$이므로 임의의 양수 ϵ에 대하여 자연수 N이 존재하여

$$n \geq N \text{일 때 } d(x_n, x) < \epsilon, \text{ 즉 } x_n \in B_\epsilon(x)$$

이다. 이것은 모순이다.

07 볼차노-바이어슈트라스 정리에 의하여 $\{x_n\}$, $\{y_n\}$은 각각 수렴하는 부분수열 $\{x_{n_k}\}$, $\{y_{n_k}\}$를 가진다. 따라서 $\{(x_n, y_n)\}$은 수렴하는 부분수열 $\{(x_{n_k}, y_{n_k})\}$를 가진다.

08 (x, y)가 X의 집적점이면 X의 수열 $\{(x_n, y_n)\}$이 존재하여 (x, y)에 수렴한다. 따라서 정리 3.1.6에 의하여 $\{x_n\}$, $\{y_n\}$은 각각 x, y에 수렴한다. $a \leq x_n \leq b$, $c \leq y_n \leq d$이므로 $a \leq x \leq b$, $c \leq y \leq d$가 된다. 따라서 $(x, y) \in X$이므로 X는 닫힌집합이다.

09 결론을 부정하면 수렴의 정의로부터 적당한 $\epsilon > 0$이 존재하여 어떤 자연수 i에 대하여 n_i가 존재해서 $d(x, x_{n_i}) \geq \epsilon$이고 $n_1 < n_2 < \cdots$이 되게 할 수 있다. 가정으로부터 $\{x_{n_i}\}$는 x에 수렴하는 부분수열을 갖기 때문에 $d(x, x_{n_i}) < \epsilon$인 점 x_{n_i}가 존재한다. 이것은 $d(x, x_{n_i}) \geq \epsilon$에 모순이다. 따라서 $\{x_n\}$은 x에 수렴한다.

10 $(e, 2, 0)$

11 l^2, l^∞에서

$$\delta^{(1)} = (1, 0, 0, 0, \cdots), \ \delta^{(2)} = (0, 1, 0, 0, \cdots), \ \delta^{(3)} = (0, 0, 1, 0, \cdots), \ \cdots$$

이고 $a = (0, 0, \cdots)$으로 두면 모든 자연수 n에 대하여 $\lim_{k \to \infty} \delta_n^{(k)} = a_n$이지만, $\{\delta^{(k)}\}$는 l^2, l^∞에서 a에 수렴하지 않는다. 왜냐하면 모두 자연수 k에 대하여 $d(\delta^{(k)}, a) = 1$이기 때문이다.

13 (1) 분명히 $d_1(x, y) \geq 0$이고 $d_1(x, y) = 0 \Leftrightarrow x_i = y_i$ $(i = 1, 2, \cdots, n)$. 또한 (M3)도 분명하다. 임의의 $i = 1, 2, \cdots, n$에 대하여 $|x_i - z_i| \leq |x_i - y_i| + |y_i - z_i|$이므로 임의의 $x, y, z \in \mathbb{R}^n$에 대하여 $d_1(x, z) \leq d_1(x, y) + d_1(y, z)$가 성립한다.

16 E는 $\{a_n\}$의 부분수열의 모든 극한의 집합이라 하고, p는 E의 집적점이라 하자. $p \in E$를 보인다. $a_{n_1} \neq p$인 자연수 n_1을 택한다(만일 이러한 n_1이 존재하지 않으면 E는 오직 한 점만을 갖는다. 그래서 증명할 것은 없게 된다). $\delta = d(p, a_{n_1})$으로 두고 $n_1, n_2, \cdots, n_{i-1}$이 선택되었다고 하자. p는 E의 집적점이므로 $d(x, p) < 2^{-i}\delta$

를 만족하는 점 $x \in E^*$가 존재한다. $d(x, a_{n_i}) < \dfrac{\delta}{2^i}$인 자연수 $n_i(> n_{i-1})$를 찾을 수 있다. 그러므로

$$d(p, a_{n_i}) \leq 2^{1-i}\delta \quad (i = 1, 2, \cdots)$$

이므로 이것은 $\{a_{n_i}\}$가 p에 수렴한다. 즉, $p \in E$이다.

17 가정에 의하여 x는 A의 집적점이고 $x \in A$이므로 A는 닫힌집합이다.

연습문제 3.2

01 임의의 양수 ϵ에 대하여 $2/N < \epsilon$이 되는 자연수 N을 선택한다. 만일 $m > n \geq N$이면

$$|x_m - x_n| = \left| \frac{1}{m} - \frac{1}{n} \right| < \frac{1}{m} + \frac{1}{n} < \frac{\epsilon}{2} + \frac{\epsilon}{2} = \epsilon$$

이다. 따라서 $\{x_n\}$은 코시수열이다.

02 $m \geq n$일 때 함수

$$t \to \frac{mt}{m+t} - \frac{nt}{n+t} = \frac{(m-n)t^2}{(m+t)(n+t)}$$

은 $[0, 1]$에서 연속함수이므로 적당한 점 $t_0 \in [0, 1]$에서 최댓값을 갖는다. 따라서 $m, n \to \infty$일 때

$$d_\infty(f, g) = \sup_{t \in [0,1]} |f(t) - g(t)| = \frac{(m-n)t_0^2}{(m+t_0)(n+t_0)}$$

$$\leq \frac{t_0^2}{n+t_0} \leq \frac{1}{n} \to 0$$

이므로 $\{f_n\}$은 코시수열이다. 더구나 함수열 $\{f_n\}$은 적당한 극한을 가진다. 지금 $f(t) = t \in C[0, 1]$로 두면 $n \to \infty$일 때

$$|f_n(t) - f(t)| = \left| \frac{nt}{n+t} - t \right| = \frac{t^2}{n+t} \leq \frac{1}{n} \to 0$$

이다. 따라서 $\{f_n\}$은 f에 수렴한다. 즉, $\lim_{n \to \infty} f_n(t) = f(t)$ $(t \in [0, 1])$이다.

03 임의의 양수 ϵ에 대하여 자연수 N이 존재해서 $m, n \geq N$일 때

$$d(x_n, x_m) < \frac{\epsilon}{2}, \; d(y_n, y_m) < \frac{\epsilon}{2}$$

이다. 임의의 m, n에 대하여

$$d(x_n, y_n) \leq d(x_n, x_m) + d(x_m, y_m) + d(y_m, y_n)$$

이므로 $m, n \geq N$일 때

$$|d(x_n, y_n) - d(x_m, y_m)| \leq d(x_n, x_m) + d(y_m, y_n) < \frac{\epsilon}{2} + \frac{\epsilon}{2} = \epsilon.$$

04 ϵ은 임의의 양수라 하자. $\{x_n\}$은 코시수열이므로 자연수 N이 존재하여 $m, n \geq N$인 모든 자연수 m, n에 대하여 $d(x_m, x_n) < \epsilon$이 성립한다. $n_N \geq N$이므로 $d(x_N, x_{n_N}) < \epsilon$이다. 따라서 $\lim_{n \to \infty} d(x_n, x_{n_k}) = 0$이다.

05 (1) ϵ은 임의의 양수라 하자. $\{y_n\}$은 코시수열이므로 자연수 N_1이 존재하여 $m, n > N_1$인 모든 자연수 m, n에 대하여 $d(y_m, y_n) < \epsilon/3$이 성립한다.

$\lim_{n \to \infty} d(x_n, y_n) = 0$이므로 $1/N_2 < \epsilon/3$인 자연수 N_2가 존재하여 $n > N_2$인 모든 자연수 n에 대하여 $d(x_n, y_n) < \epsilon/3$이 성립한다. 삼각부등식에 의하여

$$d(x_m, x_n) \leq d(x_m, y_m) + d(y_m, y_n) + d(y_n, x_n).$$

따라서 $m, n > N_2$일 때 $d(x_m, x_n) < \frac{\epsilon}{3} + d(y_m, y_n) + \frac{\epsilon}{3}$이다. $N = \max\{N_1, N_2\}$로 택하면 $m, n > N$인 모든 자연수 m, n에 대하여

$$d(x_m, x_n) < \frac{\epsilon}{3} + \frac{\epsilon}{3} + \frac{\epsilon}{3} = \epsilon$$

이므로 $\{x_n\}$은 코시수열이다.

(2) 삼각부등식에 의하여

$$d(y_n, x) \leq d(y_n, x_n) + d(x_n, x)$$

이므로

$$\lim_{n \to \infty} d(y_n, x) \leq \lim_{n \to \infty} d(y_n, x_n) + \lim_{n \to \infty} d(x_n, x)$$

이다. 가정에 의하여 $\displaystyle\lim_{n\to\infty} d(x_n,\,y_n)=0$이다. 만약 $\displaystyle\lim_{n\to\infty} d(x_n,\,x)=0$이면

$\displaystyle\lim_{n\to\infty} d(y_n,\,x)=0$이므로 $\{y_n\}$이 x에 수렴한다.

06 임의의 자연수 m, n에 대하여 삼각부등식에 의하여

$$|d(x_n,\,y_n)-d(x_m,\,y_m)| \le d(x_n,\,x_m)+d(y_m,\,y_n)$$

이다. $\{x_n\}$, $\{y_n\}$은 거리공간 M의 코시수열이므로 임의의 양수 ϵ에 대하여 n, m $\ge N_1$일 때 $d(x_n,\,x_m)<\epsilon/2$이고, n, $m \ge N_2$일 때 $d(y_n,\,y_m)<\epsilon/2$를 만족하는 적당한 자연수 N_1, N_2가 존재한다. $N=\max(N_1,\,N_2)$로 두면 임의의 n, $m \ge N$에 대하여

$$|d(x_n,\,y_n)-d(x_m,\,y_m)| \le d(x_n,\,x_m)+d(y_m,\,y_m) < \frac{\epsilon}{2}+\frac{\epsilon}{2}$$

이다. 따라서 $\{d(x_n,\,y_n)\}$은 코시수열이다.

07 $\{x_n\}$은 $(M,\,d)$의 코시수열이다. $\Leftrightarrow$ m, $n\to\infty$일 때 $d(x_m,\,x_n)\to 0$ $\Leftrightarrow$ m, $n\to\infty$일 때 $d^*(x_m,\,x_n)=\min\{1,\,d(x_m,\,x_n)\}\to 0$ $\Leftrightarrow$ $\{x_n\}$은 $(M,\,d^*)$의 코시수열이다.

08
$$d_2(f_n,\,f_m)=\left[\int_0^{1/n}(n-m)^2 t^2\,dt+\int_{1/n}^{1/m}(1-mt)^2\,dt\right]^2=\left[\frac{1}{3}\left(\frac{1}{m}-\frac{2}{n}+\frac{m}{n^2}\right)\right]^{1/2}$$

이고

$$d_\infty(f_n,\,f_m)=\sup_{0\le t\le 1}|f_n(t)-f_m(t)|=1-\frac{m}{n}$$

임을 보이면 된다.

09 수열 $\{x_n\}$이 $(M,\,d)$에서 x에 수렴하면 $n\to\infty$일 때 $d(x_n,\,x)\to 0$이므로 가정의 부등식에 의하여 $d^*(x_n,\,x)\to 0$이다. 역으로 $n\to\infty$일 때 $d^*(x_n,\,x)\to 0$이면 가정의 부등식에 의하여 $K_1 d(x_n,\,x)\to 0$이므로 $d(x_n,\,x)\to 0$이다.

마찬가지로 "$\{x_n\}$은 $(M,\,d)$에서 코시수열 $\Leftrightarrow$ $\{x_n\}$은 $(M,\,d^*)$에서 코시수열"을 보일 수 있다.

연습문제 3.3

01 정리 3.3.2의 증명과 거의 같다.

02 $\{x_n\}$이 M의 임의의 코시수열이면 자연수 N이 존재하여 $m,\ n \geq N$이면 $d(x_m,\ x_n)$ $< 1/2$, 즉 $m,\ n \geq N$이면 $d(x_m,\ x_n) = 0$이 된다. 따라서 $n \geq N$이면 $x_n = x_N$이 되므로 $\{x_n\}$은 x_N에 수렴한다.

03 $\{a^{(n)}\}$은 l^1의 임의의 코시수열이고 $\epsilon > 0$은 임의의 양수라 하자. 그러면 자연수 N이 존재하여 $m,\ n \geq N$이면 모든 자연수 i에 대하여

$$|a_i^{(m)} - a_i^{(n)}| \leq \sum_{k=1}^{\infty} |a_k^{(m)} - a_k^{(n)}| = d(\{a^{(m)}\},\ \{a^{(n)}\}) < \epsilon \tag{0.1}$$

이다. 따라서 모든 자연수 i에 대하여 $\{a_i^{(n)}\}_{n=1}^{\infty}$은 $\mathbb{R}$의 코시수열이다. 정리 3.2.6 에 의하여 $\{a_i^{(n)}\}$은 수렴한다. $a_i = \lim_{n \to \infty} a_i^{(n)}$으로 두면 식 (0.1)로부터 $n \geq N$이면

$$\sum_{k=1}^{\infty} |a_k^{(n)}| \leq \sum_{k=1}^{\infty} |a_k^{(n)} - a_k^{(N)}| + \sum_{k=1}^{\infty} |a_k^{(N)}| < \epsilon + \sum_{k=1}^{\infty} |a_k^{(N)}|$$

이다. 따라서 모든 자연수 p에 대하여 $n \geq N$이면

$$\sum_{k=1}^{p} |a_k^{(n)}| < T \ (\text{단},\ T = \epsilon + \sum_{k=1}^{\infty} |a_k^{(N)}|)$$

이다. n에 대하여 극한을 취하면 모든 자연수 p에 대하여 $\sum_{k=1}^{p} |a_k| \leq T$를 얻는다. 따라서 $\{a_k\} \in l^1$이다. 식 (0.1)에 의하여 모든 자연수 p에 대하여 $m,\ n \geq N$이면

$$\sum_{k=1}^{p} |a_k^{(m)} - a_k^{(n)}| < \epsilon$$

이다. m에 대하여 극한을 취하면 $n \geq N$일 때 $\sum_{k=1}^{p} |a_k - a_k^{(n)}| \leq \epsilon$을 얻는다. p에 관하여 극한을 취하면 $n \geq N$일 때

$$d(\{a_k\},\ \{a_k^{(n)}\}) = \sum_{k=1}^{\infty} |a_k - a_k^{(n)}| \leq \epsilon$$

이다. 따라서 l^1에서 $\{a^{(n)}\}_{n=1}^{\infty}$은 $\{a_k\}_{k=1}^{\infty}$에 수렴한다.

04 $\{x_m\}$은 l^∞에서 코시수열이고 $x_m = \{x_1^{(m)}, x_2^{(m)}, \cdots\} = \{x_k^{(m)}\}_{k\in\mathbb{N}}$이라 하자. 그러면 $\sup_{1\le k<\infty} |x_k^{(m)}| < \infty \ (m=1, 2, \cdots)$이다. 또한 임의의 $\epsilon>0$에 대하여 적당한 자연수 N이 존재해서

$$m, n > N일 때 \ d(x_m, x_n) = \sup_{1\le k<\infty} |x_k^{(m)} - x_k^{(n)}| < \epsilon \tag{0.2}$$

이 성립한다. 따라서 임의의 자연수 $k = 1, 2, \cdots$에 대하여 $m, n > N$일 때 $|x_k^{(m)} - x_k^{(n)}| < \epsilon$이다. 즉, 임의의 고정된 자연수 $k \ (1 \le k < \infty)$에 대하여 $\{x_k^{(m)}\}_{m\in\mathbb{N}}$은 $\mathrm{K} \ (= \mathbb{R}$ 또는 $\mathbb{C})$에서 코시수열이다. K는 완비 거리공간이므로 $\{x_k^{(m)}\}_{m\in\mathbb{N}}$은 K에서 수렴한다. 임의의 k에 대하여 $\lim_{m\to\infty} x_k^{(m)} = x_k$라 하자. $x = (x_1, x_2, \cdots)$로 정의하면 $x\in l^\infty$이고 $x^{(m)} \to x \ (m\to\infty)$임을 보인다.

식 (0.2)에서 $n\to\infty$로 두면 임의의 자연수 $m > N$과 임의의 자연수 $k = 1, 2, \cdots$에 대하여

$$|x_k^{(m)} - x_k| \le \epsilon \tag{0.3}$$

이 성립한다. $x_m = \{x_1^{(m)}, x_2^{(m)}, \cdots\} = \{x_k^{(m)}\}_{k\in\mathbb{N}} \in l^\infty$이므로 모든 자연수 k에 대하여 $|x_k^{(m)}| \le N_m$인 양수 N_m이 존재한다. 따라서 임의의 자연수 $m > N$과 임의의 자연수 $k = 1, 2, \cdots$에 대하여

$$|x_k| = |x_k - x_k^{(m)} + x_k^{(m)}| \le |x_k^{(m)} - x_k| + |x_k^{(m)}| \le \epsilon + N_m$$

이 성립한다. 이 부등식은 모든 자연수 k에 대하여 성립하므로 우변은 k에 무관하다. 따라서 $\{x_k\}$는 유계수열이므로 $x = \{x_k\} \in l^\infty$이다. 부등식 (0.3)에 의하여 임의의 자연수 $m > N$에 대하여

$$d(x_m, x) = \sup_{1\le k<\infty} |x_k^{(m)} - x_k| \le \epsilon$$

이다. 따라서 l^∞에서 $x_m \to x$이므로 (l^∞, d)는 완비 거리공간이다.

05 수렴하는 수열은 유계수열이므로 c는 l^∞의 부분집합이다. l^∞는 거리공간이므로 c도 거리공간이다. c가 l^∞에서 닫힌집합임을 보인다. $x = (\xi_k)$는 $\bar{c}$의 임의의 원소이면 $x_n \to x$인 $x_n = (\xi_j^{(n)}) \in c$인 수열이 존재한다. 따라서 임의의 $\epsilon > 0$에 대하여 $m \ge N$이고 모든 k에 대하여

$$\left|\xi_k^{(m)} - \xi_k\right| \le d(x_m,\, x) < \frac{\epsilon}{3}$$

인 적당한 자연수 N이 존재한다. 특히 모든 k에 대하여 $\left|\xi_k^{(N)} - \xi_k\right| < \frac{\epsilon}{3}$이다. x_N $\in c$이므로 $(\xi_k^{(N)})$은 수렴한다. 따라서 이 수열은 코시수열이므로

$$j,\, k \ge N_1 일 \ 때 \ \left|\xi_k^{(N)} - \xi_j^{(N)}\right| < \frac{\epsilon}{3}$$

인 자연수 N_1이 존재한다. 모든 $j,\, k \ge N_1$에 대하여

$$|\xi_j - \xi_k| \le |\xi_j - \xi_j^{(N)}| + |\xi_j^{(N)} - \xi_k^{(N)}| + |\xi_k^{(N)} - \xi| < \epsilon$$

이므로 $x = (\xi_k)$는 수렴하는 수열이다. 즉 $x = (\xi_k) \in c$이다. 따라서 c가 l^∞에서 닫힌집합이므로 c는 완비공간이다.

06 거리공간의 유한 부분집합 A는 닫힌집합이므로 정리 3.3.4에 의하여 A는 완비공간이다.

07 $[a,\, b]$에서 연속인 실함수는 유계함수이므로 보기 4와 비슷하게 증명할 수 있다.

08 $[0,\, 1]$에서 연속함수 $f_n\,(n \ge 2)$을 다음과 같이 정의한다.

$$f_n(t) = \begin{cases} 0 & (0 \le t \le \frac{1}{2} - \frac{1}{n}) \\ nt - \frac{1}{2}n + 1 & (\frac{1}{2} - \frac{1}{n} < t \le \frac{1}{2}) \\ 1 & (\frac{1}{2} < t \le 1) \end{cases}$$

그러면 $\{f_n\}_{n \ge 2}$은 코시수열이지만 $(C[0,\, 1],\, d_1)$에서 수렴하지 않음을 보이면 된다. 사실 임의의 양수 ϵ에 대하여 $N > 2/\epsilon$을 만족하는 자연수 N을 선택하면 $m,\, n > N$일 때

$$\begin{aligned} d_1(f_m,\, f_n) &= \int_0^1 |f_m(t) - f_n(t)|dt \\ &\le \int_{1/2 - 1/m}^{1/2} f_m(t)dt + \int_{1/2 - 1/n}^{1/2} f_n(t)dt \\ &= \frac{1}{2}\left(\frac{1}{m} + \frac{1}{n}\right) < \epsilon \end{aligned}$$

이므로 $\{f_n\}_{n \geq 2}$은 코시수열이다(아래 그림 참조).

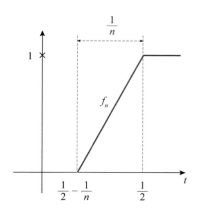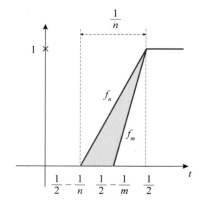

$d_1(f_n, f) \to 0$인 함수 $f \in C[0, 1]$이 존재한다고 가정하자.

$$d_1(f_n, f) = \int_0^{1/2 - 1/n} |f(t)|dt + \int_{1/2 - 1/n}^{1/2} |f_n(t) - f(t)|dt + \int_{1/2}^1 |1 - f(t)|dt$$

이고 피적분함수는 음이 아닌 실수이므로 위 식의 우변에 있는 각 적분도 음이 아닌 실수이다. $d_1(f_n, f) \to 0$이므로

$$\lim_{n \to \infty} \int_0^{1/2 - 1/n} |f(t)|dt = 0 \text{이고} \int_{1/2}^1 |1 - f(t)|dt = 0.$$

f는 연속함수이므로

$$f(t) = \begin{cases} 0 & (0 \leq t < \frac{1}{2}) \\ 1 & (\frac{1}{2} \leq t \leq 1) \end{cases}$$

이다. 따라서 f는 연속함수가 아니므로 f는 연속함수라는 가정에 모순이다. 따라서 $C[0, 1]$은 완비 거리공간이 아니다.

09 (3) 임의의 실수 $x_1, x_2, \cdots, x_n$에 대하여 다음 부등식이 성립한다.

$$\left(\sum_{k=1}^n x_k^2 \right)^{1/2} \leq \sum_{k=1}^n |x_k| \leq n(\max_{1 \leq k \leq n} |x_k|) \leq n \left(\sum_{k=1}^n x_k^2 \right)^{1/2} \tag{0.4}$$

$x = (x_1, x_2, \cdots, x_n), y = (y_1, y_2, \cdots, y_n) \in \mathbb{R}^n$이면 부등식 (0.4)에 의하여

$$\left(\sum_{k=1}^{n}(x_k-y_k)^2\right)^{1/2} \le \sum_{k=1}^{n}|x_k-y_k| \le n\max_{1\le k\le n}|x_k-y_k| \qquad (0.5)$$
$$\le n\left(\sum_{k=1}^{n}(x_k-y_k)^2\right)^{1/2}.$$

부등식 (0.5)에 의하여 $\mathbb{R}^n$의 수열이 이들 거리들 가운데 하나에 대하여 코시수열(수렴한다)일 필요충분조건은 이 수열은 다른 거리에 대하여 코시수열(수렴한다)이다. $\mathbb{R}^n$은 보통거리에 대하여 완비 거리공간이므로 $(\mathbb{R}^n,\, d_\infty)$도 완비 거리공간이다.

10 $\{n\}_{n\ge 1}$은 $\mathbb{N}$의 수열이고 ϵ은 임의의 양수라 하자. $N > 1/\epsilon$인 자연수 N을 선택하면 $m,\, n > N$일 때

$$d(m,\,n)=\left|\frac{1}{m}-\frac{1}{n}\right|\le\max\left\{\frac{1}{m},\,\frac{1}{n}\right\}<\frac{1}{N}<\epsilon$$

이다. 따라서 $\{n\}_{n\ge 1}$은 코시수열이다.

$\{n\}_{n\ge 1}$은 어떤 점 $p\in\mathbb{N}$에 수렴한다고 가정하자. $N_1 > 2p$인 자연수 N_1을 선택하면 $n\ge N_1$일 때

$$d(p,\,n)=\left|\frac{1}{p}-\frac{1}{n}\right|=\frac{1}{p}-\frac{1}{n}\ge\frac{1}{p}-\frac{1}{N_1}>\frac{1}{p}-\frac{1}{2p}=\frac{1}{2p}$$

이므로 $\{n\}_{n\ge 1}$은 어떤 점 $p\in\mathbb{N}$에 수렴할 수 없다. 이것은 가정에 모순이다. 따라서 $(\mathbb{N},\, d)$는 완비 거리공간이 아니다.

11 분명히 d는 $\mathbb{R}$에서 거리이다. 수열 $\{n\}_{n\ge 1}$을 생각하면 $n,\, m\to\infty$일 때

$$d(m,\,n)=\frac{|m-n|}{\sqrt{1+n^2}\,\sqrt{1+m^2}}=\frac{\left|\dfrac{1}{n}-\dfrac{1}{m}\right|}{\sqrt{1+(1/n)^2}\,\sqrt{1+(1/m)^2}}$$
$$\le\left|\frac{1}{n}-\frac{1}{m}\right|\le\frac{1}{n}+\frac{1}{m}\to 0$$

이므로 $\{n\}_{n\ge 1}$은 $(\mathbb{R},\, d)$에서 코시수열이다.

$\{n\}_{n\ge 1}$은 어떤 점 $p\in\mathbb{R}$에 수렴한다고 가정하자. 그러면 $n\to\infty$일 때

$$d(n,\ p) = \frac{|n-p|}{\sqrt{1+n^2}\ \sqrt{1+p^2}} = \frac{|1-p/n|}{\sqrt{1+(1/n)^2}\ \sqrt{1+p^2}}$$

$$\rightarrow \frac{1}{\sqrt{1+p^2}} \not\to 0$$

이다. 따라서 $\{n\}_{n \geq 1}$은 어떤 점 $p \in \mathbb{N}$에 수렴할 수 없다. 이것은 가정에 모순이다. 따라서 $(\mathbb{R},\ d)$는 완비 거리공간이 아니다.

12 분명히 d는 $P[a,\ b]$ 위의 거리이다. $a = 0,\ b = 1$로 택하고 다음 수열을 생각하자.

$$f_n(t) = \sum_{k=0}^{n}\left(\frac{t}{2}\right)^k = 1 + \frac{t}{2} + \cdots + \frac{t^n}{2^n} \qquad (t \in [0,\ 1])$$

분명히 임의의 자연수 n에 대하여 $f_n(t) \in P[a,\ b]$이다. 수열 $\{f_n\}$이 코시수열임을 보이자. $m < n$일 때

$$\begin{aligned}
d_\infty(f_n,\ f_m) &= \max_{t \in [0,1]} |f_n(t) - f_m(t)| \\
&= \max_{t \in [0,1]} \left| \sum_{k=0}^{n}\left(\frac{t}{2}\right)^k - \sum_{k=0}^{m}\left(\frac{t}{2}\right)^k \right| \\
&= \max_{t \in [0,1]} \left| \sum_{k=m+1}^{n}\left(\frac{t}{2}\right)^k \right| \leq \max_{t \in [0,1]} \left| \sum_{k=m+1}^{n}\frac{1}{2^k} \right| \\
&= \frac{1}{2^m} - \frac{1}{2^n}.
\end{aligned}$$

$m,\ n$이 충분히 큰 자연수일 때 위 차이값은 임의로 작게 할 수 있다. 따라서 $\{f_n\}$은 코시수열이다. 한편, 임의의 $t \in [0,\ 1]$에 대하여 $\lim\limits_{n \to \infty} f_n(t) = \dfrac{2}{2-t}$이고 $\dfrac{2}{2-t}$는 다항식이 아니다. 따라서 $\{f_n\}$은 $(P[a,\ b],\ d_\infty)$에서 수렴하지 않으므로 $(P[a,\ b],\ d_\infty)$는 완비 거리공간이 아니다.

13 코시수열의 정의로부터 바로 나온다.

14 $\{(x_n,\ y_n): n = 1,\ 2,\ \cdots\}$은 $M_1 \times M_2$에서 임의의 코시수열이라 하자. 그러면 임의의 양수 ϵ에 대하여 자연수 N이 존재하여

$$n,\ m \geq N \text{이면 } d((x_n,\ y_n),\ (x_m,\ y_m)) < \epsilon$$

이다. 이때

$$d_1(x_n,\ x_m),\ d_2(y_n,\ y_m) \leq d((x_n,\ y_n),\ (x_m,\ y_m)) < \epsilon$$

이므로 $\{x_n\}$과 $\{y_n\}$은 각각 M_1과 M_2에서 코시수열이 된다. 그런데 $M_1,\ M_2$는 각

각 완비 거리공간이므로 $x_n \to x$, $y_n \to y$인 극한 $x \in M_1$, $y \in M_2$가 존재한다. 따라서 임의의 양수 $\epsilon > 0$에 대하여 적당한 자연수 N_0가 존재해서

$$n \geq n_0 \text{이면 } d_1(x_n, x) < \frac{\epsilon}{2}, \; d_2(y_n, y) < \frac{\epsilon}{2}$$

이 성립한다. 그러므로 $n \geq N_0$이면

$$d((x_n, y_n), (x, y)) \leq d_1(x_n, x) + d_2(y_n, y) < \epsilon$$

이므로 $\{(x_n, y_n)\}$은 $(x, y) \in M_1 \times M_2$에 수렴한다. 따라서 $M_1 \times M_2$는 완비공간이다.

4장

연습문제 4.1

01 $B_1(0) \subseteq \cup_{n=2}^{\infty} B_{1-1/n}(0)$이지만 $B_1(0)$의 열린 덮개 $\mathcal{E} = \{B_{1-1/n}(0): n = 1, 2, 3 \cdots\}$의 어떠한 유한 부분집합족도 $B_1(0)$을 덮을 수 없다. 따라서 $B_1(0)$은 콤팩트 집합이 아니다.

02 (1) A는 $\mathbb{R}$의 유계이고 닫힌집합이므로 하이네-보렐 정리에 의하여 A는 콤팩트이다.

(2) A는 유계집합이 아니므로 A는 콤팩트 집합이 아니다.

(3) $x = \frac{1}{4} \notin A$이지만 임의의 양수 ϵ에 대하여 $\left(\frac{1}{4} - \epsilon, \frac{1}{4} + \epsilon\right)$은 A에 있는 무리수를 포함한다. 따라서 A^c는 열린집합이 아니므로 A는 닫힌집합이 아니다. 그러므로 A는 콤팩트 집합이 아니다.

03 $A_n = \left[0, 1 - \frac{1}{n+1}\right]$로 두면 A_n은 콤팩트 집합이지만, $\cup_{n=1}^{\infty} A_n = [0, 1)$은 콤팩트 집합이 아니다.

04 B는 콤팩트이므로 정리 4.1.7에 의하여 B는 닫힌집합이다. 따라서 가정에 의하여 $A \cap B$는 닫힌집합이다. $A \cap B \subseteq B$이고 B는 콤팩트이므로 정리 4.1.4에 의하여 $A \cap B$는 콤팩트이다.

05 $\alpha_o \in I$를 고정하고 $A = \cap_{\alpha \neq \alpha_o} A_\alpha$, $B = A_{\alpha_o}$로 둔다. 모든 콤팩트 집합은 닫힌집합

이므로 각 집합 A_α는 닫힌집합이다. 따라서 $A = \cap_{\alpha \neq \alpha_o} A_\alpha$는 닫힌집합이다. B는 닫힌집합이므로 위 문제에 의하여 $A \cap B$는 콤팩트이다. 즉, $A \cap B = \cap_{\alpha \in I} A_\alpha$도 콤팩트이다.

임의의 자연수 n에 대하여 보통거리공간 $\mathbb{R}$에서 $A_n = [-n,\, n]$으로 두면 각 A_n은 유계이고 닫힌집합이므로 각 A_n은 콤팩트 집합이다. 하지만 $\cup_{n=1}^{\infty} A_n = \mathbb{R}$은 콤팩트 집합이 아니다.

06 하이네-보렐 정리에 의하여 X는 유계집합이고 닫힌집합이므로 집합 $X + y$도 분명히 유계이고 닫힌집합이다. 따라서 $X + y$는 콤팩트 집합이다.

07 $\mathscr{I}$는 X의 임의의 열린 덮개라 하자. 그러면 $x \in G$인 열린집합 $G \in \mathscr{I}$가 존재한다. $x_n \to x$이고 G는 열린집합이므로 $n > N$인 임의의 자연수 n에 대하여 $x_n \in G$인 자연수 N이 존재한다. 각 $i = 1,\, 2,\, \cdots,\, N$에 대하여 $G_i \in \mathscr{I}$는 $x_i \in G_i$인 $\mathscr{I}$의 열린집합이면 $G \cup G_1 \cup \cdots \cup G_N$은 열린 덮개 $\mathscr{I}$의 부분덮개이다. 따라서 $\{x\} \cup \{x_n : n \in \mathbb{N}\}$은 콤팩트 집합이다.

08 $K = \cap_1^{\infty} K_n$으로 놓으면 따름정리 4.1.6에 의하여 K는 공집합이 아니다. K가 한 점보다 더 많은 점을 포함하면 $\delta(K) > 0$이다. 그런데 모든 n에 대하여 $K_n \supseteq K$이므로 $\delta(K_n) \geq \delta(K)$이다. 이것은 $\delta(K_n) \to 0$이라는 가정에 모순이다.

09 $I_n = [a_n,\, b_n]$이고 $E = \{a_1,\, a_2,\, a_3,\, \cdots\}$이면 E는 공집합이 아니고 위로 유계(b_1이 상계)이다. x는 E의 상한이고, $m,\, n$을 양의 정수라 하면,

$$a_n \leq a_{m+n} \leq b_{m+n} \leq b_m$$

이므로 모든 자연수 m에 대하여 $x \leq b_m$이다. 분명히 $a_m \leq x$이므로 $m = 1,\, 2,\, 3,\, \cdots$에 대하여 $x \in I_m$이다. 따라서 $x \in \cap I_n$이다.

10 K의 어떠한 점도 E의 집적점이 아니라면 K의 각 점 q는 E의 점을 많아야 하나의 점($q \notin E$이면 E의 점을 하나도 포함하지 않고, $q \in E$이면 q만을) 포함하는 근방 V_q를 갖는다. E가 무한집합이므로 E를 $\{V_q\}$의 유한 부분집합족으로 덮을 수는 없다. 또한 $K \supseteq E$이므로 K는 또한 $\{V_q\}$의 유한 부분집합족으로 덮을 수는 없다. 이것은 K가 콤팩트 집합이라는 것에 모순이다.

11 (1) $\Rightarrow$ (2): A가 콤팩트 집합이면 연습문제 10에 의하여 (2)가 성립한다.

$(2) \Rightarrow (1)$: (2)가 성립한다고 하자. A가 유계가 아니라고 하면 A는 다음 조건을 만족하는 점 $x_n \in A$를 포함한다.

$$|x_n| > n \quad (n = 1, \ 2, \ \cdots)$$

이들 점 x_n으로 이루어지는 집합 $S = \{x_1, \ x_2, \ \cdots\}$는 무한집합이고 분명히· $\mathbb{R}^n$에서 집적점을 갖지 않으므로 A에 속하는 집적점을 갖지 않는다. 따라서 (3)이 성립하면 A는 유계집합이다.

다음으로 A는 닫힌집합이 아니라고 가정하면 A의 집적점이지만 $x_0 \notin A$인 점 $x_0 \in \mathbb{R}^n$이 존재한다. $m = 1, \ 2, \ \cdots$에 대하여 점 $x_m \in A$가 존재해서 $|x_m - x_0| < 1/m$로 된다. $S = \{x_1, \ x_2, \ \cdots\}$이면 S는 무한집합이다(그렇지 않으면 $|x_m - x_0|$는 무한히 많은 n에 대하여 일정한 양의 값을 갖는다). S는 집적점으로서 x_0를 갖고, S는 $\mathbb{R}^n$에서 다른 집적점을 갖지 않는다. 왜냐하면 $y \in \mathbb{R}^n$, $y \neq x_0$라면 유한개를 제외한 모든 n에 대하여

$$|x_m - y| \geq |x_0 - y| - |x_m - x_0| \geq |x_0 - y| - \frac{1}{m} \geq \frac{1}{2}|x_0 - y|$$

이다. 이것은 y가 S의 집적점이 아님을 보여준다. 그러므로 S는 A에서 집적점을 갖지 않는다. 따라서 (2)가 성립하면 A는 닫힌집합이 되어야 한다.

12 $\mathbb{R}^k$의 유계인 부분집합 A는 적당한 k-포체 $I \subseteq \mathbb{R}^k$의 부분집합이다. 또한 정리 4.1.9에 의하여 I는 콤팩트이다. 그러므로 연습문제 11에 의하여 A는 I에 속하는 집적점을 갖는다.

13   열린 공으로 구성되는 집합족 $\mathcal{E} = \{B_n(0) \mid n \in \mathbb{N}\}$은 $\mathbb{R}^n$의 열린 덮개이고, $\{B_{n_i}(0) : 1 \leq i \leq k\}$는 $\mathcal{E}$의 임의의 유한인 집합족이라 하자. $N = \max(n_1, \ \cdots, \ n_k)$로 두면 $\cup_{i=1}^{N} B_i(0) \neq \mathbb{R}^n$이므로 $\mathcal{E}$의 어떠한 유한부분족도 $\mathbb{R}^n$을 덮을 수 없다. 따라서 $\mathbb{R}^n$은 콤팩트 공간이 아니다.

연습문제 4.2

01   수렴하는 부분수열을 갖지 않는 M의 수열 $\{x_n\}$이 존재한다고 가정하자. 모든 $x \in M$

에 대하여 열린 공 $B_r(x)$가 존재하여 집합

$$\{n \in \mathbb{N} : x_n \in B_r(x)\}$$

가 유한집합임을 보인다. 왜냐하면 만일 적당한 $x \in M$이 존재하여 임의의 열린 공 $B_r(x)$가 무한히 많은 자연수 n에 대하여 $x_n \in B_r(x)$를 포함한다면 수열 $\{x_n\}$의 수렴하는 부분수열을 다음과 같이 찾아낼 수 있다. 즉, 우선 $x_{n_1} \in B_1(x)$를 택하고, $n_2 > n_1$에 대하여 $x_{n_2} \in B_{1/2}(x)$를 취한다. k번 계속하여 $x_{n_k} \in B_{1/k}(x)$와 $n_{k+1} > n_k$에 대하여 $x_{n_{k+1}} \in B_{1/(k+1)}(x)$를 택할 수 있다. 그러면 $\lim_{k \to \infty} x_{n_k} = x$가 된다. 따라서 $\{x_{n_k}\}$는 $\{x_n\}$의 수렴하는 부분수열이다. 이것은 가정에 모순된다. 따라서 모든 $x \in M$에 대하여 열린 공 $B_{r_x}(x)$가 존재하여

$$\{n \in \mathbb{N} : x_n \in B_{r_x}(x)\}$$

는 유한집합이다.

지금 $U = \{B_{r_x}(x) : x \in M\}$으로 두면 U는 M의 한 열린 덮개이다. U의 어떠한 유한 부분집합족도 M을 덮을 수 없다. 왜냐하면 그렇지 않다면, 집합

$$\{n \in \mathbb{N} : x_n \in M\}$$

이 유한집합이 되어야 하는데 이것은 불가능하다. U가 유한 부분피복을 갖지 않는 것은 M이 콤팩트 집합이라는 가정에 모순된다.

02 만일 $x_1 \in M$이고 $B_r(x_1) = M$이면 증명은 끝난다. 그렇지 않으면 $x_2 \in M - B_r(x_1)$이 되는 x_2가 존재하므로 $d(x_2, x_1) \geq r$이다. 만일 $M = B_r(x_1) \cup B_r(x_2)$이면 증명은 끝난다. 그렇지 않으면

$$x_3 \in M - (B_r(x_1) \cup B_r(x_2))$$

이다. 따라서 $d(x_3, x_1) \geq r$이고 $d(x_3, x_2) \geq r$인 x_3가 존재한다. 이와 같은 과정은 유한번의 시행 후 끝나야 한다. 그렇지 않으면 M 위의 수열 $\{x_n\}$이 존재하여 $n \neq m$이면 $d(x_n, x_m) \geq r$이 되므로 수열 $\{x_n\}$은 수렴하는 부분수열을 가질 수 없다. 이것은 가정에 모순된다.

03 결론이 성립하지 않는다고 가정하자. 그러면 모든 $r > 0$에 대하여 모든 $U \in \mathscr{I}$에 대하여 $B_r(x) \not\subset U$인 $x \in M$이 존재한다. $r = 1/n$로 취하면 모든 $U \in \mathscr{I}$에 대하여

$B_{1/n}(x_n) \not\subseteq U$인 $x_n \in M$이 존재한다. 가정에 의하여 $\{x_n\}$은 수렴하는 부분수열 $\{x_{n_k}\}$를 갖는다. $\lim\limits_{k \to \infty} x_{n_k} = x$라고 가정하자. 지금 어떤 $U \in \mathscr{I}$에 대하여 $x \in U$이고 U는 열린집합이므로 $r > 0$이 존재하여 $B_r(x) \subseteq U$가 된다. $d(x_{n_k}, x) < r/2$이고 $1/n_k < r/2$가 되도록 자연수 k를 취한다. $B_{1/n_k}(x_{n_k}) \subseteq U$가 됨을 보이면 가정에 모순되므로 증명이 끝난다. 만약 $y \in B_{1/n_k}(x_{n_k})$이면 $d(y, x_{n_k}) < 1/n_k$이므로

$$d(y, x) \le d(y, x_{n_k}) + d(x_{n_k}, x) < \frac{1}{n_k} + d(x_{n_k}, x) < \frac{r}{2} + \frac{r}{2} = r$$

이다. 따라서 $y \in B_r(x) \subseteq U$이다.

04 $\mathscr{I}$를 M의 한 열린 덮개라 하자. 연습문제 3에 의하여 $x \in M$이면 어떤 $U \in \mathscr{I}$에 대하여 $B_r(x) \subseteq U$인 $r > 0$이 존재한다. 연습문제 2에 의하여

$$M = B_r(x_1) \cup \cdots \cup B_r(x_n)$$

인 $x_1, \cdots, x_n \in M$이 존재한다. 각 $i \, (1 \le i \le n)$에 대하여 $B_r(x_i) \subseteq U_i$인 $U_i \in \mathscr{I}$를 선택하면

$$M = B_r(x_1) \cup \cdots B_r(x_n) \subseteq U_1 \cup \cdots \cup U_n$$

이다. 따라서 $U_1, \cdots, U_n$은 U의 유한 부분피복이므로 M은 콤팩트이다.

05 따름정리 4.2.6에 의하여 콤팩트 거리공간 M은 점열콤팩트이다. 연습문제 4에 의하여 점열콤팩트인 거리공간 M은 콤팩트이므로 문제가 성립된다.

06 $\{a_n\}$은 $\mathbb{R}$의 유계수열이면 이 수열은 닫힌구간 $[a, b]$의 수열이다. 하이네-보렐 정리에 의하여 $[a, b]$는 콤팩트이다. 따라서 연습문제 5에 의하여 $[a, b]$는 점열콤팩트이므로 $\{a_n\}$은 수렴하는 부분수열을 가진다.

연습문제 4.3

01 $d(A, B) = \epsilon$이면 $\epsilon = d(A, B) = \inf\{d(a, b) : a \in A, b \in B\}$이므로 모든 자연수 $n \in \mathbb{N}$에 대하여 $\epsilon \le d(a_n, b_n) < \epsilon + \frac{1}{n}$인 $a_n \in A, b_n \in B$가 존재한다. A는 콤팩트이므로 점열콤팩트이다. 따라서 수열 $\{a_n\}$은 점 $p \in A$로 수렴하는 부분수열 $\{a_{n_k}\}$를 갖는다.

$d(p,\ B) = d(A,\ B) = \epsilon$임을 보인다. $d(p,\ B) > \epsilon$, 즉 $d(p,\ B) = \epsilon + \delta$인 $\delta > 0$이 존재한다고 가정하자. 그러면 임의의 $b_n \in B$에 대하여 $d(p,\ b_n) \geq \epsilon + \delta$이다. $\{a_n\}$의 부분수열 $\{a_{n_k}\}$는 p로 수렴하므로 임의의 자연수 $k > N$에 대하여

$$d(p,\ a_{n_k}) < \frac{\delta}{2}\text{이고 } d(a_{n_k},\ b_{n_k}) < \epsilon + \frac{1}{n_k} < \epsilon + \frac{\delta}{2}$$

인 자연수 $N \in \mathbb{N}$이 존재한다. 따라서 모든 $n_k > N$에 대하여

$$d(p,\ a_{n_k}) + d(a_{n_k},\ b_{n_k}) < \frac{\delta}{2} + \epsilon + \frac{\delta}{2} = \epsilon + \delta = d(p,\ B) \leq d(p,\ b_{n_k}).$$

그러나 이것은 삼각부등식에 모순된다. 따라서 $d(p,\ B) = d(A,\ B)$이다.

02　$d(A,\ B) = 0$이라 가정하면 위 문제에 의하여 $d(p,\ B) = d(A,\ B) = 0$인 $p \in A$가 존재한다. 그러나 B는 닫힌집합이므로 B에서 거리가 0인 모든 점을 포함한다. 따라서 $p \in B$이고 $p \in A \cap B$이므로 이것은 가정에 모순된다. 그러므로 $d(A,\ B) > 0$이다.

5장

연습문제 5.1

01
$$|f((x,\ y)) - f((x_0,\ y_0))| = |x - x_0| \leq \sqrt{(x - x_0)^2 + (y - y_0)^2}$$
이므로 f는 $\mathbb{R}^2$에서 연속이다.

02　ϵ은 임의의 양수이고 x_0는 $\mathbb{R}$의 임의의 점이라 하자. 그러면 가정에 의하여

$$|x - y| < \delta\text{일 때 } |f(x) - f(x_0)| < \epsilon/2\text{이고 } |g(x) - g(x_0)| < \epsilon/2$$

을 만족하는 적당한 양수 δ가 존재한다.
$$|h(x) - h(x_0)| = |(f(x),\ g(x)) - (f(x_0),\ g(x_0))| \leq |f(x) - f(x_0)| + |g(x) - g(x_0)|$$
이므로 $|x - y| < \delta$일 때 $|h(x) - h(x_0)| < \epsilon$이 된다. 따라서 h는 임의의 점 x_0에서 연속이다.

03　우선 p_k가 l^1에서 연속임을 보인다. 임의의 양수 ϵ에 대하여 $\delta = \epsilon$으로 두면 $d_1(\{b_n\},$

$\{a_n\}) < \delta$일 때

$$|p_k(\{b_n\}) - p_k(\{a_n\})| = |b_k - a_k| \leq \sum_{i=1}^{\infty} |b_i - a_i| = d_1(\{b_n\}, \{a_n\}) < \epsilon$$

이 된다. 따라서 p_k가 l^1에서 연속이다.

마찬가지로 p_k가 각 공간 l^2, c_0, l^{∞}, H^{∞}에서 연속임을 증명할 수 있다.

04 가정에 의하여 $K = \sup|a_n| < \infty$이므로 임의의 양수 ϵ에 대하여 $\delta = \epsilon / K$로 두면 $d_1(\{c_n\}, \{b_n\}) < \delta$일 때

$$|f(\{c_n\}) - f(\{b_n\})| = |\sum_{n=1}^{\infty} a_n(c_n - b_n)| \leq (\sup|a_n|) \sum_{n=1}^{\infty} |c_n - b_n| < K\delta = \epsilon$$

이 된다. 따라서 f는 임의의 수열 $\{b_n\}$에서 연속이다.

05 공간 l^2에서 코시-슈바르츠 부등식에 의하여 f는 l^2에서 잘 정의된다. 가정에 의하여 $\sum_{n=1}^{\infty} a_n^2$은 수렴하므로 $\sum_{n=1}^{\infty} a_n^2 = K$로 둔다. 임의의 양수 ϵ에 대하여 $\delta = \epsilon / \sqrt{K}$로 두면 $d_2(\{c_n\}, \{b_n\}) < \delta$일 때

$$|f(\{c_n\}) - f(\{b_n\})| = |\sum_{n=1}^{\infty} a_n(c_n - b_n)| \leq (\sum_{n=1}^{\infty} a_n^2)^{1/2} (\sum_{n=1}^{\infty} (c_n - b_n)^2)^{1/2} < \sqrt{K}\delta = \epsilon.$$

따라서 f는 임의의 수열 $\{b_n\}$에서 연속이다.

07 x는 M의 임의의 원소라 하면 임의의 $z \in X$에 대하여 $d(x, z) \leq d(x, y) + d(y, z)$ 이다. 따라서

$$d(x, X) = \inf_{z \in X} d(x, z) \leq \inf_{z \in X} [d(x, y) + d(y, z)]$$
$$= d(x, y) + \inf_{z \in X} d(y, z) = d(x, y) + d(y, X)$$

이다. 마찬가지로 $d(y, X) \leq d(x, y) + d(x, X)$이다. 그러므로

$$|d(x, X) - d(y, X)| \leq d(x, y)$$

이다. 따라서 임의의 양수 ϵ에 대하여 $d(x, y) < \epsilon$이면 $|f(x) - f(y)| < \epsilon$이다.

09 (1) $\{x : f(x) = 0\} = f^{-1}(\{0\})$이고 $\{0\}$은 닫힌집합이므로 f의 연속성에 의하여 주어진 집합은 닫힌집합이다.

(2) $\{x : f(x) \geq 0\} = \{x : f(x) < 0\}^c$, $\{x : f(x) < 0\} = \{x : f(x) \leq 0\}^c$이라는 사실을

이용하여라.

10 함수 $f : \mathbb{R} \to \mathbb{R}$, $f(x) = \sin x$는 연속이지만 $A = (0,\, 3\pi)$에 대하여

$$(f(A))^o = [-1,\, 1]^o = (-1,\, 1) \subseteq [-1,\, 1] = f((0,\, 3\pi)) = f(A^o).$$

11 함수 $f : \mathbb{R} \to \mathbb{R}$

$$f^{-1}(x) = \begin{cases} 0 & (x\text{는 유리수}) \\ 1 & (x\text{는 무리수}) \end{cases}$$

는 연속이 아니다. 하지만 M_1의 임의의 부분집합 A에 대하여 $f(A) \subseteq \{0,\, 1\}$이므로 $(f(A))^o = \varnothing$이다. 따라서 M_1의 임의의 부분집합 A에 대하여 $(f(A))^o \subseteq f(A^o)$이다. 역으로 함수 $f : \mathbb{R} \to \mathbb{R}$, $f(x) = |x|$이고

$$A = ([-2,\, -1] \cap \mathbb{Q}) \cup (-1,\, 1) \cup ([1,\, 2] \cap (\mathbb{R} - \mathbb{Q}))$$

로 두면 $A^o = (-1,\, 1)$이므로 $f(A^o) = [0,\, 1)$이다.

하지만 $f(A) = [0,\, 2]$이므로 $(f(A))^o = (0,\, 2)$이다.

12 $f : (M_1,\, d_1) \to (M_2,\, d_2)$가 연속이고 $A = f^{-1}(B)$라 하자. 정리 5.1.6에 의하여 $f(\overline{A}) \subseteq \overline{f(A)}$이고

$$f(A) \subseteq B \Rightarrow \overline{f(A)} \subseteq \overline{B} \Rightarrow f(\overline{A}) \subseteq \overline{B}$$

이다. 따라서 $\overline{A} \subseteq f^{-1}(\overline{B})$이므로 $\overline{f^{-1}(B)} \subseteq f^{-1}(\overline{B})$이다.

역으로 M_2의 임의의 부분집합 B에 대하여 $\overline{f^{-1}(B)} \subseteq f^{-1}(\overline{B})$이고 F는 M_2의 닫힌집합이라 하자. 그러면 $\overline{F} = F$이므로 가정에 의하여

$$\overline{f^{-1}(F)} \subseteq f^{-1}(\overline{F}) = f^{-1}(F)$$

이다. 하지만 $f^{-1}(F) \subseteq \overline{f^{-1}(F)}$이므로 $f^{-1}(F) = \overline{f^{-1}(F)}$이다. 따라서 $f^{-1}(F)$는 닫힌집합이므로 f는 M_1에서 연속이다.

13 $f : (M_1,\, d_1) \to (M_2,\, d_2)$가 연속이고 B는 M_2의 임의의 부분집합이라 하자. 그러면 B^o는 M_2의 열린부분집합이므로 연속함수의 성질에 의하여 $f^{-1}(B^o)$는 M_1의 열린 부분집합이다. 따라서 $[f^{-1}(B^o)]^o = f^{-1}(B^o)$이다. 하지만

$$B^o \subseteq B \Rightarrow f^{-1}(B^o) \subseteq f^{-1}(B)$$

이므로 $[f^{-1}(B^o)]^o \subseteq [f^{-1}(B)]^o$이다. 따라서 $f^{-1}(B^o) \subseteq [f^{-1}(B)]^o$이다.

역으로 M_2의 임의의 부분집합 B에 대하여 $f^{-1}(B^o) \subseteq [f^{-1}(B)]^o$라 하자. G는 M_2의 임의의 열린부분집합이라면 $G^o = G$이므로 가정에 의하여

$$f^{-1}(G) = f^{-1}(G^o) \subseteq [f^{-1}(G)]^o$$

이다. 하지만 $[f^{-1}(G)]^o \subseteq f^{-1}(G)$이므로 $[f^{-1}(G)]^o = f^{-1}(G)$이다. 따라서 $f^{-1}(G)$는 M_1에서 열린집합이므로 f는 M_1에서 연속이다.

14 x_0은 M의 임의의 점이라 하자. 임의의 $i = 1, 2, \cdots, n$에 대하여 $f_i : M \to \mathbb{R}$는 x_0에서 연속이므로 임의의 양수 ϵ에 대하여 적당한 양수 δ_i가 존재해서

$$d(x, x_0) < \delta_i \text{일 때 } |f_i(x) - f_i(x_0)| < \frac{\epsilon}{\sqrt{n}}$$

이 된다. $\delta = \min\{\delta_1, \delta_2, \cdots, \delta_n\}$으로 두면 $d(x, x_0) < \delta$일 때

$$d(f(x), f(x_0)) = \{(f_1(x) - f_1(x_0))^2 + \cdots + (f_n(x) - f_n(x_0))^2\}^{1/2} < \epsilon$$

이다. 따라서 f는 임의의 점 $x_0 \in M$에서 연속이므로 f는 M에서 연속이다.

15 임의의 $i = 1, 2, \cdots, n$에 대하여

$$|f_i(x) - f_i(y)| \le d(f(x), f(y)) = \left(\sum_{i=1}^{n} |f_i(x) - f_i(y)|^2\right)^{1/2}$$

이므로 f_i는 M에서 연속이다.

17 f가 M에서 연속이라 가정하자. $\{x : f(x) < c\} = f^{-1}((-\infty, c))$이고 $(-\infty, c)$는 열린집합이므로 f의 연속성에 의하여 주어진 집합은 열린집합이다. 마찬가지로 $\{x : f(x) > c\}$가 M의 열린집합이다.

연습문제 5.2

01 함수 $f : M \to \mathbb{R}$, $f(x) = d(x, x_0)$를 생각하면

$$|f(x) - f(y)| = |d(x, x_0) - d(y, x_0)| \le d(x, y)$$

이므로 f는 연속이다. 따라서 정리 5.2.5에 의하여 콤팩트 집합 K에서 최솟값을 갖는다. 즉, 임의의 $z \in K$에 대하여 $f(y_0) \le f(z)$가 되는 점 $y_0 \in K$가 존재한다. 따라서

$$d(y_0,\ x_0) = f(y_0) = \inf\{f(z) : z \in K\} = \inf\{d(z,\ x_0) : z \in K\} = d(x_0,\ K),$$

즉 $d(x_0,\ y_0) = d(x_0,\ K)$이다.

02 함수 $f : X \to \mathbb{R}$, $f(x) = d(x,\ B)$를 정의하면 $A \cap B = \varnothing$ 이고 B는 닫힌집합이므로 임의의 $a \in A$에 대하여 $f(a) > 0$이다. A가 콤팩트 집합이므로

$$f(a) = \inf\{f(x) : x \in A\} = d(A,\ B)$$

를 만족하는 점 $a \in A$가 존재한다. 따라서 $d(A,\ B) > 0$이다.

03 함수 $f(x) = d(x,\ 0)$은 연속이고 정리 5.1.5에 의하여 $A = f^{-1}(\{1\})$은 닫힌집합이고 분명히 유계집합이다. 0은 임의의 자연수 n에 대하여 $a_n = 0$이 되는 수열 $\{a_n\}$을 나타내고

$$A = \{x \in l^1 : d(x,\ 0) = 1\}$$

로 두면 분명히 $f(x) = d(x,\ 0)$은 연속이므로 $f^{-1}(\{1\})$은 닫힌집합이다. 또한 A는 유계집합이지만 콤팩트 집합(점열콤팩트)이 아니다. 사실, 만약 수열 $\{\delta^{(k)}\}$가 l^1에서 수렴하는 부분수열 $\{\delta^{(k_j)}\}$를 갖는다면 정리 3.1.6에 의하여 $\{\delta^{(k_j)}\}$는 0에 수렴한다. $d(\{\delta^{(k_j)}\},\ 0) = 1$이므로 이것은 모순이다. 따라서 수열 $\{\delta^{(k)}\}$는 수렴하는 부분수열을 갖지 않는다. 즉, A는 점열콤팩트(콤팩트) 집합이 아니다. 마찬가지로 거리공간 l^2 또는 l^∞에 대하여도 A는 유계집합이지만 콤팩트 집합(점열콤팩트)이 아니다.

04 $f(x) = x^3$은 $\mathbb{R}$에서 연속이지만 최솟값도 최댓값도 갖지 않는다.

05 a는 M의 임의의 점이면 가정에 의하여 $f(a) > 0$이다. $\epsilon = f(a)/2$로 두면 f는 a에서 연속이므로 $d(x,\ a) < \delta_a$일 때 $|f(x) - f(a)| < \epsilon = f(a)/2$인 양수 δ_a가 존재한다. 따라서 $x \in B_{\delta_a}(a)$일 때

$$f(a) - f(x) \le |f(x) - f(a)| < f(a)/2$$

이므로 $f(x) > f(a)/2$이다. 이런 $B_{\delta_a}(a)$는 열린집합이므로 $\mathcal{E} = \{B_{\delta_x} : x \in M\}$은 M의 열린 덮개이다. M은 콤팩트 집합이므로 $\cup_{a \in I} B_{\delta_a} = M$인 유한집합 $I = \{a_1,\ a_2,\ \cdots,\ a_k\}$가 존재한다. $c = \min\{f(a_1)/2,\ \cdots,\ f(a_k)/2\}$로 두면 모든 $x \in M$에 대하여 $f(x) > c$이다.

06 $\epsilon = 1$로 두면 $\delta > 0$이 존재하여 $d(x,\ a) < \delta$일 때 $|f(x) - f(a)| < 1$이 된다. 따라서

x가 열린집합 $B_\delta(a)$에 속하면

$$|f(x)| \le |f(x) - f(a)| + |f(a)| < 1 + |f(a)|$$

가 된다. 따라서 f는 $U = B_\delta(a)$ 위에서 유계이다.

07 연습문제 6에 의하여 각 $a \in M$에 대하여 a를 포함하는 열린집합 U_a가 존재하여 f는 U_a 위에서 유계이다. 집합족 $\{U_a : a \in M\}$은 M의 한 열린 덮개이다. M은 콤팩트이므로 $a_1, a_2, \cdots, a_n \in M$이 존재하여

$$M = U_{a_1} \cup U_{a_2} \cup \cdots \cup U_{a_n}$$

이 된다. f는 각 U_{a_i}에서 유계이므로 f는 $U_{a_1} \cup \cdots \cup U_{a_n} = M$에서 유계이다.

08 연습문제 7에 의하여 f는 유계이므로 집합 $X = \{f(x) : x \in M\}$은 최소상계 T를 갖는다. M의 어떤 점 d에서 $f(d) = T$가 됨을 보이면 된다. 만일 모든 $x \in M$에 대하여 $f(x) < T$라고 하면 정리 5.1.4에 의하여 $g(x) = 1/(T - f(x))$는 M에서 연속이다. 연습문제 7에 의하여 g는 유계이다. 모든 $x \in M$에 대하여 $g(x) < S$라고 가정하면 모든 $x \in M$에 대하여 $f(x) < T - \dfrac{1}{S} < T$가 된다. 이것은 $T = \sup X$에 모순된다. 같은 방법으로 f가 M에서 최솟값을 취함을 보일 수 있다.

연습문제 5.3

01 (3) a가 임의의 수이면

$$|\sin x - \sin a| = 2|\sin(x - a)/2||\cos(x + a)/2|$$
$$\le 2|\sin(x - a)/2| \le 2|(x - a)/2| = |x - a|$$

이다. 임의의 양수 ϵ에 대하여 $\delta = \epsilon$인 δ로 선택한다. 따라서 $|x - a| < \delta$일 때 $|\sin x - \sin a| < \epsilon$이므로 $f(x)$는 $\mathbb{R}$에서 균등연속이다.

(5) 임의의 $x, y \in [0, \infty)$에 대하여 $1/(x^2 + 1) < 1$이 성립하므로 $x/(x^2 + 1)(y^2 + 1)$ < 1이 성립한다. 임의의 양수 $\epsilon > 0$에 대하여 $\delta = \epsilon/2$로 선택하면 $|x - y| < \delta$인 임의의 $x, y \in \mathbb{R}$에 대하여

$$|f(x) - f(y)| = \left| \frac{1}{x^2 + 1} - \frac{1}{y^2 + 1} \right| = \left| \frac{x^2 - y^2}{(x^2 + 1)(y^2 + 1)} \right|$$

$$= \left| \frac{x+y}{(x^2+1)(y^2+1)} \right| |x-y|$$

$$\leq \left\{ \frac{|x|}{(x^2+1)(y^2+1)} + \frac{|y|}{(x^2+1)(y^2+1)} \right\} |x-y| < 2|x-y| < \epsilon$$

이 된다. 따라서 f는 $\mathbb{R}$에서 균등연속이다.

02 보기 3과 마찬가지로 f는 $[a, 1]$에서 균등연속이다.

03
$$\left| \sqrt{x} - \sqrt{y} \right| = \frac{|x-y|}{\sqrt{x}+\sqrt{y}} \leq \frac{1}{2\sqrt{a}} |x-y| \quad (x, y \in [a, \infty))$$

임의의 양수 ϵ에 대하여 $\delta = 2\epsilon\sqrt{a}$로 택하면 $|x-y| < \delta$일 때

$$|f(x) - f(y)| = \left| \sqrt{x} - \sqrt{y} \right| \leq \frac{1}{2\sqrt{a}} |x-y| < \frac{\delta}{2\sqrt{a}} = \epsilon$$

이다. 따라서 $f(x) = \sqrt{x}$는 $[a, \infty)$에서 균등연속이다.

04 $|x-y| < \delta$인 모든 $x, y \in \mathbb{R}$에 대하여

$$d(f(x), f(y)) = |e^x - e^y| < 1$$

인 양수 δ가 존재하지 않음을 보인다.

임의의 $x, y \in \mathbb{R}$ $(x < y)$에 대하여 $\dfrac{e^y - e^x}{y-x} > e^x$임을 알 수 있다. 임의의 $c \in (0, 1)$에 대하여 $x = -\ln c$, $y = c - \ln c$로 두면 $|x-y| = c$이지만

$$d(f(x), f(y)) = |e^x - e^y| = e^y - e^x > (y-x)e^x = 1.$$

05 삼각부등식에 의하여 임의의 $a \in A$, $x \in M$에 대하여

$$d(x, a) \leq d(x, y) + d(y, a)$$

이다. 양변에 하한을 취하면

$$\inf_{a \in A} d(x, a) \leq d(x, y) + \inf_{a \in A} d(y, a)$$

이므로 $d(x, A) \leq d(x, y) + d(y, A)$이다. 따라서 임의의 $x, y \in M$에 대하여

$$d(x, A) - d(y, A) \leq d(x, y)$$

이다. 이 식에서 x와 y를 교환하면 $d(y, A) - d(x, A) \leq d(x, y)$를 얻을 수 있다. 따라서 $|d(x, A) - d(y, A)| \leq d(x, y)$이다. 임의의 양수 $\epsilon > 0$에 대하여 $\delta = \epsilon$으로 택하면 $d(x, y) < \delta$일 때

$$|f(x) - f(y)| = |d(x,\, A) - d(y,\, A)| \leq d(x,\, y) < \delta = \epsilon$$

이 된다. 따라서 f는 M에서 균등연속이다.

06 (1) $|f'(x)| = |1/(x^2+1)| \leq 1$이므로 정리 5.3.6에 의하여 f는 $\mathbb{R}$에서 균등연속이다. 또한 임의의 실수 x에 대하여 $f''(x) = -2x/(x^2+1)^2$이다. 만약 $x \in [-1,\, 1]$이면

$$|f''(x)| = |2x/(x^2+1)^2| \leq |2x| \leq 2$$

이다. 만약 $|x| > 1$이면

$$|f''(x)| = \left| \frac{2x}{(x^2+1)^2} \right| \leq \left| \frac{2x}{x^4} \right| = \left| \frac{2}{x^3} \right| \leq 2$$

이다. 따라서 임의의 실수 x에 대하여 $|f''(x)| \leq 2$이므로 정리 5.3.6에 의하여 f'은 $\mathbb{R}$에서 균등연속이다.

(2) $f'(x) = 2x/(1+x^2)$이므로 $|f'(x)| = |2x/(1+x^2)| \leq 1$이다. 따라서 정리 5.3.6에 의하여 f는 $\mathbb{R}$에서 균등연속이다.

07 ϵ은 임의의 양수라 하자. f가 M에서 균등연속이므로 적당한 $\delta_1 > 0$이 존재하여 $d(x,\, y) < \delta_1$인 모든 $x,\, y \in M$에 대하여 $|f(x) - f(y)| < \epsilon/2$가 성립한다. 또한 g가 M에서 균등연속이므로 적당한 $\delta_2 > 0$이 존재하여 $d(x,\, y) < \delta_2$인 모든 $x,\, y \in M$에 대하여 $|g(x) - g(y)| < \epsilon/2$가 성립한다. $\delta = \min\{\delta_1,\, \delta_2\}$로 두면 $d(x,\, y) < \delta$인 모든 $x,\, y \in M$에 대하여

$$|(f(x)+g(x)) - (f(y)+g(y))| \leq |f(x)-f(y)| + |g(x)-g(y)| < \frac{\epsilon}{2} + \frac{\epsilon}{2} = \epsilon$$

이 성립하므로 $f+g$도 M에서 균등연속이다.

08 임의의 양수 $\epsilon > 0$에 대하여 $\delta = 1$로 선택한다. 그러면 $|x-y| < \delta$인 모든 $x,\, y \in \mathbb{N}$은 실제로 하나의 자연수밖에 없다. 따라서 $|x-y| < \delta$인 모든 $x,\, y \in \mathbb{N}$에 대하여 $|f(x) - f(y)| = 0 < \epsilon$이 성립하므로 함수 $f : \mathbb{N} \to \mathbb{R}$은 $\mathbb{N}$에서 균등연속이다.

09 (1) 임의의 양수 ϵ에 대하여 $\delta = \epsilon/(1+c)$로 두면

$$d(x,\, y) < \delta \text{일 때 } d(f(x),\, f(y)) \leq cd(x,\, y) < c\delta < \epsilon$$

이 성립한다.

(2) $f(x) = 1$은 $\mathbb{R}$에서 축소함수이다.

10 함수 $g : [0, 2p] \to \mathbb{R}$, $g(x) = f(x)$를 생각하면 f는 $[0, 2p]$에서 연속함수이므로 g도 연속이다. $[0, 2p]$는 콤팩트 집합이므로 정리 5.3.3에 의하여 g는 $[0, 2p]$에서 균등연속이다. ϵ은 임의의 양수라 하면 g는 $[0, 2p]$에서 균등연속이므로 $x, y \in [0, 2p]$, $|x - y| < \delta_y$일 때 $|g(x) - g(y)| < \epsilon$인 양수 δ_y가 존재한다. $\delta = \min\{\delta_y, p\}$로 택하고 x, y는 $|x - y| < \delta$인 실수라 하자. 일반성을 잃지 않고 $x \leq y$라 가정하자. $x = kp + x'$ ($k \in \mathbb{Z}$, $0 < x' < p$)이면 f는 주기함수이므로 $f(x) = f(x')$이고 $x' \in [0, 2p] = D(g)$이므로 $f(x') = g(x')$이다. $y' = y - kp$로 택하면 $|x - y| < \delta \leq p$이고 $x \leq y$이 므로

$$0 \leq y - x \leq p \Leftrightarrow 0 \leq (kp + y') - (kp + x') \leq p$$
$$\Leftrightarrow 0 \leq y' - x' \leq p \Leftrightarrow x' \leq y' \leq p + x'.$$

$0 \leq x' < p$이므로 $0 \leq x' \leq y' \leq p + x' \leq 2p$이다. 따라서 $y' \in [0, 2p]$. $|x - y| < \delta$이므로

$$|x' - y'| = |(x - kp) - (y - kp)| = |x - y| < \delta \leq \delta_y$$

임을 알 수 있다. 따라서 $|f(x) - f(y)| = |f(x') - f(y')| = |g(x) - g(y)| < \epsilon$이므로 f는 $\mathbb{R}$에서 균등연속이다.

연습문제 5.4

01 $f : X \to Y$, $g : Y \to Z$는 위상동형사상이라 하면 f, g는 전단사함수이고 연속함수이다. 또한 f^{-1}, g^{-1}도 연속함수이다. 전단사이고 연속함수의 합성함수는 전단사이고 연속함수이므로 합성함수 $g \circ f$는 전단사이고 연속함수이다. 또한 $f^{-1} \circ g^{-1}$ $= (g \circ f)^{-1}$도 연속함수이다. 따라서 $g \circ f$는 위상동형사상이므로 X는 Z와 위상 동형이다.

02
$$f(x) = \begin{cases} \dfrac{x}{1+x} & (x \geq 0) \\[2mm] \dfrac{x}{1-x} & (x < 0) \end{cases}$$

이므로 f의 역함수 $g : (-1, 1) \to \mathbb{R}$은

$$g(y) = \begin{cases} \dfrac{y}{1-y} & (y \geq 0) \\[2mm] \dfrac{y}{1+y} & (y < 0) \end{cases}$$

이다. $x \geq 0$이면 $(g \circ f)(x) = x$이고, $x < 0$이면 $(g \circ f)(x) = x$이다. 마찬가지로 $(f \circ g)(x) = x$임을 보일 수 있다. f, g는 연속이므로 f는 위상동형사상이다. 끝으로 f가 균등연속임을 보이고자 한다. $x, y > 0$에 대하여

$$|f(x) - f(y)| = \left| \frac{x}{1+x} - \frac{y}{1+y} \right| = \frac{|x-y|}{(1+x)(1+y)} < |x-y|.$$

$x, y < 0$에 대하여 마찬가지로 $|f(x) - f(y)| < |x-y|$이다. $x > 0$, $y < 0$에 대하여

$$|f(x) - f(y)| = \left| \frac{x}{1+x} - \frac{y}{1-y} \right| = \frac{|x - y - 2xy|}{(1+x)(1-y)}$$

$$\leq \frac{x - y - 2xy + x^2 + y^2}{(1+x)(1-y)} = \frac{(x-y)(1+x-y)}{(1+x)(1-y)}$$

$$\leq x - y = |x - y|$$

이다. x 또는 y가 0인 경우는 연습문제로 남긴다.

03 $f : \mathbb{R} \to (-1, 1)$, $f(x) = \dfrac{x}{1+|x|}$는 $\mathbb{R}$에서 위상동형사상이고 $f(\mathbb{R}) = (-1, 1)$이다. $\mathbb{R}$은 완비하지만 $(-1, 1)$은 완비하지 않다.

05 $d \simeq d$는 분명하다. $d \simeq d'$이면 $c_1 d(x, y) \leq d'(x, y) \leq c_2 d(x, y)$인 양수 c_1, c_2가 존재한다. 따라서

$$\frac{1}{c_2} d'(x, y) \leq d(x, y) \leq \frac{1}{c_1} d'(x, y)$$

이므로 $d' \simeq d$이다. $d \simeq d'$, $d' \simeq d''$이면 $d \simeq d''$임도 위와 같은 방법으로 보일 수 있다.

06 임의의 실수 $\alpha_1, \alpha_2, \cdots, \alpha_n$에 대하여

$$\left(\sum_{i=1}^{n} |\alpha_i|^2 \right)^{1/2} \leq \sum_{i=1}^{n} |\alpha_i| \leq n \cdot \max\{ |\alpha_i| : 1 \leq i \leq n \} \leq n \left(\sum_{i=1}^{n} |\alpha_i|^2 \right)^{1/2}$$

이므로 거리 d_1, d_2, d_∞는 동등하다.

07 $f_n(x) = x^n$, $f(x) = 0 \; (x \in [0, 1])$으로 두면 임의의 자연수 n에 대하여 f_n, f는

$[0, 1]$에서 연속함수이고 $n \to \infty$일 때

$$d(f_n, f) = \int_0^1 x^n dx = \frac{1}{n+1} \to 0$$

이다. 하지만 모든 자연수 n에 대하여 $d_\infty(f_n, f) = \max_{x \in [0,1]} |f_n(x) - f(x)| = 1$이 므로 $\lim_{n \to \infty} d_\infty(f_n, f) \neq 0$이다. 따라서 함수열 $\{f_n\}$은 거리 d에 관하여 f에 수렴하지만 거리 d_∞에 관하여 f에 수렴하지 않는다.

08 $e_1 = (1, 0, 0, \cdots)$, $e_2 = (0, 1, 0, \cdots)$, $\cdots$, $e_n = (0, 0, \cdots, 0, 1, 0, \cdots)$, $\cdots$로 두면 $\{e_n\}$은 유계수열이다. $e = (0, 0, 0, \cdots)$로 두면 $n \to \infty$일 때

$$d(e_n, e) = 1, \quad d_1(e_n, e) = \frac{1}{2^n}\frac{1}{1+1} = \frac{1}{2^{n+1}} \to 0$$

이므로 $\{e_n\}$은 거리 d_1에 관하여 f에 수렴하지만 거리 d에 관하여 f에 수렴하지 않는다. 따라서 거리 d, d_1은 동등하지 않다.

09 (1) 가정에 의하여 $a d_1(x, y) \leq d_2(x, y) \leq b d_1(x, y)$인 양수 a, b가 존재한다고 가정하자. $A \subseteq M$은 d_1에 관한 열린집합이고 x는 A의 임의의 점이면 $\{y : d_1(x, y) < r\} \subseteq A$인 양수 r이 존재한다.

$$\{y : d_2(x, y) < ar\} \subseteq \{y : d_1(x, y) < r\} \subseteq A$$

이므로 A는 d_2에 관해서 열린집합이다. 역도 같은 방법으로 증명된다.

(2) 집합 A가 닫힌집합일 필요충분조건은 A^c는 열린집합이므로 (1)에 의하여 (2)를 바로 얻을 수 있다.

(3) $B_\epsilon^1(x^*) = \{x \in M : d_1(x, x^*) < \epsilon\}$으로 나타내고 $A \subseteq M$은 d_2에 관한 유계집합이면 $A \subseteq B_r^2(x^*)$인 양수 r이 존재한다. 정리 5.4.6에 의하여 $A \subseteq B_{r/a}^1(x^*)$이므로 A는 d_1에 관한 유계집합이다.

역으로 A는 d_1에 관한 유계집합이면 $A \subseteq B_r^1(x^*)$인 양수 r이 존재한다. 정리 5.4.6에 의하여 $A \subseteq B_r^2(x^*)$이므로 A는 d_2에 관한 유계집합이다.

(4) 거리 d_1, d_2가 동등하다는 정의에 의하여 결과를 바로 얻을 수 있다.

연습문제 5.5

01 극한함수는

$$f(x) = \lim_{n \to \infty} f_n(x) = \begin{cases} \pi/2 & (x > 0) \\ 0 & (x = 0) \end{cases}$$

이므로 $\{f_n\}$은 $[\alpha, \infty)\ (\alpha > 0)$에서 균등수렴함을 보인다.

$x > 0$에 대하여

$$|f_n(x) - f(x)| = \left| \tan^{-1}(nx) - \frac{\pi}{2} \right| = \cot^{-1}(nx)$$

임을 보인다. $\theta > 0$에 대하여 $0 < \tan^{-1}\theta < \pi/2$이므로 $x > 0$일 때 $0 < \tan^{-1}(nx) < \pi/2$이다. 따라서

$$0 < \frac{\pi}{2} - \tan^{-1}(nx) < \frac{\pi}{2} \tag{0.6}$$

이다. 또한

$$\cot\left(\frac{\pi}{2} - \tan^{-1}(nx) \right) = nx \tag{0.7}$$

이다. (0.6), (0.7)에 의하여

$$\frac{\pi}{2} - \tan^{-1}(nx) = \cot^{-1}(nx)$$

이다. (0.6)의 첫 부등식에 의하여 $x > 0$일 때

$$\left| \frac{\pi}{2} - \tan^{-1}(nx) \right| = \frac{\pi}{2} - \tan^{-1}(nx)$$

이다. 따라서 $\left| \dfrac{\pi}{2} - \tan^{-1}(nx) \right| = \cot^{-1}(nx)$이다.

ϵ은 임의의 양수라 하자. $x \geq \alpha$일 때

$$n > \frac{\cot\epsilon}{\alpha} \ \Rightarrow \ \ n > \frac{\cot\epsilon}{x} \ \ \Rightarrow \ nx > \cot\epsilon$$

이고 $\cot^{-1}$는 감소함수이므로 $\cot^{-1}(nx) < \epsilon$이다. N은 $\dfrac{\cot\epsilon}{\alpha}$보다 크거나 같은 자연수라면 $n > N$이고 $x \geq \alpha$일 때

$$|f_n(x) - f(x)| = \left| \tan^{-1}(nx) - \frac{\pi}{2} \right| = \cot^{-1}(nx) < \epsilon$$

이다. 그러나 $x \to 0$일 때 $\dfrac{\cot \epsilon}{x} \to \infty$이므로 $n > N$인 임의의 자연수 n과 임의의 $x \in [0, \infty)$에 대하여 $|f_n(x) - f(x)| < \epsilon$인 자연수 N이 존재하지 않는다. 이것은 $\{f_n\}$이 $[0, \infty)$에서 균등수렴하지 않음을 의미한다.

02 (1) 모든 자연수 n에 대하여 $f_n(1) = 1/2$이므로 $f(1) = 1/2$이고, $x \in [0, 1)$에 대하여 $\displaystyle\lim_{n \to \infty} \frac{1}{1 + x^n} = 1$이다. 따라서 $x \in [0, 1)$일 때 $f(x) = 1$이다.

(2) 만약 $x \in [0, a]$이면

$$\left| \frac{1}{1 + x^n} - 1 \right| = \frac{x^n}{1 + x^n} \leq \frac{a^n}{1 + a^n}$$

이다. $0 < a < 1$이므로 $\displaystyle\lim_{n \to \infty} \frac{a^n}{1 + a^n} = 0$이다. 따라서 $\{f_n\}$은 $[0, a]$에서 f에 균등수렴한다.

(3) 주어진 자연수 n에 대하여 x는 $\sqrt[n]{1/2} < x < 1$인 양수라 하면 $1/2 < x^n < 1$이므로

$$\left| \frac{1}{1 + x^n} - 1 \right| = \frac{x^n}{1 + x^n} > \frac{1/2}{1 + 1} = \frac{1}{4}$$

이다. 따라서 $\{f_n\}$은 $[0, 1]$에서 f에 균등수렴하지 않는다.

6장

연습문제 6.1

01 A는 열린 공이므로 열린집합이다. x가 B의 임의의 점이면 $d(x, p) > \delta$이므로 $0 < r \leq d(x, p) - \delta$인 임의의 수 r을 선택한다. 만약 $z \in B_r(x) \subseteq B$이면

$$d(z, p) \geq d(x, p) - d(z, x) > d(x, p) - r \geq \delta$$

이므로 $z \in B$이다. 따라서 B는 열린집합이다. 또한 $A \cap B = \varnothing$이다. 정리 6.1.3에 의하여 A, B는 분리된다.

연습문제 6.2

01 B가 연결집합이 아니면

$$B = G \cup H, \ G \cap H = \varnothing, \ G \neq \varnothing, \ H \neq \varnothing$$

인 B의 열린집합 G, H가 존재한다. $A \subseteq B$이고 G, H가 B에서 열린집합이므로

$$G_o = A \cap G \neq \varnothing, \ H_o = A \cap H \neq \varnothing$$

이고 G_o, H_o는 부분공간 A에서 열린집합이다. 또한

$$A = B \cap A = (G \cup H) \cap A = (A \cap G) \cup (A \cap H) = G_o \cup H_o$$

이고

$$G_o \cap H_o = (A \cap G) \cap (A \cap H) = A \cap (G \cap H) = \varnothing \cap A = \varnothing.$$

이것은 A가 연결집합이라는 가정에 모순이다. 따라서 B가 연결집합이다. $A \subseteq B \subseteq \overline{A}$이므로 $A \subseteq \overline{B} \subseteq \overline{A}$이다. $\overline{A} = B$로 취하면 $\overline{A}$는 연결집합이다.

02 $\{(x, y) \in \mathbb{R}^2 : y = 0\}$과 $\{(x, y) \in \mathbb{R}^2 : x > 0, \ y = 1/x\}$는 분리된 집합이므로 정리 6.2.3에 의하여 A는 연결집합이 아니다.

03 $G = \{(x, y) : x < -1\}$, $H = \{(x, y) : x > 1\}$로 두면 G, H는 $\mathbb{R}^2$의 열린집합이므로 $G \cap A$, $H \cap A$는 공집합이 아니고 서로소인 A의 열린집합이다. 또한 $(G \cap A) \cup (H \cap A) = A$이다. 따라서 A는 연결집합이 아니다.

04 A^o는 반드시 연결집합이 아니다. 예를 들어,

$$A = ([-1, 1] \times \{0\}) \cup ((-\infty, -1] \times \mathbb{R}) \cup ([1, \infty) \times \mathbb{R})$$

로 두면 A는 연결집합이다. 또한 $A^o = ((-\infty, -1) \times \mathbb{R}) \cup ((1, \infty) \times \mathbb{R})$이다. $G = (-\infty, -1) \times \mathbb{R}$, $H = (1, \infty) \times \mathbb{R}$로 두면 $A^o = G \cup H$, $G \cap \overline{H} = \overline{G} \cap H = \varnothing$이므로 A^o는 연결집합이 아니다.

05 (1) $(0, 1)$

(2) $\{0\} \cup \{1/n : n \in \mathbb{N}\}$은 콤팩트 집합이지만 연결집합이 아니다.

07 A_β는 임의의 $\gamma \neq \beta \in I$에 대하여 $A_\beta \cap A_\gamma \neq \varnothing$인 $\{A_\alpha : \alpha \in I\}$의 고정집합이라 하자. 임의의 $\alpha \in I$에 대하여 $D_\alpha = A_\beta \cup A_\alpha$로 두면 D_α는 $A_\beta \cap A_\alpha \neq \varnothing$인 두 연결집합의 합집합이므로 정리 6.2.6에 의하여 임의의 $\alpha \in I$에 대하여 D_α는 연결집합이다.

그리고 $A_\beta \subseteq \cup_\alpha A_\alpha$이므로

$$\cup_\alpha D_\alpha = \cup_\alpha (A_\beta \cup A_\alpha) = A_\beta \cup (\cup_\alpha A_\alpha) = \cup_\alpha A_\alpha.$$

$\alpha \neq \gamma$에 대하여

$$D_\alpha \cap D_\gamma = (A_\beta \cup A_\alpha) \cap (A_\beta \cup A_\gamma) = A_\beta \cup (A_\alpha \cap A_\gamma).$$

임의의 $\alpha \in I$에 대하여 $A_\beta \cap A_\alpha \neq \varnothing$이므로 $A_\beta \neq \varnothing$이므로 $\alpha \neq \gamma$에 대하여 $D_\alpha \cap D_\gamma \neq \varnothing$이다. 따라서 $\{D_\alpha\}$는 $\cap_\alpha D_\alpha \neq \varnothing$인 M의 연결집합들의 집합족이다. 정리 6.2.6에 의하여 $\cup_\alpha D_\alpha$는 연결집합이다. $\cup_{\alpha \in I} D_\alpha = \cup_{\alpha \in I} A_\alpha$이므로 $\cup_{\alpha \in I} A_\alpha$는 연결집합이다.

08 임의의 자연수 $n \in \mathbb{N}$에 대하여 $D_n = \cup_{i=1}^n A_i$로 둔다. 만약 $n=1$이면 $D_1 = A_1$은 연결집합이다. D_n이 연결집합이라 가정하자.

$$A_n \cap A_{n+1} \neq \varnothing \text{ 이고 } A_n \cap A_{n+1} \subseteq D_n \cap A_{n+1}$$

이므로 $D_n \cap A_{n+1} \neq \varnothing$이다. 따라서 정리 6.2.6에 의하여 $D_{n+1} = A_{n+1} \cup D_n$은 연결집합이다. 그러므로 $\cap_{n \in \mathbb{N}} D_n = A_1$이므로 $A = \cup_{n \in \mathbb{N}} A_n$은 연결집합이다.

09 A가 연결집합이 아니라고 가정하면 정리 6.2.3에 의하여 $A = C \cup D$인 공집합이 아닌 분리된 집합 C, D가 존재한다. $x \in C$, $y \in D$이면 $x, y \in A$이다. 가정에 의하여 $x, y \in A_{xy} \subseteq A$인 A의 연결집합 A_{xy}가 존재한다. 그러므로 $A_{xy} \subseteq C$이거나 $A_{xy} \subseteq D$가 성립한다. $A_{xy} \subseteq C$라 가정하면 $y \in A_{xy} \subseteq C$이다. 한편 C, D는 분리된 집합이므로 $y \notin C$이다. 이것은 모순이다. 따라서 A는 연결집합이다.

10 $A = \{(x, y) \in \mathbb{R}^2 : y = 0\}$, $B = \{(x, y) \in \mathbb{R}^2 : x > 0, \ y = 1/x\}$는 보통거리공간 $\mathbb{R}^2$의 연결부분집합이지만 $A \cup B$는 연결집합이 아니다.

11 $f : M \to X$는 위상동형(homeomorphism)이고 X는 연결집합이 아니라고 하면 $X = U \cup V$, $U \cap V = \varnothing$인 열린집합 $U, V(\neq \varnothing)$가 존재한다. f는 연속이므로 $f^{-1}(U)$, $f^{-1}(V)$는 열린집합이다. 또한

$$M = f^{-1}(X) = f^{-1}(U) \cup f^{-1}(V) \text{ 이고 } \varnothing = f^{-1}(\varnothing) = f^{-1}(U) \cap f^{-1}(V).$$

따라서 M은 연결집합이 아니다. 이것은 가정에 모순이다.

연습문제 6.3

01 정리 6.3.6에 의하여 $\chi_M = 1$이다.

02 (M, d)는 연결공간이 아니라고 가정하면 정리 6.3.6에 의하여 전사이고 연속함수 $g : (M, d) \rightarrow (M_o, d_o)$가 존재한다. 함수 $h : (M_o, d_o) \rightarrow \mathbb{R}$, $h(0) = 0$, $h(1) = 1$을 생각하면 h는 연속함수이다. 그러면 합성함수 $h \circ g : (M, d) \rightarrow \mathbb{R}$은 연속함수들의 합성함수이므로 연속이다. 또한 $\{0, 1\} \subseteq (h \circ g)(M)$이다. 아울러 $(h \circ g)(x) = 1/2$인 $x \in M$이 존재하지 않는다. 사실,

$$(h \circ g)^{-1}(\{1/2\}) = (g^{-1} \circ h^{-1})(\{1/2\}) = g^{-1}(\varnothing) = \varnothing.$$

05 만약 $X \times Y$가 연결이면 정사영 $\pi_X : X \times Y \rightarrow X$, $\pi_Y : X \times Y \rightarrow Y$는 연속이고 전사함수이므로 정리 6.3.1에 의하여 X, Y가 연결집합이다. 역으로 X, Y가 연결집합이라 가정하자. 한 원소 $a \in X$를 고정하고 $I = Y$로 놓는다. 집합 $B = \{a\} \times Y \subseteq X \times Y$와 $y \in Y$에 대하여 집합 $C_y = X \times \{y\} \subseteq X \times Y$를 생각하면 분명히 이들 집합은 $X \times Y$의 연결인 부분공간이다. 임의의 $y \in Y$에 대하여 $C_y \cap B = \{(a, y)\} \neq \varnothing$이므로 6.2절 연습문제 7에 의하여 임의의 $y \in Y$에 대하여 부분집합 $U_y = B \cup C_y \subseteq X \times Y$는 연결집합이다. 또한 임의의 $y, y' \in Y$에 대하여 $U_y \cap U_{y'} \neq \varnothing$이므로 6.2절 연습문제 7에 의하여 $\cup_{y \in Y} U_y = X \times Y$는 연결집합이다.

7장

연습문제 7.1

01 $\overline{A^c} \subseteq M$은 항상 성립하므로 $x \in M$일 때 $x \in \overline{A^c}$임을 보이면 된다. $x \in M$은 임의의 점이고 ϵ을 임의의 양수라 하자. $\overline{A} = M$이므로 임의의 열린 공 $B_r(x)$에 대하여 $B_r(x) \cap A \neq \varnothing$이다. 따라서 $B_{\epsilon/2}(x) \cap A \neq \varnothing$이므로 $y \in B_{\epsilon/2}(x) \cap A$인 y가 존재한다. 여기서 $A^o = \varnothing$이므로 y는 A의 내점이 아니다. 따라서 $z \in B_{\epsilon/2}(y)$인 $z \in A^c$가 존재하고

$$d(x,\ z) \leq d(x,\ y) + d(y,\ z) < \frac{\epsilon}{2} + \frac{\epsilon}{2} = \epsilon$$

이므로 $B_\epsilon(x) \cap A^c \neq \varnothing$ 이다. 그러므로 x는 $\overline{A^c}$의 원소이다.

02 $K_n = \{(r_1,\ r_2,\ \cdots,\ r_n,\ 0,\ 0,\ \cdots) : r_1,\ r_2,\ \cdots,\ r_n \in \mathbb{Q}\}$로 두면 분명히 K_n은 가산집합이고 $K_n \subseteq l^2$이다. $A = \cup_{n=1}^{\infty} K_n$으로 두면 A는 가산집합이고 $\overline{A} = l^2$이다.

04 가정에 의하여 M의 가산이고 조밀한 부분집합 $S = \{x_n : n \in \mathbb{N}\}$이 존재한다. 만약 $S \subseteq X$이면 증명이 끝난다. $S \not\subseteq X$라 가정하면 S의 점들과 임의로 가까운 점들로 구성되면서 X의 가산이고 조밀한 부분집합을 구성하고자 한다. 자연수 $m,\ k$에 대하여 $S_{m,k} = B_{1/k}(x_m)$으로 둔다. $S_{m,k} \cap X \neq \varnothing$일 때 점 $y_{m,k} \in S_{m,k} \cap X$를 선택하면 $d(x_m, y_{m,k}) < 1/k$이다.

이제 X의 가산부분집합 $A = \{y_{m,k} : m,\ k \in \mathbb{N}\}$이 X에서 조밀함을 보이면 된다. x는 X의 임의의 점이고 ϵ은 임의의 양수라 하자. $1/k < \epsilon/2$인 큰 자연수 k를 선택한다. S는 M에서 조밀하므로 $x_m \in B_{1/k}(x)$를 선택하면 $d(x,\ x_m) < 1/k$이고 $x \in S_{m,k} \cap X$이므로

$$d(x,\ y_{m,k}) \leq d(x,\ x_m) + d(x_m,\ y_{m,k}) < \frac{1}{k} + \frac{1}{k} < \frac{\epsilon}{2} + \frac{\epsilon}{2} = \epsilon.$$

따라서 $y_{m,k} \in B_\epsilon(x)$이다. x는 X의 임의의 점이고 ϵ은 임의의 양수이므로 $x \in \overline{A}$이다. 따라서 $\overline{A} = X$이므로 A가 X에서 조밀하다.

05 A는 X의 가산이고 조밀한 부분집합이라 하자. x는 M의 임의의 원소이고 ϵ은 임의의 양수라 하면 $\overline{X} = M$이므로 $d(x,\ y) < \epsilon/2$인 $y \in X$가 존재한다. A는 X에서 조밀하므로 $d(y,\ z) < \epsilon/2$인 점 $z \in A$가 존재한다. 삼각부등식에 의하여

$$d(x,\ z) \leq d(x,\ y) + d(y,\ z) < \frac{\epsilon}{2} + \frac{\epsilon}{2} = \epsilon$$

이므로 A는 M에서 조밀하다. 따라서 M은 분해가능 공간이다.

06 $y = (\eta_1,\ \eta_2,\ \eta_3,\ \cdots)$는 0과 1의 수열이면 $y \in l^\infty$이다. 이런 y에 대하여 이진수 표현의 실수 $\hat{y} = \frac{\eta_1}{2} + \frac{\eta_2}{2^2} + \frac{\eta_3}{2^3} + \cdots$에 대응한다. $[0,\ 1]$은 가산집합이 아니고, 모든 $\hat{y} \in [0,\ 1]$은 이진수로 표현할 수 있고 서로 다른 $\hat{y}$는 다른 이진수 표현을 가지므로 l^∞

의 부분집합 $A = \{x = \{x_n\} \in l^\infty : x_n = 0$ 또는 $1\}$은 가산집합이 아니다. 임의의 x, $y \in l^\infty$ $(x \neq y)$의 거리는 1이다. 만약 x, y의 각 수열은 반지름 1/3인 작은 구의 중심이면 $B_{1/3}(x) \cap B_{1/3}(y) = \varnothing$ 이고 이들 구는 비가산개의 수열들을 포함한다. 만약 M이 l^∞에서 조밀하면 서로 만나지 않는 이들 구는 M의 원소를 포함해야 하므로 M은 가산집합이 될 수 없다. M은 임의의 조밀한 집합이므로 l^∞는 가산이고 조밀한 부분집합을 가질 수 없으므로 l^∞는 분해가능 공간이 아니다.

연습문제 7.2

02 칸토어 집합의 구성에 의하여 칸토어 집합은 길이가 0이 아닌 구간을 포함하지 않으므로 칸토어 집합은 조밀한 곳이 없는 집합이다.

03 따름정리 7.2.3에서 나온다.

04 $\overline{\mathbb{Z}} = \mathbb{Z}$ 이므로 $\text{int}(\overline{\mathbb{Z}}) = \text{int}(\mathbb{Z}) = \varnothing$ 이다. 따라서 $\mathbb{Z}$는 $\mathbb{R}$에서 조밀한 곳이 없는 집합이다.

05 $\mathbb{R}$은 완비공간이므로 베어 범주정리에 의하여 $\mathbb{R}$은 제2범주이다. 보기 2나 3에 의하여 유리수 전체의 집합 $\mathbb{Q}$는 제1범주이다. $\mathbb{R} = \mathbb{Q} \cup (\mathbb{R} - \mathbb{Q})$이므로 도움정리 7.2.5(3)에 의하여 $\mathbb{R} - \mathbb{Q}$는 제2범주이다.

06 (1) A는 조밀한 곳이 없는 집합 B의 임의의 부분집합이면 $(\overline{A})^o \subseteq (\overline{B})^o = \varnothing$ 이므로 $(\overline{A})^o = \varnothing$, 즉 A는 조밀한 곳이 없는 집합이다.

(2) A는 조밀한 곳이 없는 집합이면 $(\overline{\overline{A}})^o = (\overline{A})^o = \varnothing$ 이다.

07 한 점은 제1범주 집합이라는 사실에서 나온다.

08 $B \subseteq A$이면 A는 제1범주 집합이므로 $n = 1, 2, \cdots$에 대하여

$$A = \bigcup_{n=1}^{\infty} A_n, \ (\overline{A_n})^o = \varnothing$$

이 성립하는 $\{A_n\}$이 존재한다. 따라서

$$B = B \cap A = B \cap \left(\bigcup_{n=1}^{\infty} A_n \right) = \bigcup_{n=1}^{\infty} (B \cap A_n),$$

$$(\overline{B \cap A_n})^o \subseteq (\overline{B} \cap \overline{A_n})^o \subseteq (\overline{A_n})^o = \varnothing$$

이므로 $(\overline{B \cap A_n})^o = \varnothing$ 이다. 그러므로 B는 제1범주 집합임을 알 수 있다.

09 $M = \mathbb{R}$ 은 보통거리를 갖는 거리공간이고 M의 부분집합으로 $\mathbb{Q}$ 를 생각한다.

$$\mathbb{Q} = \cup \{\{p/q\} : p \in \mathbb{Z},\, q \in \mathbb{N}\}$$

이고, $\{p/q\}$는 $\mathbb{R}$ 에서 조밀한 곳이 없는 집합이므로 $\mathbb{Q}$ 는 $\mathbb{R}$ 에서 조밀한 곳이 없는 집합 $\{p/q\}$의 가산개 합집합이다. $\mathbb{Q}$ 는 $\mathbb{R}$ 에서 조밀한 집합이므로 $\mathbb{Q}$ 는 $\mathbb{R}$ 에서 조밀한 곳이 없는 집합이 아니다.

연습문제 7.3

02 (1) $\lim\limits_{n \to \infty} d(x_n, x_n) = 0$이므로 $\{x_n\} \sim \{x_n\}$이다.

(2) 만약 $\lim\limits_{n \to \infty} d(x_n, y_n) = 0$이면 $\lim\limits_{n \to \infty} d(y_n, x_n) = 0$, 즉 $\{y_n\} \sim \{x_n\}$이다. 따라서 $\sim$ 는 대칭관계이다.

(3) $\{x_n\} \sim \{y_n\}$이고 $\{y_n\} \sim \{z_n\}$이면 $\lim\limits_{n \to \infty} d(x_n, y_n) = 0$이고 $\lim\limits_{n \to \infty} d(y_n, z_n) = 0$이므로 삼각부등식에 의하여 $\lim\limits_{n \to \infty} d(x_n, z_n) = 0$, 즉 $\{x_n\} \sim \{z_n\}$이다. 따라서 $\sim$ 는 추이관계이다.

03 ϕ_1은 등거리함수이므로 ϕ_1은 단사함수이다. 따라서 $\phi_1^{-1} : \phi_1(M) \to M$은 등거리함수이고 일대일 대응 함수이다. ϕ_2는 M에서 $\phi_2(M) \subseteq M_2$ 위로의 등거리함수이므로 $\phi_2 \circ \phi_1^{-1} : \phi_1(M) \to \phi_2(M)$은 전사이고 등거리함수이다. $h = \phi_2 \circ \phi_1^{-1}$로 두면

$$h \circ \phi_1 = (\phi_2 \circ \phi_1^{-1}) \circ \phi_1 = \phi_2 \circ (\phi_1^{-1} \circ \phi_1) = \phi_2 \circ I_X = \phi_2$$

이다. 따라서 h의 확대인 등거리함수 $f : M_1 \to M_2$가 유일하게 존재한다. 임의의 $x \in M$에 대하여

$$f \circ \phi(x) = f(\phi(x)) = h(\phi_1(x)) = h \circ \phi_1(x) = \phi_2(x)$$

이므로 $f \circ \phi_1 = \phi_2$이다. 마찬가지로 $g \circ \phi_1 = \phi_2$인 등거리함수 $g : M_2 \to M_1$이 유일하게 존재한다. 따라서 $g \circ f \circ \phi_1 = g \circ \phi_2 = \phi_1$, $f \circ g \circ \phi_2 = f \circ \phi_1 = \phi_2$이므로

$g \circ f = I_{\phi_1(M)}$이고 $f \circ g = I_{\phi_2(M)}$이다. $\phi_1(M)$은 M_1에서 조밀하므로 $g \circ f = I_{M_1}$이다. 마찬가지로 $f \circ g = I_{M_2}$이다. 따라서 $f = g^{-1}$이므로 f는 $f \circ \phi_1 = \phi_2$를 만족하는 유일한 등거리함수 $f : M_1 \to M_2$이다.

연습문제 7.4

01 (1) $x, y \in [a, \infty)$, $a > 0$이면 $|f(x) - f(y)| \le 2|x-y|/a^3$.

02 (2) 임의의 $x, y \in M$에 대하여

$$|f(x) - f(y)| = |x - y|\left(1 - \frac{1}{xy}\right) \le |x - y|$$

이므로 f는 축소사상이 아니다.

(3) $|x^3 - y^3| = |x - y||x^2 + xy + y^2|$을 이용하여라.

(4) 모든 $w \ne 0$에 대하여 $|\sin w| < |w|$이므로

$$|\cos x - \cos y| = \left|2\sin\left(\frac{x-y}{2}\right)\sin\left(\frac{x+y}{2}\right)\right|$$
$$\le 2\left|\sin\left(\frac{x-y}{2}\right)\right| < 2\left|\frac{x-y}{2}\right| = |x - y|.$$

따라서 f는 축소사상이 아니다.

(5) 위의 (4)와 비슷하게 증명할 수 있다.

8장

연습문제 8.1

01 (1) 만약 $x = (x_1, x_2, \cdots)$, $y = (y_1, y_2, \cdots) \in l^\infty$이면 $\{x_n\}$, $\{y_n\}$은 유계수열이므로 모든 i에 대하여 $|x_i| \le M$, $|y_i| \le N$인 양수 M, N이 존재한다. 따라서 모든 i에 대하여 $|x_i + y_i| \le |x_i| + |y_i| \le M + N$이므로 $x + y \in l^\infty$이다. 또한 실수 α와

$x = (x_1, \ x_2, \ \cdots) \in l^\infty$에 대하여 $|\alpha x_i| \leq |\alpha| M$이므로 $\alpha x \in l^\infty$이다. 그리고 l^∞는 선형공간의 모든 조건들을 만족한다.

노름의 정의 (1), (2)는 명백하다. 모든 i에 대하여 $|x_i + y_i| \leq |x_i| + |y_i| \leq \|x\| + \|y\|$이므로

$$\sup_i |x_i + y_i| = \|x + y\| \leq \|x\| + \|y\|$$

이다. 노름의 정의 (3)이 성립한다.

(2) $x = (x_1, \ x_2, \ \cdots) \in l^1$이면 $\sum_{n=1}^\infty |x_n|$은 수렴하므로 $\{x_n\}$은 0에 수렴한다. 따라서 $\{x_n\}$은 유계수열이므로 $x \in l^\infty$이다. 즉 $l^1 \subseteq l^\infty$이다. 또한 $x, y \in l^1$이면 민코프스키 부등식에 의하여 $x + y \in l^1$이고, 임의의 $\alpha \in \mathbb{C}$와 $x \in l^1$에 대하여 $\sum_{n=1}^\infty |\alpha x_n| = |\alpha| \sum_{n=1}^\infty |x_n|$은 수렴하므로 $\alpha x \in l^1$이다. 따라서 l^1은 l^∞의 부분공간이다.

02 임의의 $f, g \in B(X)$와 임의의 스칼라 α에 대하여

$$\sup_{t \in X} |(f + g)(t)| \leq \sup_{t \in X} |f(t)| + \sup_{t \in X} |g(t)| < \infty,$$
$$\sup_{t \in X} |(\alpha f)(t)| = |\alpha| \sup_{t \in X} |f(t)| < \infty$$

이므로 $f + g, \ \alpha f \in B(X)$이다. 따라서 $B(X)$는 선형공간의 모든 조건을 만족하므로 선형공간이다.

끝으로 $\|\cdot\|$가 노름이 되는 것을 증명한다.

(1) $\|x\| > 0$은 명백하다. 또한

$$\|x\| = \sup_{t \in X} |x(t)| = 0 \iff x(t) = 0 \ (t \in X) \iff x = 0.$$

(2) $\|\alpha x\| = \sup_{t \in X} |\alpha x(t)| = |\alpha| \sup_{t \in X} |x(t)| = |\alpha| \ \|x\|$

(3) $\|x + y\| = \sup_{t \in X} |x(t) + y(t)| \leq \sup_{t \in X} |x(t)| + \sup_{t \in X} |y(t)| = \|x\| + \|y\|$

03 $d(x + z, \ y + z) = \|(x + z) - (y + z)\| = \|x - y\| = d(x, \ y)$

04 (1) $x, y \in B_r(0), \ 0 \leq \lambda \leq 1$이면

$$\|\lambda x + (1 - \lambda)y\| \leq \lambda\|x\| + (1 - \lambda)\|y\| < \lambda r + (1 - \lambda)r = r$$

이므로 $\lambda x + (1 - \lambda)y \in B_r(0)$이다.

(2) $x \in B_r(0) \iff \|x\| < r \iff \|-x\| < r \iff -x \in B_r(0) \iff x \in -B_r(0)$

05 (1) $x + B_r(0) = \{x + z : z \in B_r(0)\}$이고

$$d(x, x+z) = \|x - (x+z)\| = \|z\| < r$$

이므로 $x + z \in B_r(x)$이다. 따라서 $x + B_r(0) \subseteq B_r(x)$이다.

역으로 $y \in B_r(x)$이면 $\|y - x\| = d(x, y) < r$이고

$$y = x + (y - x) \in x + B_r(0)$$

이므로 $B_r(x) \subseteq x + B_r(0)$이다. 따라서 $x + B_r(0) = B_r(x)$이다.

나머지 증명은 다음과 같다.

$$d(x, y) < r \Leftrightarrow d(x/r, y/r) < 1 \Leftrightarrow d(0, y - x) < r \Leftrightarrow d(0, (y-x)/r) < 1$$

(2) a는 $B_r(x)$의 집적점이면 임의의 양수 ϵ에 대하여 $\|y - a\| < \epsilon$인 $y \in B_r(x)$가 존재한다. 따라서 $\|a - x\| \leq \|a - y\| + \|y - x\| < \epsilon + r$이므로 $\|a - x\| \leq r$이다. 그러므로 $\overline{B_r(x)} \subseteq \{y : d(x, y) \leq r\}$이다.

역으로 $d(x, y) \leq r$이고 ϵ은 임의의 양수라 가정하자. $a = x + \lambda(y - x)$이고 $1 - \epsilon/r < \lambda < 1$이면

$$d(a, x) = \|a - x\| = |\lambda|\|y - x\| < r, \quad \|a - y\| = |-\lambda|\|x - y\| < \epsilon$$

이다. 따라서 $\{y : d(x, y) \leq r\} \subseteq \overline{B_r(x)}$이다.

06 $x = \sum_{i=1}^{n} a_i e_i = \sum_{i=1}^{n} b_i e_i$이면 $\sum_{i=1}^{n}(a_i - b_i)e_i = 0$이고 $\{e_1, e_2, \cdots, e_n\}$은 1차독립이므로 모든 $n = 1, 2, \cdots, n$에 대하여 $a_i = b_i$이다. 노름의 조건 (1), (2)는 명백하다. 이제 X가 노름공간임을 보인다. $x = \sum_{i=1}^{n} a_i e_i$, $y = \sum_{i=1}^{n} b_i e_i$에 대하여

$$\|x + y\|_{\infty} = \max_{1 \leq i \leq n}|a_i + b_i| \leq \max_{1 \leq i \leq n}|a_i| + \max_{1 \leq i \leq n}|b_i|$$
$$= \|x\|_{\infty} + \|y\|_{\infty}$$

이므로 노름의 조건 (3)이 성립된다. 따라서 X는 노름공간이다.

07 $\overline{M}$은 닫힌집합이므로 $\overline{M}$이 부분공간임을 보이면 된다. $x, y \in \overline{M}$이면, $x_n \to x$, $y_n \to y$인 M의 수열 $\{x_n\}$, $\{y_n\}$이 존재한다. 임의의 스칼라 α, β에 대하여

$$\|(\alpha x_n + \beta y_n) - (\alpha x + \beta y)\| \leq |\alpha|\|x_n - x\| + |\beta|\|y_n - y\|$$

이므로 $\lim_{n \to \infty}(\alpha x_n + \beta x_n) = \alpha x + \beta y$이다. M은 부분공간이므로 $\alpha x_n + \beta y_n \in M$이다.

따라서 $\alpha x + \beta y \in \overline{M}$이다.

08 임의의 $x = (x_1,\ x_2,\ \cdots),\ y = (y_1,\ y_2,\ \cdots) \in c_0$에 대하여

$$\lim_{n \to \infty} |x_n + y_n| \le \lim_{n \to \infty} |x_n| + \lim_{n \to \infty} |y_n| = 0 + 0 = 0$$

이므로 $x + y \in c_0$이다. 또한 스칼라 α와 $x = (x_1,\ x_2,\ \cdots) \in c_0$에 대하여

$$\lim_{n \to \infty} |\alpha x_n| = |\alpha| \lim_{n \to \infty} |x_n| = |\alpha| \cdot 0 = 0$$

이므로 $\alpha x \in c_0$이다. 따라서 c_0는 선형공간의 모든 조건을 만족하므로 c_0는 선형공간이다. 또한 c_0가 노름공간임을 쉽게 보일 수 있다.

이제 c_0가 l^∞의 닫힌부분집합임을 보인다. $x = (x_1,\ x_2,\ \cdots) \in c_0$이면 $\{x_n\}$은 0에 수렴하므로 $\{x_n\}$은 유계수열이다. 따라서 $c_0 \subseteq l^\infty$이다. 그리고 $x^{(n)} \in c_0$이고 $x^{(n)} \to x$이면 임의의 양수 $\epsilon > 0$에 대하여 자연수 n_0가 존재해서

$$\|x^{(n_0)} - x\| = \sup_k \left| x_k^{(n_0)} - x_k \right| < \frac{\epsilon}{2}$$

이다. 또한 $x^{(n_0)} \in c_0$이므로 자연수 k_0가 존재해서

$$k \ge k_0 \text{이면} \left| x_k^{(n_0)} \right| < \frac{\epsilon}{2}$$

이다. 따라서 $k \ge k_0$일 때 $|x_k| \le \left| x_k - x_k^{(n_0)} \right| + \left| x_k^{(n_0)} \right| < \epsilon/2 + \epsilon/2 = \epsilon$이므로 $x \in c_0$이다. 즉, c_0는 l^∞의 닫힌집합이다.

09 분명히 l_0는 l^2의 부분공간이다. 임의의 자연수 k에 대하여 $x^k = (1,\ 1/2,\ 1/3,\ \cdots,\ 1/k,\ 0,\ 0,\ \cdots)$로 두면 $x^k \in l_0$이고 $x^k \in l^2$이다. $a = (1,\ 1/2,\ 1/3,\ \cdots)$로 두면 $a \in l^2$이지만 $a \notin l_0$이다.

$$\|x^k - a\|_2 = \left\| \left(0,\ 0,\ \cdots,\ 0,\ \frac{1}{k+1},\ \cdots\right) \right\| = \left\{ \sum_{n=k+1}^{\infty} \frac{1}{n^2} \right\}^{1/2} \to 0$$

이므로 $k \to \infty$일 때 수열 $\{x^k\}$은 l^2에서 a에 수렴한다. 따라서 l_0는 l^2의 닫힌 부분공간이 아니다.

10 x_0가 E의 내점이면 $B_r(x_0) \subseteq E$인 양수 $r > 0$이 존재한다.

$$x \in X - E, \quad y = x_0 + \frac{r(x - x_0)}{2 \|x - x_0\|}$$

로 두면 $\|x_0 - y\| = r/2 < r$ 이므로 $y \in E$ 이다. 따라서 $x_0, y \in E$ 이고 E 는 부분공간이므로

$$x = x_0 + \frac{2}{r}\|x - x_0\|(y - x_0) \in E$$

이다. 이것은 $x \in X - E$ 에 모순이다.

11 $x, y \in \cup_{\alpha \in I} C_\alpha$ 이고 $0 \leq \lambda \leq 1$ 이면 $x \in C_\alpha, y \in C_\beta$ 인 $\alpha, \beta \in I$ 가 존재한다. 가정에 의하여 $C_\alpha \subseteq C_\gamma, C_\beta \subseteq C_\gamma$ 인 $\gamma \in I$ 가 존재하므로 $x, y \in C_\gamma$ 이고 $\lambda x + (1 - \lambda)y \in C_\gamma$ 이다. 따라서 $\lambda x + (1 - \lambda)y \in \cup_{\alpha \in I} C_\alpha$ 이다.

12 $\{x_n\}$ 은 유계수열이고 $x_k = a_{k,1}e_1 + \cdots + a_{k,n}e_n \ (k = 1, 2, \cdots)$ 라 하자. 이때 $\sup_k \|x_k\|_\infty < \infty$ 이므로 $i = 1, 2, \cdots n$ 에 대하여 $\sup_k |a_{k,i}| < \infty$ 이다. 따라서 볼차노-바이어슈트라스 정리에 의하여 $i = 1, \cdots, n$ 에 대하여 $a_{k',i} \to a_i$ 를 만족하는 $\{x_k\}$ 의 부분수열 $\{x_{k'}\}$ 이 존재한다. $x = a_1 e_1 + \cdots + a_n e_n$ 으로 두면,

$$\|x_{k'} - x\|_\infty = \sup_{1 \leq i \leq n}|a_{k',i} - a_i| \to 0$$

이므로 $x_{k'} \to x$ 이다.

13 $x \in X, r = d(x, F)$ 이면 $\|x - y_k\| < r + \frac{1}{k}$ 인 수열 $\{y_k\} \subseteq F$ 가 존재한다. $\{y_k\}$ 는 유계수열이므로 수렴하는 부분수열 $\{y_{n_k}\}$ 를 갖는다(연습문제 12). $y_{n_k} \to y$ 이면

$$\|x - y\| \leq \|x - y_{n_k}\| + \|y_{n_k} - y\|$$

이므로 $\|x - y\| \leq r$ 이다. F 는 닫힌 부분공간이므로 $y \in F$ 이다. 한편, $y \in F$ 이므로 $\|x - y\| \geq r$ 이다. 따라서 $\|x - y\| = r$ 이다.

14 $x = (x_1, \cdots, x_n) \in \mathbb{R}^n$ 이고 임의의 $1 \leq i \leq n$ 에 대하여

$$|x_i| \leq (|x_1|^p + |x_2|^p + \cdots + |x_n|^p)^{1/p} = \|x\|_p$$

이므로

$$\|x\|_\infty = \max\{|x_i| : 1 \leq i \leq n\} \leq \|x\|_p.$$

한편, 임의의 $1 \leq i \leq n$ 에 대하여 $|x_i| \leq \|x\|_\infty$ 이므로

$$\|x\|_p \leq (n\|x\|_\infty^p)^{1/p} = n^{1/p}\|x\|_\infty.$$

15 연습문제 14에 의하여 $n^{-1/q}\|x\|_q \leq \|x\|_\infty \leq \|x\|_p \leq n^{1/p}\|x\|_\infty \leq n^{1/p}\|x\|_q$.

연습문제 8.2

01 2.3절 연습문제 8을 참조하여라.

02 $\{x_n\}$이 코시수열이고 $\lim\limits_{n \to \infty} \| x_n \| = d > 0$이라 하자. 이때 $d > d - a > 0$인 $a > 0$을 택하고, n, m을 충분히 크게 취하면

$$\|y_m - y_n\| = \left\| \frac{x_m}{\|x_m\|} - \frac{x_n}{\|x_n\|} \right\|$$
$$= \frac{1}{\|x_m\|\|x_n\|} \| \|x_n\|x_m - \|x_m\|x_n \|$$
$$\leq \frac{1}{(d-a)^2} \| \|x_n\|x_m - dx_m + dx_m - dx_n + dx_n - \|x_m\|x_n \|$$
$$\leq \frac{1}{(d-a)^2} \Big(|\|x_n\| - d|\|x_m\| + d\|x_m - x_n\| + |d - \|x_m\||\|x_n\| \Big)$$

이므로 $\{y_n\}$은 코시수열이다.

03 $\{x_n\}$은 X의 임의의 코시수열이라 하자. $\|x_n\| \to 0$이면 $x_n \to \theta$이므로 $\{x_n\}$은 X의 θ에 수렴한다. 만약 $\|x_n\| \nrightarrow 0$이면 $c = \lim\limits_{n \to \infty} \|x_n\| > 0$이다. $y_n = x_n/\|x_n\| (n = 1, 2, \cdots)$로 두면 $\|y_n\| = 1$이고 $\{y_n\}$은 B에서 코시수열이다(연습문제 2). B는 완비공간이므로 $\{y_n\}$은 B의 원소 y에 수렴한다. $x = cy$로 두면 $n \to \infty$일 때

$$\|x_n - x\| = \| \|x_n\|y_n - cy_n + cy_n - cy \|$$
$$\leq |\|x_n\| - c|\|y_n\| + c\|y_n - y\| \to 0$$

이므로 $x_n \to x$이다. 따라서 X는 바나흐 공간이다.

04 $\{x_n\} \in c$이면 수렴하는 수열은 유계수열이므로 $c \subseteq l^\infty$이고, l^∞는 노름공간이므로 c는 노름공간이다. 따라서 c가 완비공간임을 보이면 된다. $\{x^{(n)}\} = \{x^{(1)}, \ x^{(2)}, \ \cdots\}$는 c의 임의의 코시수열이고 $x^{(n)} = (x_1^{(n)}, \ x_2^{(n)}, \ \cdots)$이면 임의의 양수 $\epsilon > 0$에 대하여 자연수 N이 존재해서

$$m, \ n \geq N \text{이면} \ \|x^{(m)} - x^{(n)}\| = \sup |x_i^{(m)} - x_i^{(n)}| < \epsilon$$

이다. 따라서 각 자연수 i에 대하여

$$m, \ n \geq N \text{이면} \ |x_i^{(m)} - x_i^{(n)}| \leq \|x^{(m)} - x^{(n)}\| < \epsilon \tag{0.8}$$

이므로 $\{x_i^{(n)}\}$은 코시수열이다. $\mathbb{C}$은 완비공간이므로 $\lim_{n \to \infty} x_i^{(n)} = a_i$인 $a_i \in \mathbb{C}$가 존재한다. $x = (a_1, \ a_2, \ \cdots)$로 두면 $x \in c$이고 $x^{(n)} \to x$임을 보인다. 식 (0.8)에서 n을 고정하고 $m \to \infty$로 하면 $i = 1, \ 2, \ \cdots$에 대하여

$$n \geq N \text{이면} \ |a_i - x_i^{(n)}| \leq \epsilon \tag{0.9}$$

이다. $x^{(N)} = (x_1^{(N)}, \ x_2^{(N)}, \ \cdots) \in c$는 수렴하는 수열이므로 코시수열이다. 따라서

$$k, i \geq k_0 \text{이면} \ |x_k^{(N)} - x_i^{(N)}| < \epsilon$$

이 성립되는 $k_0 \geq N$인 자연수 k_0가 존재한다. 따라서 $k, i \geq k_0$이면

$$|a_k - a_i| \leq |a_k - x_k^{(N)}| + |x_k^{(N)} - x_i^{(N)}| + |x_i^{(N)} - a_i| < 3\epsilon$$

이므로 $x = (a_1, \ a_2, \ \cdots)$는 $\mathbb{C}$에서 코시수열이다. $\mathbb{C}$의 완비성에 의하여 x는 수렴하는 수열이므로 $x \in c$이다. 또한 식 (0.9)로부터

$$n \geq N \text{이면} \ \|x - x^{(n)}\| = \sup |a_i - x_i^{(n)}| \leq \epsilon$$

이므로 $x^{(n)} \to x$이다. 따라서 c는 바나흐 공간이다.

05 l^∞가 바나흐 공간이 되는 것의 증명과 비슷하다.

06 l^∞가 바나흐 공간이 되는 것의 증명과 비슷하다(7.2절 보기 2 참조).

08 먼저 $x* + y*, \ \alpha x*, \ \|x*\|$의 정의가 잘 정의됨(well-defined)을 보인다. 만약 $\{x_n{}'\} \in x*, \ \{y_n{}'\} \in y*$이면 $\{x_n\} \sim \{x_n{}'\}, \ \{y_n\} \sim \{y_n{}'\}$이므로

$$0 \leq \lim_{n \to \infty} \|(x_n + y_n) - (x_n{}' + y_n{}')\| \leq \lim_{n \to \infty} \|x_n - x_n{}'\| + \lim_{n \to \infty} \|y_n - y_n{}'\| = 0$$

이므로 $(x_n + y_n) \sim (x_n{}' + y_n{}')$이다. 따라서 $x* + y*$는 잘 정의된다. 같은 방법으로 $\alpha x*$도 잘 정의됨을 알 수 있다. 한편,

$$\lim_{n \to \infty} \|x_n\| \leq \lim_{n \to \infty} \|x_n - x_n{}'\| + \lim_{n \to \infty} \|x_n{}'\| = \lim_{n \to \infty} \|x_n{}'\|$$
$$\leq \lim_{n \to \infty} \|x_n{}' - x_n\| + \lim_{n \to \infty} \|x_n\| = \lim_{n \to \infty} \|x_n\|$$

이므로 $\lim_{n\to\infty}\|x_n\| = \lim_{n\to\infty}\|x_n'\|$이다. 따라서 $\|x^*\|$도 잘 정의된다.

마지막으로 $X^* = M/\sim$가 노름공간이 됨을 보인다.

(1) $\|x^*\| = 0 \Leftrightarrow \lim_{n\to\infty}\|x_n\| = \lim_{n\to\infty}\|x_n - 0\| = 0 \Leftrightarrow \{x_n\} \sim (0,\ 0,\ \cdots) \Leftrightarrow x^* = 0^*$

(2) $\|\alpha x^*\| = \lim_{n\to\infty}\|\alpha x_n\| = \lim_{n\to\infty}|\alpha|\,\|x_n\| = |\alpha|\lim_{n\to\infty}\|x_n\| = |\alpha|\,\|x^*\|$

(3) $\|x^* + y^*\| = \lim_{n\to\infty}\|x_n + y_n\| \le \lim_{n\to\infty}\|x_n\| + \lim_{n\to\infty}\|y_n\| = \|x^*\| + \|y^*\|$

따라서 $\|\cdot\|$는 X^*의 노름이므로 X^*는 노름공간이다.

09 연습문제 8에서 X^*가 노름공간이므로 X^*가 완비공간임을 밝히면 된다. 만약 $\{x_k{}^*\}$가 X^*의 임의의 코시수열이면 모든 자연수 k에 대하여 $u_k = (y_k,\ y_k,\ \cdots)$이고 $y_k \in X$인 $u_k{}^* \in X^*$가 존재해서

$$\|u_k{}^* - x_k{}^*\| \le 1/k$$

이다. 왜냐하면 $x_k = (x_k(1),\ x_k(2),\ \cdots)$로 두면 $\{x_k(n)\}_{n=1}^{\infty}$은 코시수열이므로 어떤 n_0가 존재해서

$$n,\ m \ge n_0 \text{이면 } \|x_k(n) - x_k(m)\| \le 1/k$$

이다. 여기서 $u_k = (x_k(n_0),\ x_k(n_0),\ \cdots)$로 두면

$$\|u_k{}^* - x_k{}^*\| = \lim_{n\to\infty}\|x_k(n_0) - x_k(n)\| \le 1/k$$

가 성립하기 때문이다. 각 $x_k{}^*$에 대하여 $\|u_k{}^* - x_k{}^*\| \le 1/k$인 $u_k = (y_k,\ y_k,\ \cdots)$, $y_k \in X$가 존재하므로 $z = (y_1,\ y_2,\ \cdots)$는 X의 코시수열이다. 왜냐하면

$$\|y_m - y_n\| = \|u_m{}^* - u_n{}^*\| \le \|u_m{}^* - x_m{}^*\| + \|x_m{}^* - x_n{}^*\| + \|x_n{}^* - u_n{}^*\|$$
$$\le \frac{1}{m} + \|x_m{}^* - x_n{}^*\| + \frac{1}{n}$$

이므로 $m,\ n \to \infty$일 때 $\|y_m - y_n\| \to 0$이다.

끝으로, $x_k{}^* \to z^*$임을 보인다. $(y_1,\ y_2,\ \cdots)$는 코시수열이므로, 임의의 $\epsilon > 0$에 대하여 $m,\ n \ge n_0$이면 $\|y_m - y_n\| < \epsilon$을 만족하는 $1/\epsilon$보다 큰 자연수 n_0가 존재한다. 따라서

$$k \ge n_0 \text{이면 } \|u_k{}^* - z^*\| = \lim_{n\to\infty}\|y_k - y_n\| \le \epsilon$$

이므로

$$\|x_k{}^* - z^*\| \leq \|x_k{}^* - u_k{}^*\| + \|u_k{}^* - z^*\| < \frac{1}{k} + \epsilon < 2\epsilon$$

이다. 그러므로 $x_k{}^* \to z^*$이다.

연습문제 8.3

01 임의의 $y_1,\, y_2 \in R(T)$에 대해 $Tx_2 = y_1,\ Tx_2 = y_2$인 $x_1,\, x_2 \in X$가 존재하므로

$$y_1 + y_2 = Tx_1 + Tx_2 = T(x_1 + x_2) \in R(T)$$

이다. 또한 임의의 스칼라 k와 $y \in R(T)$에 대하여 $Tx = y$인 $x \in X$가 존재하고

$$ky = kTx = T(kx) \in R(T)$$

이므로 $R(T)$는 Y의 부분공간이다.

02 $ST: X \to Z$는 분명히 선형작용소이다. 모든 $x \in X$에 대하여

$$\|(ST)(x)\| = \|S(Tx)\| \leq \|S\|\|Tx\| \leq \|S\|\|T\|\|x\|$$

이므로 ST는 유계이고 $\|ST\| \leq \|S\|\|T\|$이다.

03 T는 분명히 선형사상이다. $M = \sup|\alpha_n|$이면

$$\|Tx\| = \sum_{n=0}^{\infty} |\alpha_n x_n| \leq M \sum_{n=0}^{\infty} |x_n| = M\|x\|$$

이므로 유계이다.

04 만약 $n = 1,\, 2,\, \cdots$에 대하여 $f_n(t) = t^n$이면 $f_n \in C^1[0,\, 1]$이고 $\|f_n\| = 1$이다. 한편

$$(Tf_n)(t) = \frac{df_n(t)}{dt} = nt^{n-1}$$

이므로 $\|Tf_n\| = n$이고 $\|T\| = \sup_{\|x\|=1}\|Tx\| = \infty$이다.

05 (1) 임의의 $x \in X$와 스칼라 $\alpha,\ \beta$에 대하여

$$(\widehat{T}(\alpha f + \beta g))(x) = (\alpha f + \beta g)(Tx) = \alpha f(Tx) + \beta g(Tx)$$
$$= \alpha(\widehat{T}f)(x) + \beta(\widehat{T}g)(x) = (\alpha\,\widehat{T}f + \beta\widehat{T}g)(x)$$

이므로 $\widehat{T}(\alpha f + \beta g) = \alpha\,\widehat{T}f + \beta\,\widehat{T}g$이다. 따라서 $\widehat{T}$는 선형작용소이다.

$\widehat{T}f = f \circ T \in C(X)$이므로

$$\|\widehat{T}f\| = \sup_{x \in X} |(Tf)(x)| = \sup_{x \in X} |f(Tx)| \le \|f\|$$

이므로 $\|\widehat{T}\| \le 1$이다. 또한 모든 $x \in X$에 대하여 $(\widehat{T}e)(x) = e(Tx) = 1$이므로 $\widehat{T}(e) = \|\widehat{T}\| = 1$이다.

(2) 만약 $f \ge 0$이면 모든 $x \in X$에 대하여 $Tx \in X$이므로 $(\widehat{T}f)(x) = f(Tx) \ge 0$이다. 따라서 $\widehat{T}f \ge 0$이다.

06 $x = \displaystyle\sum_{i=1}^{n} x_i e_i,\ y = \sum_{i=1}^{n} y_i e_i$이고 $M = \{\|v_1\|, \cdots, \|v_n\|\}$이면

$$\|Tx - Ty\| = \|\sum_{i=1}^{n} (x_i - y_i) v_i\| \le \sum_{i=1}^{n} |x_i - y_i|\|v_i\|$$
$$\le M \sum_{i=1}^{n} |x_i - y_i| \le nM \big(\sum_{i=1}^{n} |x_i - y_i|^2\big)^{1/2}$$
$$= nM\|x - y\|.$$

따라서 T는 연속함수이다.

연습문제 8.4

01 정리 4.1.7에 의하여 임의의 콤팩트 집합은 유계이고 닫힌집합이므로 역을 보이고자 한다. Y가 유계이고 닫힌집합이라 하자. $\{e_1, e_2, \cdots, e_n\}$은 n차원 노름공간 X의 기저라 하자. Y의 임의의 수열 $\{x_k\}_{k=1}^{\infty}$을 생각한다. x_k는 $x_k = \displaystyle\sum_{i=1}^{n} x_{i,k} e_i\ (x_{i,k} \in \mathbb{R})$ 형태로 표현할 수 있다. Y가 유계이므로 $\{x_k\}$는 유계수열이다. 즉, 임의의 자연수 k에 대하여 $\|x_k\| \le c$이다. 부등식 (8.6)에 의하여

$$c \ge \|x_k\| = \|\sum_{i=1}^{n} x_{i,k} e_i\| \ge m \sum_{i=1}^{n} |x_{i,k}|$$

인 양수 m이 존재한다. 따라서 x_k의 i성분들의 실수열 $\{x_{i,k}\}_{k=1}^{\infty}$은 유계수열이므로 볼차노-바이어슈트라스 정리에 의하여 $\{x_{i,k}\}_{k=1}^{\infty}$은 집적점 $y_i \in \mathbb{R}$을 가진다$(1 \le i \le n)$. 그러므로 $\{x_k\}_{k=1}^{\infty}$은 $y = \displaystyle\sum_{i=1}^{k} y_i e_i$에 수렴하는 부분수열 $\{x_{n_k}\}$를 가진다. Y는

닫힌집합이므로 $y \in Y$이다. 따라서 Y의 임의의 수열 $\{x_k\}_{k=1}^{\infty}$은 Y에서 수렴하는 부분수열을 가지므로 Y는 콤팩트 집합이다.

02 X는 무한차원 공간이라 하자. 노름 1인 임의의 $x_1 \in X$를 선택하면 이런 x_1은 X의 일차원 부분공간 X_1을 생성하고 따름정리 8.4.3에 의하여 X_1은 닫힌 공간이다. X는 무한차원이므로 X_1은 X의 진부분집합이다. 정리 8.1.12(리즈의 도움정리)에 의하여 $\|x_2 - x_1\| \geq \theta = 1/2$인 노름 1의 $x_2 \in X$가 존재한다. x_1, x_2는 X의 이차원 진부분공간 X_2를 생성한다. 정리 8.1.12(리즈의 도움정리)에 의하여 임의의 $x \in X_2$에 대하여 $\|x_3 - x\| \geq 1/2$인 노름 1의 $x_3 \in X$가 존재한다. 따라서 $\|x_3 - x_1\| \geq 1/2$, $\|x_3 - x_2\| \geq 1/2$이다. 이러한 과정을 계속하면 $\|x_m - x_n\| \geq 1/2 \ (m \neq n)$이고 $x_n \in B$인 수열 $\{x_n\}$을 얻을 수 있다. 따라서 $\{x_n\}$은 부분수열을 가질 수 없으므로 이것은 B가 콤팩트 집합이라는 것에 모순이다. 그러므로 X는 유한차원 공간이다.

03 $\{e_1, \ e_2, \ \cdots, \ e_n\}$은 일반성을 잃지 않고 단위벡터로 구성된 X의 기저라고 하자. 표준함수

$$T : \mathbb{C}^n \to X, \ \ T(x_1, \ \cdots, \ x_n) = x_1 e_1 + \cdots + x_n e_n$$

은 분명히 선형사상이고 전단사함수이다. 또한

$$\|Tx\| = \|x_1 e_1 + \cdots + x_n e_n\| \leq (|x_1| + \cdots + |x_n|)^{1/2} \leq \sqrt{n} \left(\sum_i |x_i|^2\right)^{1/2} = \sqrt{n} \, \|x\|_2$$

이므로 T는 연속인 작용소이다.

이제 T^{-1}가 연속임을 보이고자 한다. $f : \mathbb{C}^n \to \mathbb{R}$, $f(x) = \|Tx\|$로 두면 f는 연속함수이다. 단위 구 $S = \{u \in \mathbb{C}^n : \|u\|_2 = 1\}$은 $\mathbb{C}^n$의 유계이고 닫힌부분집합이므로 하이네-보렐 정리에 의하여 S는 콤팩트 집합이다. 따라서 연속함수의 성질에 의하여 $f(S)$는 콤팩트 집합이다. 만약 $0 \in f(S)$이면 $\|Tu\| = f(u) = 0$인 $u \in S$가 존재하므로 $Tu = 0$이다. T는 단사함수이므로 $u = 0$이다. 이것은 $u \in S$에 모순된다. 따라서 $0 \notin f(S)$이다. 또한 $f(S)$는 닫힌집합이므로 0은 $f(S)$의 외점이다. 즉, $0 \in B_\epsilon(0) \subseteq f(S)^c$인 적당한 양수 c가 존재한다. 그러므로 임의의 단위벡터 u에 대하여 $\|Tu\| = f(u) > c$이므로 임의의 x에 대하여 $c\|x\|_2 \leq \|Tx\|$, 즉 T^{-1}는 연속이다. 따라서 T는 동형사상이므로 n차원 노름공간 X는 $\mathbb{C}^n$과 동형이다. $\mathbb{C}^n$이 완비공간이므로 X도 완비공간이다.

연습문제 8.5

01 $\sum_{i=1}^{n} |y_i|^q = (\sum_{i=1}^{n} |y_i|^q)^{1/q} (\sum_{i=1}^{n} |y_i|^q)^{1/p} = \|y\|_q (\sum_{i=1}^{n} |y_i|^q)^{1/p}$ 이고

$\|x\|_p = (\sum_{i=1}^{n} |x_i|^p)^{1/p} = (\sum_{i=1}^{n} |y_i|^q)^{1/p}$ 이므로 결과가 명백히 성립한다.

02 정리 8.5.4와 같이 임의의 $a = (a_1, a_2, \cdots, a_n) \in l_n^q$ 과 $x = (x_1, x_2, \cdots, x_n) \in l_n^p$ 에 대하여 $f_a(x) = \sum_{i=1}^{n} a_i x_i$ 로 정의하면 홀더의 부등식에 의하여

$$|f_a(x)| \leq \sum_{i=1}^{n} |a_i||x_i| \leq (\sum_{i=1}^{n} |a_i|^q)^{1/q} (\sum_{i=1}^{n} |x_i|^p)^{1/p} = \|a\|_q \|x\|_p$$

이므로 $\|f_a\| \leq \|a\|_q$ 이다.

등호가 성립함을 보이기 위하여 $a_i \neq 0$ 이면 $x_i = |a_i|^q / a_i$ 이고, $a_i = 0$ 이면 $x_i = 0$ 으로 둔다. 그러면 직접 계산에 의하여 $f_a(x) = \|a\|_q \|x\|_p$ 는 명백하다. 나머지 부분은 정리 8.5.4의 증명과 같다.

03 $a = (a_1, \cdots, a_n) \in l_n^{\infty}$ 은 임의의 원소이고 l_n^1 위의 함수 f_a 를 모든 $x = (x_1, \cdots, x_n) \in l_n^1$ 에 대해 $f_a(x) = \sum_{i=1}^{n} a_i x_i$ 로 정의하면

$$|f_a(x)| = \left| \sum_{i=1}^{n} a_i x_i \right| \leq (\max_{1 \leq i \leq n} |a_i|) \sum_{i=1}^{n} |x_i| = \|a\|_{\infty} \|x\|_1$$

이므로 $\|f_a\| \leq \|a\|_{\infty}$ 이다. $|a_i| = \|a\|_{\infty}$ 이면 $x_i = |a_i| / a_i$ 로 두고, $|a_i| \neq \|a\|_{\infty}$ 이면 $x_i = 0$ 으로 두면 $f_a(x) = \sum_{i=1}^{n} a_i x_i = \|a\|_{\infty} \|x\|_1$ 이므로 $\|f_a\| = \|a\|_{\infty}$ 이다.

$e_1 = (1, 0, \cdots, 0)$, $e_2 = (0, 1, 0, \cdots, 0)$, $\cdots$ 이고 $f \in (l_n^1)^*$ 는 임의의 원소라 하자. $i = 1, 2, \cdots, n$ 에 대하여 $a_i = f(e_i)$ 로 두면 임의의 $x \in l_n^1$ 에 대하여

$$f(x) = f(\sum_{i=1}^{n} x_i e_i) = \sum_{i=1}^{n} x_i f(e_i) = \sum_{i=1}^{n} x_i a_i = f_a(x)$$

이다. 따라서 $f_a = f$ 이므로 $a \in l_n^{\infty}$ 을 $f_a \in (l_n^1)^*$ 에 대응시키는 사상은 동형사상이다. 즉, $(l_n^1)^* = l_n^{\infty}$ 이다.

04 연습문제 3과 같은 방법으로 하면 된다. 등호가 성립함을 보이기 위하여 $a_i \neq 0$이면 $x_i = |a_i|/a_i$이고, $a_i = 0$이면 $x_i = 0$으로 하면 된다.

05 $a = (a_1, a_2, \cdots) \in l^1$는 l^1의 임의의 원소라 하자. 임의의 $x = (x_1, x_2, \cdots) \in c_0$에 대하여 $f_a(x) = \sum_{i=1}^{\infty} a_i x_i$로 정의하면 f_a는 선형범함수이고 $|f_a(x)| \leq \|a\|_1 \|x\|_\infty$이다. 따라서 $f_a \in (c_0)^*$이고 $\|f_a\| \leq \|a\|_1$이다.

한편, $a_i \neq 0$일 때 $x_i = |a_i|/a_i$로 두고, $a_i = 0$일 때 $x_i = 0$으로 두자. $n = 1, 2, \cdots$에 대하여 $y_n = (x_1, \cdots, x_n, 0, 0, \cdots)$로 두면 $y_n \in c_0$이고 $\|y_n\| \leq 1$이므로 $\|f_a\| \geq \|a\|_1$이다. 따라서 $\|f_a\| = \|a\|_1$이다.

다음은, 함수 $T: l^1 \to (c_0)^*$, $Ta = f_a$는 위로의 사상임을 보인다. $f \in (c_0)^*$에 대하여 $e_1 = (1, 0, 0, \cdots)$, $e_2 = (0, 1, 0, 0, \cdots)$, $\cdots$로 두고 $i = 1, 2, \cdots$에 대하여 $f(e_i) = a_i$, $a = (a_1, a_2, \cdots)$라 두자. $x = (x_1, x_2, \cdots) \in c_0$에 대하여 $y_n = (x_1, x_2, \cdots, x_n, 0, 0, \cdots)$로 두면 $\lim_{k \to \infty} |x_k| = 0$이므로 $n \to \infty$일 때 $\|x - y_n\|_\infty = \sup_{n < k} |x_k| \to 0$이다. 따라서 f는 연속이므로 모든 $x = (x_1, x_2, \cdots) \in c_0$에 대하여

$$f(x) = \lim_{n \to \infty} f(y_n) = \lim_{n \to \infty} \left(\sum_{i=1}^{n} x_i e_i \right) = \lim_{n \to \infty} \sum_{i=1}^{n} x_i f(e_i)$$

$$= \lim_{n \to \infty} \sum_{i=1}^{n} x_i a_i = \lim_{n \to \infty} f_a(y_n) = f_a(x)$$

이므로 $f = f_a$, 즉 T는 전사함수이다.

마지막으로 $a = (a_1, a_2, \cdots) \in l^1$임을 보이기 위해서 $a_i \neq 0$이면 $x_i = \dfrac{|a_i|}{a_i}$이고, $a_i = 0$이면 $x_i = 0$으로 두면 앞의 방법과 같이 보일 수 있다.

연습문제 8.6

01 주어진 $x \neq 0$에 대하여 $Y = \{\lambda x : \lambda \in \mathbb{C}\}$는 X의 일차원 부분공간이고 $x \in Y$이다. $\phi(\alpha x) = \alpha \|x\|$로 정의하면 ϕ는 분명히 선형범함수이고, $|\phi(\alpha x)| = |\alpha| \|x\| = \|\alpha x\|$이므로 $\|\phi\| = 1$이다. 따라서 $\phi \in Y^*$이다. 한-바나흐 정리에 의하여 ϕ는 X 위의 선

형범함수 $f = \overline{\phi} \in X^*$로 확장될 수 있으므로 $f(x) = \|x\| \neq 0$인 $f = \overline{\phi} \in X^*$가 존재한다.

역으로 $x = 0$이고 $f \in X^*$는 임의의 선형범함수이면 f는 선형이므로 $f(x) = 0$이다.

02 임의의 $\phi \in X^*$에 대하여 $|\phi(x)| \leq \|\phi\| \|x\|$이므로 $|\phi(x)|/\|\phi\| \leq \|x\|$이다. 위 식의 우변은 $\|x\|$보다 작거나 같다. 한-바나흐 정리(따름정리 8.6.5)에 의하여 $\|f\| = 1$이고 $f(x) = \|x\|$를 만족하는 $f \in X^*$가 존재한다. 따라서 이 선형범함수 $f \in X^*$에 대하여 $|f(x)|/\|f\| = \|x\|$이므로 위 등식이 성립한다.

03 정리 8.6.4를 이용하여라.

04 $Y = \{\lambda x_o : \lambda \in \mathbb{C}\}$로 두면 Y는 X의 일차원 부분공간이고 $x_0 \in Y$이다. $f(\alpha x_0) = \alpha \|x_0\|$로 정의하면 f는 분명히 선형범함수이고,

$$|f(\alpha x_0)| = |\alpha| \|x_0\| = \|\alpha x_0\|$$

이므로 $\|f\| = 1$이다. 따라서 $f \in Y^*$이다. 한-바나흐 정리에 의하여 $\tilde{f}(x_0) = f(x_0) = \|x_0\| \neq 0$이고 $\|\tilde{f}\| = \|f\| = 1$인 선형범함수 $\tilde{f} \in X^*$가 존재한다.

05 $x \in \overline{Y}$이고 $\{x_n\}$은 x에 수렴하는 Y의 수열이라 하자. $f|_Y = 0$인 임의의 $f \in X^*$에 대하여 $f(x) = \lim_{n \to \infty} f(x_n) = 0$이다.

역으로 $x \in X$이고 $x \in \overline{Y}$에 대하여 $f(x) = 0$이라 하자. 그러면 정리 8.6.4와 한-바나흐 정리에 의하여

$$d(x, Y) = \max\{|f(x)| : f \in X^*, f|_Y = 0, \|f\| \leq 1\} = 0$$

이다. 따라서 $x \in \overline{Y}$이다. 특히 Y가 X에서 조밀하면 $x \in \overline{Y} = X$이므로 $f|_Y = 0$인 임의의 유계 선형범함수 $f \in X^*$는 x에서 0값을 가진다. 역의 증명은 분명하다.

06 $\{f_n\}$은 X^*의 조밀한 수열이라 하자. $\|x_n\| \leq 1$이고 $|f_n(x_n)| \geq \frac{1}{2}\|f_n\|$인 수열 $\{x_n\}$을 선택한다. 이것은 노름의 정의에서 항상 가능하다. $Y = \mathrm{span}\{x_n\}$으로 두면 $\{x_n\}$의 유리수 계수를 가지는 1차결합을 택할 수 있으므로 Y는 분해가능 공간이다. $f \in X^*$는 $f|_Y = 0$인 임의의 유계 선형범함수이면 $\{f_n\}$의 조밀성에 의하여 $f_{n_k} \to f$인 부분수열 $\{f_{n_k}\}$가 존재한다. 따라서

$$\frac{1}{2}\|f_{n_k}\| \leq |f_{n_k}(x_{n_k})| = |(f - f_{n_k})(x_{n_k})| \leq \|f - f_{n_k}\| \to 0$$

이므로 $f_{n_k} \to 0$, 즉 $f = 0$이다. 그러므로 $f|_Y = 0$인 임의의 유계 선형범함수 $f \in X^*$는 영함수이다. 연습문제 5에 의하여 Y는 X에서 조밀하다. 즉, X는 분해가능 공간이다.

07 $Y = \{\lambda x_0 : \lambda \in \mathbb{R}\}$는 X의 부분공간이다. Y의 임의의 원소 λx_0에 대하여 $g(\lambda x_0) = \lambda \|x_0\|^2$으로 정의하면 g는 Y에서 정의된 선형범함수이다. 또한

$$\|gf\| = \sup\nolimits_{\|tx_0\| \leq 1} |g(tx_0)| \equiv \sup\nolimits_{\|tx_0\| \leq 1} |t| \|x_0\|^2 = \|x_0\|$$

이다. 마지막 등호는 $t = 1/\|x_0\|$인 경우에 성립한다. 따라서 한-바나흐 정리에 의하여 $f_0(x_0) = \|x_0\|^2$이고 $\|f_0\| = \|x_0\|$를 만족하는 유계인 선형범함수 $f_0 : X \to \mathbb{R}$가 존재한다.

08 $x_0 \neq 0$을 고정하면 연습문제 7에 의하여 $f_0(x_0) = \|x_0\|^2$이고 $\|f_0\| = \|x_0\|$를 만족하는 유계인 선형범함수 $f_0 : X \to \mathbb{R}$이 존재한다. $g = f_0/\|x_0\|$로 두면 $\|g\| = 1$이고 $f_0(x_0) = \|x_0\|^2$이므로

$$\sup\nolimits_{\|f\| \leq 1} |f(x)| \geq \left| \frac{f_0(x_0)}{\|x_0\|} \right| = \|x_0\|$$

이다. 하지만 $|f(x)| \leq \|f\| \|x\|$이므로 $\|x\| \geq \sup\nolimits_{\|f\| \leq 1} |f(x)|$이다. 따라서 결과가 성립한다.

09 (1) $f, g \in Y^\perp$이고 α, β는 임의의 스칼라이면 임의의 $x \in Y$에 대하여 $(\alpha f + \beta g)(x) = \alpha f(x) + \beta g(x) = 0$이다. 따라서 $Y^\perp$는 X^*의 부분공간이다. 또한 $\{f_n\}$은 $f \in X^*$에 수렴하는 $Y^\perp$의 수열이라 하면 임의의 $x \in Y$에 대하여 $f_n(x) = 0$이므로 $f(x) = 0$, 즉 $f \in Y^\perp$이다. 따라서 $Y^\perp$는 X^*의 닫힌 부분공간이다.

연습문제 8.7

01 U는 $\mathbb{R}^n$의 열린부분집합이라 하자. $T(U) \subseteq \mathbb{R}^k$가 열린집합임을 보인다. y는 $T(U)$의 임의의 점이면 $y = Tx$인 점 $x = (x_1, x_2, \cdots, x_n) \in U$가 존재한다. 따라서 U에 포함되는 $B_\epsilon(x) = (x_1 - \epsilon, x_1 + \epsilon) \times \cdots \times (x_n - \epsilon, x_n + \epsilon)$ 형태의 열린집합이 존재한다.

$$T(B_\epsilon(x)) = (x_1 - \epsilon, x_1 + \epsilon) \times \cdots \times (x_k - \epsilon, x_k + \epsilon)$$

은 $T(U)$에 포함되는 열린집합이고 y를 포함한다. 즉, y는 $T(U)$의 내점이므로 $T(U)$는 열린집합이다. 따라서 정사영 P는 열린 사상이다.

02   열린 사상정리에 의하여 $(T^{-1})^{-1} = T$는 열린집합을 열린집합 위로 사상하므로 함수 T^{-1}는 연속함수이다. $y_1, y_2 \in Y$, $x_1, x_2 \in X$이고 $Tx_1 = y_1$, $Tx_2 = y_2$이고 α는 임의의 스칼라이면

$$T(x_1 + x_2) = Tx_1 + Tx_2 = y_1 + y_2, \quad T(\alpha x_1) = \alpha Tx_1 = \alpha y_1$$

이므로

$$T^{-1}(y_1 + y_2) = x_1 + x_2 = T^{-1}(y_1) + T^{-1}(y_2), \quad T^{-1}(\alpha y_1) = \alpha x_1 = \alpha T^{-1}(y_1)$$

이다. 따라서 T^{-1}는 선형사상이다.

03   항등함수 T는 분명히 연속이다. 하지만 Y는 완비공간이 아니므로 T^{-1}는 연속이 아니다.

04   임의의 $x \in X$에 대하여 $\{T_n x\}$가 수렴하면 X의 어떤 조밀한 부분집합 A의 모든 원소 x에 대하여 $\{T_n x\}$는 수렴한다. 따라서 임의의 $x \in A$에 대하여 $\{T_n x\}$는 유계 수열이다. 바나흐-스테인하우스 정리에 의하여 $\sup_n \|T_n\| < \infty$이다.

역으로 두 조건이 성립한다고 가정하자. $\sup_n \|T_n\| = M$으로 둔다. ϵ은 임의의 양수라 하자. 임의의 $x \in X$에 대하여 A는 X에서 조밀한 집합이므로 $\|x - y\| < \epsilon$인 $y \in A$가 존재한다. $\{T_n y\}$가 수렴하므로 임의의 $m, n > N$일 때 $\|T_n y - T_m y\| < \epsilon$인 자연수 N이 존재한다. 따라서

$$\|T_n x - T_m x\| \leq \|T_n x - T_n y\| + \|T_n y - T_m y\| + \|T_m y - T_m x\| \leq (2M + 1)\epsilon$$

이므로 $\{T_n x\}$는 코시수열이다. Y는 바나흐 공간이므로 임의의 $x \in X$에 대하여 $\{T_n x\}$가 수렴한다.

06 $X = C^1[0, 1], Y = C[0, 1]$로 두고 X와 Y에 모두 상한 노름

$$\|f\| = \sup\{|f(x)| : 0 \leq x \leq 1\}$$

을 정의하면 X는 노름공간이고 Y는 바나흐 공간이다. 선형작용소 $T : X \to Y$, $Tf = f'$은 불연속이다. 왜냐하면 $f_n(t) = t^n$으로 놓으면 $\|f_n\| = 1$이지만 $f'_n(t) = nt^{n-1}$이다. 따라서 $\|T(f_n)\| = n$이므로 T는 유계가 아니다. 이제 T의 그래프가 $X \times Y$의 닫힌집합임을 보여라.

9장

연습문제 9.1

01 $x \neq 0$이면 내적의 정의로부터 $(x, x) \neq 0$이므로 임의의 원소 $y \in H$에 대하여 $(x, y) = 0$임은 모순이 된다. 따라서 $x = \theta$이다.

02 $(x, z) = (y, z)$이면 $(x - y, z) = 0$이다. 연습문제 1에 의해서 $x - y = \theta$이다. 따라서 $x = y$이다.

03 $y \in H$를 고정하고 $n \to \infty$이면

$$|(x_n, y) - (x, y)| = |(x_n - x, y)| \leq \|x_n - x\| \|y\| \to 0$$

이다. 따라서 $(x_n, y) \to (x, y)$이다.

04 $x = (1, 1, 0, 0, \cdots) \in l^p, \ y = (1, -1, 0, 0, \cdots) \in l^p$로 택하면

$$\|x\|_p = \|y\|_p = 2^{1/p}, \ \|x + y\|_p = \|x - y\|_p = 2$$

이다. 따라서 평행사변형 공식이 성립하지 않으므로 $l^p \ (p \neq 2)$는 내적공간이 아니다.

05 가정에 의하여 $(x_n, x) \to (x, x) = \|x\|^2$이다. $n \to \infty$일 때

$$\begin{aligned}
\|x_n - x\|^2 &= (x_n - x, \ x_n - x) \\
&= (x_n, x_n) - (x_n, x) - (x, x_n) + (x, x) \\
&= \|x_n\|^2 - 2\mathrm{Re}(x_n, x) + \|x\|^2 \to \|x\|^2 - 2\|x\|^2 + \|x\|^2 = 0
\end{aligned}$$

이다. 따라서 $x_n \to x$이다.

06 코시-슈바르츠 부등식을 이용하여라.

07 $x_n \to x$이면 $x_n \xrightarrow{w} x$는 정리 9.1.8에 의하여 명백하다. 역으로 H의 정규직교계를 $\{e_1,\ e_2,\ \cdots,\ e_n\}$이라 두면, $x,\ x_k \in X$는

$$x = \sum_{i=1}^{n}(x,\ e_i)e_i, \quad x_k = \sum_{i=1}^{n}(x_k,\ e_i)e_i$$

로 나타낸다. 따라서

$$\|x_k - x\|^2 = \left\|\sum_{i=1}^{n}(x_k - x,\ e_i)e_i\right\|^2 = \sum_{i=1}^{n}|(x_k - x,\ e_i)|^2$$

이므로 $x_n \xrightarrow{w} x$이면 $x_n \to x$이다.

08
$$\left(\sum_{i=1}^{n}(y,\ x_i)x_i,\ z\right) = \sum_{i=1}^{n}(y,\ x_i)(x_i,\ z) = \sum_{i=1}^{n}\overline{(z,\ x_i)}(y,\ x_i)$$
$$= \sum_{i=1}^{n}(y,\ (z,\ x_i)x_i) = \left(y,\ \sum_{i=1}^{n}(z,\ x_i)x_i\right)$$

09 $(x_n,\ x) \le \|x_n\|\|x\|$이므로

$$\|x\|^2 = (x,\ x) = \lim_{n \to \infty}(x_n,\ x) \le \lim_{n \to \infty}\|x_n\|\|x\|$$

이다. 따라서 $\|x\| \le \lim_{n \to \infty}\|x_n\|$이 성립한다.

10 $\delta = 1 - \sqrt{1 - (\epsilon^2/4)}$이면 평행사변형 공식으로부터

$$\|x + y\|^2 = 2(\|x\|^2 + \|y\|^2) - \|x - y\|^2 \le 4 - \epsilon^2 = 4(1 - \delta)^2$$

이다. 따라서 $\left\|\dfrac{x + y}{2}\right\| \le 1 - \delta$이다.

11 $u \ne v$이면 $\|u - v\| = \epsilon > 0$이므로 $\|x - u\| = \|x - v\| = r_1 > 0$이다. 따라서

$$\left\|\frac{x - u}{r_1}\right\| = \left\|\frac{x - v}{r_1}\right\| = 1,\ \left\|\frac{(x - u) - (x - v)}{r_1}\right\| = \left\|\frac{u - v}{r_1}\right\| = \frac{\epsilon}{r_1} > 0$$

이므로 연습문제 10으로부터

$$\left\| \frac{(x-u)+(x-v)}{2r_1} \right\| \le 1 - \delta_1$$

인 적당한 $\delta_1 > 0$이 존재한다. 같은 방법으로 $\|y-u\| = \|y-v\| = r_2 > 0$이면

$$\left\| \frac{(y-u)+(y-v)}{2r_2} \right\| \le 1 - \delta_2$$

인 적당한 $\delta_2 > 0$이 존재한다. 따라서

$$\|x-y\| = \left\| x - \frac{u+v}{2} + \frac{u+v}{2} - y \right\|$$

$$\le \frac{1}{2}(\|2x-(u+v)\| + \|2y-(u+v)\|)$$

$$\le (1-\delta_1)r_1 + (1-\delta_2)r_2 < r_1 + r_2 = \|x-y\|$$

이다. 이것은 모순이므로 $u = v$이다.

연습문제 9.2

01 $\quad e_1 = \left(\frac{1}{\sqrt{2}}, \frac{-1}{\sqrt{2}}, 0 \right)$, $e_2 = \left(\frac{1}{\sqrt{6}}, \frac{1}{\sqrt{6}}, \frac{-2}{\sqrt{6}} \right)$, $e_3 = \left(\frac{1}{\sqrt{3}}, \frac{1}{\sqrt{3}}, \frac{1}{\sqrt{3}} \right)$

02 $\quad \|x\|^2 = \left(\sum_{n=1}^{\infty} a_n e_n, \; x \right) = \sum_{n=1}^{\infty} a_n (e_n, \; x) = \sum_{n=1}^{\infty} a_n \left(e_n, \; \sum_{m=1}^{\infty} a_m e_m \right)$

$\qquad = \sum_{n=1}^{\infty} a_n \overline{a_n} (e_n, \; e_n) = \sum_{n=1}^{\infty} |a_n|^2$

03 $\quad (a_1, \; a_2, \; \cdots) \in l^1$이면 정의에 의하여 $(a_1, \; a_2, \; \cdots) \in l^2$이다. 정리 9.2.6(5)에 의하여

$\qquad \sum_{n=1}^{\infty} a_n e_n$은 수렴한다.

04 $\quad c_k = (x, \; e_k)$로 두면

$$\left\| x - \sum_{k=1}^{n} a_k e_k \right\|^2 = \left\| \left(x - \sum_{k=1}^{n} c_k e_k \right) + \sum_{k=1}^{n} (c_k - a_k) e_k \right\|^2.$$

$x - \sum_{k=1}^{n} c_k e_k$는 $e_1, \; e_2, \; \cdots, \; e_n$과 직교이므로 $\left(x - \sum_{k=1}^{n} c_k e_k \right)$와 $\left\{ \sum_{k=1}^{n} (c_k - a_k) e_k \right\}$는 직

교이다. 그러므로

$$\left\| x - \sum_{k=1}^{n} a_k e_k \right\|^2 = \left\| \left(x - \sum_{k=1}^{n} c_k e_k \right) + \sum_{k=1}^{n} (c_k - a_k) e_k \right\|^2$$

$$= \left\| x - \sum_{k=1}^{n} c_k e_k \right\|^2 + \left\| \sum_{k=1}^{n} (c_k - a_k) e_k \right\|^2$$

$$\geq \left\| x - \sum_{k=1}^{n} c_k e_k \right\|^2.$$

05 만약 $x \in H$이면 각 i에 대하여

$$(x - Px, \ e_i) = \left(x - \sum_{j=1}^{n} (x, \ e_j) e_j, \ e_i \right) = (x, \ e_i) - (x, \ e_i) = 0$$

이다. 따라서 임의의 $u \in M$에 대하여 $(x - Px, \ u) = 0$이므로 모든 $z \in M$에 대하여 $(x - Px, \ Px - z) = 0$이고 이를 변형하면 $(x - Px, \ Px - x + x - z) = 0$이다. 그러므로 모든 $z \in M$에 대하여

$$\| x - Px \|^2 = (x - Px, \ x - z) \leq \| x - Px \| \| x - z \|$$

이다. 즉, 모든 $z \in M$에 대하여 $\| x - Px \| \leq \| x - z \|$이다.

따라서 $\| x - Px \| = d(x, M)$이다.

연습문제 9.3

01 (1) 만약 $x, y \in A^\perp$이면 A의 모든 원소 z에 대하여 $(x, \ z) = 0$, $(y, \ z) = 0$이다. 따라서 스칼라 $\alpha, \ \beta$에 대하여 $(\alpha x + \beta y, \ z) = 0$이므로 $\alpha x + \beta y \in A^\perp$이다.

다음으로 $A^\perp$가 닫힌집합임을 증명하자. 수열 $\{x_n\}$이 $A^\perp$에 속하면서 $x_n \to x$라고 하자. A의 임의의 원소 z에 대해 정리 9.1.8에 의하여

$$(x, \ z) = (\lim_{n \to \infty} x_n, \ z) = \lim_{n \to \infty} (x_n, \ y) = 0$$

이므로 $x \in A^\perp$이다.

(2) 만약 $x \in B^\perp$이면 모든 $b \in B$에 대하여 $(x, \ b) = 0$이다. $A \subseteq B$이므로 모든 $a \in A$에 대하여도 $(x, \ a) = 0$이다. 그러므로 $x \in A^\perp$이다. 즉, $B^\perp \subseteq A^\perp$이다.

(3) 만약 $x \in A \cap A^\perp$이면 $x \in A$이고 $x \in A^\perp$이므로 $(x, \ x) = 0$, 즉 $x = \theta$이다.

02 정리 9.3.7에 의하여 $S \subseteq S^{\perp\perp}$이고 정리 9.3.2에 의하여 $(S^\perp)^\perp$는 H의 닫힌 부분 공간이다. 따라서 $(S^\perp)^\perp$는 S를 포함하는 H의 닫힌 부분공간이다.

M이 S를 포함하는 H의 닫힌 부분공간이면 정리 9.3.7에 의하여 $S \subseteq S^{\perp\perp} \subseteq M^{\perp\perp} = M$이다. 따라서 $(S^\perp)^\perp$는 S를 포함하는 최소의 닫힌 부분공간이다.

03 만약 $x \in M^\perp$이면 임의의 $z \in M$에 대하여 $(x,\ z) = 0$이므로 $\mathrm{Re}(x,\ z) = 0$이다. 역으로 모든 $z \in M$에 대하여 $\mathrm{Re}(x,\ z) = 0$이라 하자. $z \in M$을 고정하고 $(x,\ z) = c + id$ ($c,\ d$는 실수)라 두면 $c = 0$이고

$$(x,\ iz) = -i(x,\ z) = -i(c + id) = d - ic$$

이다. 가정으로부터 $\mathrm{Re}(x, iz) = d = 0$이므로 $(x,\ z) = c + id = 0$이다. 따라서 임의의 $z \in M$에 대하여 $(x,\ z) = 0$이므로 $x \in M^\perp$이다.

04 만약 $u \in M$이면 M은 부분공간이므로 $y - u \in M$이다. 만약 $\|x - y\| = d(x,\ M)$이면 정리 9.3.5에 의하여

$$\mathrm{Re}(x - y,\ y - (y - u)) = \mathrm{Re}(x - y,\ u) \geq 0$$

이다. 따라서 모든 $z \in M$에 대하여 $\mathrm{Re}(x - y,\ z) \geq 0$이다. 다시 z를 $-z$로 대신하면

$$0 \leq \mathrm{Re}(x - y,\ -z) = -\mathrm{Re}(x - y,\ z)$$

이므로 $\mathrm{Re}(x - y,\ z) \leq 0$이다. 따라서 모든 $z \in M$에 대해 $(x - y,\ z) = 0$이다. 역으로 모든 $z \in M$에 대하여 $(x - y,\ z) = 0$이면 $(x - y,\ y - z) = 0$이다. 따라서 $\mathrm{Re}(x - y,\ y - z) = 0$이므로 연습문제 3에 의하여 $\|x - y\| = d(x,\ M)$이다.

05 (1) P의 선형성은 명백하므로 유계성만 보이면 된다. $x \in H$에 대하여

$$\|Px\|^2 = \left\| \sum_{n=1}^{\infty} (x,\ e_n) e_n \right\|^2 = \sum_{n=1}^{\infty} |(x,\ e_n)|^2 \leq \|x\|^2$$

이므로 $\|Px\| \leq \|x\|$이다.

(2) $x \in M$에 대하여 $x = \sum_{n=1}^{\infty} (x,\ e_n) e_n$이므로 정리 9.2.10에 의하여 $Px = x$이다.

따라서 $\|P\| = 1$이고 $P^2 = P$이다.

(3) 8.2절 연습문제 5와 6을 이용하면 $\|x - Px\| = d(x,\ M)$이다.

06 $e_0 = \dfrac{1}{\sqrt{2\pi}}$, $e_1 = \dfrac{1}{\sqrt{2\pi}} e^{it}$, $e_2 = \dfrac{1}{\sqrt{2\pi}} e^{-it}$로 두면

$$(f,\ e_0) = \int_0^{2\pi} \frac{1}{\sqrt{2\pi}} dt = \left[\frac{t^2}{2} \frac{1}{\sqrt{2\pi}} \right]_0^{2\pi} = \sqrt{2}\, \pi^{3/2},$$

$$(f,\ e_1) = \int_0^{2\pi} \frac{te^{-it}}{\sqrt{2\pi}} dt = i\sqrt{2\pi}, \quad (f,\ e_{-1}) = \int_0^{2\pi} \frac{te^{it}}{\sqrt{2\pi}} dt = -i\sqrt{2\pi}.$$

따라서 최상의 근사화는

$$f_0(t) = (f,\ e_0)e_0 + (f,\ e_1)e_1 + (f,\ e_2)e_2 = \frac{\sqrt{2}\,\pi^{3/2}}{\sqrt{2\pi}} + ie^{it} - ie^{-it} = \pi - 2\sin t.$$

연습문제 9.4

01 f가 연속이고 $\{0\}$이 닫힌집합이므로 $M = f^{-1}(\{0\})$은 닫힌집합이다. M이 부분공간임을 보이면 된다. 임의의 $x, y \in M$, 스칼라 α, β에 대하여

$$f(\alpha x + \beta y) = \alpha f(x) + \beta f(y) = 0$$

이므로 $\alpha x + \beta y \in M$이다.

02 모든 $x \in H$에 대하여 $f(x) = (x,\ y)$이면 리즈 표현정리로부터

$$\|y\| = \|f\| = \sup_{\|x\| \le 1} |f(x)| = \sup_{\|x\| \le 1} |(x,\ y)|$$

이므로

$$\|x\| = \sup_{\|y\| \le 1} |(y,\ x)| = \sup_{\|y\| \le 1} |(x,\ y)|.$$

03 정리 9.4.2에 의하여 $f(x) = (x,\ y)$, $x \in M^\perp$인 원소 y를 택한다. $y \in M^\perp$, $y \ne 0$임을 보인 다음에 임의의 $z \in M^\perp$에 대하여 $z = \alpha y$를 만족하는 $\alpha \in \mathbb{R}$이 존재함을 보여라.

연습문제 9.5

01 (1) $c = \sup_k |\lambda_k|$로 두면

$$\|Dx\| = \|(\lambda_1 x_1, \ \lambda_2 x_2, \ \cdots)\| = (\sum |\lambda_i x_i|^2)^{1/2} \leq c(\sum |x_i|^2)^{1/2} = c\|x\|$$

이므로 $\|D\| \leq c$이다. 따라서 $e_i = (0, \cdots, \ 0, \ 1, \ 0, \ \cdots)$에 대하여 $\|De_i\| = |\lambda_i|$이
므로 $\|D\| = c$이다.

(2) $x = (x_1, \ x_2, \ \cdots), \ y = (y_1, \ y_2, \ \cdots)$에 대하여

$$\sum \lambda_i x_i \overline{y_i} = (Dx, \ y) = (x, \ D^* y) = \sum x_i \overline{\lambda_i y_i}$$

이므로 $D^*(x_1, \ x_2, \ \cdots) = (\overline{\lambda_1} x_1, \ \overline{\lambda_2} x_2, \ \cdots)$이다.

(3) D는 자기수반 작용소 $\Leftrightarrow D = D^* \Leftrightarrow$ 모든 k에 대하여 $\lambda_k \in \mathbb{R}$ 이다.

02 T는 분명히 선형사상이다. $|\lambda_{i_0}| = \max_i |\lambda_i|$이면

$$\|Tx\|^2 = \left\| \sum_{i=1}^{n} \lambda_i (x, \varphi_i) \varphi_i \right\|^2 = \sum_{i=1}^{n} |\lambda_i|^2 |(x, \varphi_i)|^2$$

$$\leq |\lambda_{i_0}|^2 \sum_{i=1}^{n} |(x, \varphi_i)|^2 \leq |\lambda_{i_0}|^2 \|x\|^2$$

이다. 따라서 $\|Tx\| \leq |\lambda_{i_0}| \|x\|$이므로 $\|T\| \leq |\lambda_{i_0}|$이다. 한편 $x = \varphi_{i_0}$이면,

$$\|T\varphi_{i_0}\| = \left\| \sum_{i=1}^{n} \lambda_i (\varphi_{i_0}, \varphi_i) \varphi_i \right\| = |\lambda_{i_0}|$$

이므로 $\|T\| \geq |\lambda_{i_0}|$이다. 따라서 $\|T\| = \max_i |\lambda_i| = |\lambda_{i_0}|$이다.

03 연습문제 8.4절 연습문제 2에 의하여

$$\|T^* T\| \leq \|T^*\| \|T\| = \|T\| \|T\| = \|T\|^2$$

이므로 역의 부등식을 보이면 된다. 임의의 $x \in X$에 대하여

$$\|Tx\|^2 = (Tx, Tx) = (x, T^* Tx) \leq \|x\| \|T^* Tx\| \leq \|T^* T\| \|x\|^2$$

이고 $\|Tx\| \leq \sqrt{\|T^* T\|} \|x\|$이므로 $\|T\| \leq \sqrt{\|T^* T\|}$이다. 양변을 제곱하면 $\|T\|^2$
$\leq \|T^* T\|$이므로 $\|T^* T\| = \|T\|^2$이다.

같은 방법으로 $\|TT^*\| = \|T\|^2$을 얻을 수 있다.

04 임의의 $x,\, y \in H$에 대하여

$$(T_1 x,\, y) = (A^* A x,\, y) = (Ax,\, Ay) = (x,\, A^* A y) = (x,\, T_1 y)$$

이고 $(T_2 x,\, y) = ((A + A^*)x,\, y) = (x,\, (A^* + A)y) = (x,\, T_2 y)$이다.

05 임의의 $x,\, y \in H$에 대하여 $(ABx,\, y) = (Bx,\, Ay) = (x,\, BAy)$이다. 만약 $AB = BA$이면 AB는 자기수반 작용소이다. 역으로 AB가 자기수반 작용소이면 $AB = (AB)^* = BA$이다.

06 $A = \dfrac{1}{2}(T + T^*)$, $B = \dfrac{1}{2i}(T - T^*)$로 정의하면 $A,\, B$는 분명히 자기수반 작용소이고 $T = A + iB$이다. 임의의 $x,\, y \in H$에 대하여

$$(Tx,\, y) = ((A + iB)x,\, y) = (Ax,\, y) + i(Bx,\, y)$$
$$= (x,\, Ay) + i(x,\, By) = (x,\, (A - iB)y)$$

이므로 $T^* = A - iB$이다. 유일성의 증명은 생략한다.

07 $(\alpha I - T)^* = \overline{\alpha} I - T^*$이므로

$$(\alpha I - T)(\alpha I - T)^* = |\alpha|^2 - \overline{\alpha}\, T - \alpha\, T + TT^* = (\alpha I - T)^*(\alpha I - T).$$

08 $T = A + iB$이면 $T^* = A - iB$이고

$$TT^* = (A + iB)(A - iB) = A^2 + B^2 - i(AB - BA),$$
$$T^* T = (A - iB)(A + iB) = A^2 + B^2 + i(AB - BA).$$

T가 정규작용소이면 $AB - BA = 0$이다. 역으로 $AB = BA$이면 위 식에서

$$TT^* = A^2 + B^2 = T^* T$$

이다.

09 (1) $y \in K$이면

$$\sum_{n=1}^{\infty} \left| \frac{1}{\lambda_n}(y,\, e_n) \right|^2 \le \frac{1}{\inf_n |\lambda_n|^2} \sum_{n=1}^{\infty} |(y,\, e_n)|^2 \le \frac{1}{\inf_n |\lambda_n|^2} \|y\|^2$$

이므로 $\displaystyle\sum_{n=1}^{\infty} \frac{1}{\lambda_n}(y,\, e_n)\varphi_n$은 H의 원소 z에 수렴한다. 이때 Tz는

$$Tz = \sum_{n=1}^{\infty} \lambda_n(z, \varphi_n)e_n = \sum_{n=1}^{\infty} \lambda_n \frac{1}{\lambda_n}(y, e_n)e_n$$
$$= \sum_{n=1}^{\infty} (y, e_n)e_n = y$$

이므로 $T: H \to K$는 전사함수이다. 또한 $x \in H$이면

$$\|Tx\|^2 = \sum_{n=1}^{\infty} |\lambda_n(x, \varphi_n)|^2 = \sum_{n=1}^{\infty} |\lambda_n|^2 |(x, \varphi_n)|^2$$

이다. 따라서 $Tx = 0$이면 $n = 1, 2, \cdots$에 대하여 $(x, \varphi_n) = 0$이므로 $x = \theta$이다. 즉, T는 단사함수이다.

연습문제 9.6

01 K는 유계작용소이고

$$\|K\| \leq \left(\int_a^b \int_a^b |k(t, s)|^2 \, ds dt \right)^{1/2} = \|k\|.$$

$\phi_1, \phi_2, \cdots$는 $L_2([a, b])$의 정규직교기저라면 $\Phi_{ij}(t, s) = \phi_i(t)\overline{\phi_j}(s)$, $i, j = 1, 2, \cdots$는 $L_2([a, b] \times [a, b])$의 정규직교기저이므로 $k = \sum_{i,j=1}^{\infty} (k, \Phi_{ij})\Phi_{ij}$이다.
$k_n(t, s) = \sum_{i,j=1}^{n} (k, \Phi_{ij})\Phi_{ij}(t, s)$로 정의하면 $\|k - k_n\| \to 0$이다.
$K_n: L_2([a, b]) \to L_2([a, b])$는

$$(K_n f)(t) = \int_a^b k_n(t, s)f(s) \, ds$$

로 주어지는 적분작용소이면 $\operatorname{Im} K_n \subseteq \operatorname{span}\{\phi_1, \cdots, \phi_n\}$이므로 K_n은 유한 계수의 작용소이다. $\|K - K_n\| \leq \|k - k_n\| \to 0$이므로 정리 9.6.6에 의하여 K는 콤팩트이다.

02 $a(t)$는 $[a, b]$에서 연속이고 $a(t_0) \neq 0$이므로 t_0를 포함하는 콤팩트 구간 J의 모든 점 t에 대하여 $|a(t)| \geq \dfrac{|a(t_0)|}{2} > 0$이다. $\{\widetilde{\phi_n}\}$은 $L_2(J)$의 정규직교기저라 하자. J에서 $\phi_n = \widetilde{\phi_n}$, $[a, b]$의 다른 점에서 $\phi_n = 0$으로 정의하면 $\|\phi_n\| = 1$이고 모든 $n \neq m$에 대하여

$$\| T\phi_n - T\phi_m \|^2 = \int_a^b |a(t)|^2 |\phi_n(t) - \phi_m(t)|^2 \, dt$$

$$\geq \frac{|a(t_0)|^2}{4} \int_J |\widetilde{\phi_n}(t) - \widetilde{\phi_m}(t)|^2 \, dt = \frac{|a(t_0)|^2}{2}.$$

따라서 $\{T\phi_n\}$은 수렴하는 부분수열을 갖지 않으므로 T는 콤팩트가 아니다.

03 $(T\varphi_n, \varphi_n) \nrightarrow 0$이면, 어떤 양수 c와 $\{\varphi_n\}$의 부분수열 $\{\varphi_{n_i}\}$가 존재해서 $i = 1, 2,$ $\cdots$에 대해 $|(T\varphi_{n_i}, \varphi_{n_i})| \geq c$이다. T는 콤팩트이므로 $\{T\varphi_n\}$은 수렴하는 부분수열 $\{T\varphi_{n_i}\}$를 갖는다. 그 극한을 x라 하자. 베셀 부등식에 의하여 $\{\varphi_{n_i}\}$에 대하여

$$\sum_{n=1}^{\infty} |(x, \varphi_{n_i})|^2 \leq \|x\|^2$$

이므로 $(x, \varphi_{n_i}) \to 0$이다. 한편, $i \to \infty$일 때

$$0 < c \leq |(T\varphi_{n_i}, \varphi_{n_i})| = |(x, \varphi_{n_i}) - (x - T\varphi_{n_i}, \varphi_{n_i})| \to 0$$

이다. 이것은 모순이다. 따라서 $n \to \infty$일 때 $(T\varphi_n, \varphi_n) \to 0$이다.

04 $M = \{x : Tx = \lambda x\}$라 하고 임의의 $x, y \in M$과 스칼라 α, β에 대하여

$$T(\alpha x + \beta y) = \alpha Tx + \beta Ty = \alpha \lambda x + \beta \lambda y = \lambda(\alpha x + \beta y)$$

이므로 $\alpha x + \beta y \in M$이고, M은 선형공간이다. $x_n \to x$이고, $x_n \in M$이라 하면 T는 연속이므로

$$Tx = \lim_{n \to \infty} Tx_n = \lim_{n \to \infty} \lambda x_n = \lambda x$$

이고 $x \in M$이다. 따라서 M은 닫힌집합이다.

05 $M = \{x : Tx = \lambda x\}$를 무한차원이라 하자. 그람-슈미트 단위직교화 정리에 의하여 M의 정규직교계 $\{\varphi_n\}_{n=1}^{\infty}$이 만들어진다. 이때 T는 콤팩트이므로, $\{T\varphi_n\}$은 수렴하는 부분열을 갖는다. $n = 1, 2, \cdots$에 대하여 $T\varphi_n = \lambda \varphi_n$이므로 $\{\varphi_n\}$도 수렴하는 부분열을 갖는다. 그런데 $\{\varphi_n\}$은 정규직교계이므로 $m \neq n$에 대하여

$$\|\varphi_n - \varphi_m\|^2 = \|\varphi_n\|^2 + \|-\varphi_m\|^2 = 2$$

이므로 $\{\varphi_n\}$은 수렴하는 부분열을 갖지 않는다. 이것은 모순이므로 M은 유한차원이다.

01 $m \in \mathbb{N}$ 에 대하여

$A_m = \{(x_1,\ x_2,\ \cdots,\ x_m,\ 0,\ 0,\ \cdots) \in l^2 : x_i \in \mathbb{Q} \ (1 \leq i \leq m)\}$,

$A = \{(x_1,\ x_2,\ x_3,\ \cdots\ ) \in l^2 : x_i \in \mathbb{Q} \ \forall i \in \mathbb{N}$ 이고 유한개의 x_i를 제외하고는 모두 $0\}$

로 두면 $A = \cup_{m=1}^{\infty} A_m$, $\overline{A} = l^2$임을 보여라.

02 $K_n = \{x = (r_1,\ r_2,\ \cdots,\ r_n,\ 0,\ 0,\ \cdots) : r_1,\ r_2,\ \cdots,\ r_n$ 은 유리수$\}$, $S = \bigcup_{n=1}^{\infty} K_n$이면 모든 자연수 n에 대하여 K_n은 가산집합이므로 S는 l^p에 포함되는 가산집합이다. 임의의 원소 $x = (x_1,\ x_2,\ \cdots) \in l^p$와 임의의 $\epsilon > 0$에 대하여 적당한 자연수 N이 존재해서

$$\sum_{i=N+1}^{\infty} |x_i|^p < \frac{\epsilon}{2}$$

이다. 다음으로

$$\sum_{i=1}^{N} |x_i - r_i|^p < \frac{\epsilon}{2}$$

인 유리수 $r_i (i = 1,\ 2,\ \cdots,\ N)$를 정하고, $x_0 = (r_1,\ \cdots,\ r_N,\ 0,\ 0,\ \cdots)$으로 두면

$$\|x - x_0\|_p = \left(\sum_{i=1}^{N} |x_i - r_i|^p + \sum_{i=N+1}^{\infty} |x_i|^p \right)^{1/p} < \epsilon^{1/p}$$

이므로 $\overline{S} = l^p$이다.

03 X는 l^{∞}의 가산집합으로서 $\overline{X} = l^{\infty}$이면 $l^{\infty} = \cup_{x \in X} B_{1/2}(x)$이다. l^{∞}의 원소 중에서 각 성분 x_i가 $x_i = 0$ 또는 $x_i = 1$인 $x = (x_1,\ x_2,\ \cdots)$들의 전체 집합을 B로 두면 B와 $\mathbb{R}$은 대등하다. 그러므로 $B_{1/2}(x_0)$가 B의 원소를 2개 이상 포함하는 점 x_0가 X에 존재해야 한다. $y,\ z \in B_{1/2}(x_0) \cap B$이고 $y \neq z$이면

$$1 = \|y - z\| \leq \|y - x_0\| + \|x_0 - z\| < \frac{1}{2} + \frac{1}{2} = 1$$

이다. 이것은 모순이다. 따라서 l^{∞}는 가분이 아니다.

참고문헌

1. Q. H. Ansari, *Metric spaces including fixed point theory and set-valued maps*, Narosa Publishing House, 2010.

2. L. Debnath, *Introduction to Hilbert spaces with applications*, Elsevier Inc., 2005.

3. C. L. DeVito, *Functional analysis and linear operator theory*, Addison-Wesley Publishing Co., 1990.

4. I. Gohberg & S. Goldberg, *Basic operator theory*, Birkhauser, Boston, 1980.

5. N. B. Haaser & J. A. Sullivan, *Real analysis*, Van Nostrand Reinhold Co., 1971.

6. R. Johnsonbaugh & W. E. Pfaffenberger, *Foundations of mathematical analysis*, Marcel Dekker, Inc., 2010.

7. E. Kreyszig, *Introductory functional analysis with applications*, John Wiley & Sons Inc., 1989.

8. A. Mattuck, *Intorduction to analysis*, Prentice-Hall, Inc., 2013.

9. K. A. Ross, *Elementary analysis: the theory of calculus*, Springer-Verlag, New York, Inc. 2013.

10. B. S. W. Schroder, Mathematical analysis, John Wiley & Sons, Inc., 2008.

11. 박근생 외 3인, 위상 · 해석 개론 및 연습, 교우사, 1997.

12. 양영오, 해석학 개론, 청문각, 2016.

찾아보기

실해석학 개론

2017년 03월 02일 제1판 1쇄 인쇄 | 2017년 03월 06일 제1판 1쇄 펴냄
지은이 양영오 | 펴낸이 류원식 | 펴낸곳 청문각출판

편집팀장 우종현 | 책임진행 안영선 | 본문편집 네임북스 | 표지디자인 유선영
제작 김선형 | 홍보 김은주 | 영업 함승형·박현수·이훈섭 | 출력 동화인쇄 | 인쇄 동화인쇄 | 제본 한진제본
주소 (10881) 경기도 파주시 문발로 116(문발동 536-2) | 전화 1644-0965(대표)
팩스 070-8650-0965 | 등록 2015. 01. 08. 제406-2015-000005호
홈페이지 www.cmgpg.co.kr | E-mail cmg@cmgpg.co.kr
ISBN 978-89-6364-308-3 (93410) | 값 26,500원